西北工业大学精品学术著作培育项目资助出版

水下仿生推进的流固耦合动力学分析

罗扬　潘光　黄桥高　著

国防工业出版社
·北京·

内容简介

本书以新概念仿生潜水器的研发需求为起点，首先按水生动物运动方式的特点将水生动物的推进分为鳍摆动、鳍波动和喷流推进三种方式，并以这三种方式所对应的典型鱼类为代表，从生物形态学、解剖学、活体游动流场观测、仿生机器鱼试验研究和流体动力学数值研究等方面系统地介绍了近年来国内外水下仿生推进机制研究和工程实践的最新进展；接着介绍了水下仿生推进数值研究中常用的流体动力学和结构动力学的数学模型和数值方法，并结合先进的流固耦合方法阐明了目前前沿的水下仿生动力学数值仿真技术；最后在此基础上，深入探讨了鱼鳍非均匀刚度分布对尾鳍摆动推进方式的影响规律、蝠鲼胸鳍非对称扑动的力矩产生机制、柔性腔体变形的喷流推进机制和扰动来流条件下的柔性鳍自适应控制推进性能四类典型的水下仿生推进问题。本书的特点是较为全面地介绍和讨论了三种水下仿生推进方式的生物学研究、模型试验和数值研究进展，聚焦的四类水下仿生推进问题反映了近年来水下仿生推进的热点和前沿，对新概念仿生潜水器的研制有重要的启发作用。

本书适合生物力学、流体力学、水下仿生推进和仿生潜水器研制等专业的高年级本科生、研究生和相关领域的工程技术人员使用。

图书在版编目（CIP）数据

水下仿生推进的流固耦合动力学分析／罗扬，潘光，黄桥高著．—北京：国防工业出版社，2024.8
ISBN 978－7－118－13415－5

Ⅰ.TP242.2

中国国家版本馆 CIP 数据核字第 2024L451Q1 号

※

国防工業出版社出版发行
（北京市海淀区紫竹院南路 23 号　邮政编码 100048）
北京虎彩文化传播有限公司印刷
新华书店经售

*

开本 710×1000　1/16　**印张** 16¼　**字数** 278 千字
2024 年 8 月第 1 版第 1 次印刷　**印数** 1—1300 册　**定价** 148.00 元

（本书如有印装错误，我社负责调换）

国防书店：(010)88540777　　书店传真：(010)88540776
发行业务：(010)88540717　　发行传真：(010)88540762

序

水下仿生推进技术作为现代工程科学中的一项重要前沿技术，其研究和应用正日益成为国内外学者和工程技术人员关注的焦点。仿生推进技术以模仿自然界中生物的运动方式为核心，通过对鱼类等水生动物推进机制的深入研究，开发新型高效、高机动的推进系统。与传统推进技术相比，水下仿生推进技术在推进效率、生物亲和性、噪声控制等方面展现出显著优势，已在国内外新型水中装备和仿生潜水器的研发中得到广泛应用。

西北工业大学航海学院是国内较早开展仿生潜水器研发的单位之一，积累了大量研究和工程应用经验，形成了广泛、高效和可靠的技术体系，具备扎实的研究和设计基础。通过融合生物学、流体力学和结构动力学等多学科知识，学院在仿生推进的基础理论研究与工程应用等方面不断取得新的突破，研制了系列化的仿蝠鲼柔性潜水器，完成了全球首例具有实际应用能力的仿生潜水器1025m大深度海上试验。然而随着水下装备的大型化、智能化和集群化，特别是随着水下作业任务的多样性需求提高，对仿生潜水器的技术成熟度、稳定性和可操作性提出了更高的要求，仿生推进技术的理论与应用研究面临着新的考验。

本书作者所在课题组近年来开展了大量仿生推进技术的设计、分析、测试及应用工作，形成了特定的水下仿生推进技术体系，为国防装备建设作出了重要贡献。在积累大量理论研究和工程应用经验基础上，作者系统地阐述了水生动物三种典型的推进模式——鳍摆动、鳍波动和喷流推进的动力学机理，涵盖了鱼类的形态特征、材料特性和结构特征，深入探讨了流固耦合动力学分析技术在水下仿生推进技术研究中的应用。本书以其全面的视角和深入的研究，在仿生推进机理研究上有创新，在工程应用上有突破。本专著的原创性强、学术价值高，为水下仿生推进的研究和应用提供了重要的理论基础和技术支持，更为新概念仿生潜水器的研制提供了重要启示，是理论研究和工程应用紧密结合的优秀著作。

本书的出版将为仿生力学及水下仿生推进技术等领域的研究人员和工程技术人员提供宝贵的参考资料，将有助于我国水下仿生推进技术的快速发展，对推进仿生潜水器技术在我国的工程应用及推广具有非常重要的作用。

宋保维

2023 年 12 月

* 宋保维，中国工程院院士，西北工业大学校长。

前　言

鱼类等水生动物经过亿万年的进化,在水下游动时姿态优美,安静高效。它们多样化的外形特征和游动推进模式为人造潜水器的研发提供了许多启迪。现有的水下仿生推进类文献大多只关注尾鳍摆动推进方式,而同样具有重要仿生价值的胸鳍波动方式和腔体变形喷流方式鲜有涉及。本书的撰写目的是全面完整地介绍水生动物的典型运动推进模式:一方面为研究生物游动机制的研究人员介绍先进的数值模型和方法,助力推动生物力学发展;另一方面为从事水下推进装置研发工作的工程技术人员提供生物学原型启发,以设计更高性能的仿生潜水器。本书的写作重点在于介绍水下仿生推进的先进数值计算方法,并在此基础上探讨水下仿生推进中的若干基础性问题,包括鱼鳍的非均匀刚度分布对以太阳鱼和金枪鱼为代表的尾鳍摆动推进方式的性能影响规律、以牛鼻鲼为代表的胸鳍非对称扑动模式的转弯力矩产生机制、基于柔性腔体变形的鱿鱼脉冲推力和力矩来源机制,以及在扰动来流条件下柔性鳍的自适应控制推进性能等。

与国内外已出版的同类图书相比,本书的区别在于以下几个方面:

(1)从内容范围上看,本书介绍了鱼类的形态学特征、鱼体和鱼鳍的材料特性和结构特征等,这些被其他同类图书忽略的内容能更好地体现出仿生这门学科的交叉性。并且本书囊括了流固耦合动力学分析技术在水下仿生推进的领域的最新应用,一定程度上填补了国内水下仿生数值研究领域的空白。此外,本书的仿生对象已不再局限于已有图书所侧重的尾鳍摆动式推进,而是拓展到了以前鲜有涉及的胸鳍波动式推进和腔体变形喷流推进模式,这使本书的内容更加全面丰富。

(2)从学术思想上看,本书从鱼类的生物学研究入手,得到鱼类游动的运动模型和结构模型,再以此建立流固耦合数值计算模型,并通过对比经典的试验和数值算例来验证计算方法的精度,接着提炼出水下仿生推进研究中的若干个基础性问题,充分发挥数值计算的优势对这些问题做了深入分析和探讨,最后给出未来的研究建议。本书的行文思想体现出仿生研究的体系性,即从生物游动现象出发,从中提炼出关键科学问题,再建立对应的数值模型并进行仿真计算得到结果。这样清晰的学术思想有助于读者形成较为系统的仿生研究思路和方法。

(3)从撰写特点上看,由于仿生学涉及较多生物形态学、解剖学、结构力学等多学科知识,学科交叉特色明显,本书对专业性较强的学科术语进行了必要的解释,并使用了大量的配图来加以说明,以便读者理解,并增加本书的趣味性和可读性。

(4)从结构体系上看,本书基本遵循了生物原型→数值模型→应用实践+生物原型的结构逻辑,即介绍的每个研究内容都是从生物原型出发到数值仿真,再用得到的结果来解释鱼类游动现象或启发机器鱼设计实践。

相信本书的出版能帮助读者掌握水下仿生推进的流固耦合动力学分析方法,从而帮助他们获得更接近真实鱼类游动的流固耦合数值计算模型,通过数值仿真揭示鱼类高效推进和强机动性机制,启发工程技术人员将理论结果应用于仿生潜水器的流体动力外形、机械驱动和控制设计等方面,研制性能更优异的仿生潜水器。这些成果的应用预计将推动海洋牧场养殖监测、海洋机器人制造、海底游览观光及仿生机器鱼相关的科普教育等相关行业的发展。

本书中的部分研究成果得到国家重点研发计划(项目编号:2022YFC2805200)、国家自然科学基金(项目编号:52201381)、中国博士后科学基金(项目编号:2023M742851、2024T171174)和重庆市自然科学基金(项目编号:CSTB2022NSCQ-MSX0376)的资助,本书出版得到西北工业大学精品学术著作培育项目资助,在此作者深表感谢。作者还要特别感谢英国思克莱德大学的肖清教授,美国加利福尼亚大学圣迭戈分校的朱强教授,中国哈尔滨工程大学的时光宇副教授、李若欣博士,中国海洋大学的刘远传副教授在本书撰写过程中的有益讨论和热情帮助;感谢德国斯图加特大学的 Benjamin Uekermann 教授、德国慕尼黑工业大学的 Gerasimos Chourdakis 博士、英国达斯伯里实验室的 Wendi Liu 研究员和英国思克莱德大学的 Marvin Wright 博士在水下仿生推进研究中的讨论和帮助;感谢在读博士生徐同轼和侯哲星等的研究工作,感谢在读硕士生孟旭东和李涵哲对本书编写工作的协助。

水下仿生推进是一个多学科高度交叉和融合的研究方向,各式各样的仿生机器鱼/潜水器研制正处于蓬勃发展时期,许多问题仍需要深入研究。由于作者水平有限,书中疏漏和不足之处在所难免,敬请各位专家和读者批评指正。

作　者
2023 年 11 月于西安

目　录

第1章
绪　论

◎1.1　研究背景

地球表面70.9%的面积被海洋覆盖，和人类生活的陆地一样，海洋拥有丰富的自然资源。海洋中有许多可供开采的矿物，如盐、铜、镍、铁等。同时，在海洋中还有许多能源可供利用，如海波能、潮汐能、热能、原油和天然气等能源资源[1]。这些宝贵的资源能造福人类。然而，它们大多位于海洋深处，很难进行勘探和获取。这促使人们设计和制造能够在水下环境工作的潜水器。

无人水下航行器（unmanned underwater vehicle，UUV）是一种机动灵活、成本低、搭载方便，具有长时间续航能力的智能海洋装备，现已成为海洋科学研究、海洋工程、军事应用等领域的重要工具。通常UUV可分为远程遥控潜水器（remotely operated vehicle，ROV）和无人自主式潜水器（autonomous underwater vehicle，AUV）两类，前者通过光缆与工作母船连接，操作者可即时向潜水器传递命令，潜水器也可将水下信息实时反馈；后者则按照设定好的程序独立工作，无须人为干预遥控，属于机器人范畴。

远程遥控潜水器是一种用于石油或天然气勘探以及海洋生物取样等任务的水下装备。ROV侧重于水下工程作业，按照作业能力可以划分为四类：观察型ROV、带有负载能力的观察型ROV、作业型ROV和爬行类ROV。ROV的研发始于20世纪50年代，由美国海军主持研制，主要用于鱼雷的水下回收。如图1－1(a)所示，"CURV I"型ROV在服役期间曾在西班牙外海成功打捞一颗沉没的氢弹而震惊世界。进入20世纪70年代后，由于海洋工程的需求，ROV的研究进入了高速发展阶段，并开始商业化。美国海德鲁产业公司在1975年推出了世界上首型商业化ROV，即"RCV－125"。这是一类观察型ROV，首先被应用于北海油田与墨西哥湾油田监测。改进型"RCV－150"如图1－1(b)所示，由美国海德鲁产业公司于1980年设计，提升了其水下作业能力，可用于水下管道连接与铺设。此外，由于ROV可远距离遥控的特性，其在深海科考领域发挥着越来越重要的作用，各型ROV将最大下潜深度作为重要的性能指标。20世纪80年代，美国伍兹霍尔海洋研究所（WHOI）研制了Jason Ⅰ型ROV，如图1-1(c)所示，其最大下潜深度可达6000m，工作时长可达100h；2002年其改进型Jason Ⅱ，下潜深度可达6500m，并拥有更加先进的作业技术。20世纪90年代，日本海洋研究中心研发了10000m级别的“KAIKO”ROV，如图1-1(d)所示。1995年，该ROV成功下潜至10970m深的马里亚纳海沟，创造了潜水器的最大作业深度纪录。2009年由美国WHOI设计研发的混合型远程遥控潜水器（HROV）“海神号（Nereus）”，同样在马里亚纳海沟成功下潜至10902m深海，完成了对海洋极深处的挑战。

图1-1　国外ROV型号

(a)CURV Ⅰ；(b)RCV-150；(c)Jason Ⅰ；(d)KAIKO。

我国ROV的研究起步较晚，自主研发从20世纪90年代开始。中国船舶科学研究中心与哈尔滨工程大学、武汉数字信息研究所和华中理工大学共同研发了“8A4”ROV，并于1993年11月在大连海湾进行了试验。2003年，中国科学院沈阳自动化研究所研制了我国首型极地科考ROV“海极号”，参与了中国多次北极科考，为获取科研数据作出了巨大贡献。在海洋电缆铺设方面，2003年沈阳自动化研究所研制了“CISTAR”自走式ROV，可进行海底光缆的铺设和检测维修。在深海型ROV领域，上海交通大学于2004年成功研制了“海龙号”ROV，如图1-2(a)所示，并于同年在上海东港成功完成了3500m水下作业测试。之后，上海交通大学还主持研发了“海马号”4500m ROV，并于2014年在南海成功完成了海上航行试验。沈阳自动化研究所于2016年成功研制了“海星6000”科考ROV，如图1－2(b)所示，在2018年成功下潜至6000m深海，是目前我国ROV最大下潜深度保持者。目前“海星6000”科考ROV已顺利完成了1000m、2000m、4000m、6000m多个深度等级的综合科考任务，开展了深海生物、沉积物、岩石系列化取样等科考作业，在我国石油平台、海洋工程和深海科考等领域发挥着重大作用。

(a)

(b)

图1－2 “海龙号”ROV(a)和“海星6000”科考ROV(b)

AUV主要用于海底地形测绘、水文信息采集和目标侦察与情报搜集。AUV的研制同样也是由美国最先开展的，20世纪50年代美国华盛顿大学应用物理实验室，研发了世界上第一艘无人水下航行器“SPURV”，主要用于水文调查。从20世纪60年代开始，人们逐渐对无缆水下航行器即AUV产生兴趣，但由于技术上的制约，AUV并未发展起来。随着电子、计算机等新技术的飞速发展及海洋工程和军事应用的需求，AUV再次引起国外产业界和军方的关注。20世纪90年代，AUV技术开始走向成熟，且随着AUV民用市场的扩大，一些公司陆续投入大量的资金开展对AUV技术的研究，如美国金枪鱼(Bluefin)机器人公司、挪威康斯博格集团、美国波音公司等。

“Remus”系列AUV是美国伍兹霍尔海洋研究所设计、美国水螅虫公司制造和销售的产品，如图1－3所示。其主要包括Remus 100、Remus 600、Remus 3000、Remus 6000四种型号。Remus 100最早于20世纪60年代就展开研发，1993年在此基础之上研制了军用Remus 100，即后来的MK18MOD1型水下无人航行器，在2001年正式服役。按照系列化发展思路，随后陆续研发了Remus 600、Remus 3000和Remus 6000。目前，“Remus”系列AUV是美国列装最多、应用最为广泛的水下无人航行器，此外还大量出售给英国、澳大利亚、新西兰、芬兰、日本等国的海军。

“Bluefin”系列AUV是由美国金枪鱼机器人公司研发的，用于水下探测、反水雷、环境情报搜集等任务，共有4个基本型号(图1－4)：Bluefin SandShark、

Bluefin－9、Bluefin－12、Bluefin－21。其中，Bluefin SandShark 是微型 AUV，可由 Bluefin－21 作为母艇发射。Bluefin－21 是 Bluefin 系列化水下无人航行器的核心，以该型号水下无人航行器为基础研制了 Bluefin－21 BPAUV（战场准备水下无人航行器）、Knifefish、Bluefin－21 改（深海反潜Ⅰ）和 Bluefin－21 改（深海反潜Ⅱ）等水下无人航行器。Bluefin－21 AUV 于 2014 年 3 月参加了搜寻马航 MH370 航班的水下搜救行动，成功完成了水下搜索任务。

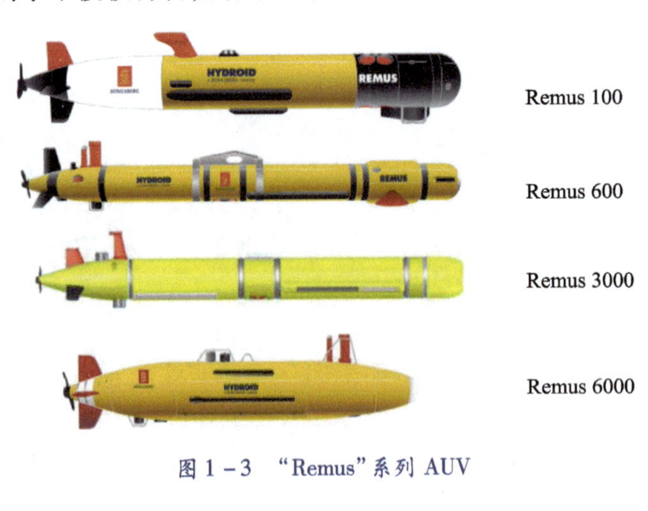

图 1－3　“Remus”系列 AUV

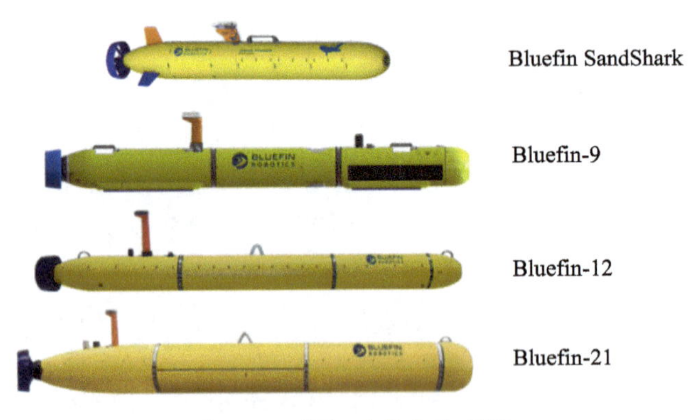

图 1－4　“Bluefin”系列 AUV

我国自 20 世纪 90 年代就展开了 AUV 的研制工作，研制出多个型号和系列的水下无人航行器，其中沈阳自动化研究所的工作成果较为突出。1994 年沈阳自动化研究所研制了“探索者号”无缆水下航行器（AUV），如图 1－5（a）所示，工作深度可达 1000m，实现了国内水下航行器从有缆向无缆的飞跃。在此基础上，1995 年“潜龙一号”6000m AUV［图 1－5（b）］的研制成功，使我国 AUV 的总体技术水平跻身世界先进行列，成为世界上拥有潜深 6000m AUV 的少数国家之一。同系列“潜龙四号”是一款面向用户应用需求的定制化 AUV 产品，如图 1－5(c)所示，其主要技术指标较“潜龙一号”有较大幅度提升，可靠性更好。2020 年，“潜龙四号”首次执行大洋调查任务，与“海龙一号”协同作业，获取了大量海底探测数据。2016 年 7 月“海斗一号”立项，如图 1－5(d)所示，由沈阳自动化研究所牵头联合国内十余家科研单位共同攻关，于 2020 年 5 月实现了马里亚纳海沟的首次万米成功下潜，表明我国全海深无人潜水器正式跨入万米科考应用的新阶段。

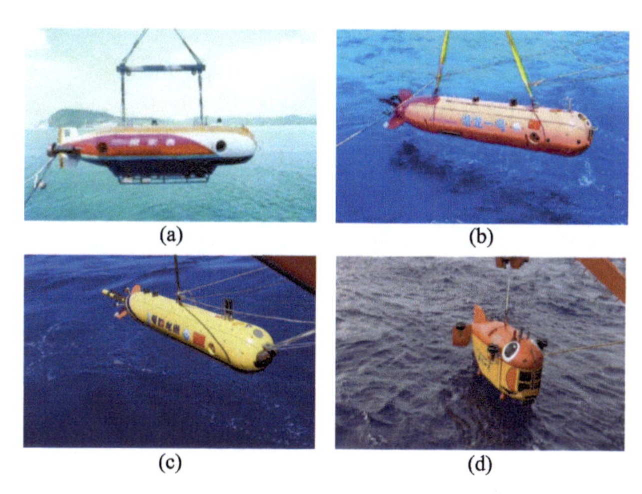

图 1－5 国产 AUV 型号

(a)探索者号；(b)潜龙一号；(c)潜龙四号；(d)海斗一号。

综上所述，为了制造和安装简便，ROV 通常采用开放式设计框架。然而，这种设计使航行器在运行过程中的水动力效率低下，并且操作不稳定，尤其是在有水流和漩涡的复杂湍流条件下，操作更加困难。AUV 则多呈常规鱼雷形，这种流线型外形设计有助于减少航行阻力。但它们主要依靠螺旋桨推进器推进，工作时噪声大，在低速时，运动机动性差[2]。

相比之下，在水下生活了 6 亿多年的海洋动物游动姿态优雅、效率高，同时也具有较高的机动性[3]。这些水生动物为人们设计高效的水下航行器和机器人提供了很好的原型，目前，具有鱼类外形和推进方式的水下航行器和机器人或许能避免传统的依赖螺旋桨推进的无人水下航行器存在的缺点。另外，生物学家也热衷于研究鱼的游动姿态，因为鱼的形态、生理和行为适应都深受鱼与水的相互作用的影响。因此，对鱼类游动机制的研究是各学科研究人员和工程师的兴趣所在。本节将对水生动物推进方式进行介绍，并介绍其主要特点，即水生动物在水中运动的结构柔性和柔性变形模式。

1.2 水生动物的推进分类

在介绍水生动物的推进方式之前,有必要简单描述常见鱼鳍的类型,如图1-6所示。鱼类的鳍从头到尾包括胸鳍、骨盆鳍、背鳍、臀鳍和尾鳍等,有的鱼类只有部分鳍,比如蝠鲼只有胸鳍和尾鳍。在 Sfakiotakis 等[4]的早期工作中,他们把鱼类的游动模式分为两种主要类型:一种为躯干和/或尾鳍(body and/or caudal fin,BCF)运动;另一种为中间鳍和/或对鳍(median and/or paired fins,MPF)运动。使用 BCF 运动模式的鱼类的主要推动方式是通过弯曲延伸到尾鳍的推进波来产生推力。如果鱼类运动使用中间鳍和胸鳍推动,就会被归类为 MPF 模式。然而,在现实生活中,鱼类在游动时可能会同时使用尾鳍和胸鳍。此外,这种鱼类运动分类方式把如鱿鱼等头足类动物排除在外,而它们也是水生动物中不可缺少的一员。

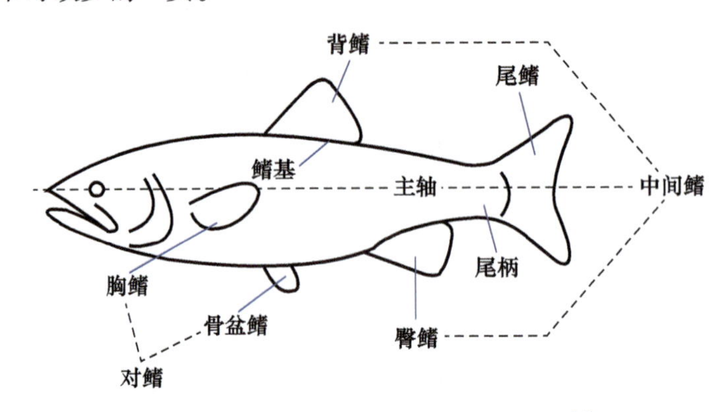

图1-6 本书使用的鱼类鳍的相关术语[4]

后来 Salazar 等将水生动物的推进方式分为三大类,即鳍摆动、鳍波动和喷流推进[5],如图1-7所示。与 Sfakiotakis 等提出的通过鱼鳍类型来进行推进分类不同的是,Salazar 等是依据鳍的运动特征来进行分类的。也就是说,在鳍的波动运动中,在鳍面至少会形成一个完整的推进波,而鳍摆动时绕其基座旋转,不会有明显的完整波形生成。鱼鳍的摆动推进是水生动物最常见的运动方式,在尾鳍游动生物中最为常见。而鳍的波动推进通常与鱼类的胸鳍相关。虽然喷流推进在所有水生动物推进方式中只占较小的部分,但其机制与其他两种推进方式有很大的不同,具有独特的特点,值得人们关注和研究。

1. 鳍摆动

本节首先介绍的是图1-7所示的鱼类推进方式最广泛的一类,即鳍摆动。

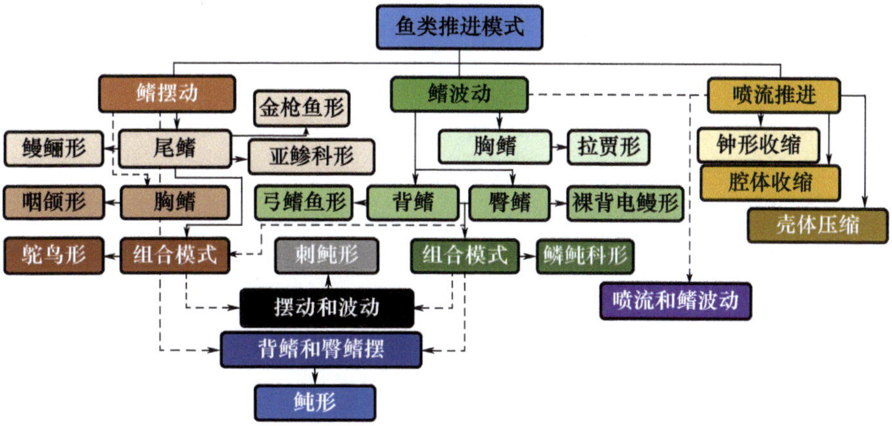

鱼类推进模式
鳍摆动
鳍波动
喷流推进
金枪鱼形
鳗鲡形
尾鳍
亚鲹科形
胸鳍
拉贾形
钟形收缩
腔体收缩
咽颌形
胸鳍
弓鳍鱼形
背鳍
臀鳍
裸背电鳗形
壳体压缩
鸵鸟形
组合模式
刺鲀形
组合模式
鳞鲀科形
摆动和波动
喷流和鳍波动
背鳍和臀鳍摆
鲀形

图 1-7　鱼类推进方式的分类

在鳍摆动的类别中，大多数鱼类依靠尾鳍产生推力，其他鳍的作用更多的是提高游动的机动性。使用尾鳍驱动的鱼往往游得更快，而且这些鱼中的大多数很可能在食物链中具有捕食性。此外，一些以尾鳍摆动为推进方式的鱼类具有惊人的游动持久力，它们可以迁徙数千英里[1mi(英里)≈1609.3m][6]。

尾鳍摆动推进模式可进一步分为四种模式，如图 1-8 所示。在这四种模式中，鳗鲡形(anguilliform)模式是鱼体摆动幅度最大的一种，它游动时鱼体上至少有一个完整的推进波。这种灵活的身体摆动是由大量脊椎运动来支撑的。例如，海蛇(pelamis)就是采用鳗鲡形模式游动的生物，它有 186 块脊椎[8]。一些以鳗鲡形为游动姿态的水下生物可以通过改变推进波的传播方向，将游动方向由前向转为向后。

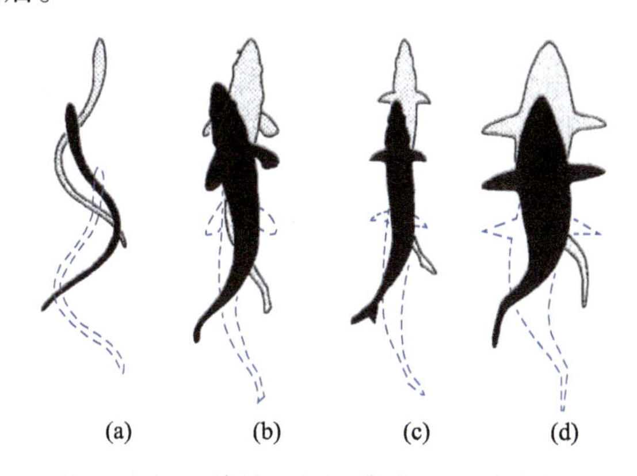

图 1-8　鳗鲡形(a)、亚鲹科形(b)、鲹科形(c)和金枪鱼形(d)模式尾鳍摆动期间身体运动的示意图[7]

亚鲹科形(subcarangiform)和鲹科形(carangiform)的游动姿态区别并不明显,且两者的游动姿态有相似的地方。相比之下,使用鲹科形作为游动姿态的鱼类身体前端摆动量比亚鲹科形的摆动量更小,如图1-8所示。因此人们认为,亚鲹科形鱼类的游动速度比其他类型的鱼类游动速度快。然而,与其他两种游动模式相比,它们的身体不够灵活,因此运动转向机动能力较低。虹鳟鱼和鲑鱼的游动模式属于亚鲹科形模式,而蓝鳃太阳鱼和鲱鱼的游动模式则是鲹科形模式。

采用金枪鱼形(thunniform)模式的鱼类特点是鱼体和尾部刚度较大,鱼体的游动幅度有限,其摆动只发生在鱼体的后1/4处。因此,大部分推力(超过90%)由尾鳍产生。典型的采用金枪鱼形模式游动的生物包括金枪鱼、鲨鱼和海豚,这种游动模式具有游动效率高和速度快的特点。它们的鱼体外形是流线型的,可以显著降低阻力,并且可以长时间快速游动[9]。这些优势使它们成为高效的捕食者。

除了尾鳍,其他的鳍运动也可以产生推进作用。例如,濑鱼、鳞鱼和鹦鹉鱼等鱼类利用其胸鳍扑动来产生推力。这种基于胸鳍摆动的推进模式被称为唇形模式。在这种推进模式中尾鳍产生的推力起辅助作用。而背鳍和臀鳍在鲀形(tetraodontiform)模式游动中是主要的推进器,其典型代表有三棘鲀和海洋太阳鱼等。

2. 鳍波动

与鳍摆动相比,鳍波动具有更大的灵活性,这是由于波动的鳍面通常是由一根独立的更加灵活的鳍条组成,因此在沿鳍波动方向能呈现出更多可观察到的推进波。这种游动方式的水生动物可以利用鳍波动产生推力和机动能力。虽然只使用鳍波动推进的鱼类常是低速游动者,但它们可以控制波动的方向和相位,从而灵活地向前或向后运动,甚至原地转动。

鳐鱼形模式是鳍波动运动模式中最大的一类。这种运动模式常见于鳐鱼等。它们依靠两侧的胸鳍波动进行运动,这与鸟类翅膀的飞行有一定的相似性。如图1-9(a)所示,许多采用鳐鱼形模式游动的生物身体呈菱形状,翼展超过数米。

以图1-7中弓鳍鱼形(amiiform)模式推进的鱼类通常有较长的背鳍,且它们通过波动背鳍进行游动。如图1-9(b)所示,使用弓鳍鱼形模式游动的鱼类包括弓鳍鱼和裸臀鱼。采用裸背电鳗形(gymnotiform)模式游动的鱼类与弓鳍鱼形模式的鱼类游动相似,但前者利用细长的臀鳍产生波动。采用这种游动模式的典型代表是黑色幽灵鱼,如图1-9(c)所示。使用这两种游动模式的鱼类可以通过改变推进波方向和鱼鳍的攻角轻松改变游动方向,从而实现复杂的机动性[10]。不过,它们通常不是快速的游动者。

图1-9 蝠鲼(a)、裸臀鱼(b)和黑色幽灵鱼(c)

3. 喷流推进

如图1-7所示,喷流推进是三种主要推进方式中最小的一种。与其他两种推进方式不同,喷流推力的产生不依赖鳍的运动。喷流推进可分为三种主要类型,即钟形收缩(bell constriction)、腔体收缩(mantle constriction)和壳体压缩(shell compression)。采用钟形收缩模式游动的典型生物是水母,在游动中水母钟形伞状肌肉会收缩和放松,如图1-10(a)所示。但是,采用钟形收缩模式游动的生物受到洋流和周围流体动力扰动的影响很大,甚至有时它们产生的推力不足以克服环境的扰动。相比之下,使用腔体收缩模式游动的水下生物可以从腔体内向外排出高速水流,以便产生较大的脉冲推力。头足类动物的游动形式属于腔体收缩模式,如章鱼和鱿鱼等,分别如图1-10(b)和(c)所示。与水母相比,头足类动物有一个结构良好的压力腔体和喷口,这个喷口将腔体内外的流体隔离开。因此,它们有更优越的能力来压缩流体并产生更强的喷流尾迹。此外,章鱼的触角更发达,使它们可以在海底行走。除了喷流推进,鱿鱼还利用鳍的波动辅助低速推进和机动运动。

壳体压缩模式是贝类独有的游动方式。它通过打开和关闭两个刚性壳体来产生推力。扇贝是采用壳体压缩模式游动的典型代表生物,它在游动收缩时需要很多能量。因此,这种游动方式时间并不持久,主要在危急时刻时用于逃生。

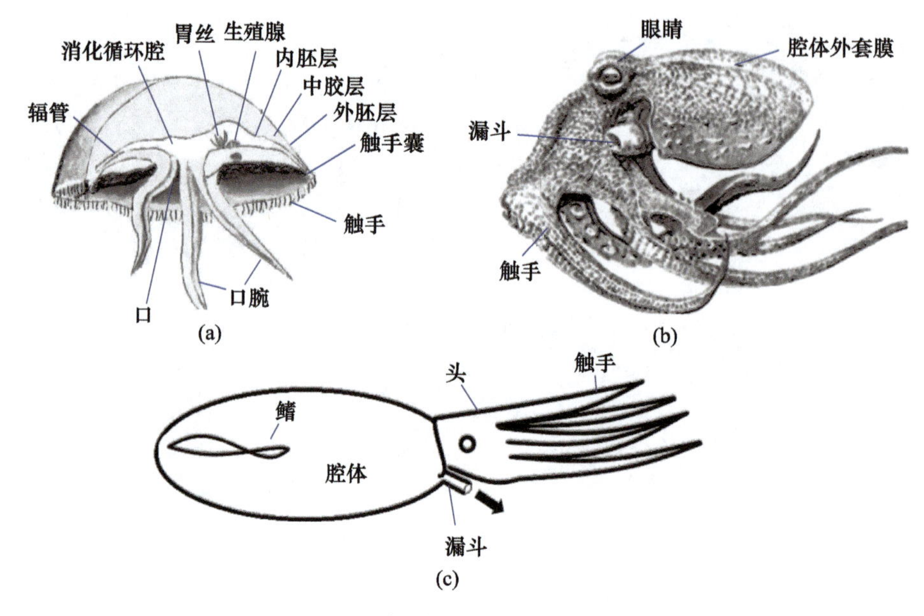

图 1-10　水母(a)[5,11]、章鱼(b)和鱿鱼(c)的示意图

◎ 1.3　水生动物推进游动中的柔性与变形

通过对上述水生动物的游动方式分类可知,除贝类使用的刚性壳体压缩模式外,鱼体和鳍的变形是这些鱼类游动时最常见的特征。这种变形在不同的游动模式或物种之间不是单一的。例如,鳍推进和喷流推进之间就有明显的区别,前者游动时的变形主要发生在尾鳍和胸鳍等;而对于喷流推进,鱼类表面的腔体则呈现出周期性的膨胀-收缩变形。

由于鱼鳍的厚度(包括图 1-6 所示的其他不同类型的鱼鳍)和其他方向的尺寸(即弦向和展向长度)相比都较小,因此如 Lauder 和 Madden 所述可以将鱼鳍称为推进面[12]。这些推进面的变形模式相当复杂,无法通过图 1-8 所示的简单二维构型进行重构。以尾鳍摆动(鳍摆动模式中最大的一类)为例,图 1-11 描绘了一条正在游动的蓝鳃太阳鱼的胸鳍形状。这些推进面的变形是随空间和时间发生变化的,它的变化取决于游动速度和机动情况,在外形和面积大小上能表现出相当大的变化。除去在游动时鱼尾鳍呈现的明显的动态变化,鱼尾形状在不同物种之间也有很大的差异,如图 1-12 所示。从黑鱼到金枪鱼再到鲨鱼,尾鳍的长宽比(即长度的平方与表面积的比值)一直增加。金枪鱼(尾鳍关于身型中线对称）和鲨鱼（尾鳍关于身型中线不对称）的尾鳍高度分叉，形成月形轮廓，如图 1-12(c) 和(d)所示。同样，许多使用鳍波动的鱼类其胸鳍也表现出各种形状（参见文献[13]中的图1）。这些形状各异的推进面在游动时表现出随时间和空间变化的复杂三维运动（或变形），这是仿生机器鱼计算流体动力学（computational fluid dynamics，CFD）建模和运动学设计的关键元素[14]。

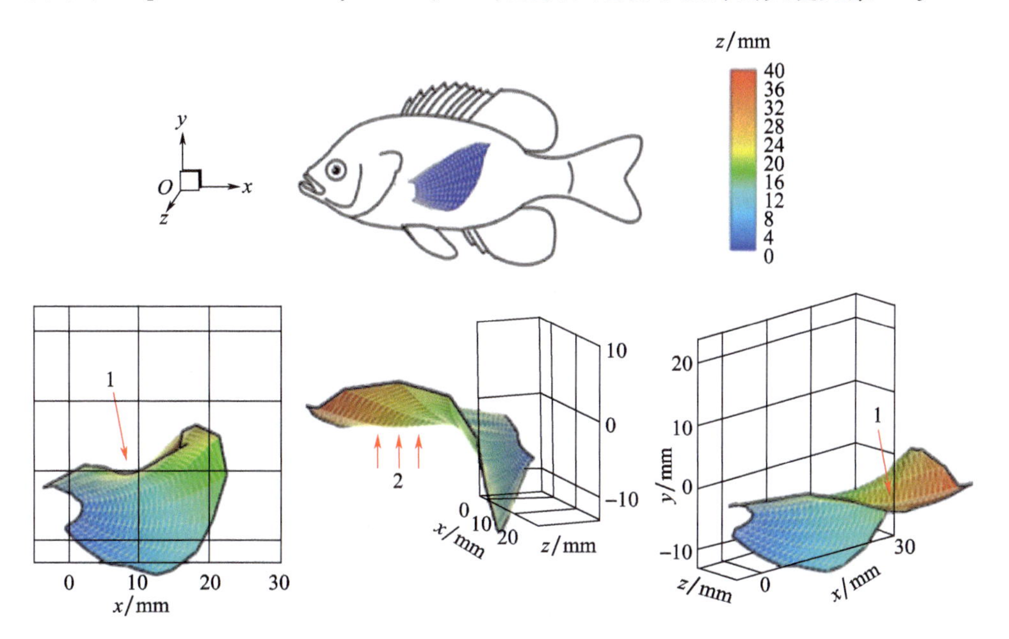

图 1-11 不同视角下蓝鳃太阳鱼的胸鳍

（箭头1表示从鳍根到鳍尖的弯曲波，箭头2表示在外划过程中产生推力的鳍表面[14]）

图 1-12 具有各种尾鳍形状的鱼类

(a)蛇头鱼；(b)蓝鳃太阳鱼；(c)金枪鱼；(d)马可鲨。

相比较而言，水母、章鱼和鱿鱼等喷流推进式水生动物的腔体形态变化则较小。如图 1 – 10 所示，它们通常有一个椭球形的主躯体和一些附体。与鳍运动方式的游动生物中观察到的复杂鳍变化相比，喷流推进生物的躯体变形模式相对简单。例如，鱿鱼在周期性的膨胀 – 收缩运动中，只有腔体的直径发生变化，而腔体的长度几乎保持不变，如图 1 – 13 所示。

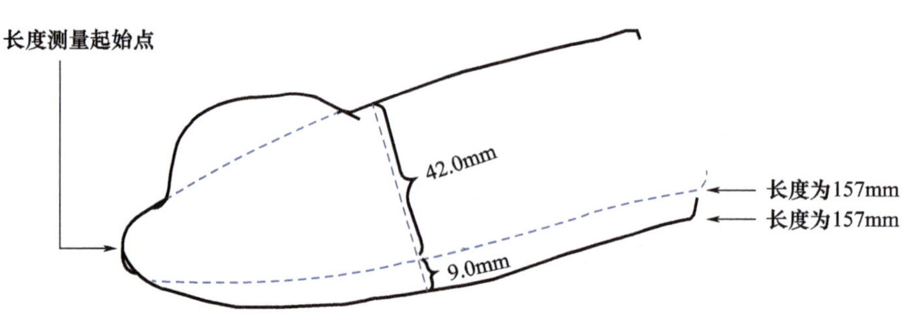

图 1 – 13 鱿鱼腔体的收缩示意图[16]（虚线表示收缩之后的状态）

上述水生动物的躯体和/或鳍的摆动变形与其材料特性的柔性密切相关。这对于鱼类推力的产生和游动方向的控制非常重要[15]。由于这种柔性，柔性鱼体和/或鳍以及周围流体在游动过程中的动态相互作用是不可避免的。因此，人们观察到的鱼体和鱼鳍的各种结构变化是复杂流固耦合的结果，这种复杂性部分归因于复杂的非线性材料特性[14]。然而，目前尚不清楚鱼体和推进面的变形是以主动变形为主还是以被动变形为主，因为鱼类可以主动控制这些变形。例如，蓝鳃太阳鱼的柔性鳍条具有双层结构，鳍的肌肉附着在鳍条底部的两侧。鳍条两侧不同的肌肉活动可控制柔性鳍条的变形。因此，通过单独控制整个鳍面上每根鳍条的运动能够呈现出鳍整体的复杂结构变形。相比之下，鱿鱼腔体的收缩是由环形肌肉收缩引起的，因为这种肌肉收缩导致腔体的周长减小。腔体在短时间内的过度膨胀（hyper – inflation）则可能是由径向肌肉收缩导致的。然而，在这些过程中，流体力对鱼体和鳍的变形也有重要影响。这使解释鱼类的变形和周围的流场特征之间的相互关系极具挑战性，因为鱼类在游动时还能动态地改变躯体和推进面的刚度。

绝大多数鱼类是在变化的流场环境中游动的，而不是处于静止或定常的流场中。这些受扰动的流动环境通常由周围的结构或其他鱼类游动造成。因此鱼类的游动形态也会随着流场环境变换而改变。为了利用这些流动环境，鱼类可以主动调整其推进面运动来俘获能量[17]。在这种情况下，鱼体和鳍的柔性变形可能会变得更加复杂，这是因为此时鱼类受扰动流场环境下的主动应激和流场激励的被动影响，而这也是静止或定常流动环境下所不具备的。

◎1.4 本书主旨

柔性鱼体和/或推进面与流体之间复杂的流固耦合相互作用产生的主被动变形在水生动物推进中起关键作用。因此,本书的主要目的是通过数值建模和仿真,加深对涉及鱼鳍柔性变形推进和喷流推进的潜在机制的研究。本书旨在讨论鱼类游动的以下几个基本问题:

(1)推进面的复杂变形对鱼类游动中的水动力影响如何?

(2)涉及复杂推进面变形的水生动物尾迹有着怎样的三维漩涡结构特征?

(3)在鱼体和鱼鳍的变形过程中,主动肌肉控制和被动变形的影响程度各有多少?

(4)非对称胸鳍扑动能产生什么样的涡结构特征?何种方式能产生较大的转弯力矩?

(5)在高雷诺数下,喷流推进的涡演化特性和推进性能如何?

(6)腔体变形喷流推进模式下的涡环演化和脉冲推力在背景来流影响下会有何种变化?

(7)仿鱿鱼"矢量喷口"推进的转弯力矩产生机制是什么?

(8)在扰动流场环境下,鱼通过反馈运动控制游动和保持位置时,有什么水动力收益?

为了找到这些问题的答案,本书制定了更具体的目标。

(1)开发一个三维流固耦合求解器,该求解器能够处理具有复杂非线性材料特性的柔性体和鳍与浸没流体之间的动态相互作用。此类流固耦合求解器在文献中鲜有报道,许多现有流固耦合求解器只能处理具有简单几何结构和线性材料的仿生模型。例如,二维或三维梁模型,或矩形柔性板模型。如前所述,这些简化模型很难模拟复杂的三维鱼体和鳍运动在时间和空间上的变化。与文献中已有的一些基于专用于薄壁结构的有限元方法的流固耦合求解器相比[18-19],本书使用的结构求解器 CalculiX,是一个更通用的有限元分析程序,具有更广泛的材料和几何适用性[20]。此外,一些先进的耦合算法,如改进的分区界面准牛顿反式最小二乘(IQN-ILS)算法、滤波技术[21]和并行耦合技术[22]被用于高效和稳定的模拟。本书的主要贡献之一是通过耦合库 preCICE 将流场求解器与有限元分析代码耦合起来,开发出通用的流固耦合求解器。这将丰富文献中用于仿生研究的数值工具库,并为完成以下目标奠定基础。

(2)利用上述开发的流固耦合求解器研究非均匀刚度分布对尾鳍推进游动

生物的运动学和推进性能的影响。如前所述,柔性(或刚度)是鱼鳍的一个关键属性,在运动过程中起重要作用。对鱼体和尾鳍的弦向及展向刚度分布进行流固耦合数值研究,旨在回答上述前三个问题。它们都与鱼鳍的刚度和变形有关。流固耦合数值模拟是试验研究不可或缺的替代方案,在试验研究中,这些变量不容易测量,但或许可以从流固耦合仿真中找到想要的答案。

(3)蝠鲼胸鳍非对称扑动的三维流场结构、推进和转弯性能数值研究。现有的对蝠鲼胸鳍扑动式的研究大多集中在推力产生效能方面,而蝠鲼常常利用左右胸鳍的非对称扑动来产生转弯力矩以实现优越的机动性能。探究这种非对称扑动下的涡结构演化特征和对应的推力与力矩产生机制,有助于理解蝠鲼高效机动的水动力机制,启发仿胸鳍扑动式潜水器的驱动机构和控制设计。

(4)仿鱿鱼腔体变形脉冲喷流推力试验。喷流推进作为三种主要的游动方式之一,不同于鳍摆动和鳍波动两种游动模式,很少受到研究人员的关注。在喷流推进的研究中,与鱿鱼和其他头足类动物的腔体收缩模式相比,以水母为代表的钟形收缩模式得到了更广泛的研究。然而,与鱼鳍运动和水母钟性收缩相比,鱿鱼的喷流推进能产生出优越的脉冲推力,这值得我们深入探究来阐明其机制。本书将分别考虑在高雷诺数和背景来流影响下的腔体变形喷流推进性能。这两种情况在先前的研究中尚未涉及,但都是鱿鱼在自然界中运动的真实情况。此外,本书也将探讨弯管喷流的涡结构演化,试图通过数值方法来揭示“矢量推进”模式下的推力和转弯力矩产生机制。

(5)基于比例-微分(PD)控制方法的圆柱体附近自推进柔性鳍的运动控制研究。如前所述,受周围流场环境的影响,鱼类可能会改变其游动行为。因此,与上述均匀来流条件不同,鱼鳍在刚性圆柱体附近自由游动时的流场环境实际已经因受到扰动而发生变化。通过运动控制系统来指令鱼鳍模型游动到指定目标状态,其目的是探索自推进柔性鳍如何调整所需的驱动力大小而游动到目标位置并保持静止。同时,本书也将评估鱼鳍模型在圆柱体附近游动的能量消耗,以比较鱼类在“庇护流场”中的节能效果。

◎1.5 本书组织架构

本书共有 8 章,内容构成如下所述:

第 1 章介绍了本书的研究背景和撰写动机,包括水生动物推进方式的分类及其主要特征,即结构变形和柔性。此外,本章还给出了其他章的研究目标。

第 2 章对与本书相关的研究现状进行了文献综述。分别回顾了先前的生物学研究、利用机械或机器装置的机制研究,以及尾鳍摆动推进、胸鳍波动推进、喷流推进和扰动流场条件下的鱼鳍游动的数值研究。现有的水下仿生推进的数值仿真技术也会在这一章进行总结。

第3章描述了仿生推进涉及的控制方程,及其数值模型和数值解法。具体而言,首先介绍流体动力学和结构动力学;接着介绍流体和结构求解器之间的耦合方案,以形成流固耦合求解器;最后通过将流固耦合仿真结果与之前的试验和数值研究结果进行对比来验证所开发的流固耦合求解器的精度和有效性。

第4章~第7章重点介绍了上述数值求解器的应用,并给出了仿真求解结果。第4章首先对仿太阳鱼尾鳍模型和仿金枪鱼模型的游动进行了数值模拟,研究了其展向和弦向刚度变化对运动学和推进性能的影响。

第5章主要讨论牛鼻鲼胸鳍非对称扑动时的三维涡结构演化以及推力和转弯力矩的生成能力。牛鼻鲼胸鳍涉及复杂的展向、弦向和扭曲变形,通过对真实牛鼻鲼游动时的运动观测,建立胸鳍扑动的运动学模型。再指定左右胸鳍非对称扑动,包括幅值和频率非对称等,研究非对称扑动时的流场特征,计算所产生的推力和力矩,以揭示蝠鲼强机动性的水动力学机制。

第6章重点介绍了仿鱿鱼腔体变形脉冲喷流推进。分别考虑了二维和三维的仿鱿鱼模型,以及带弯曲喷管的三维仿鱿鱼“矢量推进”模型。二维仿鱿鱼喷流模型的研究涉及由外部附加力驱动的柔性收缩-膨胀来模拟鱿鱼腔体的圆形肌肉收缩,这项研究考虑了流固耦合作用。相比之下,三维仿鱿鱼模型的运动变形则是通过数学方程指定的,这是为了研究喷流速度剖面和喷流行程比对推力的影响,以及喷口的弯曲角度和行程比对推力和转弯力矩的影响规律。

在第7章中,流固耦合求解器将进一步应用于均匀来流中固定圆柱前二维柔性鳍自推进研究。柔性鳍的运动由PD反馈控制器调整驱动力来控制,主要研究柔性鳍在PD控制下,由在不同初始位置游动指定距离到目标位置所消耗的能量。

为了总结全书,第8章给出了总结和未来研究建议。

第 2 章
国内外研究现状

本章将全面回顾与当前工作相关的鱼类游动研究。如第 1 章所述，鱼类的种类和游动方式多种多样，本书难以涵盖水下仿生推进研究的所有方面。因此，本章的文献综述仅限于较大类别的运动模式，如尾鳍摆动推进的鲹科形(carangiform)、金枪鱼形(thunniform)模式，鳍波动推进的胸鳍拍动模式，以及喷流推进的腔体收缩模式，这四种模式的典型代表分别为太阳鱼、金枪鱼、蝠鲼和鱿鱼。它们也是水下仿生机器人研发中最受欢迎的生物原型。针对这三种运动模式的综述包括生物学研究、利用仿生鱼鳍的机制研究和数值研究。本章最后一部分重点介绍了在扰动流场条件下，鱼类的游动机制和行为以及基于比例－积分－微分(PID)控制的鱼类游动控制研究。

◎ 2.1 尾鳍摆动推进

■ 2.1.1 鱼类生物学研究

2.1.1.1 以太阳鱼鱼尾为例

1. 太阳鱼的尾部结构

利用尾鳍推进的鱼类常被称为鳍条鱼类。鳍条鱼类的特点是它们的蹼状鳍由脊柱骨(鳐)支撑。蓝鳃太阳鱼是鳍条鱼类家族的一个典型例子，它的尾鳍由发育完整的脊柱骨支撑。如图 2－1(a)所示，它的鱼尾鳍背部前侧的形态是对称的正尾型。解剖学研究表明，蓝鳃太阳鱼尾部骨骼由中间扁平尾骨、毛细血管和神经脊柱组成。尾下骨的远端边缘支撑着软骨垫，后者是尾鳍根部附着的位置[23]，如图 2－1(c)所示。研究还发现蓝鳃太阳鱼尾鳍鳍条为双层结构，相邻鳍条通过薄膜连接[图 2－1(b)]。每根鳍条都分成两半(半肌)，它们通过底部肌肉来驱动肌腱收缩产生相互滑动。前一半鳍条的底部被拉到另一边时所产生的偏移就是鳍条的曲率，如图 2－1(c)所示。每根鳍条都能很好地控制其弯曲，这从整体上构成了复杂鳍面运动的形态学和力学基础。

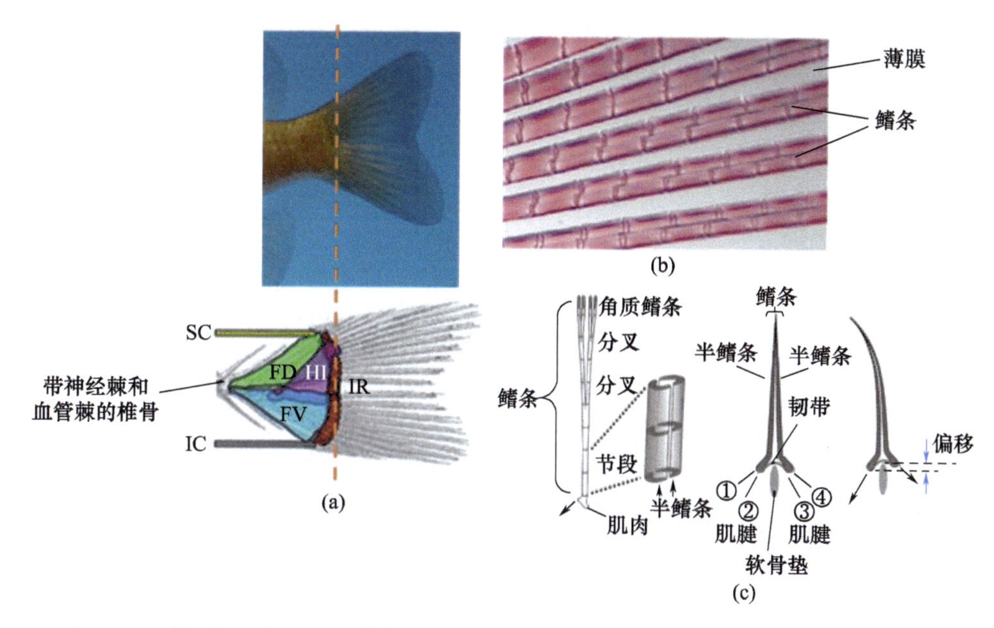

图 2-1　蓝鳃太阳鱼的尾鳍骨架显示其尾部的支撑结构，图片由文献[23-24]改编得到(a)，尾鳍近距离观察的图片[25](b)，以及显示带有两条半鞭毛的鳍条的示意图[26](c)
[图(a)中所示的内源性尾肌是背屈肌(FD)、腹屈肌(FV)、下纵轴肌(HL)、脊下肌(IC)、桡间肌(IR)和脊上肌(SC)]

2. 太阳鱼尾鳍的运动特征

得益于尾鳍鳍条复杂的结构，鱼类可以动态改变鳍的运动和变形，这在活鱼的生物试验中可以观察到。高速摄像机是观测鳍运动的常用工具。例如，Lauder[27]使用两个用于分别拍摄左侧视角和后侧视角的高速摄像机对稳定游动的尾鳍进行了三维运动学分析。研究表明，尽管蓝鳃太阳鱼尾鳍具有正尾形态，但其背叶和腹叶的功能并不像之前所预期的那样对称运动；相反，与腹叶相比，背叶有大于 50% 的横向偏移，因此摆动的速度更快。他还观察到，背叶与水平面呈明显的锐角，因此尾鳍在稳定游动期间会产生升力。鉴于背侧和腹侧的屈肌围绕水平轴近似对称分布，他推测正尾蓝鳃太阳鱼的这种不对称运动是由活跃的尾鳍肌肉组织引起的。肌电图的测量结果表明，下纵轴肌可能影响腹叶运动，它是出现不对称运动时唯一的活动肌。此外，这种肌肉在稳定游动时也会有显著变化[28]。Tytell[29]对蓝鳃太阳鱼尾鳍的另一项观察表明，在平稳游动过程中，背叶和腹叶可能会领先于尾部摆动，使中间的尾鳍在横向运动时出现滞后情况，形成杯状鳍面。

以上对尾鳍运动的观测仅限于在稳定的巡游状态下，且只涉及下弦纵肌的肌肉活动。后来的研究表明，图 2－1 所示的复杂鳍条结构在鱼类机动运动过程中能产生更复杂的鳍条外形变化[24]。具体而言，Lander 和 Tytell 的试验中考虑了蓝鳃太阳鱼快速摆动后滑翔、制动和后退动作，其对应的鳍的外形特征如图 2－2 所示。对于快速摆动后滑翔运动，他们观察到尾鳍首先快速地摆动，随后鳍条内收，表面积减少。在制动过程中，尾鳍的背侧和腹侧产生反方向的运动，形成一个"S"形的尾鳍形状，并且桡侧肌活动剧烈。相比之下，在后退时，他们观察到鳍的后缘从腹侧到背侧出现弯曲波形。随后的他们对蓝鳃太阳鱼的倒游研究主要集中在尾鳍表面从腹侧到背侧的波形，这种波形与向前游动时形成的波形方向相反，会产生一种指向腹侧的力。他们由此推测这种反向升力有助于控制由胸鳍驱动的向后运动时所产生的俯仰和偏航不稳定性。

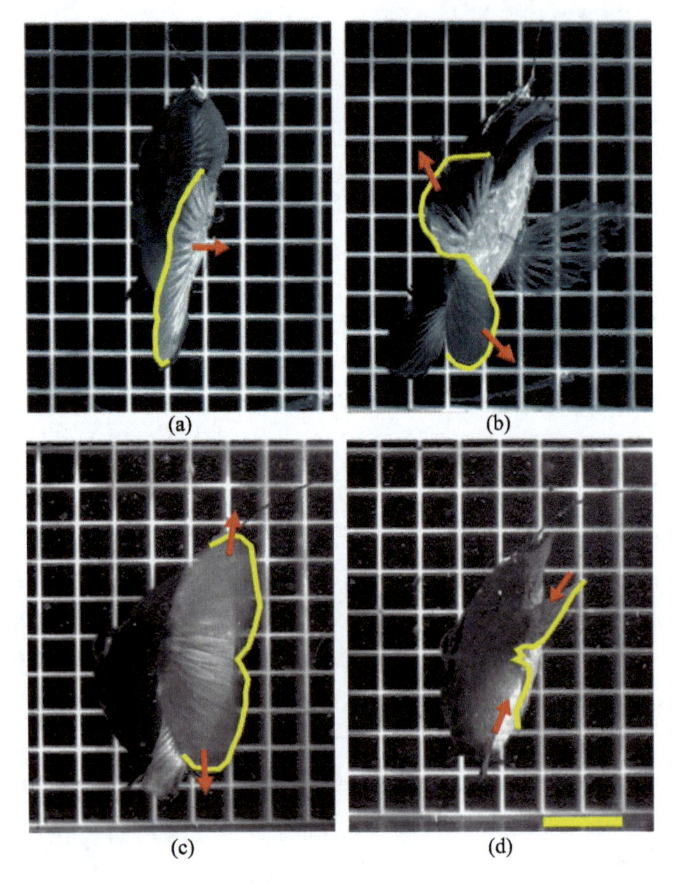

图 2－2　蓝鳃太阳鱼稳态游动(a)、制动(b)、加速(c)和滑行(d)游动方式时尾鳍照片[24]
(鱼尾后缘外形用黄线标记，箭头指向表明背叶和腹叶的运动方向)

3. 太阳鱼鱼尾的水动力特性

除了对活鱼进行上述形态学和运动学研究外，还可以在实验室环境下通过流体动力学对鱼类游动进行生物学研究。数字粒子图像测速（digital particle image velocimetry，DPIV）技术是游动鱼类周围流场可视化的有效工具。Drucker和Lauder[30]报道了DPIV在蓝鳃太阳鱼胸鳍周围流场测量中的早期应用。根据测量得到涡环的方向和动量与根据经验公式导出的阻力和重力的反作用力吻合得很好，由此说明，使用DPIV研究游动鱼类周围非定常流具有可行性和准确性。他们后来的一项研究重点在于使用DPIV技术研究鱼尾鳍的尾迹[27]。由于前述太阳鱼尾鳍的背腹不对称运动，Lauder由此预测将产生升力，因此尾部的涡环脱落会有水平方向倾斜现象。通过DPIV技术获得的速度矢量和涡量图证明了这一点，如图2-3(a)所示。他还假设，根据图2-3(b)所示的测量结果，尾部可以产生连续的涡环。

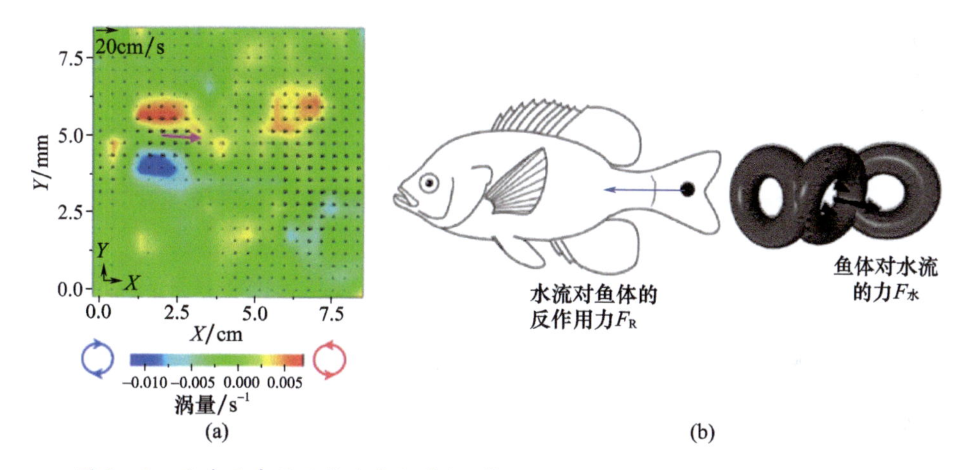

图2-3 垂直面中的流体速度矢量（如箭头所示）和z方向涡量（彩色云图）(a)以及稳定游动时太阳鱼尾巴后面的涡尾迹示意图(b)[27]

随后，Tytell[29]使用粒子图像测速技术（PIV）技术测量研究了背鳍、臀鳍和尾鳍所产生复杂涡流的相互作用。他发现，背鳍和臀鳍产生的涡环与尾鳍涡的涡环区别不大，因此，他认为背鳍和臀鳍涡产生的力大致相等。他也根据涡环环量分析了鱼类后部不同位置力的贡献。文献[31]报道了使用PIV技术研究蓝鳃太阳鱼匀加速运动时周围的流场特征。他们的研究发现加速过程中的尾迹涡量比稳态游动时更高。

上述PIV技术对鱼周围流场的测量仅限于二维平面分析。随后，人们利用新的三维速度测量成像系统来实现鱼类游动三维尾迹结构的可视化[32-33]。Flammang等首次发表了蓝鳃太阳鱼尾鳍产生的三维尾涡结构的文章。他们还使用这种三维速度测量成像方法研究了背鳍、臀鳍与尾鳍之间的三维涡流相互作用。相比 Tytell 在 2006 年关于平面涡流相互作用的研究[29]，这是一个显著的进步。

2.1.1.2　以金枪鱼为例

1. 金枪鱼的尾部结构

与蓝鳃太阳鱼相比，金枪鱼和其他鲭鱼的身体外形更接近流线型。它们有水滴状的躯体，躯体后端收缩形成分叉的半月形尾巴。解剖学研究表明，后尾骨附近相互重叠的神经和血液棘（neural and haemal spines）向后凹陷[34]，如图 2-4(a)所示。一些尾骨两侧有侧面法兰，形成由一层厚厚的胶原纤维组成的尾柄龙骨，以加强尾部的弯曲刚度。尾下骨和尾杆骨在尾柄末端融合成一个单一的尾下骨板。尾下骨板的脊和槽通常在尾部鳍条的底部。

Fierstine 和 Walters 认为鲭鱼的鱼尾相比其他鱼尾肌肉较少，比如前面介绍的太阳鱼尾的肌肉就比鲭鱼的多。这样一来背部和腹部的不对称性可以降至最低。具体而言，如图 2-4(b)所示，一条大外侧肌腱穿过尾柄直达尾骨板而插入尾鳍鳍条上。它们形成一个与各鳍条相连的扁平的胶原纤维群。金枪鱼的尾鳍由胶原蛋白纤维和嵌入的鳍条组成，如图 2-5 所示。主鳍条几乎总是 17 条，其中 9 条在后尾下骨凹槽，8 条在其下。每根鳍条从鳍前缘延伸到鳍中部然后到尾鳍后部的软鳍条[35]。总体而言，金枪鱼的尾部肌肉组织不如其他一些有鳍条鱼类（如太阳鱼）复杂或发达，这可能会限制金枪鱼对鳍条的精细控制。这些较硬的鳍条、尾骨板和胶原纤维共同构成尾鳍的主要结构，它们能够承受鱼类在游动时遇到的大部分阻力。由于使用了先进的显微计算机断层扫描（μCT），最近的研究已经可以给出黄鳍金枪鱼尾鳍形态的清晰图像[36-37]。

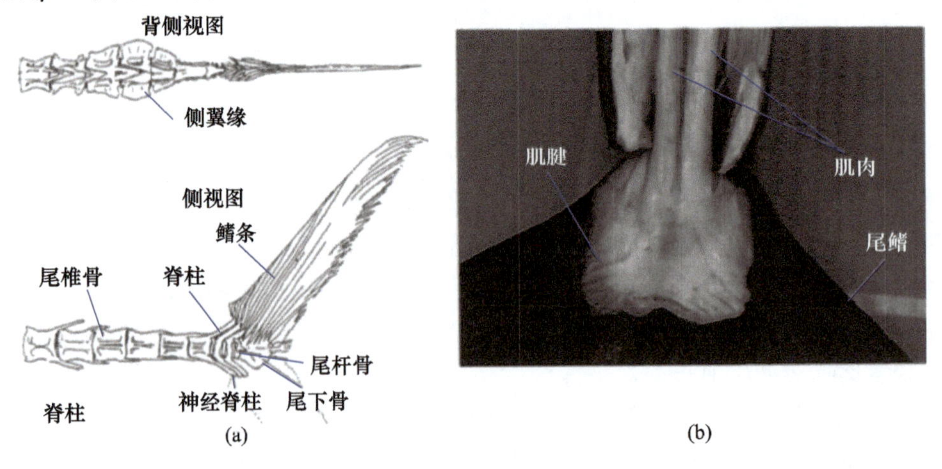

图 2-4　蓝鳍金枪鱼的尾部骨骼(a)、肌肉和肌腱(b)

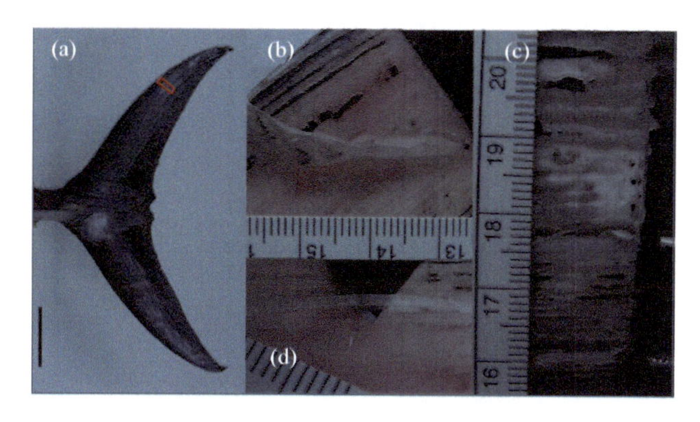

图2-5　尾鳍红色矩形标记处为解剖区域(a)、围绕鳍条的胶原丝(b)、使用按捏钳测量的第五根鳍条的长度值(c)、融合在一起形成鳍条的小矩形束(d)

2. 金枪鱼的尾部运动学

Fierstine 和 Walters 的早期试验研究很好地记录了金枪鱼在游动过程中的运动细节。他们的测量结果表明,金枪鱼躯体尾部左右摆动产生推进波,这是弓形游动方式的一个关键特征。他们还发现,鲭鱼游动时尾鳍的背侧和腹侧尖端在运动过程中滞后于中间的鳍基,从而形成一个杯形。不过,他们的观测依赖二维平面胶片记录,因此无法获得详细的三维数据。Dewar 和 Graham[38] 随后对黄鳍金枪鱼开展的水洞试验表明,与大多数鱼类一样,它们的摆尾频率随着游动速度的增加而增大。他们在试验中还发现金枪鱼的行进波长为 1.23 ~ 1.29 倍的尾鳍长度,比鲑鱼等擅长巡游的硬骨鱼类长 30% ~60%。这种与形态学和解剖学相关的较长的行进波长可以最大限度地减少前身的阻力并增加尾部产生的推力。Donley 和 Dickson[39] 进行了一项类似的研究,这项研究对金枪鱼和鲭鱼的运动学进行了量化比较。这些研究聚焦于鱼类躯体游动的游动学,而不包括尾鳍的动态运动。

如前所述,像金枪鱼这样的硬脊椎鱼类有一条背腹两侧对称的尾巴,并且尾鳍内部的肌肉组织相对退化。因此,它们以背侧和腹侧对称的方式摆动,并且像正尾模型(homocercal tail model)所预测的那样不会产生升力。然而,通过在鱼尾上放置运动标记物[图 2-6(a)]来对游动的白腹鲭鱼进行三维尾部运动学分析发现,尾部背叶的横向偏移比腹叶大 15%[40]。可以推断,尾鳍的这种不对称运动是由轴向肌肉组织引起的,并传递到尾部,因为在正视图[图 2-6(b)中所示的 xz 平面]中,尾柄和尾鳍所呈的角度几乎相同。之前的研究也报道过这种低速时尾鳍背腹叶运动的不对称性,同时也伴随着鱼在缓慢游动时身体出现上倾的现象[41]。不过,这种背叶侧不对称的尾部运动在所有游动速度下都会出现在 Gibb 等的观察试验中。因此,他们更倾向于认为正是尾鳍的这种不对称性运动产生了额外的升力，以防鱼体因自身的负浮力而下沉，并且用于平衡胸鳍产生的前侧升力[42]。

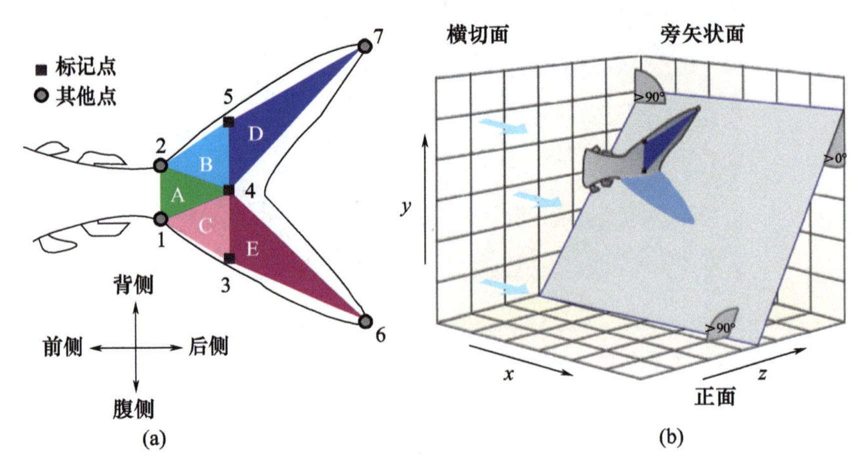

图 2-6 鲭鱼活体运动试验时尾部监测标记点的位置示意图(a)和三维空间中鲭鱼尾巴的示意图(b)

3. 鲭鱼尾部的水动力学

Nauen 和 Lauder 在对鲭鱼鳍的运动学分析中发现小鳍(finlet)在水平面和垂直面上都有摆动运动。因此，他们预测小鳍可以沿身体后部纵向偏转水流，进而影响尾鳍区域周围的流场。根据这一发现，Nauen 和 Lauder 使用 DPIV 技术展示了在循环水箱中稳定游动的鲭鱼尾柄和小鳍附近的流场特征。结果表明，垂直平面内的流场并不受小鳍运动的影响。相比之下，当尾柄减速时，在水平面内能测量到较强的平面流，表明小鳍可以改变跨尾柄流的流动方向，从而影响局部流场。不过，由于尾脊(caudal keel)的高度较小，他们认为位于流场边界层内的尾龙骨对周围流场的影响很小。这些研究并没有涉及小鳍或尾龙骨对下游尾流场的影响以及它们之间流体动力学的相互作用。

Nauen 和 Lauder 随后进行的一项研究侧重于鲐鱼尾鳍的流体动力学。他们通过 DPIV 技术获得的鲐鱼尾部流场由一系列相连的椭圆形反向旋转涡环和中心喷流组成，这与理论预测一致。基于测量的尾流场数据，他们计算得到了升力、推力和侧向力的大小。得到的升力大小不是零，并且产生了使鱼旋转的力矩，使其头部向下倾斜。这一结果支持了鲭鱼的尾鳍在垂直平面上的不对称运动观察结果。他们的计算结果表明，由于游动过程中弯曲波的传递，作用在鱼体上的侧向力较大。

本节介绍了太阳鱼和金枪鱼的生物学研究现状，重点介绍了它们的尾部结构、运动学和游动时的水动力性能。研究发现，鱼尾具有复杂的形态结构，可以产生复杂的三维运动。这启发研究人员通过实验装置或数值模拟来模拟这些尾部运动,进而理解与结构和流体动力学相关的潜在游动机制。这也促使本书使用流固耦合数值仿真方法来研究鱼体和鱼尾的非均匀刚度分布模式下的鱼类游动和水动力特性。

2.1.2 仿生机器鱼鳍推进机制研究

虽然上文对活鱼的直接观察和测量有助于我们对鱼类游动基本机制的认识。但对活鱼进行的试验在控制动物和允许隔离可能影响推进性能的单个因素方面存在局限性。与真实鱼类相似的机器模型能够有效地对影响鱼类游动的因素进行更具体的参数控制,例如鱼鳍的柔性,并且更容易测量力的产生以及实现流场的可视化观测。本节主要介绍以太阳鱼和金枪鱼为原型的机器鱼游动机制研究。

2.1.2.1 以太阳鱼为原型

McHenry 等[43]报道了一个早期的仿太阳鱼机械模型,如图 2-7(a)所示。这个高保真的模型是模仿一只活体太阳鱼成型的,旨在研究弯曲刚度、驱动频率和振幅对游动性能的影响。这个机器鱼模型在受迫振荡过程中产生了和鱼类相似的弯曲波形。试验结果表明,改变鱼体刚度和驱动频率可以同时改变推进波长、弗劳德效率和游动速度。这个太阳鱼模型的机械控制结果表明真实鱼类可以通过提高身体刚度来提高游动速度。

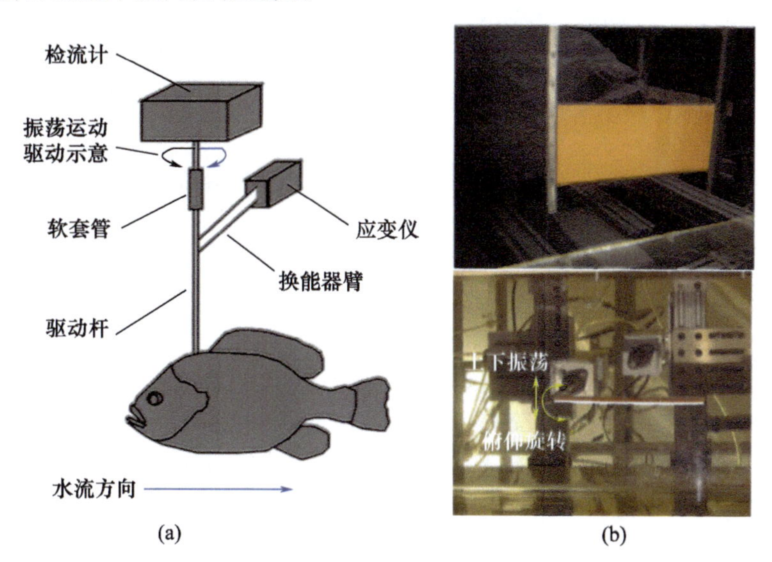

图 2-7 水槽中的驼背太阳鱼模型[43](a)和柔性箔模型的实验装置[25](b)

之后的文献中也有使用简单柔性翼模型的试验研究[25,44-46]。这些简化的翼型模型试验的目的是模拟鱼体和鱼鳍的外形和运动。在简单的受迫运动,如振荡运动、俯仰运动或两者的耦合运动下，这些翼型可以产生与真实鱼体变形相似的弯曲形式，如图 2 - 7(b) 所示。随后的一些柔性翼研究采用仿生非均匀材料，而不是常用的均匀材料，以产生更接近生物的弯曲情况[47]。有研究发现非均匀刚度的柔性鳍在产生推力和推进效率方面往往会有性能的提升[48-49]。

除了上述的翼型外，为了研究鱼鳍推进模式，研究人员还制造了一些更复杂的机器装置，这些机器装置可以通过鳍条来精细地控制推进面。例如，Tangorra 等[40-51]根据蓝鳃太阳鱼胸鳍的解剖特征设计了一种高保真的机器鳍，如图 2 - 8(a) 所示。这种机器鱼有 5 根可以单独控制的柔性鳍条，它们能产生复杂的三维运动，如扑动、弯曲、舒展、杯形(cupping)，这些是在真实的鱼胸鳍运动中观察到的。对具有真实生物鱼鳍运动特征和结构特性的仿生机器鱼胸鳍的定量测量结果表明，弯曲刚度或控制条件的轻微变化都会对推进力产生显著影响。同时，Tangorra 他们还发现推力和升力的产生与鳍条刚度成正比，并随着扑动速度增加或流速降低而增加。

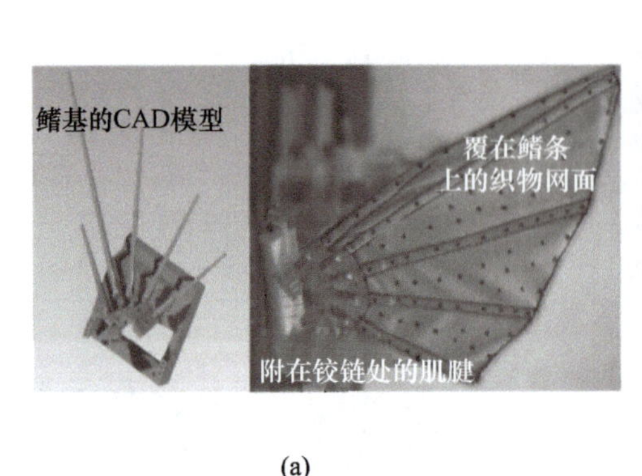

(a)

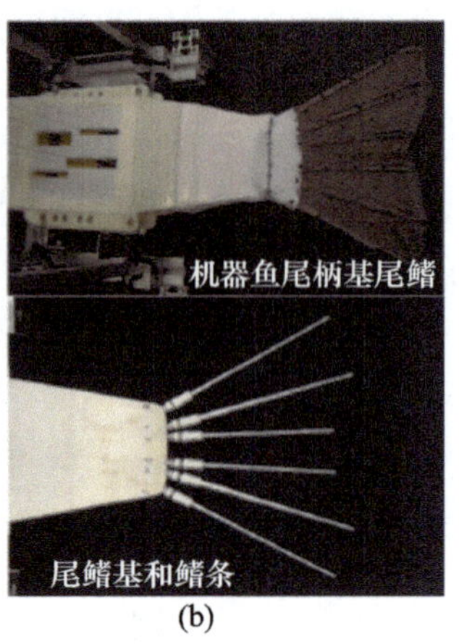

(b)

图 2 - 8　机器鱼胸鳍[51](a)和机器尾鳍与鳍条[52](b)

采用类似的材料和方法，Esposito 等受蓝鳃太阳鱼鱼尾的启发[52]设计并制作了一个机器尾鳍，这个机器尾鳍有 6 条独立可移动的鳍条，如图 2 - 8(b) 所示。这个机器尾鳍复现了真实鱼尾部复杂的变形运动，如杯形运动、“W”形运动、“S”形运动和横滚运动(图 2 - 2)。他们对鳍的不同运动测出的力结果表明，杯形运动能产生最大的推力。只有机器鱼鳍的波动运动才会产生与推力同等大小的升力。鱼鳍不同运动模式的试验结果与相应机动运动中预期的力的生成结果基本一致，这增强了我们从流体动力学角度对这些复杂尾鳍运动构型的理解。受太阳鱼尾鳍启发，类似的机器鱼装置也在随后的几项试验研究有所报道[53-54]。

2.1.2.2 以金枪鱼为原型

与仿太阳鱼的试验研究类似,仿金枪鱼的尾鳍也被应用于其游动的机制研究。这些模型通常有一个狭窄的鱼尾和/或仿金枪鱼的叉形尾鳍。例如,Lauder等[45]对比了振荡运动下不同形状的柔性尾鳍自推进速度(self - propelled speed,SPS),发现类似金枪鱼的叉形尾鳍并没有表现出较快的游动速度,如图2-9所示。这表明,叉形尾鳍并不是决定其游动性能的唯一因素。他们推测,箔片模型中尾鳍分叉带来的性能下降可能是背侧和腹侧尾鳍扭曲造成的,而在金枪鱼游动时,这种情况是不存在的,因为金枪鱼的上下侧尾鳍明显是僵硬的(因此不会产生扭曲变形)。

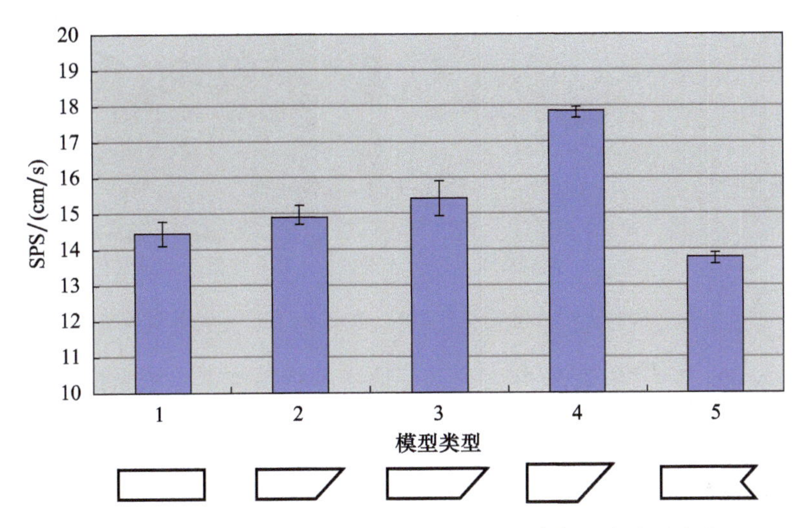

图2-9 模型首缘升沉振荡运动形式下具有相同弯曲刚度和但形状不同的箔片的自推进速度

Feilich 等[55]在随后的研究中考虑了尾鳍柄部的宽度以及没有尾鳍柄部的情况。他们系统地对比了由三种不同弯曲刚度材料制成的四种不同形状尾鳍的游动性能,如图2-10所示。与金枪鱼状的尾鳍模型的其他形状相比它们并没有表现出显著的优势。他们没有发现哪一个形状的尾鳍在包含游动速度、推力产生和能量消耗在内的所有指标中都是最优的,这表明尾鳍的形状和刚度具有复杂的相互作用关系。

继 Feilich 和 Lauder 的上述研究之后,Muñoz - Benavent 等[56]专注于仿金枪鱼形尾鳍研究,如图2-10中的第一个尾鳍模型。他们系统地分析了这种仿金枪鱼尾部形状的模型在各种刚度、扑动振幅和频率下的游动性能。虽然他们在试验中发现中等刚度产生的推力最大,但由于多大的刚度可以被视为中等刚度在实际中并不好界定,因此对其他研究缺乏参考价值。他们的鱼鳍模型具有类似金枪鱼的尾柄和尾巴，但其材料的刚度是均匀分布的，这不同于真正金枪鱼鱼体和尾鳍，它们的刚度分布是变化的。此外，其驱动机制也可能与金枪鱼的游动方式不同，后者涉及主动的肌肉活动控制。因此，他们在游动期间观测到的模型运动学数据不同于从活体金枪鱼获得的数据。

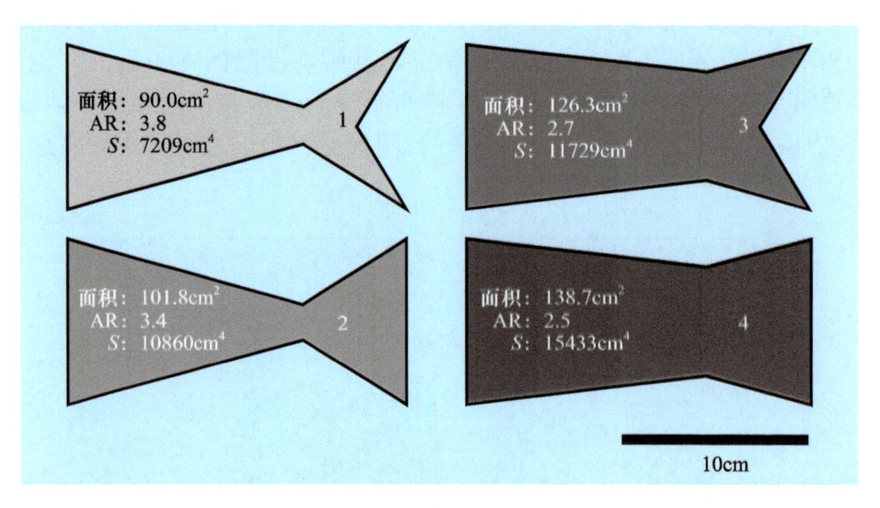

图 2-10　四种不同形状尾鳍的面积、长宽比(AR)和截面惯性矩(S)

Wainwright 等[37]在 2020 年发表的一篇文献中研究了金枪鱼尾巴附近的脊骨和小鳍对游动性能的影响，这在之前的许多研究中常常被忽略。他们设计了一个仿金枪鱼尾鳍模型并开展了水槽试验，结果表明金枪鱼的横向脊骨和柔性小鳍都有助于减小游动的能量消耗，这可能是得益于减小了游动中的横向力和偏航力矩。不过，与没有加装脊骨和柔性小鳍或使用刚性的小鳍模型相比，横向脊骨和柔性小鳍的存在使模型总的推力减小了，这表明在能量消耗和推力产生之间存在着某种平衡关系。

除了上述相对简单的尾鳍模型外，研究人员还开发了更多仿金枪鱼的机器鱼来研究其游动推进机制。例如，Ben-Zvi 等[57]受鲣鱼鱼尾启发，设计制作了一种高保真的机器鱼尾鳍。该尾鳍模型的运动参数、尺寸、形状和材料特性与真实鲣鱼的测量结果十分接近。然而，这个仿生尾鳍的预估推进效率却低于文献中真实生物的估算结果，这表明仿生模型要呈现生物原型高性能游动仍面临诸多挑战。

近年来，文献[58]中报道了一个更先进的用于探索鱼类游动性能空间的仿金枪鱼机器鱼研究平台。这款机器鱼以黄鳍金枪鱼为原型设计了鱼体和尾鳍。文献[58]的试验测试强调了鱼体和尾鳍的柔性对模仿鱼类运动学和游动性能方面的重要性。该平台可以同时测量机器鱼推进过程中的功耗、运动姿态、流

体动力性能和功率输出,这些数据在真实鱼类游动时几乎难以测量。它有望成为研究金枪鱼基础游动机制的有效工具,并为高性能机器鱼工程样机系统的设计提供帮助。

2.1.3 数值研究

虽然在上述机器鱼的试验研究中,可以用不同的物理材料构建仿生模型,但要进行系统性的参数化研究仍受制于材料的可用性。此外,一些关键的水动力学参数(如鱼的表面力和结构应力)在试验工作中不方便获取。为了弥补试验测试的这些不足,数值模拟方法在流场信息呈现方面可以发挥重要作用,因为它可以回答“如果”类型的问题,这也使得数值模拟方法比试验研究更具吸引力。特别是高性能计算和高保真数值技术的发展使计算建模仿真和试验一同成为仿生研究中不可或缺的手段。

本节将介绍两种尾鳍推进的数值研究方法:指定运动的数值研究方法和流固耦合的研究方法。第一种方法没有考虑鱼体和鱼鳍的材料属性,而第二种方法考虑了其材料和结构特性及由此产生的流固耦合作用。在前一种情况下,模型的变形是根据活鱼游动方式测量得到运动学方程。因此,只能对指定运动和变形产生的水动力响应进行研究,而运动导致的流体力对模型的影响被忽略。相比之下,对于后一种情况,流固耦合方法考虑了柔性结构与周围流体之间的“双向”耦合,同时求解结构动力学和流体动力学问题。虽然目前仿生推进的流固耦合研究是一大热点,但只考虑单一流场的计算流体动力学研究对揭示鱼类游动的水动力性能仍有重要意义。因此,本书对这两种类型的数值研究方法都会介绍。

2.1.3.1 指定运动的数值研究方法

随着先进计算流体动力学(CFD)数值技术的发展和鱼类游动运动学的精确观测,人们得以通过求解三维 Navier – Stokes(N – S)方程对鱼类复杂的鱼体和鱼鳍变形开展数值模拟。Liu 等早在 1996 年和 1997 年就发表了有关蝌蚪游动的二维和三维的数值模拟研究[59-60]。后来,Mittal 等[61]基于结构网格的浸没边界求解器对蓝鳃太阳鱼的胸鳍模型开展了水动力数值模拟。计算结果表明在一个完整的外展 – 内收周期中,胸鳍附近仿真得到的尾流结构和流线分布与活鱼周围流场的 PIV 测量结果显示出合理的一致性。水动力的计算结果显示,在胸鳍扑动所有阶段都有正推力产生。

继 Mittal 等的研究之后,后续的文献中也报道了针对蓝鳃太阳鱼胸鳍水动力学更详细的计算建模和分析[62-63]。Bozkurtta 等[62]通过本征正交分解(proper orthogonal decomposition,POD)分析表明,复杂的胸鳍运动主要由几个主要的正交模态主导,包括杯形运动、“舒展”运动和波形展向运动。仿真结果表明,这三种模式产生的推力占胸鳍总推力的 92%。他们还研究了雷诺数(Re)和斯特劳哈尔数(St)(定义为 $St = fA/U$,其中 L 是鱼的长度,U 是游动速度,A 表示尾鳍的最大横向偏移)对推力产生的影响。另一项数值研究也使用相同的浸没边界法求解器,其目的是与 Lauder 等在 2006 年对太阳鱼胸鳍游动的试验结果进行进一步定量比较。研究发现,胸鳍在向外扑动过程中产生的强劲而持久的附加鳍尖涡与这一阶段产生的推力有很大关系[63]。

也有数值研究集中在太阳鱼的尾鳍和其他中间鳍(背鳍和臀鳍)在游动和机动过程中所起的作用。例如,Borazjani[64]发现,在 C 形起动的第二阶段,当太阳鱼迅速弯曲成 C 形时,尾鳍贡献了 70% 的瞬时动力。通过对臀鳍和背鳍的主动控制能减少 C 形启动期间的横滚和俯仰运动。后来的一项研究报道了针对具有中间鳍的太阳鱼数值模型较为系统的水动力学分析[65]。指定的鱼体和鱼鳍运动是从活鱼观测试验视频中提取的,以确保高保真的运动模拟。与 Zhu[66]在 2002 年开展的研究相比,这项研究对鱼体后部涡对尾鳍涡的影响进行了更具体的分析。结果表明,尾鳍的推力和效率都可以通过鱼体后部涡与尾鳍前缘涡的碰撞得到提高。背鳍/臀鳍的扑动相位也会影响尾鳍的水动力性能。它可以提高尾鳍推进效率(相位超前)或增加尾鳍的推力(相位滞后)。

此外,还有一些数值研究以金枪鱼等鲭科鱼类为生物原型。例如,Borazjani 等[67]对转捩流和惯性流下的仿鲭鱼机器鱼游动开展了水动力数值研究。他们从模拟结果中发现,在给定的斯特劳哈尔数下,基于推力的弗劳德效率随着雷诺数的增加而增大,这表明鲭鱼在惯性流下游动效率更高。这一发现与实际结果一致,表明鲹科形运动模式是快速游动的首选模式(高雷诺数下)[67]。他们还发现鱼后侧的尾流结构主要依赖 St。也就是说,在他们的仿真结果中,在低 St 时,呈现单排漩涡,在高 St 时则能观察到更复杂的双排漩涡。在后续的研究中,他们使用相同的数值方法研究了鱼体体型和运动学对流体动力的影响[68]。人们发现,使用鲹科形运动方式的仿鲭鱼机器鱼比使用鳗鲡形(anguilliform)游动方式的仿七鳃鳗机器鱼有更快的游动速度。鱼体体型和运动方式对其三维尾流结构的影响很小。

对仿鲭鱼机器鱼的数值模拟也表明,尾鳍的附着前缘涡(LEV)可以显著改变压力分布,从而改变尾鳍力的产生[69]。此外,金枪鱼特有的小鳍和尾部脊骨近年来也成为数值研究的重点。Wang 等在 2020[70]年基于重构的运动学模型数值仿真了高保真仿金枪鱼多小鳍模型来研究其水动力性能和涡动力学。结果表明,在小鳍游动产生的俯仰(pitching)和横摇(heaving)运动中,小鳍之间的相互作用减小了鳍受到的总阻力,而单一的俯仰运动降低了小鳍运动的能量消耗。另一项针对三维黄鳍金枪鱼模型的数值研究表明,尾部脊骨会产生流向涡,从而增大尾鳍的推力[71]。随着雷诺数和斯特劳哈尔数的增大,这种效应表现得更加明显。

2.1.3.2 流固耦合的研究方法

1. 翼型和板模型

在之前的许多流固耦合数值研究中,柔性鱼体和鱼鳍被简化为具有弦向均匀柔性的二维翼型[72-74]。在翼型前缘施加俯仰或横滚运动,而后缘处于自由变形状态,即发生的变形是结构和流体相互作用的结果。例如,Michelin 等[74]于 2009 年研究了柔性扑动鳍弯曲刚度对其游动性能的影响。他们在计算中基于势流理论求解流场,并使用二维不可拉伸欧拉 - 伯努利(Euler - Bernoulli)梁模型描述结构变形。他们对流固耦合的研究表明,这种柔性可以提高推进效率。同时也发现,柔性鳍后缘最大变形出现在一定的刚度下,在此刚度下,柔性鳍的受迫运动频率和结构固有频率之间会发生共振。这种共振频率能产生最大的扑动推力和输入功率。后来也有研究指出,在特定弯曲刚度和驱动频率下,柔性鳍可以达到最大自由游动速度和游动效率[75]。

翼型的刚度分布可能影响其推进性能。有文献报道在低雷诺数下,与均匀刚度的二维平板相比,弦向柔性变化的二维平板在游动时推力能显著增加。尽管如此,这种性能的改进仍取决于平板的材料特性:对于前缘固定的翼型,后缘柔性增大时推力会同时增加,而尾缘柔性的降低对推力增加却是有利的。Liu 等[76]也指出了平板的非均匀柔性使推进性能有所提高。

除了上述二维简化模型外,三维柔性翼型也常被用来数值模拟鱼鳍的运动和变形。例如,有学者对具有弦向和展向柔性的三维翼型进行了流固耦合模拟来研究其扑动运动[77]。该模型使用边界元法求解流体动力学,并基于非线性薄板模型求解结构动力学。这项研究同时考虑了两种流体条件:一为低密度流体,其中翼型的变形主要由结构惯性决定;二为高密度流体,其中翼型的变形由流体力主导。结果表明,在两种不同的流体条件下,弦向和展向的刚度分布对推力的产生和扑动消耗能量的影响也不同。

后来的一项针对三维柔性扑动板模型的流固耦合仿真通过求解 N - S 方程考虑了黏性的影响以获得更好的精度。Dai 等[78]使用基于黏性不可压缩浸没边界法的流固耦合求解器和用于薄壁结构的非线性有限元结构求解器来研究柔性低展弦比扑动板的推力性能。其模拟结果表明,柔性板的尾迹随斯特劳哈尔数的变化情况与三维刚性板相似。具体而言,在低斯特劳哈尔数($St < 0.28$)下,扑动板后的尾迹结构由一连串相互连接的马蹄形涡流组成,而在斯特劳哈尔数超过 0.28 时,则出现两排发夹状的闭合涡环。这一发现与之前对仿鲭鱼游动的数值模拟结果一致。

鉴于鱼类有着不同的尾鳍形状,最近的一些研究考虑了尾鳍模型的后缘形状,而不局限于上述对矩形轮廓的研究。一个例子是 Chung 等[79]对仿生鳍－关节系统的计算流体力学－计算结构动力学(CFD－CSD)耦合分析。鳍－关节模型分别模拟了白鲈和金枪鱼鱼尾的尾柄和尾鳍,如图 2－11 所示。Zhang 等[80]和 Li 等[81]对仿生扑翼后缘形状进行了更详细的研究。他们的仿真揭示了生物推进游动性能的复杂变化,如自由游动的速度、推力和效率等,这些都受到不同的尾鳍形状、不同的刚度和扑动频率的影响,表明这些因素之间存在复杂的相互作用。除此之外,尽管这些模型考虑了尾鳍形状,使其呈现出更像鱼的外形特征,但它们的刚度分布是均匀的,变形主要在弦向,这不同于真实鱼鳍游动时在弦向和展向同时变形。

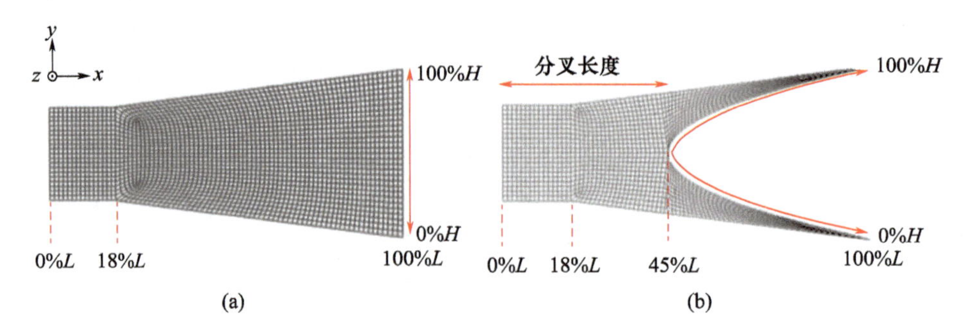

图 2－11　梯形鳍(a)和分叉鳍(b)的尾柄－尾鳍系统的几何形状和生成的 CFD 网格
(H 为尾鳍模型高度,L 为尾鳍模型长度)

2. 鳍条增强鳍模型

受鱼类尾鳍鳍条结构和膜结构的启发,Zhu 等[82]设计了图 2－12 所示的骨架强化鳍模型。如图 2－12(c)所示,仿生鳍条被设计为具有圆形截面形状的均匀的欧拉－伯努利梁,这种鳍条模型能承受拉伸、弯曲和扭转载荷。鳍模型的其余部分被理想化为一个膜,它可以通过分布在相邻鳍条之间的弹簧阻尼器来拉伸/压缩,但不可弯曲。这样一来,与上述翼型和板模型相比,鳍条增强尾鳍模型更接近真实的鱼鳍几何形状和结构。这一结构模型与基于势流理论的流体动力学模型相结合便形成了一个流固耦合数值求解器。使用正尾型运动模型进行仿真的结果表明,与均匀刚度的尾鳍相比,鳍模型的三维各向异性变形显著增加了推力。

随后,这种骨架强化鳍数值模型被应用于咽颌形(labriform)游动模式中的硬骨鱼胸鳍研究中。已有的结果表明,相邻鳍条之间的相位差使得前缘产生有效攻角,并使尾鳍表面形状发生变化,这是提高鳍推进性能的主要因素。仿真结果还表明,加强前缘鳍条是提高游动性能的关键,因为它可以减少回程

(recovery stroke)期间扑动的有效攻角和能量消耗。相关文献中也有文章重点研究了通过分布二维鳍模型鳍条的可变刚度来加强前缘的效果。Shoele 等[83]使用二维浸没边界法发现,前缘鳍条强度增强能实现更高的推进效率,因为它可以导致前缘攻角的减小并抑制前缘涡的分离。

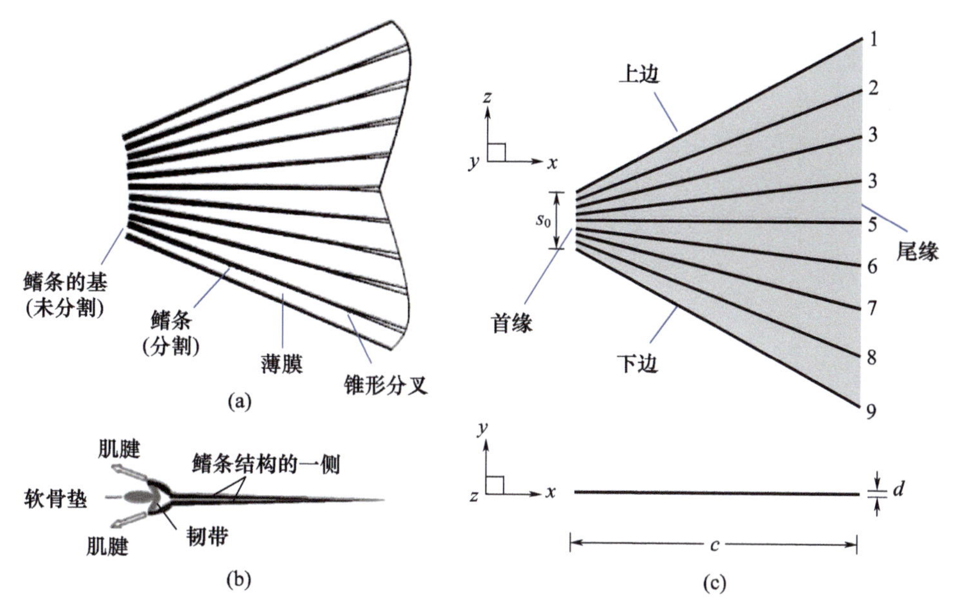

图 2-12　典型的鳍条增强尾鳍模型示意图(a)、尾鳍鳍条剖面图(b)和骨架强化鳍的数值模型(c)

Zhu 等[84]于 2017 年研究了仿太阳鱼尾鳍的刚度分布对其展向变形和推进能力的影响。这项研究首次表明,在鱼类游动中观察到的复杂鳍运动,如杯形、歪尾形和"W"形,可以通过尾鳍非均匀刚度分布的纯被动变形来复现。他们还发现,尾鳍的非均匀柔性分布可以提高推进效率并减少侧向力。

然而,上述鳍条增强尾鳍模型使用非黏性的边界元流体模型使得计算不准确。虽然在该流固耦合建模中也使用了考虑流体黏度的浸没边界法流体求解器,但它仅限于二维模型。Shi 等[85]将该鳍条增强结构模型与三维黏性 Navier-Stoke流体求解器耦合,开发出一个全耦合流固耦合求解器。利用该流固耦合数值模型,他们研究了主动控制和被动控制的骨架增强尾鳍模型的推进性能。结果表明当摆动运动和驱动力之间的平均相位差小于 90°时,通过沿鳍条方向添加驱动力进行主动控制能显著提升鳍的推进性能。他们的另一篇文章还重点关注了仿蝠鲼胸鳍波动运动的数值研究。然而,他们的胸鳍模型在几何上简化为一个矩形板,在结构上由多条均匀分布的弹簧模型连接组成。因此，其预测的柔性鳍表面的变形并不平滑，与从真实鱼类中观察到的平滑曲率不同。

总之，能够复现鱼鳍的各向异性材料特性和复杂三维变形的有效、准确和高保真的流固耦合数值模型在相关文献中很少见。水下仿生推进数值仿真涉及的数值难点包括：首先，流体求解器允许边界处的动态三维大位移变形；其次，由于鱼鳍和鱼体刚度分布不均匀，要求结构求解器能对非线性材料行为进行建模和求解；最后，求解时必须妥善处理由附加质量效应引起的流体和结构求解器耦合计算过程中的数值不稳定性。

2.2 胸鳍波动推进

2.2.1 鱼类生物学研究

胸鳍推进可分为拍动模式（图 2－13）和波动模式（图 2－14）[86]，其中胸鳍波动模式下鱼鳍的波数大于 1，鳐鱼和黄貂鱼大多采用此种推进模式。胸鳍拍动模式下鱼鳍变形的波数小于 0.5，采用此种运动模式的生物有鹞鲼、牛鼻鲼以及蝠鲼。胸鳍波数在 0.5 与 1 之间的运动模式称为中间模式[13]，采用这种胸鳍推进模式的鱼类能够在拍动模式与波动模式间切换。胸鳍拍动推进又可分为阻力模式和升力模式，阻力模式下胸鳍主动拍动的方向与鱼类游动速度方向一致，而升力模式的胸鳍拍动方向与游动方向基本垂直。Vogel 等[87]对上述两种胸鳍拍动模式进行了比较，发现阻力模式推进在低速游动时效率较高，而升力模式推进在高速游动时效率较高。以牛鼻鲼为典型的鲼形目采用胸鳍升力拍动模式推进，同时兼具了高效与高机动性。下面以牛鼻鲼为例，对胸鳍拍动推进式鱼类的生物学研究进行了叙述。

图 2－13　牛鼻鲼（拍动模式）

图 2-14　鳐鱼(波动模式)

1. 牛鼻鲼胸鳍结构

牛鼻鲼(cownose ray)属软骨鱼纲鲼形目牛鼻鲼科。胸鳍向两侧伸展呈三角形,鳍身融合,具有较大的展弦比,其生物构造主要包括表皮、肌肉与骨骼。2005 年,美国加利福尼亚大学的 Schaerer 等[88]研究了典型的胸鳍推进式鱼类的胸鳍外形、肌肉类型、鱼鳍骨架等内容,发现各类胸鳍推进式鱼类的胸鳍骨架结构大致相同。每根鳍条沿胸展向方向呈辐射状伸展,沿弦向方向依次排列,并且有一定程度的钙化现象,保持一定的机械刚度,如图 2-15 所示,其中红色区域表示钙化,蓝色表示软骨。胸鳍鳍条由鳍骨 A_1、A_2 通过连接关节 J_1 连接而成,从而形成展向弯曲,鳍条间存在交叉支撑,当鳍骨 A_1 运动时,通过交叉支撑带动鳍骨 B_2 运动,从而形成波的弦向传递运动。Russo 等[89]在 2015 年对萨宾河魟和大西洋牛鼻鲼进行了计算机断层扫描,研究了其胸鳍结构组成,发现这两种生物分别采用拍动中鳍/对鳍模式和波动中鳍/对鳍模式进行游动的原因是其内部软骨的排列不同。Huang 等[90]从宏观和微观两个角度对长吻鳐的胸鳍结构进行细致的研究,并解释了其结构的力学意义,研究发现在胸鳍由径向的鳍条组成的,每根鳍条都是由堆叠交错的钙化骨骼单元组成的,每个骨骼单元的中部由三个钙化单元组成,骨骼单元被排列整齐的、未钙化的胶原纤维包裹。Macesic 等[91]通过弯曲力学试验,在鳍骨上施加弯曲载荷,测量了五种鳐类胸鳍的抗弯刚度和硬度,并研究了胸鳍软骨的作用。Salazar 等[5]对采用胸鳍扑动推进的黄貂鱼和蝠鲼的骨骼结构进行了分析,黄貂鱼的网状交叉支撑骨骼结构更加贴近身体内侧躯干部分,而蝠鲼的网状骨骼结构几乎覆盖了整个胸鳍,这使黄貂鱼的胸鳍末端可以更加自由地摆动,如图 2-16 所示。而蝠鲼的骨骼刚度与其相比更大。

牛鼻鲼胸鳍的骨骼[92]由鳍基和鳍条组成。鳍基包括前鳍基软骨、中鳍基软骨和后鳍基软骨,主要起支撑作用。鳍基软骨与肩胛的连接处无法进行转动,因此牛鼻鲼在游动时胸鳍不能绕肩胛部转动。鳍条由鳍基向胸鳍边缘辐射

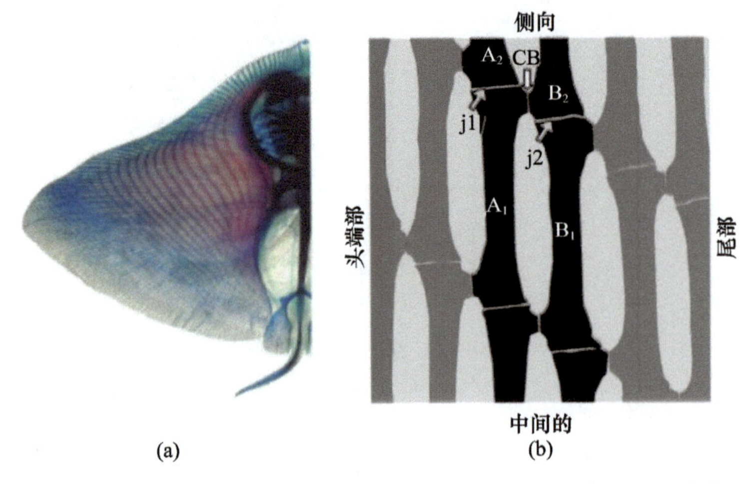

图 2-15 清理并染色的鳐鱼俯视图(a)与鳍骨连接示意图(b)[88]

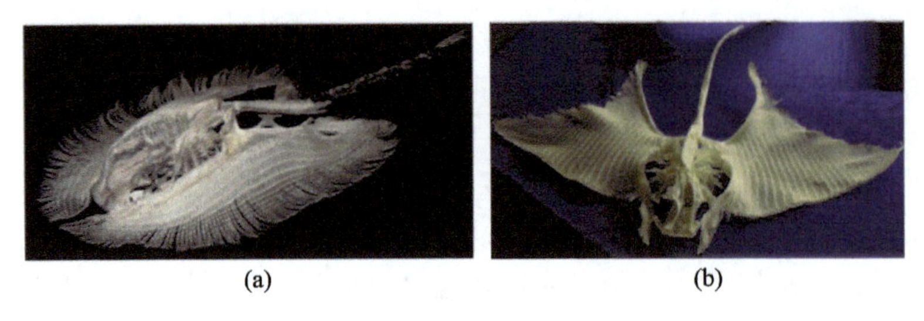

图 2-16 黄貂鱼(a)和蝠鲼(b)胸鳍骨骼结构图[5]

分布,各鳍条与鳍基的夹角存在差异,靠近胸鳍前后缘的夹角较小,中部鳍条与鳍基的夹角较大。每根鳍条由长短不一的桡骨连接而成,桡骨间通过一定的钙化组织进行连接,这使胸鳍在鳍条的辐射方向存在较大的柔性。在胸鳍中部,由中鳍基辐射出的鳍条间存在一种连接结构,这种连接结构使鳍条紧密连接,保证了胸鳍的刚度。而波动推进鱼类的胸鳍鳍条间则不存在此种连接,这说明拍动胸鳍的结构刚度较波动胸鳍更大,也反映了胸鳍的拍动推进比波动推进需要更高的刚性。由此可见,牛鼻鲼胸鳍的骨骼虽然不能像鸟类那样绕肩关节转动,但是辐射状分布的鳍条同样可以使其产生复杂的三维变形。

牛鼻鲼胸鳍的肌肉组织可以分为平滑肌和横纹肌两类。肌肉的收缩带动相邻的鳍条摆动,当背肌收缩、腹肌舒张时,鳍条向上摆动;相反,当腹肌收缩、背肌舒张时,鳍条向下摆动;而当上下两侧肌肉都处于舒张状态时,鳍条在平衡位置呈自由状态。在胸鳍摆动的周期中,两侧的肌肉轮流作为原动肌和对抗肌。对于牛鼻鲼,其胸鳍背肌相较于腹肌更为发达,这说明胸鳍上挥冲程比下

拍冲程做功更多。牛鼻鲼等拍动模式推进的胸鳍肌肉中红肌占大部分比例，这是由于红肌产生的收缩力较小，但持久性好，适合用来做低强度、长时间的运动，因而牛鼻鲼耐久力强，巡航性能好。Rosenberger[93]利用肌电图对鳐黄貂鱼的胸鳍波动运动进行了研究。他指出除了在最低速度情况下，整个胸鳍上的肌肉都受到激励，激励依次由前往后发生，胸鳍表面形成了推进波。随着拍动速度的增加，肌肉激励明显增大，同时前后肌肉的激励时间间隔减小，说明波速在增加。

2. 牛鼻鲼运动特征

活体观测是建立生物体外形参数以及运动模型的基础，通过高速摄像与粒子成像技术对活体运动参数及其流场结构进行测量，获得生物体的运动机制，以此指导仿生模型的设计。Heine[94]在1992年对两种牛鼻鲼进行了观测，对鳍拍动的频率、幅度以及身体的角度进行了测量。2010年，杨少波[95]对牛鼻鲼和鳐鲼进行了活体观测，并从图像序列中提取了其稳态巡游和机动时的胸鳍外形特征，建立了牛鼻鲼胸鳍拍动的数学模型。2016年，Fish等[96]通过高速摄像机对蝠鲼的运动形态进行了观测，对拍动过程中胸鳍的特征点进行了记录，建立了其解析的运动学模型，研究发现蝠鲼胸鳍拍动的不对称性(图2－17)。2018年，Fish等[97]对蝠鲼的转向机动进行了生物研究，通过对记录数据的统计分析，总结了蝠鲼在扑动和滑翔时的转向机动运动方式。

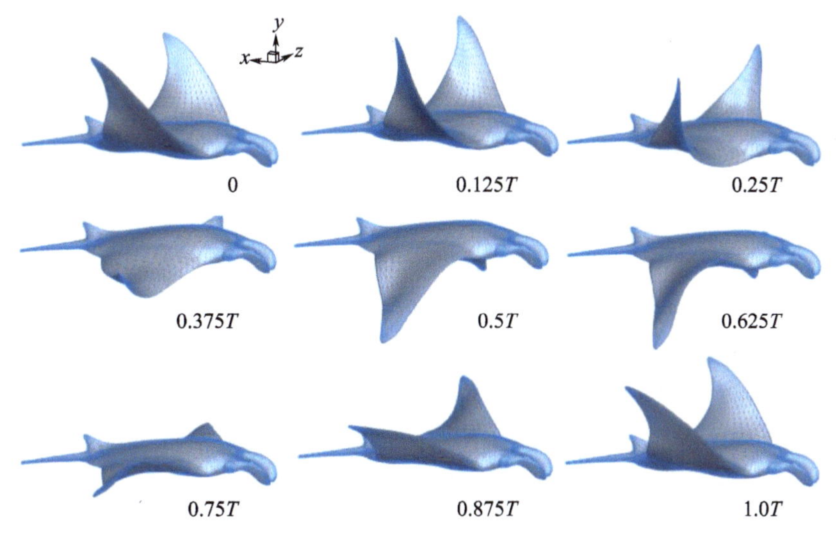

图2－17　一个周期内蝠鲼的胸鳍运动[96](T为一个运动周期)

牛鼻鲼特定的胸鳍外形和拍动方式是其生物进化的结果，也是对生存环境、生活习性和捕食特点等方面的适应和选择的结果。牛鼻鲼在稳态巡游时，在展向上牛鼻鲼往往采用上下不对称幅度的胸鳍拍动方式，其向下拍动的幅度要小于向上拍动，上挥行程时间约为下挥行程的一半。这是由于牛鼻鲼的眼长在吻部上端两侧的位置，向下拍动幅值较大会影响其对海底面的视野观察范围，以及其对海底猎物的捕捉与觅食。且由于牛鼻鲼是浅层海域底栖鱼类，小幅度的向下拍动能够减小扰动，避免卷起海底的沙石降低海水的能见度。在弦向上，胸鳍前部的鳍条首先开始摆动，然后中部和后部的鳍条依照一定的相位延迟依次开始摆动。这种胸鳍拍动的相位延迟形成了一个稳定的、由前向后传播的周期性推进波。根据 Rosenber[13]测出的结果，该推进波的波数约为 0.4。

牛鼻鲼进行转弯机动时，左右胸鳍的拍动幅度通常并不对称。特别是在原地转弯时，牛鼻鲼起主要作用的胸鳍的变形扭曲特别严重，从而产生较大的偏航力矩。而在进行一些机动动作时，左右胸鳍的摆动则是对称的，如悬停，此时胸鳍上的推进波形并不明显。牛鼻鲼在无动力滑翔时，同样能够进行一定的转弯机动，其通过保持左右胸鳍不同的姿态，以及调整身体的左右平衡，实现滑翔转弯。

2.2.2 胸鳍波动/拍动推进装置研究

除了通过生物观测对胸鳍波动/拍动推进模式进行研究，还可以在实验室环境中通过设计波动/拍动胸鳍（扑翼）机构，以及仿蝠鲼、鳐鱼等仿生机器鱼来研究胸鳍模式在工程应用中的价值。本节主要回顾生物相关性较高的波动/拍动胸鳍（扑翼）机构与胸鳍推进式仿生机器鱼的设计研究。

1. 波动/拍动胸鳍（扑翼）机构

2006 年，普林斯顿大学的 Clark 等[98]构造了一个简化的胸鳍摆动推进式测试平台，并测试了三维胸鳍的推力参数，并利用染色法观测尾迹。北京航空航天大学的毕树生团队[99]搭建了仿生扑翼水动力实验平台，探究了胸鳍的推力系数与推进效率关于斯特劳哈尔数的对应关系。试验结果指出，当斯特劳哈尔数持续增大时，胸鳍的推力系数大致呈现出单调增加的趋势，推力效率在斯特劳哈尔数为 0.4 时达到峰值。Triantafyllou[100]等利用做俯仰和升沉运动的刚性扑翼研究了斯特劳哈尔数（St）与推进效率的关系，通过测量扑翼的受力以及流场，发现 St 在 0.25 ~0.35 范围内扑翼的尾流场形成反卡门涡街，并且扑翼的推进效率最高，这与大多数生物鱼类运动所选择的 St 值较为符合。2012 年，普林斯顿大学的 Dewey 等[101]采用 PIV 方法对胸鳍摆动后方的尾流场结构进行了观测，研究发现当前缘涡和后缘涡在翼展方向合并时，大部分流动都集中在尾迹部分，推进效率较高。

2. 胸鳍推进式仿生机器鱼

胸鳍推进式仿生机器鱼的研制工作在21世纪初逐渐得到国内外学者的关注。Tody等[102]早在2003年就研制出胸鳍波动式水下推进器,在两侧柔性鳍分别布置了16根鳍条,由直流伺服电机驱动。该机器鱼能够在水下实现灵活的转向、俯仰、盘旋、上浮、下潜等运动,验证了波动鳍仿生水下推进器应用于未来水下机器人的可行性,其第三代样机具备一定的自主游动的能力。日本九州大学的Yamamoto等[103]在2005年基于扑翼原理研制出仿双吻前口蝠鲼机器鱼,该机器鱼游姿优美,具有低功耗特点,能够实现水底的软着陆,完成翻滚等高难度的机动动作。

在2010年,新加坡南洋理工大学的Zhou等[104]研制了一款名为RoMan-Ⅱ的仿生蝠鲼机器鱼,如图2-18所示,机器鱼展长为960mm,弦长为500mm。机器鱼两侧的胸鳍由3根独立的柔性鳍条驱动,每根鳍条都由单独的驱动源提供动力,机器鱼的升沉运动采用类似鱼鳔的给排水装置进行控制,可实现最大0.3m/s的水下巡游速度。2011年,Shahinpoor等[105]研制了一款采用人工肌肉,即离子交换聚合金属材料(ion-exchange polymer metal composite,IPMC)驱动的仿生牛鼻鲼样机,如图2-19所示,扑翼的前缘部分采用IPMC作为驱动,后缘部分采用聚二甲基硅氧烷(PDMS),在给定电压下,前缘IPMC产生主动变形并带动后缘的PDMS材料做被动变形运动,采用此种方式可以产生沿弦向的相位差,继而产生推动样机游动的动力。Chew等[106]研制了一款采用单鳍条驱动的仿生蝠鲼机器鱼。鳍条位于扑翼的最前端,扑翼的其余部分为柔性硅胶材料,研究人员还对不同厚度的柔性胸鳍的推进效果做了实验验证,单侧胸鳍的展长为194mm,最大弦长为200mm。此外,还进行了一系列的样机自由游动实验,实验样机可以达到最大0.4992m/s的游动速度,速度与体长比为1.78。

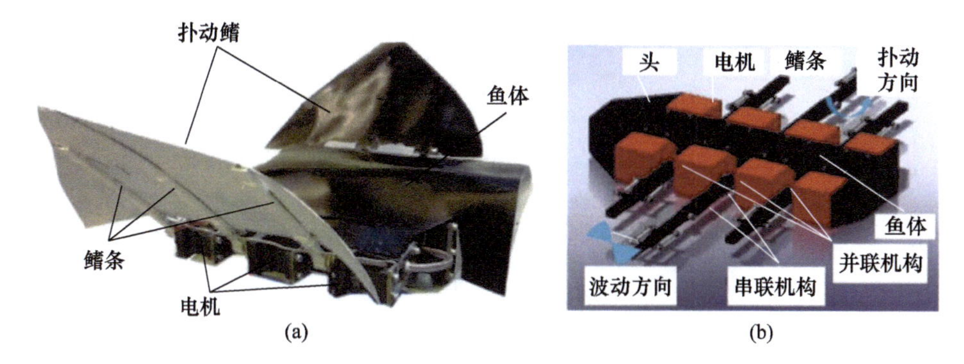

图2-18 新加坡南洋理工大学研制的仿生机器鱼RoMan-Ⅱ[104]

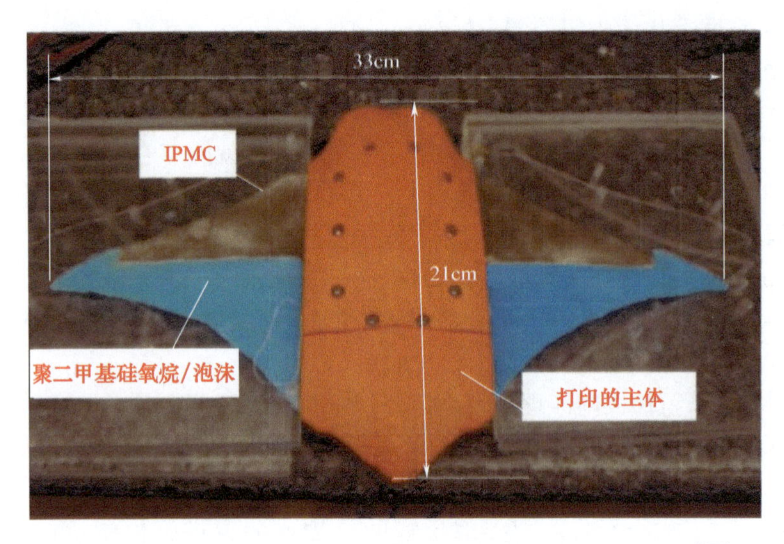

图 2-19 美国弗吉尼亚大学 IPMC 驱动的仿生牛鼻鲼机器鱼[105]

国内对胸鳍推进模式机器鱼的研制起步较国外稍晚,但同样获得了一定的成果。北京航空航天大学的毕树生等[107]于 2007—2012 年做了大量的胸鳍拍动推进方面的研究,研制了五代样机(Robo Ray 系列),如图 2-20 所示。最大的游动速度可以达到0.9m/s,在迭代过程中,其胸鳍驱动增多,由二维胸鳍发展为三维胸鳍。在形态和运动上与生物蝠鲼的相似度越来越高。2010 年,哈尔滨工业大学的王扬威等[108]研制了一款采用形状记忆合金(shape memory alloy, SMA)作为驱动的仿蝠鲼机器鱼。其最大特点是可以实现低噪声游动,能够以

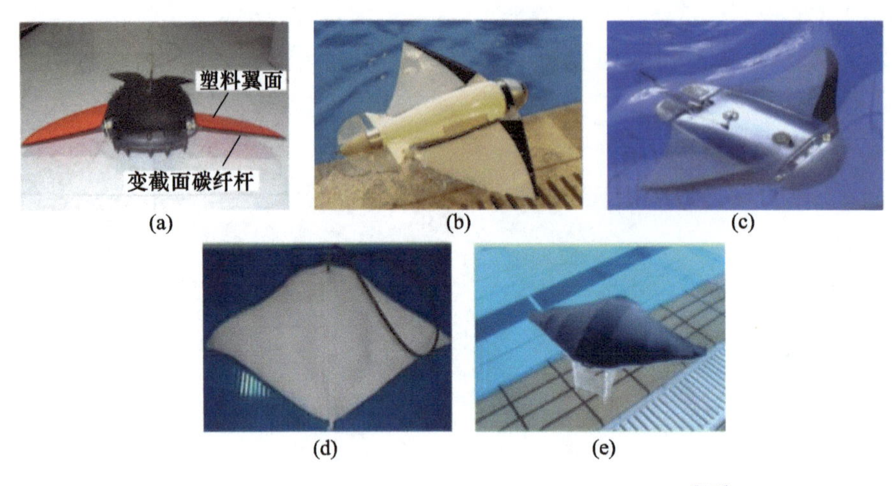

图 2-20 北京航空航天系列化仿生牛鼻鲼机器鱼[107]

(a)Robo Ray-1;(b)Robo Ray-2;(c)Robo Ray-3;(d)Robo Ray-4;(e)Robo Ray-5。

最大0.6倍体长比的速度进行游动。2019年，浙江大学的李铁风团队[109]与之江实验室共同合作研发了一款小型的全柔性胸鳍推进式机器鱼，主体由柔性的框架与硅胶薄膜组成，利用人工肌肉介电弹性体（dielectric elastomer，DE）进行驱动，如图2－21所示。该款航行器在马里亚纳海沟实现了成功触底，下潜深度约为10900m，体现出较为优异的深海耐压特性。2021年，西北工业大学的潘光教授团队研发了一款仿蝠鲼滑扑一体柔体潜水器，该款航行器可以实现胸鳍扑动与滑翔结合的运动模态，航行器翼长3m、重约470kg，如图2－22所示。在南海西沙海域的海试试验中，潜水器实现了水下1025m的自主游动，证明采用胸鳍推进模式的仿生潜水器同样能够具有较高的应用能力。

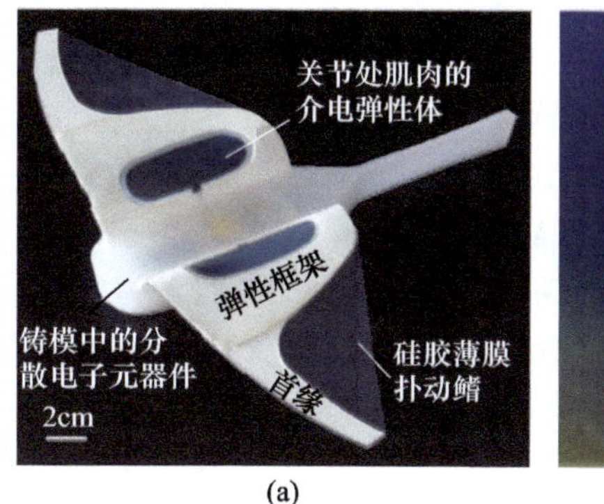

(a)

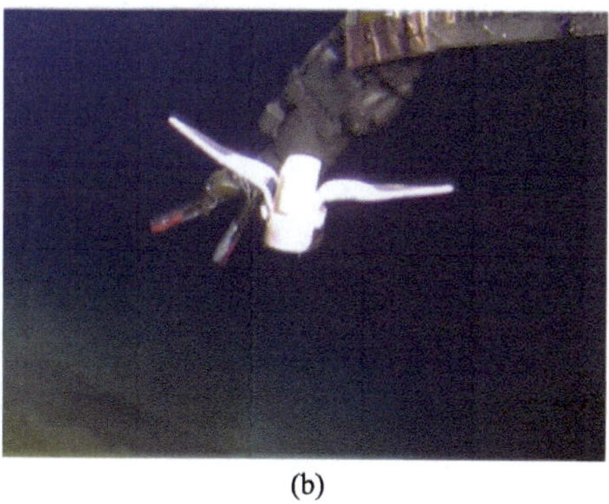
(b)

图2－21 浙江大学研发的全柔性胸鳍推进式机器鱼[109]

图2－22 西北工业大学研发的仿蝠鲼滑扑一体柔体潜水器

2.2.3 胸鳍波动/拍动数值仿真研究

相较于试验与理论研究，数值模拟研究能够得到更细致、全面的数值结果，在揭示鱼类游动的机制性问题上具有较大的优势。对于胸鳍波动/拍动推进的数值模拟,大多聚焦于研究胸鳍外形、运动参数如波长、幅值、频率等对推力与推进效率的影响。云忠等[110]推导并建立了仿生蝠鲼胸鳍的鳍面运动方程,利用 Fluent 动网格技术数值模拟分析了单侧胸鳍在拍动形式下的水动力性能,其研究结果表明在一定范围内,仿生胸鳍推进力的大小随摆动频率和摆动幅度的增加而逐渐增大。

在胸鳍大变形的数值模拟中,由于贴体网格容易出现畸变的问题,因此采用浸入边界法是目前较为流行的计算方法。Fish 等[96]在 2016 年根据观测建立的蝠鲼胸鳍扑动模型,并采用浸入边界法进行了数值模拟,探明了胸鳍拍动产生的复杂三维流动模式,研究发现蝠鲼的推进效率约为 89%,蝠鲼游泳运动产生的大部分推力是在鳍的远端产生的,鳍柔性的变形提高了效率。Thekkethil 等[111]基于浸没边界法数值研究了不同波长与展弦比对鳐鱼胸鳍水动力性能的影响,在较大的波长下发现了具有多涡环的马蹄形涡流。对于推进性能,中间波长能够获得的最大推力,而较小的波长的推进效率较高。此外,随着展弦比的增加,在各种波长下的推力和推进效率都会增加。Menzer 等[112]研究了蝠鲼胸鳍拍动的流体动力学,他们通过改变模型骨骼关节的旋转角度来实现蝠鲼的胸鳍变形,结果发现较低的胸鳍俯仰比导致了更理想的漩涡形成和脱落,因此能够对蝠鲼模型的推力和效率产生增益,同时适度提高弯曲比同样可以略微降低功耗。张栋等[113]于 2022 年采用浸入边界法数值研究了牛鼻鲼胸鳍弦向变形以及振幅不对称性对水动力性能的影响,结果发现适度的弦向变形可增强推力、提高效率,较大的上下振幅不对称能提高推力性能(图 2-23)。此外,在高斯特劳哈尔数时,尖端漩涡是推力的主要来源,而前缘漩涡和后缘漩涡削弱了推力的产生。然而,当 St 较小时,前缘漩涡会增强推力。

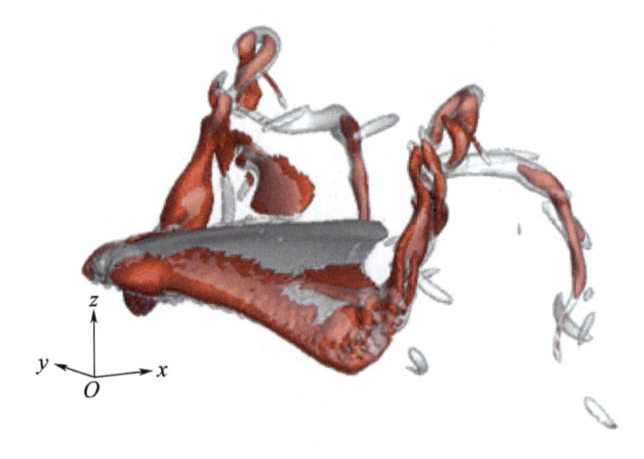

图 2-23 牛鼻鲼胸鳍拍动流场结构[113]

除了上述采用指定变形方法的数值研究,一些学者还采用流固耦合的方法对胸鳍拍动运动进行了研究,探究了胸鳍刚度对推进性能的影响。Zhu[77]于2007年利用边界元法和基于非线性薄板模型的结构动力学方法对具有弦向和展向柔性分布的三维拍动板进行了流固耦合数值模拟,研究表明弦向和展向的刚度分布对推力产生和能量消耗具有不同的影响。杨少波[95]在2010年通过对牛鼻鲼的生物学观测建立了三维有限元仿真模型,利用鳍条的多点外力激励模仿肌肉的内力作用,多鳍条组合模仿胸鳍扑动方式,对牛鼻鲼的自主推进进行了数值模拟。研究结果表明牛鼻鲼的净推力在一个周期内呈现双峰特征,并发现其通过形成反卡门涡街诱导射流获得需要的推力和升力。

一些学者还对左右胸鳍非对称拍动/波动时的水动力性能进行了研究。Wu等[114]对具有不对称波动胸鳍的晶吻鳐进行了数值模拟,模拟中左胸鳍和右胸鳍不对称运动的相位差为180°,数值结果表明非对称运动相比对称运动能获得更好的启动和加速性能。此外,还有学者对胸鳍推进模式鱼类的自主游动进行了研究,Chen[115]等通过数值仿真研究了晶吻鳐在静水中自主游动的流体性能,结果表明晶吻鳐模型能够达到1.6个体长/s的平均游动速度,当胸鳍波动频率为2.2Hz时,能够达到19%的最大推进效率。

2.3 喷流推进

2.3.1 鱿鱼生物学研究

1. 鱿鱼结构

鱿鱼的主要结构如图2-24所示,它有一个高度流线型的细长身体、两只大眼睛、两个触手和八条触角。外套膜作为鱿鱼的主要结构,是一个圆锥形的肌肉薄膜,鱿鱼腔体的内脏由这个外套膜包裹。鱿鱼大多身体柔软,但它们的背部外套膜内有一个壳体结构,它类似于未钙化的薄壳骨架,主要用作鱿鱼鱼体的支撑框架。鱿鱼壳体是刚性的,并且大部分是不可弯曲的,但可以承受侧向弯曲以抵抗蒙皮的长度变化。鱿鱼外套膜颈部周围内有三个小软骨脊。这些骨脊通过锁定下面的软骨沟来密封外套膜的腔体入水口。一对鳍附着在外套膜的尾端。与上述太阳鱼和金枪鱼的鳍不同,鱿鱼的鳍没有结构良好的坚固的鳍条基部,这意味着它们无法承受较大的水动力,反过来也不能产生大的推力。因此,鱿鱼鳍主要辅助机动运动,并在中低速游动时提供除喷流推进外的部分推力。

鱿鱼外套膜可以视为一个圆柱体,后部有一个封闭的圆锥形末端。该圆柱体的外表面和内表面由层膜组成,并通过拉伸肌肉纤维相互连接。试验发现,鱿鱼外套膜包含两个主要的肌肉群,即构成大部分外套膜外表面的环状肌纤维(circular muscle fibers,CM)或环状肌,以及从外套膜内表面延伸到外表面的径向肌,如图 2-24 所示。环状肌纤维可分为三个区域:靠近外套膜外表面的外部区域、靠近外套膜内表面的内部区域以及这二者间的中间区域。如图 2-24 所示,外套膜内外区的环状肌纤维被称为环状肌纤维表面线粒体富集区(superficial mitochondria-rich zones of circular muscle fibers,SMR),而中间的肌纤维被称为环状肌纤维中央线粒体缺乏区(central mitochondria-poor zone of circular muscle fibers,CMP)。这些环状肌纤维被径向肌纤维的薄片分成矩形块,并且结构上与相邻的环状肌纤维相耦合。这些肌纤维绕外套膜并不连续,每部分只有几毫米长。环状肌纤维和径向肌纤维均为斜纹状且没有细胞核。

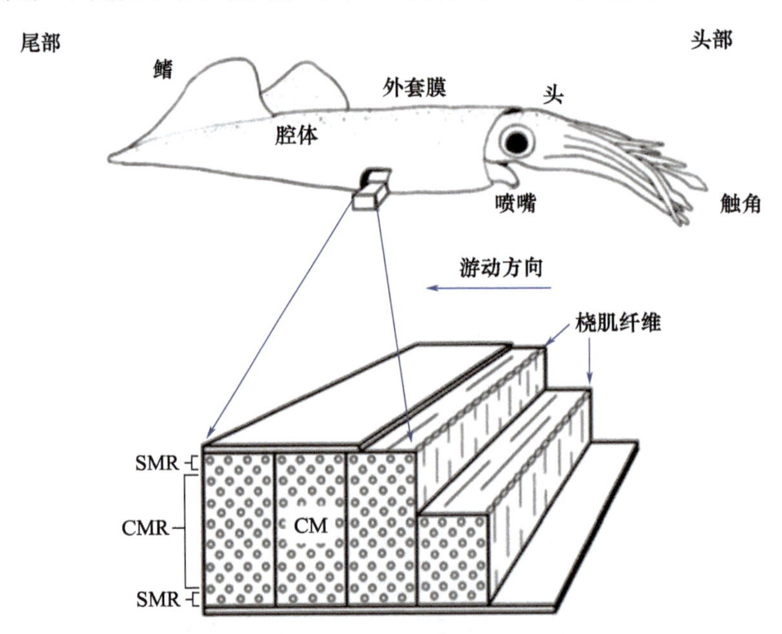

图 2-24　鱿鱼的结构和外套膜腹侧部分的示意图

2. 鱿鱼运动学

如前所述,太阳鱼等硬骨鱼鳍的特征是鳍条嵌入软膜中来支撑整个鱼鳍结构。虽然这种复合结构可以实现多自由度运动,但它不可避免地增加了仿生水下机器人设计和制造复杂性。相比之下,鱿鱼和其他头足类动物采用的喷流运动更容易复制。喷流运动始于外套膜扩张,在此过程中鱿鱼腔体体积增加,水则通过喷嘴进入腔体,如图 2-25 所示。Ward[16] 将这种扩张称为吸入或恢复阶段。随后,鱿鱼外套膜收缩,腔体内体积开始减小。在这之后的排水或动力阶段,水通过漏斗状喷口喷流排出,将鱿鱼推向相反的方向。Gosline 等[116]研究了这两组肌肉的运动情况。根据肌电图记录,外套膜的过度扩张由桡侧肌肉提供动力,收缩则由环状肌肉驱动,再次膨胀主要由桡侧肌肉中储存的弹性能提供动力。通过这种推进机制,鱿鱼可以实现有效的逃逸运动和高机动性。一些小鱿鱼,例如欧洲鱿鱼(Loligo vulgaris)的幼鱼能以每秒 25 个体长的速度游动。

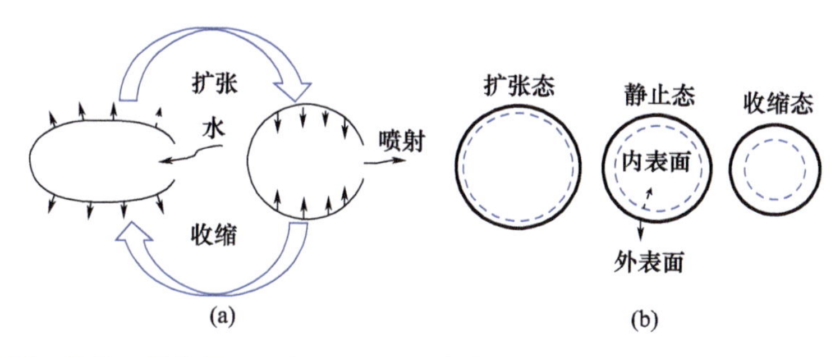

图 2-25 收缩-扩张循环示意图(a)和具有等体积的圆柱体横截面变化示意图(b)

Packard[117]在对活体鱿鱼的研究中发现,新孵化的鱿鱼外套膜在喷流过程中长度没有变化,外套膜体积及其含水量在收缩阶段至少减半。他还发现,在喷流过程中,成年鱿鱼正常状态下身体的直径比膨胀状态下小 30%。对此,Ward 提供了更详细的鱿鱼喷流运动学数据,他发现在扩张-收缩循环期间,外套膜不同部分的直径过渡平滑均匀(中等强度的喷流时外套膜直径变化大约为 15%),直径变化最大的位置在外套膜的中腹部。他认为,外套膜横截面在整个收缩-扩张过程中尽可能保持圆形,如图 2-25(b)所示。Anderson 等[118]还报道了鱿鱼的喷流速度、角度和腔体体积变化等运动学数据。

由于外套膜组织的体积和长度在扩张-收缩过程中基本保持不变,因此在喷流过程中其厚度必然发生变化。这将导致整个外套膜产生不均匀的周向应变,意味着外套膜内表面的纤维[图 2-25(b)]会比其他区域承受更大的周向应变。人们也发现外套膜内表面附近的纤维比外表面附近的纤维有更多的褶皱,以适应这种更大的应变。生物学观测表明环状肌肉的收缩程度、速度和频率随游动速度变化不大。Anderson 等[119]和 Staaf 等[120]分别研究了鱿鱼鳍和喷嘴孔径在喷流过程中的作用。除上述常见的直线游动研究外,Jastrebsky 等[121]的一项研究还关注了鱿鱼的转向性能,获得了鱿鱼机动运动的运动学数据,包括转弯半径(机动性指标)、转弯角速度(敏捷性指标),表明鱿鱼通过喷流和鳍之间的协调,与大小相似的鱼类相比,能实现高度的机动性和中等的敏捷性。

3. 鱿鱼的水动力特性

Anderson 等[118]使用高分辨率数字高速摄像机获得了鱿鱼(Loligo pealei)

游动的运动参数、腔体变形和腔体体积，并基于这些数据评估了非定常效应下的喷流速度、喷流推力、内压和推进效率。他们由此导出的效率计算方程与火箭发动机推进效率的计算方法很相似。Anderson 等又基于观测获得的数据进行了类似的准稳态和非稳态鱿鱼游动流体动力学分析。他们的发现为研究鱿鱼和其他喷流推进生物运动的流体动力学提供了新的视角，但没有提供鱿鱼周围的流场信息。

与对太阳鱼和金枪鱼的生物流体动力学研究一样，DPIV 技术也用于鱿鱼喷流的可视化研究。Anderson 等于 2005 年发表的文献[122]介绍了 DPIV 鱿鱼游动试验中的开创性应用。观测结果表明，鱿鱼喷流具有周期性、稳定性和长时间的特点，具有高速的细长核心。鱿鱼的连续喷流在射流剪切层中不稳定，喷射出之后尾迹分裂成涡团。鱿鱼的喷流是在运动流体而不是静止流体下进行的，并且喷流速度始终大于游动速度。

DPIV 技术也被用来研究鱿鱼个体发育过程中的尾迹结构和流体动力学。研究发现，在低雷诺数和中等雷诺数下游动的鱿鱼幼体主要依赖垂直方向的高频低速喷流，这种射流主要由细长的涡环组成，尾涡之间没有出现明显的夹断(pinch－off)[123]。相比之下，在高雷诺数下游动的幼年/成年鱿鱼的尾迹模式表现出多样性，观察到两种主要的射流模式。在低速游动时的喷流模式Ⅰ中，喷射的流体随着每个喷射脉冲形成一个独立的涡环，如图 2－26(a)所示。如图 2－26(b)所示，在快速游动的喷流模式Ⅱ中，在每个喷射脉冲前导涡环都从长尾射流中夹断。在成年鱿鱼快速游动的过程中也观察到两种尾流模式。他们对推进效率的估计表明，幼体鱿鱼的喷流效率远高于成年鱿鱼。他们的后续工作分别侧重于中等雷诺数下幼体鱿鱼[124]和成年鱿鱼[125]的游动流体动力学。

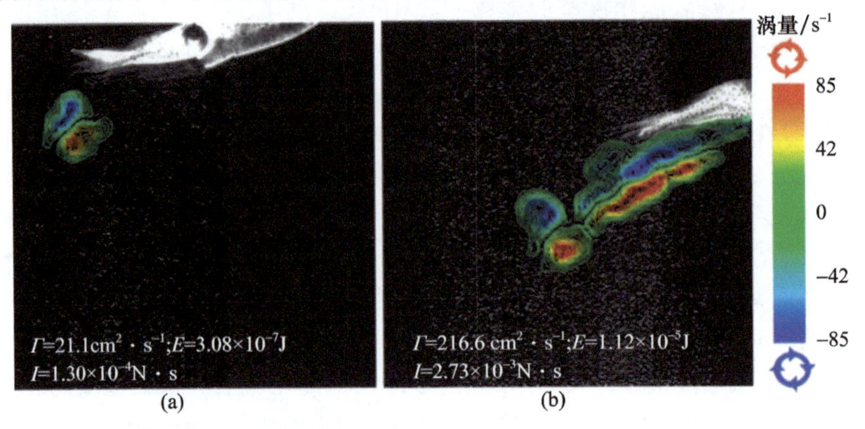

图 2－26 鱿鱼在 6cm/s(喷流模式Ⅰ)(a)和 10cm/s(喷流模式Ⅱ)(b)游动时周围的涡量图(Γ 为扩散系数，E 为涡动能，I 为涡动量)

用于研究太阳鱼和金枪鱼周围流场的体积测速技术在一些发表的文献中也被用于鱿鱼喷流尾迹的三维涡环结构可视化研究。例如，Bartol 等[126]于2016 年揭示了鱿鱼在"触角优先"和"尾巴优先"游动模式下的流动结构，如图 2-27所示。他们发现，尽管同时具有多个推进方式的鱿鱼尾迹非常复杂，但三维涡环及其衍生物是这两种模式下的主要特征。三维测速技术还揭示了整个鱿鱼个体发育过程中的两种喷流逃逸模式，即"逃逸喷流模式Ⅰ"以短而快速的射流脉冲为特征，从而导致涡环的形成，以及"逃逸喷流模式Ⅱ"以具有首缘涡环的较长的大体积射流为特征。

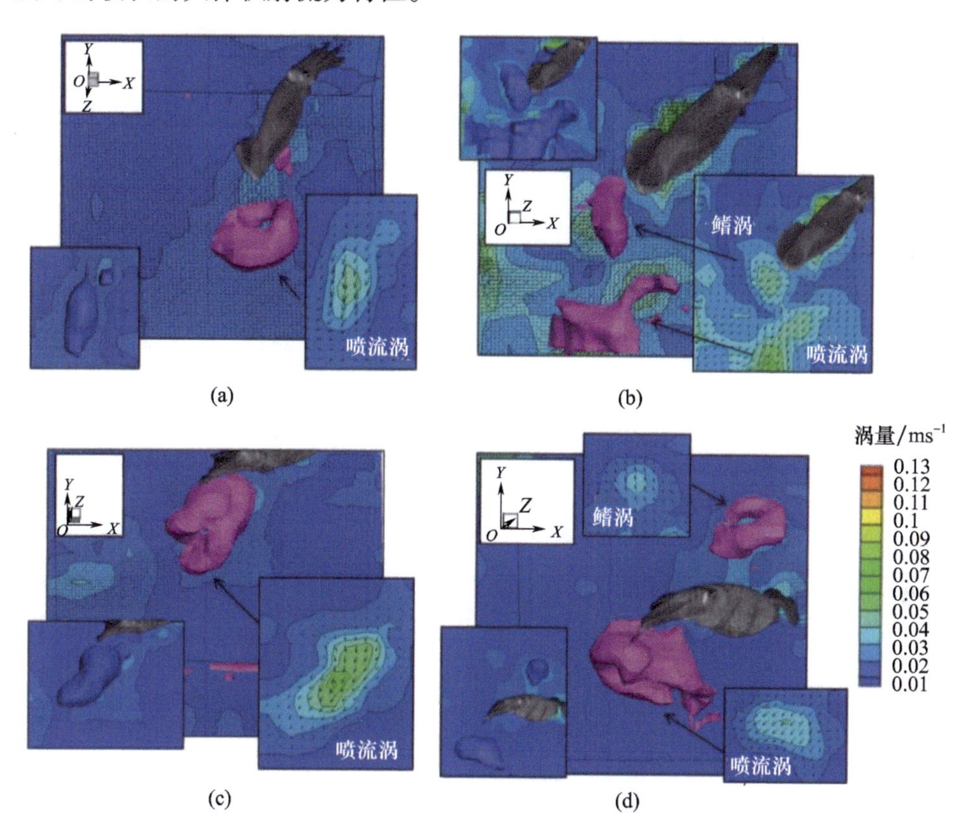

图 2-27　在"触角优先"(a、b)和"尾巴优先"(c、d)模式下，鱿鱼低速(小于 1.5 个/s 外套膜长度)游动时周围的流场结构(涡量幅值等值面为粉红色，速度幅值等值面为蓝色，带箭头的插图为速度剖面)

2.3.2　鱿鱼装置喷流推进机制研究

除了从鱿鱼腔体中喷出液体外，还可以在实验室环境中通过活塞-气缸实验装置产生包含涡环的喷流。因此，这种侧重于涡环形成研究的活塞-气缸装置在阐明喷流推进的潜在机制方面很有价值。本节主要回顾通过生物相关性较低的活塞-气缸装置和仿鱿鱼机器鱼进行的机制研究。

1. 活塞-气缸装置

Gharib 等[127]开展了一项经典的试验工作,即在水箱中使用活塞-气缸装置研究涡环的形成。他们使用 DPIV 技术对涡环的速度场和涡度场进行测试了,发现取决于不同的活塞行程与气缸直径(L/D)的比值(行程比),活塞装置可以产生两种流场模式,如图 2-28 所示。在小行程比时,产生的流场仅显示一个涡流;而在较大行程比时,尾流场由一个前缘涡环和一个后缘尾迹组成。这两种模式分别对应鱿鱼周围流场观察到的喷射模式Ⅰ和喷射模式Ⅱ。而这两种不同状态之间的转换在行程比大约为 4 时发生,称为"形成数"(formation number)。一个涡环能实现的最大环量在这个形成数时达到。这或许可以解释为什么在鱿鱼快速游动时的喷流模式Ⅱ下,连续喷流的尾流场由前缘涡环和尾随涡流构成。

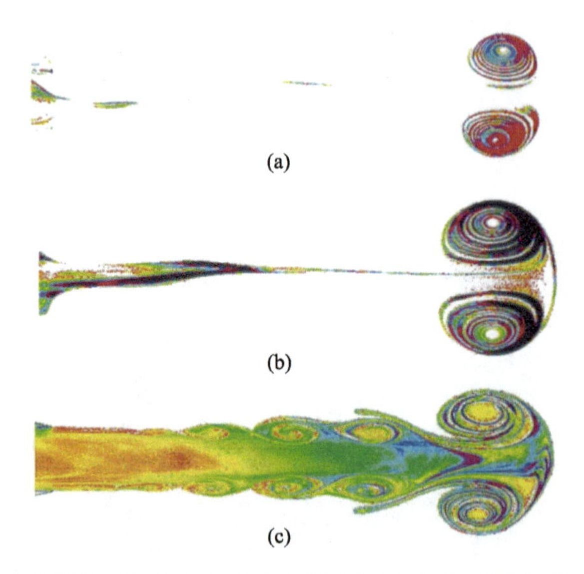

图 2-28 在形成时间为 8 时,最大行程比为 2(a)、3.8(b)和 14.56(c)时涡环和尾涡的结构图

形成数是涡环形成的通用时间尺度,它的发现表明喷流推进的启动喷流可能存在一个最大化准则。为了验证这一假设并研究涡环和尾迹喷流对推力产生的相对贡献,Krueger 等[128]使用活塞-气缸装置产生行程比为 2~8 的喷流。结果表明,涡环形成比尾迹喷流对每单位 L/D(行程比)的推力贡献更大,这意味着涡环夹断代表了推力产生的最优原则。这是由于喷口处的过高压力在涡环形成期间提供了额外的推力冲击。

Anderson 等[122]利用背景来流下的圆柱形活塞形成的喷流来模拟鱿鱼游动时的喷流。他们发现背景来流影响下的射流与静水中的射流发展不同。在有背景来流的情况下,假设喷流速度相同,在预测流场结构时流速可能比行程比更重要。并且在背景来流下喷流所产生的推力和涡量比在静水中更小。Querzoli 等[129]在后续研究中考虑了活塞-喷射装置的八种不同喷流速度。根据试验测量结果,他们提出了计算涡环不再受喷口流动影响的时间准则。平均喷流速度达到最大的这一时间点可以根据速度剖面很轻易地确定。此外,也有研究利用活塞-气缸装置研究非零径向喷流速度的冲量和运动能[130]、低雷诺数下涡环的形成特征[131],以及通道出口具有柔性襟翼的非定常射流[132]。然而,目前尚不清楚这些基础机制研究是否适用于仿鱿鱼的喷流推进,这可能需要更多的试验和生物学验证。

2. 仿鱿鱼机器鱼

Moslemi 等[133]于 2010 年开发了一种名为“Robosquid”的仿鱿鱼水下航行器,用于研究喷流速度和占空比对脉冲喷流推进性能的影响。他们指出,梯形喷流速度剖面的推进效率高于三角形速度剖面。研究还发现,在低喷流长径比和高占空比下,脉冲喷流的推进效率优于稳态喷流。基于 Robosquid 仿生喷流航行器,研究人员还进行了其他试验测试以研究雷诺数和机器鱼构型对推进性能的影响。研究中基于平均游速和鱿鱼外套膜直径的雷诺数范围为 37 ~ 60。结果发现,与高雷诺数(1300 ~ 2700)相比,低雷诺数下的脉冲喷流推进对于毫米级推进系统效率较高,因为脉冲喷流与稳定喷流效率之比随着雷诺数的减小而增加。基于 Robosquid 的试验还表明,与光滑喷口相比,锐边喷口可以提高航行器的游动速度和推进效率,原因是锐边喷口产生了更强的涡流[134]。最近发表的一篇论文还介绍了一种具有柔软变形鳍和触手的仿鱿鱼水下-空中跨介质机器鱼的研究[135]。这种新颖的软气动变形设计使其能够在水和空气之间穿梭。

尽管上述仿生机器鱼利用喷流推进,但这种喷流是通过气动或活塞驱动而不是身体的膨胀-收缩来产生的——这是鱿鱼喷流推进的一个关键特征。一些受鱿鱼启发的软体机器人通过腔体变形来产生脉冲喷流。如图 2-29 所示,Serchi 等[136]开发了由柔性蒙皮、喷口和吸水阀组成的仿鱿鱼机器鱼原型机。它是第一个将软体机器人概念与涡流增强脉冲喷流推进原理相结合的软体机器鱼。该原型的试验测试表明,推进性能在很大程度上取决于蒙皮对驱动循环的弹性响应。根据这些初步结果,他们在后续的研究中升级了这个仿鱿鱼机器鱼[137-138]。此外,他们还针对该仿生机器鱼推导了结合结构动力学和推力产生公式的推进-弹性动力学耦合模型,并且基于机器鱼原型机的试验结果验证了该模型。基于这种仿鱿鱼软体机器鱼的最新研究表明，弯曲喷嘴中的流体动量损失是影响其转向性能的最重要因素[139]。总体而言，这些仿鱿鱼机器鱼原型机的测试试验主要有助于对所用柔性材料膨胀－收缩过程中结构行为的深入理解，而喷流流体动力学并不是重点。

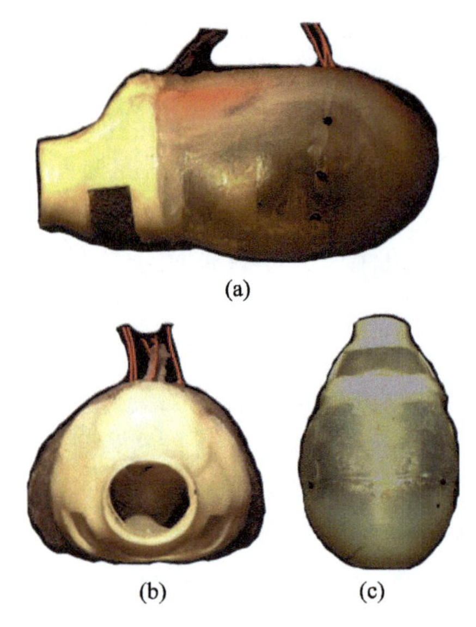

图 2－29　具有柔性蒙皮、喷口和吸水阀的仿鱿鱼机器鱼的原型机

(a)侧视图；(b)前视图；(c)俯视图[136]。

如图 2－30(a)所示，Weymouth 等使用一个简单的仿鱿鱼柔性机器装置的试验表明，快速的尺寸变化可以回收利用流体能量用于改善喷流推进性能。他们还根据试验数据提出了一个基本的通缩比例参数来表征通过形状变化实现流量控制的机制。Steele 等[140]利用图 2－30(b)所示的仿鱿鱼机器鱼装置研究了能量回收对鱿鱼快速喷流逃生机动的影响。他们的结果强调收缩速度和雷诺数是决定喷流过程中能量回收成功的关键。然而，这两个简化的仿鱿鱼机器鱼模型只能执行一个腔体收缩动作，因此不能用于研究连续的膨胀－收缩喷流。

Christianson 等[141]和 Bujard 等[142]也开发了仿鱿鱼和其他头足类动物机器鱼喷流推进器[图 2－30(c)和(d)]，这些机器鱼通过周期性改变内部体积和腔体横截面积来利用喷流和附加质量效应以实现可重复的喷流推进。他们的研究发现，基于质量－弹簧－质量耦合振荡器的仿鱿鱼机器鱼的共振效应可以显著提高游动速度和效率。该机器鱼还揭示了高效游动的最佳斯特劳哈尔数，这建立了喷流推进和现有鱼类高效游动研究结果之间的联系。

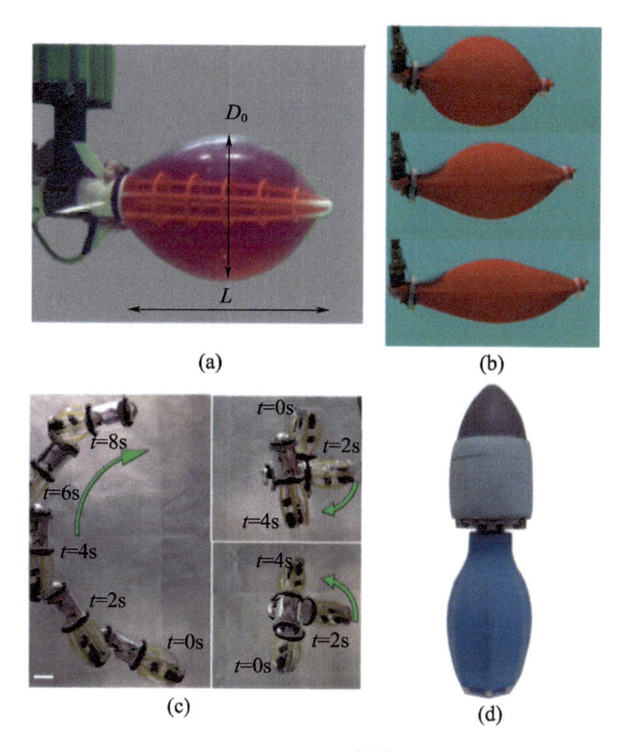

图 2-30　充满红色液体的仿鱿鱼机器鱼(a)[143]、Steele 等制作的形状变形体(b)、Christianson 等[141]开发的仿头足类机器鱼(c),以及安装了蓝色套膜的仿生柔性共振机器鱼(d)[142]

2.3.3　数值研究

在过去几十年中,推力产生和水动力推进效率主要基于两种不同的数值模型进行分析。一种是涡环模型,它假设从喷流推进器的尾流是一条具有对称涡流群的涡街。每个涡对由两个强度相等且旋向相反的涡组成。在周期性推力产生期间,通常假设在喷口横截面上的平均喷流速度是均匀分布的。该涡环模型预测,与具有等效质量流量的连续喷流相比,如果喷流足够频繁,使涡环中心连线的距离小于 3 个涡环半径,则可以产生更大的平均推力。模型关于喷口后对称排列的涡结构假设在一定程度上与观察到的成年鱿鱼周围的喷流模式 I [图 2-26(a)]在一定程度上具有相似性。

另一种是长喷流模型。相比之下,长喷流模型更常用于分析鱿鱼喷流推进的流体动力学。在该模型中,鱿鱼喷流被视为高速细长流体。真实鱿鱼周围的喷流由一个三维剪切层标记,并且流体的速度从喷流核心到周围流体连续不断地变化。动量定理通常用于根据游动鱿鱼内的流体速度来计算推力速度。而腔体内压通过在没有大量储水近似(large - reservoir approximation)条件下求解非定常伯努利方程获得。不过,伯努利方程的具体形式取决于流动是层流还是湍流。此外,这种方法忽略了腔体内流体加速的影响,导致误差产生。

对涡环形成的流体动力学研究(与喷流推进具有内在相关性)也能为鱿鱼的推进性能研究提供了启发。例如,Mohseni[144-145]等基于 slug 模型的建模分析和通过求解轴对称可压缩 N - S 方程的数值模拟均证实了 Gharibe 等于 1998 年提出的形成数的存在。Rosenfeld 等[146]开展的数值研究则进一步证实了形成数的普遍性。除此之外,他们的数值研究还扩展了 Gharib 等在 1998 年开展的试验研究,系统地探究了非脉冲(non - impulse)速度剖面、不同喷流生成装置构型和雷诺数的影响。

此外,Linden 和 Turner[147]进行了理论分析以阐明观察到的形成数的基本物理原理。他们将喷射流(jet slug)的环量、冲量、体积和动能与有限核涡环的对应部分进行了比较。结果表明,在达到临界等效行程比后,单个涡环无法保持这些物理量。此外,他们认为,在给定能量输入下,某个限制涡(limiting vortex)在实现最大冲量方面是“最优的”,相当于最高的推进效率。然而,对游动鱿鱼的测量试验表明,成年鱿鱼确实使用 L/D 远大于 4 的连续长射流,对应于图 2 - 26(b)所示的喷流模式Ⅱ,这表明鱿鱼可能不采用“最佳”涡环来提高效率。

除了上述分析建模和简化的数值研究外,计算流体动力学也是模拟与涡环动力学相关的喷流推进的有效工具。例如,Jiang 等[148]使用商业软件 Fluent 对背景来流速度下的二维轴对称活塞 - 气缸装置的涡环形成和推力产生进行了数值研究。在运动过程中,来流速度与平均活塞速度之比以及活塞行程比的不同组合呈现出了不同的涡结构。研究发现,由于喷流的涡流层与初始尾迹的反向涡之间的强耦合作用,即使在较高来流速度和大行程比条件下,产生的涡结构也不会从后缘夹断。在相同质量流量下,长的和连续的喷流产生的推力比短脉冲喷流产生的推力更大。虽然他们的模型考虑了背景来流速度对涡动力学和喷流流体动力学的影响(这与真实的鱿鱼喷流条件一致),但这项研究基于二维模型,并且对象是刚性的,这不同于涉及腔体变形的头足类运动。因此,研究结果与实际水生动物喷流运动的相关性尚不清楚。

随后发表的一些论文对活塞 - 气缸涡流装置也进行了类似的数值仿真分析,它们通过求解 N - S 方程来研究涡环动力学和射流推进。这些研究发现,喷流速度轮廓和与之相关的行程比在确定附加质量动量方面发挥着重要作用。Abdel Raouf 等[149]的数值模拟还表明,增加脉动喷流频率会提高固定活塞推进

器的推进效率,正弦脉冲的射流效率高于单位脉冲射流。Gao 在 2020 年的一项研究聚焦于将涡环推力推进用作新型推进装置的优势,并揭示了通过增强过压效应(over - pressure effect)和抑制负压效应使压力冲击最大化,以提高整体冲击推力的可能性[150]。然而,与 Jiang 和 Grosenbaugh 在 2006 年发表的论文一样,这些研究使用了简化的二维刚性活塞模型作为涡流发生器,这不同于鱿鱼通过身体变形来产生射流。此外,喷流过程中柔性腔体内的流场演化大多被忽略,这可能导致计算推力时产生误差。

不过有一些数值研究考虑了腔体的形体变化以阐明喷流推进的潜在机制。Spagnolie 和 Shelley[151]证明了一个简单的形状变化体能够在振荡来流中悬停或上升,这实现的速度脉冲被认为与水生无脊椎动物的逃逸动力学有关。随后的一些研究揭示了附加质量能量回收在变形体爆发运动中的重要性。结果表明,当物体收缩时,通过利用附加质量能量,可以获得相当大的推力增加,增加的部分几乎与喷流产生的推力相当。然而,能量的有效回收利用在很大程度上取决于物体的收缩速度和雷诺数。在这些研究中,生物运动通过数学方程指定,没有考虑柔性躯体和周围流体之间的相互作用,并且忽略了腔体内部的流动。

在这些研究之后,Bi 和 Zhu[152-154]开展了一系列数值模拟研究,以探究喷流和腔体变形的综合影响。通过使用三维边界元方法,他们研究了具有压力腔体的头足类变形体的脉冲 - 滑行游动,如图 2 - 31(a)所示。这项研究侧重于单个脉冲喷流周期,发现最佳速度发生在临界行程比附近。然而,他们的数值模型基于势流理论,其中忽略了黏性效应,因此结果的准确性受到影响。

随后,他们又开发了基于浸没边界法的二维流固耦合模型,以研究在低雷诺数条件下,仿鱿鱼喷流推进系统在系泊和自由游动条件下脉冲运动的全黏性响应,如图 2 - 31(b)所示。他们发现在连续喷流后尾流的对称稳定性被破坏。结果还表明,附加质量相关力对推力的产生有显著贡献。在加速、稳态游动和偏离轨道游动阶段,分别观察到三种尾迹模式,即喷口涡主导尾迹、过渡尾迹和非对称尾迹。不过这些流固耦合研究仅限于层流,而真实的鱿鱼,尤其是成年鱿鱼,可以在湍流条件下运动。另外,他们模型的膨胀是虚拟线性弹簧弹性能释放的结果,而真实鱿鱼腔体的膨胀来自腔体外套膜整体的弹性性能。

通过指定腔体变形模式,他们在随后的一项工作研究了喷流速度剖面的影响,结果突出了喷流加速度和黏性耗散在涡环演化过程中的作用[154]。然而,这项研究是基于一个轴对称模型的。此外,与许多其他研究一样,该轴对称模型是在静止流体环境中进行研究的,这一场景不同于鱿鱼在稳定游动中的运动,即喷流发生在背景来流条件下。

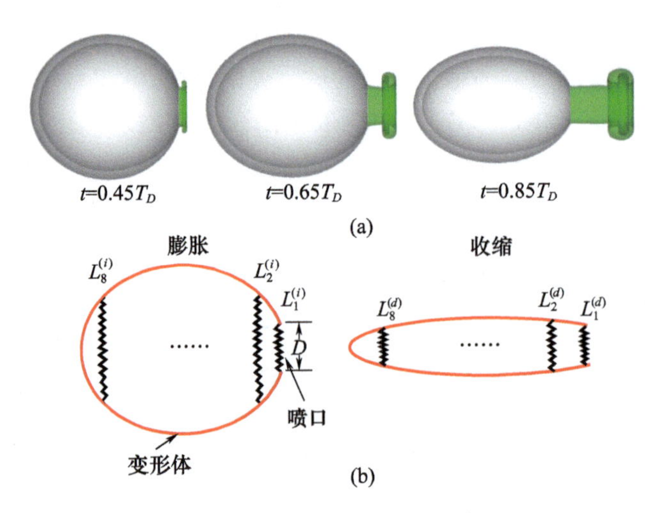

t—时间；T_p—变形周期；D—喷口直径；$L_1^{(i)}$、$L_2^{(i)}\cdots L_8^{(i)}$—完全膨胀的长度；

$L_1^{(d)}$、$L_2^{(d)}\cdots L_8^{(d)}$—完全收缩的长度。

图2-31　三维仿鱿鱼喷流推进装置在腔体收缩期间尾迹的演变过程(a)，腔体内有8个弹簧实现膨胀和收缩的示意图(b)

可以发现，现有的仿鱿鱼喷流推进的数值研究大多集中在层流条件下。而成年鱿鱼在湍流中游动，不同于在层流条件下，这可能会影响其推进性能和涡流演化。此外，相关文献中考虑腔体变形和黏性效应的喷流推进的高保真三维数值模型还很少见。因此，本书将通过考虑可变形体与周围流体之间的流固耦合作用来研究湍流中的喷流推进，还将根据鱿鱼的真实变形模式提出高保真的三维喷流推进数值模型。基于该三维模型，本书后续也将系统地研究影响喷流推进和涡环动力学的一些关键因素，如背景流、喷流速度和腔体变形程度。

2.4　鱼类在扰动流场条件下的游动以及鱼类游动控制

2.4.1　在扰动流场条件下鱼类的游动

目前，学者对鱼类运动的水动力研究大多是在静水或稳定流场条件下进行的。然而，鱼类生存运动的水流环境通常是扰动的，其水流速度速相对于地球参考系在空间和/或时间上发生变化。稳定流体转变为扰动流体是由附近的外部环境引起的，如航行的船舶、河流中静止的岩石；或是由伴游生物的相互作用导致的，如鱼类集群运动。本节的文献综述聚焦于前者情形，探讨鱼类在外部环境干扰下的应激反应。

1. 鱼类在扰动流场中游动的生物学研究

早期关于鱼类游动行为的研究大多通过野外观察的方式。常常可以看到海豚在船只行驶时划过船艏,这被称为“船首乘浪”(bow - riding)。研究表明,海豚可以通过适当的身体姿势在弓浪中利用浪力向前游动。鱼类也会在河流中选择合适的位置来停留或觅食。例如,虹鳟幼鱼更喜欢将有顶部自然遮蔽物且水流速度较快位置作为它们的栖息地。类似的偏好在棕鳟鱼中也同样存在,Shuler 等发现棕鳟鱼选择觅食地点时主要基于水流速度和遮蔽物,而石头结构可能为它们提供了最具能量优势的位置。此外,在现场测试中,如 McLaughlin 和 Noakes 的现场试验所示,流速避难所(refuge)能够将小溪鳟鱼的游动能量消耗平均降低 10%,而不影响其觅食频率。Heggenes 也在文献中报道了鳟鱼的栖息地选择行为。

除了上述现场观测研究外,研究人员还进行了实验室研究,这些研究中流体条件受到精细控制,以探索在改变的流动条件下鱼类的游泳行为。例如,Webb 在水箱中研究了白鲑和小口鲈在圆柱体尾流场的夹带(entrainment)行为,发现鱼类喜欢在较高水流速度下的圆柱体后方游动。此外,水流的温度也会影响受试鱼类的行为。周围流动的湍流会增加鱼类游动的能量成本[155-156]。

除了上述湍流之外,有些非定常流动,如涡流,也可能被鱼类利用,鱼类通过调整运动学参数以适应流动,从而降低游动的能量消耗。Liao 等在 2003 年开展了一项经典试验,其表明在弓形圆柱后处于涡街中的虹鳟鱼能够主动适应水流的变化。他们比较了三种不同流体条件下虹鳟鱼的轴向游动,即自由流中、D 形圆柱前方(bow wake)和 D 形圆柱体后方流场,如图 2 - 32 所示。结果表明,圆柱体后方的虹鳟鱼采用了一种新颖而独特的运动模式在涡街中保持相对静止。他们将这种游动姿态称为卡尔曼姿态,该姿态下虹鳟鱼身体波动幅度和曲率远大于在没有圆柱体情况下以等效速度游动的鱼,且尾部拍打频率与圆柱体脱落涡频率相匹配。虹鳟鱼不仅可以在主要的流场(main current)趋势中寻求避难所,以利用障碍物背后的减速区域(flow refuging),还可以调整身体运动学参数以与涡流同步,从环境中获取这些涡流的能量,这在上述的研究中已经得到证明。当圆柱直径比鱼的长度大时,这种运动行为更加显著。有趣的是,当鳟鱼被放置在 D 形圆柱前方时,它们倾向于稳定在那里,如果被移走到圆柱后方,它们会立即游回到圆柱之前。停留在 D 形圆柱前方时的低尾拍频率、鱼体波速和鱼体后部曲率表明 D 形圆柱前方可能是图 2 - 32(a)中三种流动条件中最节能的区域。

随后对圆柱后游动鳟鱼的肌电图研究表明,当鳟鱼使用卡尔曼姿态时涡流决定了其头部的运动姿态。通过测量轴向肌肉活动来计算卡尔曼步态推力的被动产生机制。在这项研究之后，Beal 等发现，即使是死鱼也可以在圆柱体的尾迹中向前推进，这是由于其柔性鱼体在漩涡的作用下发生共振现象，从流体中被动地获得能量。

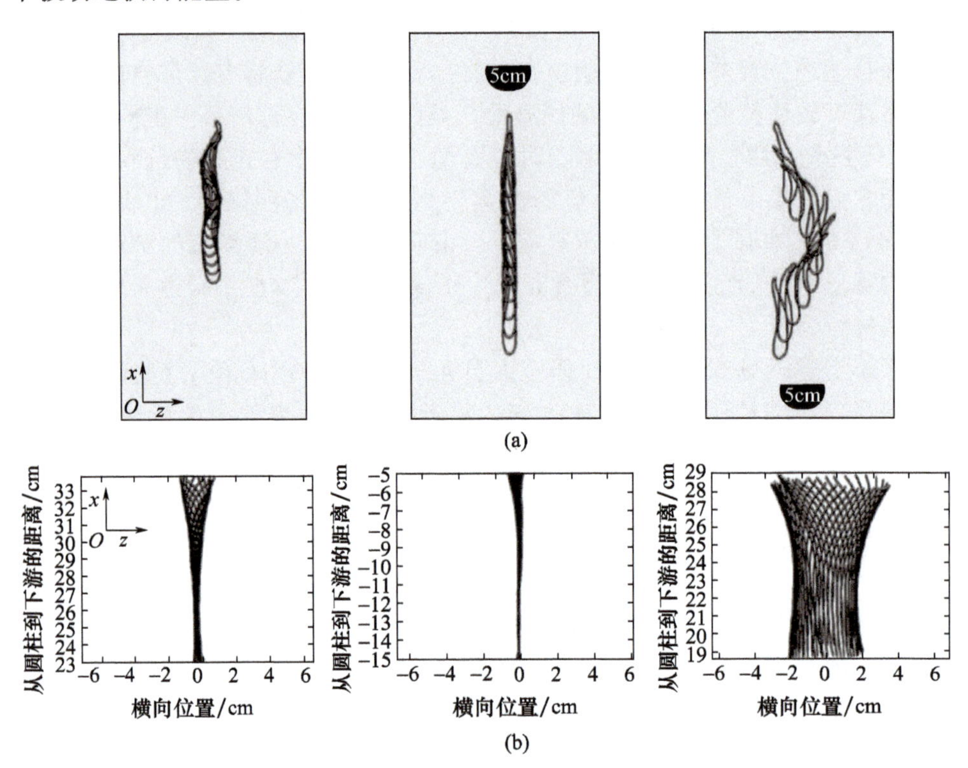

图 2-32　在自由流（左）、D 形圆柱前方（中）和 5cm 直径 D 形圆柱后侧（右）游动的鳟鱼鱼体叠加轮廓（卡尔曼步态）(a) 和身体中线轮廓 (b)（流动方向沿 x 轴正方向）

后续的多位学者对涉及卡尔曼步态的鱼类游泳行为进行了进一步的试验研究。人们发现，当鳟鱼在水中保持相对静止时，侧线对鱼体运动的影响比视觉更显著。Taguchi 和 Liao 测量了虹鳟鱼在圆柱体附近保持相对静止时的氧气消耗量，研究表明其在每秒 3.5 个体长的游泳速度下消耗的能量最少，其次是卡尔曼步态、艏波游动和自由游泳。然而，当速度增加到每秒 5.0 个身长时，艏波游动需要的氧气最少。另一项研究提出了一种基于圆柱体后方活鱼观测数据的卡尔曼步态运动学模型。这个运动学模型包括四个运动分量，包括鱼体弯曲、侧向平移、身体旋转和头部运动。通过实际观测证明了这个模型的准确性，为机器鱼设计和数值模拟提供了运动学基础。

2. 鱼类在扰动流场条件下的数值研究

目前，大多数鱼类在非定常流体中游动的数值研究都将圆柱体产生的涡街作为背景流动条件。这是因为：首先圆柱后侧的涡流是非定常的，且具有一定的可预测性，其流体的变化更加可控，从而可以研究孤立因素对结果的影响；其次，现有文献中已有许多相关的试验结果，便于与数值结果进行比较；最后，圆柱周围的流动条件较为全面，包括流速降低区域（圆柱前）和涡街区域（圆柱后），这可以较好地在数值计算中模拟复现自然环境中的鱼类流动回避和漩涡捕获行为。

受活鱼水动力试验研究的启发，许多学者利用CFD技术开展了一系列数值模拟，试图阐明鱼类在刚性体（如圆柱体）附近游动时的基本水动力机制。起初，许多研究对鱼类游动的运动学进行了数学简化。在这些研究中，鱼体通常被简化为均匀流中圆柱体后面的二维起伏的细箔片。根据与圆柱的距离，尾迹可分为三个区域：吸力区、推力增强区和弱影响区。与无翼型或固定翼型的情况相比，翼型的振荡显著扩大了流场的吸力区。相对于圆柱上游的位置（距离）、波动频率、相位和升沉运动对翼型产生的推力都有影响。在指定翼型的运动模式下，在相对于圆柱一定距离处翼型的推力达到最大。同时，由于下游振荡翼型的存在，圆柱阻力减小，表明存在被动减阻机制。Xiao和Wu等对圆柱尺寸的影响进行了研究。他们将振荡翼型放置在圆柱体上游与下游进行比较，发现放置在上游阻力较小。最近的一项数值研究报告表明，深度学习技术能有效地应用于训练鳗鲡游动模式的自推进运动，以适应其在圆柱体附近的指定运动。这项工作证明了将深度学习与浸没边界格子玻耳兹曼方法相结合的可能性，以研究鱼在均匀流和卡门涡街中游动的力学性能。

上述研究并没有考虑结构柔性的影响以及由此产生的柔性变形与周围流体之间的动态相互作用，而真实情况下鱼的身体和鳍是柔软的结构。一些研究考虑了鱼类在扰动流中游动时的流固耦合作用。例如，通过假设鱼的身体是一个柔软的细丝，Tian等研究了卡尔曼步态夹带区域的水动力及细丝的变形模式。研究发现，在夹带区域柔性细丝的存在有利于稳定圆柱周围的流动，而圆柱反而会使夹带的细丝失稳。具有较低质量比和较长长度的细丝的曳力在夹带区域中减小。相比之下，低质量比和较短长度的细丝在卡尔曼运动区域的阻力减小。在他们的模型中，细丝在位置上是固定的，变形是纯被动的，没有主动变形，不同于能自由游动、自主调节变形的真鱼。

随后的一项研究报道了自推进柔性鳍在圆柱体尾迹中的游动行为，如图2-33(a)所示。柔性鳍的前缘为指定的升沉运动，尾缘的位移则由鳍与流体动力的相互作用决定。在均匀流中，升沉鳍无法克服阻力，始终向下游游动。然而，当鳍在圆柱后侧时，呈现出三种行为：上游推进、被冲到下游及稳定在平衡位置。人们观察到当鳍位置稳定在圆柱后某个位置时其升沉运动频率与涡脱频率相等，伴随着柔性鳍在来流涡流之间的回转行为(slaloming behavior)。此外，这个平衡位置由柔性鳍相对于柱体的初始纵向位置和柔性鳍升沉运动相对于尾涡脱落的相位决定。回转行为运动降低了升沉运动的能量消耗。Wang等在随后的一项研究中也指出了类似的现象，该研究认为两个顺来流串联的圆柱会产生更复杂的水动力环境，如图2－33(b)所示。他们考虑了柔性板的两种摆放方式：流动到来流前，板在初始位置升起(方式Ⅰ)，以及涡脱充分发展后柔性板开始扑动(方式Ⅱ)。研究表明，尽管消耗了更多的能量，但在方式Ⅰ中，柔性板倾向于稳定在某个平衡位置。

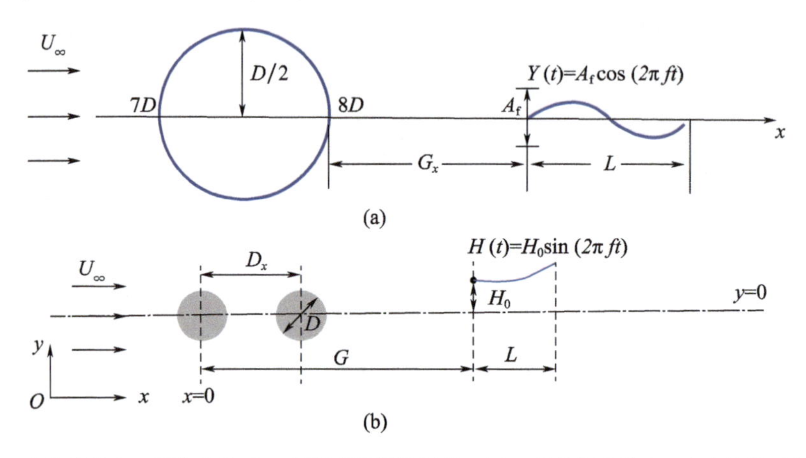

U_∞—来流速度；D—圆柱直径；G_x—柔性板距圆柱距离；$y(t)$—柔性板首缘在y方向的瞬时位置；A_f—柔性板首缘在y方向的最大运动幅值；f—运动频率；t—时间；L—柔性板x轴投影长度；$H(t)$—柔性板前缘上下振荡瞬时幅值；H_0—最大振荡幅值。

图2－33 圆柱后侧的自推进柔性板示意图(a)和两个串联圆柱(b)

人们发现鱼类喜欢在弓形尾流(bow wake)中保持静止。现有的研究大多集中在圆柱后的运动，很少对圆柱前运动进行研究。因此，有必要对后一种情况进行讨论，这将有助于阐明"保持站位"(station holding)或"避流"(flow refuging)行为机制。其中一个例子是Tian等对柔性细丝与下游刚性圆柱之间的流固耦合仿真研究。他们的结果发现，细丝和圆柱的阻力在很大程度上取决于它们之间的距离和雷诺数。在所考虑的参数下，无论细丝长度和质量比如何变化，细丝和圆柱都能获得减阻效果。这个模型被固定在一个位置而没有考虑自推进的作用，因此还不清楚相互作用会如何影响自主游动行为。Carling等认为，在这种系泊模式(tethered mode)下计算的力与自由游动模型得到的力有很大的不同。虽然Tian等的研究表明，当钝体的上游流体被"推"时，阻力减小是可能发生的，但细丝的变形是纯被动的，与游动的鱼不同，因为游动的鱼需要肌肉的主动驱动和被动变形来实现向前游动或在某一位置保持静止状态。

2.4.2 鱼类游动的运动控制

仿生机器人研究中游动的运动控制得到了广泛研究，但主要从工程应用角度出发。在实践中，需要通过环境状态、当前状态、目标和动作这些因素间的映射来指定机器人执行特定任务。速度控制和航向控制是水下仿生机器人运动的两个主要方面。比例－积分－微分（PID）控制是一种经典的反馈控制方法，在仿生水下机器人研究中常用此方法建立映射，实现速度和/或方向的目标控制。PID 控制的目的是通过应用比例、积分和微分项的修正来消除测量目标与期望目标之间的误差（跟踪误差）。比例项与跟踪误差的当前值成正比，积分项与跟踪误差的时间积分成正比，微分项通过计算跟踪误差的时间导数来估计其未来的趋势。尽管 PID 控制是基于线性理论或近似测量的，但其有效性已在以往的研究中得到证明。例如，Coral 等利用一个简单的 PID 控制器，在水中和空气中实现了仿鲈鱼机器鱼肌肉运动的高精度控制。即使在较为复杂的流动条件下，如卡门涡街中，将 PID 控制方法与人工侧线传感器相结合应用于扑翼运动控制也是有效的。

在仿生机器人运动控制的实现过程中，通常使用简化的分析模型来估算游动装置产生的推力和阻力。例如，Wen 等[157]建立了一种基于大振幅细长体理论的分析模型，用于评估无黏性条件下仿鲭鱼机器鱼产生的推力。他们将机器鱼简化后的动力学模型与 PID 控制器进行耦合，得到的速度控制结果对目标具有较好的收敛性。不过这些简化的分析建模方法精度较低，也不能提供鱼类游动过程中的具体流场信息，尽管其在工程应用中可实现在线控制。

目前，基于数值方法求解 N－S 方程来研究鱼类运动控制在相关文献中鲜有报道。例如，Maertens 等[158]采用反馈 PID 控制器来调节类鱼状 NACA0012 翼型的振荡运动幅值，以在翼型平均净阻力为零时实现自推进，他们也通过调节翼型的弯度来保持其航向，从而计算准推进效率。随后他们将控制结果作为输入进行步态优化，以求出给定速度和雷诺数下的最小游能量消耗。试验结果表明，在鲹科模式（carangiform）游动姿态中加入基于生物测量的位移变形可以显著提高游动效率。也有文献报道一对相互作用的游动者因漩涡相互作用可以节省游动能耗。Gao 和 Triantafyllou 将该 PID 控制器扩展到鱼体和鱼尾的运动控制。他们采用两个控制器分别通过调整摆动幅度将推力调整为零并通过调整尾部摆幅使鱼沿直线游动。结果表明，使用独立的尾鳍摆动控制的鱼在游动时，游动效率与没有这种独立控制的情况相比得到了显著提高。研究发现，推进性能对尾鳍运动的微小变化很敏感，反映了精确的流场感知和反馈控制在鱼类游动中的重要性。

很少有关于鱼类游动运动控制的研究考虑游动者和浸没流体间的复杂流体-结构相互作用,因为建立与反馈控制器相融合的流固耦合模型是一个重大挑战。最近的一项研究报告了反馈 PID 控制器的有效应用,其用于操纵柔软的机器鱼遵循特定的目标轨迹。在这项研究中,游动机器鱼被建模为具有有限厚度的二维柔性梁,并且研究人员将收缩应变周期性地施加在鱼体的两侧,如图 2-34(a)和(b)所示。通过改变主动应变的振幅和频率来调节水下机器鱼的波动并产生推力。转向运动是通过梁两侧的不对称应变实现的。此外,他们在控制方案中还考虑了机器鱼与目标之间的相对角度和距离来计算跟踪误差,如图 2-34(c)所示。基于此模型的流固耦合仿真结果表明,利用较少的控制参数可以实现对运动目标的轨迹精确控制。然而,类似的研究在相关文献中非常少见。

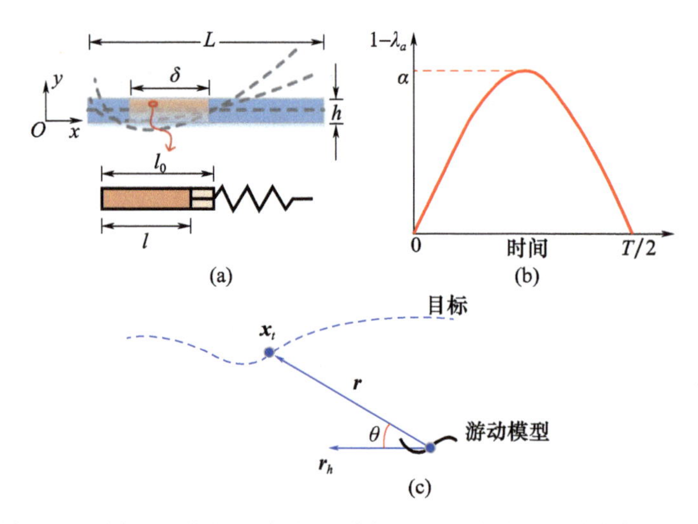

L—梁全长;h—梁厚度;l_0—收缩段原长度;l—收缩段变形后长度;λ_a—收缩率;α—收缩强度;

x_t—移动目标的 x 坐标;$\boldsymbol{r}$—梁质心到目标的向量;$\overline{r_h}$—梁的平均游动朝向向量。

图 2-34 收缩驱动下的二维柔性梁[图(a)中主动段长度为 δ;图(b)中收缩驱动交替作用于横的两侧,并且在 y 方向呈指数衰减;图(c)为软体机器鱼关于目标 x_t 的平移和旋转运动的控制方案示意图[159]]

可以发现,大多数关于鱼类运动控制的研究集中在静水流或均匀流动环境中。经典的控制方法、PID 控制方法,已被证明在这些流动条件下是有效的。将其与 FSI 求解器相结合,以探索扰动流条件下自主游动模型运动控制的有效性。将其应用于扰动流环境中,通过与 FSI 求解器相结合来探索柔性游动者自推进运动控制的有效性,这将是一件有趣的事情。这样就可以评估鱼类在扰动流环境中游动的能量消耗,比较鱼类在“避流”(flow refuging)过程中的能量节省。

◎2.5 仿生推进数值方法总结

如前所述,水下仿生推进涉及流体动力学、结构动力学以及两者之间的相互作用。因此,这是一个多物理场问题。例如,鱼的身体和/或鳍是具有各向异性材料的复合结构。身体和鳍与浸没流体的相互作用涉及剪切层分离和涡脱落,这与流体黏度直接相关。然而,在单一的数值模型中解析这些流体和结构特征具有挑战性。因此,研究人员必须在真实鱼鳍和喷流推进的流体与结构建模中做一些假设和简化。近年来,相关文献中报道了少量的高保真流固耦合数值模型,本节将对其进行简要总结。值得注意的是,在上述综述中可能已经提到一些工作,但从数值计算技术的角度,本节仍然可能会涉及它们。

■ 2.5.1 流体动力学

本节将回顾过去几十年用于研究游动鱼类周围流体动力学的势流模型和黏性流动模型。

1. 势流模型

在势流理论中,游动模型周围的流动被假设为无黏性、不可压缩和无旋的。速度势 $\Phi(\boldsymbol{x},\boldsymbol{t})$ 是空间和时间的函数,可以分解为 $\Phi_{\mathrm{b}}(\boldsymbol{x},\boldsymbol{t})$ 和 $\Phi_{\mathrm{w}}(\boldsymbol{x},\boldsymbol{t})$ 两部分,其中 $\Phi_{\mathrm{b}}(\boldsymbol{x},\boldsymbol{t})$ 与鱼体运动有关,$\Phi_{\mathrm{w}}(\boldsymbol{x},\boldsymbol{t})$ 由尾流涡引起,其每部分都满足拉普拉斯方程。在模型的表面上施加非通量条件,而库塔条件通常施加在后缘。速度分布由速度势得到,压力分布由速度势求解伯努利方程得到。势流模型的计算成本较低。因此,它通常可以快速计算模型周围的流体力。以前在仿生研究中的许多流场求解器都是基于势流模型[160-162]的。然而,无黏性流动模型在模拟鱼类游动时可能会带来误差,因为黏性效应导致的剪切层分离和复杂涡评价主导了鱼类游动周围的流场。

2. 黏性流动模型

考虑黏性效应的游动模型周围流场的控制方程为非定常三维 N-S 方程。由于流体黏度的存在,数值模拟中需要考虑湍流效应。直接数值模拟(direct numerical simulation,DNS)方法无须湍流模假设直接求解 N-S 方程,因此需要求解相当大的湍流时空尺度范围,因此计算成本极高。为了降低计算成本,同时获得可靠的解,人们提出了各种湍流模型,如求解雷诺平均 N-S 方程(Reynolds-aveaged Navier-Stokes,RANS)和大涡模拟(large eddy simulation,LES)。与 RANS 相比,LES 直接求解空间及时间上的大湍流结构,需要更多的计算成本,而前者无须计算各尺度的湍流脉动。因此,RANS 以相对较少的计算成本和可接受的精度在仿生仿真中得到了更普遍的应用。值得注意的是,本书中所考虑的大多数雷诺数都低于或等于 10^3 这一量级,因此湍流效应可能在流场中起的作用较小,这一点已经在之前的一些研究中得到了证明。因此,本书的水下仿生推进数值研究主要考虑层流(即不考虑湍流效应)条件下的鱼类游动机制研究。

仿生推进涉及复杂的三维体和/或鳍变形,因此要求流场求解器能处理结构边界的动态变化。贴体网格法和固定非贴体网格笛卡儿网格法是适应非定常边界形状变化的两种常用方法。基于结构化网格和非结构化网格可以实现贴体网格法。贴体网格法通常采用任意拉格朗日 - 欧拉(arbitrary Lagrangian - Eulerian,ALE)方法,通过将界面变形映射到内部网格来处理移动边界。采用这种贴体网格法,可以直接在界面处施加边界条件,并对局部网格进行细化求解边界层。然而,在遇到边界产生大变形时,需要重新划分网格,但这会增加计算成本。

相比之下,基于固定、非贴体网格的流动求解方法,浸没边界法(immersed - boundary method,IBM)提供了一种有吸引力的替代方案。浸没边界法在静止的笛卡儿网格上求解 N - S 方程,而无须特别处理物体的运动或变形。使用浸没边界法时,通过修改控制方程中的源项(或强迫函数)形式来实现物体表面上的无滑移边界条件,以再现边界对流动的影响。基于浸没边界法的流场求解器由于网格生成简单、网格变形适应性强等优点,被广泛应用于仿生推进和飞行数值研究中。然而,在进行高雷诺数模拟时需要在体表周围建立一个非常精细的网格来求解边界层内的流场,这将大大增加浸没边界法求解器的计算成本。

2.5.2 结构动力学

与使用指定运动学的简化数值研究相比,考虑鱼体和/或鳍的柔性结构是一个显著的改进。这涉及游动模型与浸入流体相互作用过程中的结构动力学求解。在这方面,两种最流行的结构模型常被用于流固耦合求解器,即集中扭转柔性(lumped - torsional flexibility)模型和固态连续体模型(solid continuum models)。集中扭转柔性模型假定柔性是局部化的,这导致动力学化为常微分方程形式,如旋转动量方程[164]。它已被应用于鱼类游动和扑翼飞行性能研究。不过,这种简化的结构模型只能产生低阶灵活性,不能模拟复杂的复合结构,如鱼体和鱼鳍。

固态连续体模型认为鱼体和鳍沿着其长度方向是完全柔性的,因此可以模拟更详细的材料行为特性。其中,网格弹簧模型、梁或薄板模型和有限元方法是仿生研究中最常用的方法(图2-35)。在晶格弹簧模型(lattice spring model, LSM)中,扑动鳍或翼被假设为一个连续的柔性板,它通常被离散成一个排列在规则晶格上的谐波弹簧网络。固体质量节点承受来自弹簧的力和界面上的流体力,然后通过使用 Verlet 速度算法在每个质量节点上求解牛顿运动方程来评估变形。在先前的研究中,LSM 被用于模拟薄的扇动翅膀和鱼鳍[166,168]。

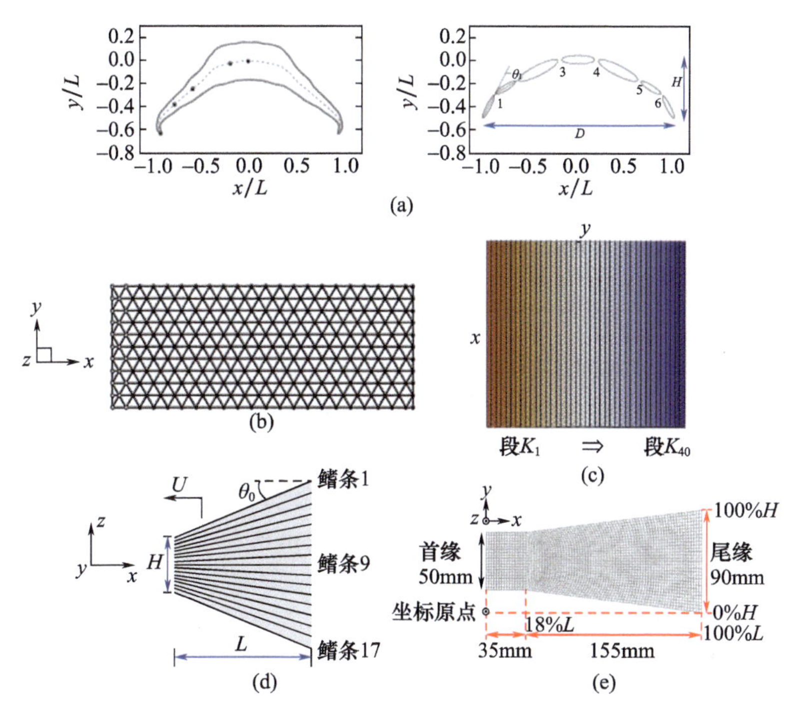

图2-35　一个简化的水母模型、相互连接刚体的铰接系统以及用于铰链的编号系统(集中扭转柔性模型)[165](a),在晶格弹簧模型中建模为三角形网格的游动模型[166](b),为薄板模型生成的计算网格[167](c),鳍条支撑尾鳍的理想化模型[84](d),鳍和关节系统的有限元分析模型[79](e)

由于翅膀和鱼鳍的厚度相对于其他尺寸较小,因此在结构动力学中通常将其建模为细梁或薄板。它们的变形是通过直接解析非定常欧拉-伯努利梁或薄板方程来计算的。Zhu 和 Shoele 受到真实鱼类骨刺支撑的网状鳍结构启发,提出了一种骨骼强化鳍(skeleton-strengthened fin)的数值模型,其中鳍条用非线性欧拉-伯努利梁表示,相邻鳍条之间的膜变形用线性弹簧模拟,如图2-35(d)所示。

基于有限元分析方法的结构求解器对复杂几何和不规则形状的模型如鱼的复合结构具有更广泛的适用性,因此可以提供高保真的结构求解方案,包括变形、应力分布等。有限元分析方法在扑动翼[19,169]和鱼类游动研究中的应用在相关文献中已有不少报道[79,170]。

2.5.3 流固耦合方法

流固耦合数值模拟有两种不同的方法，即整体求解方法和分区求解方法。整体求解方法建立和处理一个包含流场变量、结构变量和两者之间耦合的单一全局方程组。相比之下，分区求解方法建立流体和结构的独立控制方程组，并且从外部解决这二者的耦合问题。在仿生学数值研究中，大多数流固耦合求解器都是基于分离耦合方式的，因为它们可以利用现有的数值模拟工具，这些工具对于特定的单物理场求解高度专业化，而不需要使用整体求解方法建立新的数值工具。因此，这是本书介绍的重点。分离耦合方案可以分为两种类型，即显式（或弱）耦合和隐式（或强）耦合。

1. 显式耦合

在显式耦合方式的实现中，流体与结构界面处的信息只在一个迭代时间步内交换一次。由于其实现简单，它被用于许多流固耦合求解器中。在显式耦合中，传统串行交错（conventional serial staggered，CSS）耦合流程是流固耦合仿真中广泛使用的方法之一。在 CSS 方法中，流场和结构求解器按顺序执行。流场求解器使用上一个时间步 n 处的结构解，而结构求解器以隐式方式使用当前时间步 $n+1$ 处流场求解器的更新解。结果表明，无论使用流场和结构求解器的时间精度如何，CSS 方法都具有一阶时间精度。由于没有额外的处理来保证流场和结构的公共边界间的动力学平衡或能量平衡，显式耦合方法在处理强耦合问题时，可能会出现数值不稳定的现象。

2. 隐式耦合

在隐式耦合方案中，流固耦合数值模拟在迭代过程中进行，通常涉及在一个时间步中重复地分别求解流体和结构动力学，试图获得接近整体求解方法的解，而不存在数值不稳定性。Schwarz 格式和 Newton - Raphson 格式是流固耦合仿真中常用的两种隐式耦合方法。在 Schwarz 格式中，流体和结构控制方程的分块系统直接用于建立不动点迭代，并利用流体和结构解在迭代间的残差作为不动点迭代的收敛准则。此外，还需要使用后处理技术来稳定耦合迭代。最直接的方法之一是在迭代中使用恒定的欠松弛方法，这种方法在一些流固耦合求解器中已经得到应用[19]。然而，采用定常欠松弛因子的方法可能会导致难以控制的计算成本和较差的收敛性[171]。因此，有研究人员使用 Aitken 松弛技术通过动态改变松弛因子来加速收敛，这个方法已在少数仿生研究中得到应用[172-173]。

相比之下,Newton – Raphson 格式试图找到所定义的流体和结构解残差方程的根。残差方程可以用 Newton – Raphson 格式迭代求解,其中关键是获得雅可比矩阵中的导数信息[174]。然而,我们可能无法直接计算雅可比矩阵,因此可以使用被称为准牛顿方法的降阶模型来近似计算。Vierendeels 等[175]于 2007 年提出了一种基于最小二乘近似的界面块准牛顿方法(interface block quasi Newton method with least – squares approximation, IBQN – ILS)用于两个黑箱求解器(black – box solvers)的耦合求解。该方法使用耦合迭代过程中建立的流体和结构问题的降阶模型,或从以前的时间步直接近似界面雅可比矩阵。

随后,Degroote 等[176]在 IBQN – LS 方法的基础上开发了另一种界面准牛顿耦合技术,称为基于最小二乘模型的逆雅可比矩阵界面准牛顿方法(interface quasi – Newton with inverse Jacobian from a least – squares, IQN – ILS)。这两种方法之间的关键区别是 IQN – ILS 算法旨在近似出现在牛顿线性化中的雅可比矩阵的逆,而不是雅可比矩阵本身。Degroote 等将 IQN – ILS 方法与其他流行的隐式耦合算法进行了比较。他们考虑了通过二维柔性梁和三维柔性管的性能仿真来比较这些耦合算法的性能。从每个时间步内求解器的迭代次数和仿真的持续时间两个方面来评估发现,IQN – ILS 方法和 IBQN – LS 方法在两种情况下都表现很好,其次是 Interface – GMRES 方法,再次为 Aitken 方法。然而,在仿生数值仿真中,很少有流固耦合求解器利用这些先进的界面准牛顿(interface quasi – Newton, IQN)方法进行高效耦合计算。

2.6 小　　结

本章回顾了关于尾鳍运动、胸鳍扑动、喷流推进、鱼在扰动流场条件下的游动以及 PID 控制对鱼游动控制等方面的研究。此外,也总结了仿生数值模拟中使用的数值技术,包括流体动力学、结构动力学和流固耦合方法等。通过对与本书内容相关的已有研究的文献综述,发现以下几点值得进一步深入研究:

(1)现有的水下仿生推进研究大多是基于活鱼或机器鱼装置的实验。与此相比,数值研究,特别是高保真的数值模拟,受到的关注相对较少。

(2)在以往的数值研究中,复杂的三维鱼体和鳍的运动是通过重建从活鱼试验中观察记录到的运动特征来进行数学方程制定的。因此,只考虑了指定结构变形的流体动力学响应,而忽略了流体合力对柔性鱼鳍的影响。

(3)现有的数值仿真模型大多基于简化的欧拉 – 伯努利梁模型,求解仿鱼形的非线性结构存在困难,因为这种结构涉及复杂的材料属性以及大位移和复杂变形。此外,一些先进的耦合计算方法,如数值稳定性好和计算效率高的IQN – ILS方法,在仿生数值模拟中的应用仍然很少。

(4)牛鼻鲼等胸鳍扑动推进模式的生物能通过左右两侧胸鳍的非对称扑动来实现低速甚至零速时的高机动性。现有研究大多只考虑牛鼻鲼的直航游动,对非对称扑动和与之相关的推力和力矩产生机制的研究尚属空白。

(5)现有的喷流推进数值研究大多集中在层流条件下,这仅包含了幼体鱿鱼的流动状态。人们对高雷诺数下的喷流涡演化和推进性能的研究还远远不足。

(6)以往的仿鱿鱼喷流推进数值模拟大多局限于静止流体环境下的二维刚体模型,亟须建立来流条件下通过腔体收缩 – 膨胀变形产生喷流的三维喷流推进数值模型(真实鱿鱼通过腔体变形在侧鳍游动时产生喷流),并对其“矢量推进”机制进行研究,解释鱿鱼转弯力矩产生机制。

(7)只有极少数的研究考虑了在扰动流场中动态调整鱼的游动姿态或驱动方式——就像真正的鱼游动时那样。鱼类可以响应环境流体动力学刺激而不断地主动调整其身体和/或鳍的摆动以加速/减速游向特定目标,或者在不稳定的流动环境中保持位置。而结合反馈控制从而能模拟真实的鱼类游动的高保真流固耦合数值模型在相关文献中非常罕见。

因此,本书旨在利用尾鳍和胸鳍推进以及仿鱿鱼喷流推进的计算模型来填补上述空白,这些模型都考虑了生物原型的主要特征。

第 3 章 数学模型、数值方法和算法验证

如前所述，能够解析以非线性材料为特征的复杂鱼类结构以及三维复杂变形的高保真流固耦合求解器在相关文献中很少见。这促使本书通过耦合课题组已有的流场求解器和基于有限元方法的开源结构求解器来开发这种流固耦合求解器。它们都能够进行单场模拟，因此，使用分区耦合方案可以保持其已有的先进特性。通过重开发流场求解器来耦合这两个求解器形成一个新的流固耦合求解器是本书的主要贡献之一，这为涉及流体和结构相互作用的仿生推进研究提供了先进的数值工具包。

本章主要介绍了流体动力学和结构动力学的数学模型和数值格式。具体而言，3.1 节和 3.2 节分别描述了流体和结构的控制方程以及数值方法。3.3 节介绍了流体和结构求解器间的耦合。3.4 节给出了流固耦合求解器的验证算例。流体域和结构域及其边界分别由 Ω_{f} 和 Γ_{f} 以及 Ω_{s} 和 Γ_{s} 表示。流体 - 结构界面 $\Gamma_{\mathrm{i}} = \Gamma_{\mathrm{f}} \cap \Gamma_{\mathrm{s}}$ 表示流体和结构两个域的共同边界。流体和结构求解器间的信息交互在界面处进行。3.5 节为小结。

3.1 流体动力学

值得注意的是，本书的研究基于课题组自有的可压缩流体求解器。使用这个可压缩流求解器来研究在特定条件下涉及仿生推进的不可压缩流有两个原因。首先，作者在使用这种流动求解器方面有丰富的经验，并且已经证明它能足够精确地模拟各种不可压缩流动；其次，这个流场求解器使用起来非常方便，使我们能够快速地根据本书提出的具体问题进行建模和分析。

3.1.1 控制方程

本书使用的流场求解器使用基于多块网格系统和网格单元为中心的有限体积法求解黏性可压缩流。流动由质量守恒定律和动量守恒定律主导。在不

考虑流体体积力(如重力)的情况下,控制方程可以用积分形式表示为

$$\frac{\partial}{\partial t}\iiint_{\Omega_{\mathrm{f}}}\boldsymbol{W}\mathrm{d}\Omega_{\mathrm{f}}+\oint_{\Gamma_{\mathrm{f}}}(\boldsymbol{F}_{\mathrm{c}}-\boldsymbol{F}_{\mathrm{d}})\cdot\boldsymbol{n}\mathrm{d}\Gamma_{\mathrm{f}}=0 \tag{3-1}$$

式中:$\boldsymbol{n}$ 为指向外侧的单位法矢量;守恒变量 $\boldsymbol{W}$ 定义为

$$\boldsymbol{W}=\{\rho,\rho u,\rho v,\rho w,\rho E_{\mathrm{f}}\}^{\mathrm{T}} \tag{3-2}$$

式中:ρ 为流体的密度;u、v、w 分别为笛卡儿坐标系中三个方向的速度分量;E_{f} 为流动的总能量:

$$E_{\mathrm{f}}=e_{\mathrm{f}}+\frac{1}{2}(u^2+v^2+w^2) \tag{3-3}$$

式中:e_{f} 为内部能量。式(3-1)中的矢量 $\boldsymbol{F}_{\mathrm{c}}$ 为对流项:

$$\boldsymbol{F}_{\mathrm{c}}=\begin{bmatrix}\rho u_{\mathrm{r}} & \rho v_{\mathrm{r}} & \rho w_{\mathrm{r}}\\ \rho uu_{\mathrm{r}}+p & \rho uv_{\mathrm{r}} & \rho uw_{\mathrm{r}}\\ \rho vu_{\mathrm{r}} & \rho vv_{\mathrm{r}}+p & \rho vw_{\mathrm{r}}\\ \rho wu_{\mathrm{r}} & \rho wv_{\mathrm{r}} & \rho ww_{\mathrm{r}}+p\\ \rho E_{\mathrm{f}}u_{\mathrm{r}}+pu & \rho E_{\mathrm{f}}v_{\mathrm{r}}+pv & \rho E_{\mathrm{f}}w_{\mathrm{r}}+pw\end{bmatrix} \tag{3-4}$$

式中:p 为压力。为了实现计算域边界的运动和变形,任意拉格朗日-欧拉(ALE)公式常用于处理变形网格上的流动方程。这里通过定义相对于控制体表面运动的通量来实现,通量由相对速度 u_{r}、v_{r} 和 w_{r} 表示,形式如下:

$$\begin{cases}u_{\mathrm{r}}=u-u_{\mathrm{g}}\\ v_{\mathrm{r}}=v-v_{\mathrm{g}}\\ w_{\mathrm{r}}=w-w_{\mathrm{g}}\end{cases} \tag{3-5}$$

流动速度$\{u,v,w\}^{\mathrm{T}}$和网格速度$\{u_{\mathrm{g}},v_{\mathrm{g}},w_{\mathrm{g}}\}^{\mathrm{T}}$定义在静止笛卡儿坐标系中。

由黏性剪切力应力产生的通量用 $\boldsymbol{F}_{\mathrm{d}}$ 表示,其形式可表示为

$$\boldsymbol{F}_{\mathrm{d}}=\begin{bmatrix}0 & 0 & 0\\ \tau_{xx} & \tau_{xy} & \tau_{xz}\\ \tau_{yx} & \tau_{yy} & \tau_{yz}\\ \tau_{zx} & \tau_{zy} & \tau_{zz}\\ u\tau_{xx}+v\tau_{xy}+w\tau_{xz}-q_x & u\tau_{yx}+v\tau_{yy}+w\tau_{yz}-q_y & u\tau_{zx}+v\tau_{zy}+w\tau_{zz}-q_z\end{bmatrix} \tag{3-6}$$

其中,对于此处考虑的牛顿-傅里叶流体,剪切应力 $\tau_{\alpha\beta}$被定义为

$$\tau_{\alpha\beta}=\mu\left[\left\{\frac{\partial u_\alpha}{\partial x_\beta}+\frac{\partial u_\beta}{\partial x_\alpha}\right\}-\frac{2}{3}(\nabla\cdot\boldsymbol{u})\delta_{\alpha\beta}\right],\quad \alpha,\beta\in(x,y,z) \tag{3-7}$$

式中:μ 为动力黏性系数;$\boldsymbol{u}$ 为速度矢量;$\delta_{\alpha\beta}$为 Kronecker 函数;热通量 $\boldsymbol{q}$ 被定

义为

$$\boldsymbol{q} = -\kappa \nabla T_t \tag{3-8}$$

式中：κ 为导热系数；T_t 为温度。

对于这里所考虑的理想气体，在计算域中的压力可以根据式(3-9)进行计算：

$$l = c_v T, \quad R_f = c_p - c_v, \quad \gamma_h = \frac{c_p}{c_v} \tag{3-9}$$

理想气体定律：

$$\frac{p}{\rho} = R_f T \tag{3-10}$$

然后可得

$$p = (\gamma_h - 1)\rho\left[E_f - \frac{1}{2}(u^2 + v^2 + w^2)\right] \tag{3-11}$$

式中：l 为内能；c_p 和 c_v 分别为恒定压力和恒定体积下的比热容；γ_h 是比热比；R_f 为气体常数。层流黏性系数由 Sutherland 公式表示如下：

$$\frac{\mu}{\mu_0} = \left(\frac{T_t}{T_{t0}}\right)^{1.5} \frac{T_{t0} + 110.3\text{K}}{T_t + 110.3\text{K}} \tag{3-12}$$

式中：μ_0 和 T_{t0} 分别为参考黏度和参考温度。

理想气体下的声速可以表示为

$$a_s = \sqrt{\frac{\gamma_h p}{\rho}} \tag{3-13}$$

其中马赫数可以定义为

$$Ma = \frac{\sqrt{u^2 + v^2 + w^2}}{a_s} \tag{3-14}$$

当考虑湍流时，控制方程变为 Sadeghi[177] 描述的 Favre 平均 N-S 方程，其形式与式(3-1)相同，其中黏度和热导率分别为层流值和湍流值的叠加。在考虑湍流效应时，此求解器融合了 Wilcox[178] 提出的 $k-\omega$ 湍流模型，该模型定义了湍流黏度和热导率的计算方式以接近控制方程的形式。这样一来，就可以在 N-S 方程中添加关于 k 和 ω 的附加方程。有关该湍流模型的详细信息读者可查阅文献[177-178]。

3.1.2 空间离散

使用基于多块结构化系统网格和网格单元为中心的有限体积法来离散流动控制方程，即式(3-1)。使用结构化网格方法，将流体域 Ω_f 划分为一系列六面体单元阵列。式(3-1)在每个结构单元(i,j,k)都成立，并且可以用半离散

形式重新表示为

$$\frac{\partial}{\partial t}(\boldsymbol{W}_{i,j,k}\Delta\Omega_{\mathrm{f}})_{i,j,k}-\boldsymbol{R}_{i,j,k}=0 \tag{3-15}$$

式中：$\boldsymbol{W}_{i,j,k}$为单元的平均流量变量；$\Delta\Omega_{\mathrm{f}_{i,j,k}}$被定义为单元体积；$\boldsymbol{R}_{i,j,k}$为残差，用于计算通过6个单元面$\Delta\Gamma^{l}_{\mathrm{f}_{i,j,k}}$进入六面体的净通量：

$$\boldsymbol{R}_{i,j,k}=\sum_{l=1}^{6}\boldsymbol{Q}^{l}_{i,j,k}\Delta\Gamma^{l}_{\mathrm{f}_{i,j,k}}+\boldsymbol{D}_{i,j,k} \tag{3-16}$$

式中：$\boldsymbol{Q}^{l}_{i,j,k}$为单元$(i,j,k)$的单元面$l$上的张量；它通过对两个相邻单元中心的通量求平均得到：

$$\boldsymbol{Q}^{1}=\frac{1}{2}(\boldsymbol{Q}_{i,j,k}+\boldsymbol{Q}_{i-1,j,k}),\boldsymbol{Q}^{2}=\frac{1}{2}(\boldsymbol{Q}_{i,j,k}+\boldsymbol{Q}_{i+1,j,k}),$$

$$\boldsymbol{Q}^{3}=\frac{1}{2}(\boldsymbol{Q}_{i,j,k}+\boldsymbol{Q}_{i,j-1,k}),\boldsymbol{Q}^{4}=\frac{1}{2}(\boldsymbol{Q}_{i,j,k}+\boldsymbol{Q}_{i,j+1,k}),$$

$$\boldsymbol{Q}^{5}=\frac{1}{2}(\boldsymbol{Q}_{i,j,k}+\boldsymbol{Q}_{i,j,k-1}),\boldsymbol{Q}^{6}=\frac{1}{2}(\boldsymbol{Q}_{i,j,k}+\boldsymbol{Q}_{i,j,k+1}) \tag{3-17}$$

Jameson 等提出的中心 Jameson – Schmidt – Turkel（JST）[179]方法假设单元体表面两侧产生的影响相同，而这种假设产生的非物理振荡和奇偶解分离问题，通过在式(3 – 16)中添加人工耗散项$\boldsymbol{D}_{i,j,k}$来缓解。在计算网格单元顶点周围的辅助单元的黏性通量张量时，应用格林公式获得一阶导数，如下：

$$\begin{cases}\dfrac{\partial u}{\partial x}\approx\dfrac{1}{\Delta\Omega_{\mathrm{f}}}\displaystyle\sum_{n=1}^{6}(u\boldsymbol{n}_{x}\Delta\Gamma_{\mathrm{f}})_{n}\\ \dfrac{\partial u}{\partial y}\approx\dfrac{1}{\Delta\Omega_{\mathrm{f}}}\displaystyle\sum_{n=1}^{6}(u\boldsymbol{n}_{y}\Delta\Gamma_{\mathrm{f}})_{n}\\ \dfrac{\partial u}{\partial z}\approx\dfrac{1}{\Delta\Omega_{\mathrm{f}}}\displaystyle\sum_{n=1}^{6}(u\boldsymbol{n}_{z}\Delta\Gamma_{\mathrm{f}})_{n}\end{cases} \tag{3-18}$$

式中：$\Delta\Omega_{\mathrm{f}}$为辅助单元体积；$\boldsymbol{n}_{x}$、$\boldsymbol{n}_{y}$和$\boldsymbol{n}_{z}$为单元表面上指向外侧的单元法矢量的笛卡儿分量。

3.1.3 时间积分

式(3 – 15)中的时间导数用二阶精度的隐式向后差分格式离散为

$$\frac{3(\boldsymbol{W}\Delta\Omega_{\mathrm{f}})^{(n+1)}-4(\boldsymbol{W}\Delta\Omega_{\mathrm{f}})^{(n)}+(\boldsymbol{W}\Delta\Omega_{\mathrm{f}})^{(n-1)}}{2\Delta t}=\boldsymbol{R}(\boldsymbol{W}^{(n+1)}) \tag{3-19}$$

这里使用两个先前时间步的解矢量，由上标(n)和$(n-1)$表示。

应用迭代方法获得上述流动矢量$\boldsymbol{W}_{n+1}$的非线性和隐式方程组的解。通过应用双时间步格式[180]，在每个时间步内，式(3 – 15)可以改写为在伪时间步t^{*}

内的稳态流动问题,如下:

$$\frac{\partial}{\partial t^*}\boldsymbol{W}^{(n+1)}=\frac{1}{\Delta\Omega_{\mathrm{f}}}\boldsymbol{R}^*(\boldsymbol{W}^{(n+1)}) \tag{3-20}$$

其中

$$\boldsymbol{R}^*(\boldsymbol{W}^{(n+1)})=\boldsymbol{R}(\boldsymbol{W}^{(n+1)})-\frac{3(\boldsymbol{W}\Delta\Omega_{\mathrm{f}})^{(n+1)}-4(\boldsymbol{W}\Delta\Omega_{\mathrm{f}})^{(n)}+(\boldsymbol{W}\Delta\Omega_{\mathrm{f}})^{(n-1)}}{2\Delta t} \tag{3-21}$$

半离散式(3 -20)可以使用多级 Runge - Kutta 形式进行积分,以在伪时间步 t^* 内收敛。对于 m 阶的形式,其积分形式如下:

$$\begin{cases}\boldsymbol{W}_{i,j,k}^{(0)}=\boldsymbol{W}_{i,j,k}^{(n)}\\ \boldsymbol{W}_{i,j,k}^{(1)}=\boldsymbol{W}_{i,j,k}^{(0)}+\alpha_1\dfrac{\Delta t_{i,j,k}^*}{\Delta\Omega_{\mathrm{f}_{i,j,k}}^{(n+1)}}\boldsymbol{R}^*(\boldsymbol{W}_{i,j,k}^{(0)})\\ \quad\vdots\\ \boldsymbol{W}_{i,j,k}^{(m)}=\boldsymbol{W}_{i,j,k}^{(0)}+\alpha_m\dfrac{\Delta t_{i,j,k}^*}{\Delta\Omega_{\mathrm{f}_{i,j,k}}^{(n+1)}}\boldsymbol{R}^*(\boldsymbol{W}_{i,j,k}^{(m-1)})\\ \boldsymbol{W}_{i,j,k}^{(n+1)}=\boldsymbol{W}_{i,j,k}^{(m)}\end{cases} \tag{3-22}$$

式中:α_m 为阶数系数;$\Delta t_{i,j,k}^*$ 为(i,j,k)单元的当前时间步。对于一个五阶时间步长,使用的阶数系数分别为

$$\alpha_1=\frac{1}{4},\quad \alpha_2=\frac{1}{6},\quad \alpha_3=\frac{3}{8},\quad \alpha_4=\frac{1}{2},\quad \alpha_5=1 \tag{3-23}$$

重新计算的离散式(3 -20)具有等效的稳态问题形式。因此,最初为稳态模拟开发的局部时间步进法和多重网格法可以直接应用于目前涉及伪时间步迭代的非稳态计算,而不影响实时精度。通过信息传递界面(message passing interface,MPI)的区域分解来实现并行化,以实现大规模计算。同时,采用隐式残差光顺方法提高求解稳定性。关于流体求解器的更多细节,请参见文献[181 -183]。

3.1.4 边界条件

如图 3 -1 所示,边界条件的设置是通过指定物理网格单元周围引入的两层附加假想单元的流场变量值来施加的。流场边界处的通量和导数可以用与内部单元相同的方法计算,不需要特殊处理。假想网格的第一层与边界相邻,标为1,第二层标为2,如图 3 -1 所示。本节主要介绍常用的绝热固体壁面和远场边界条件的具体处理方法。

通过绝热固体壁面的通量为零。对于本书所考虑的壁面无滑移黏性流动,

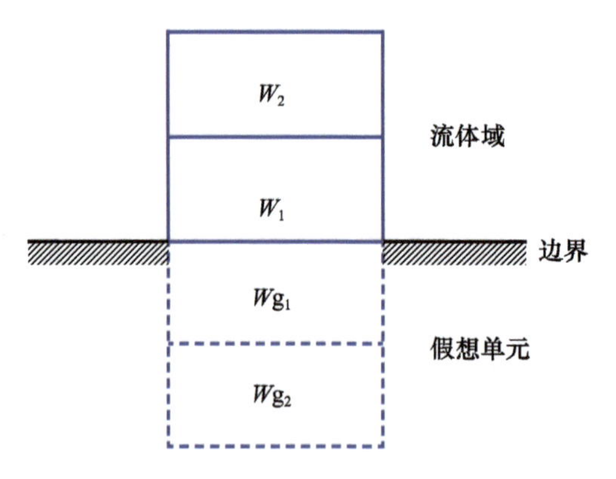

图 3-1 假想单元表示法[177]

要求其表面速度为零。这可以通过指定内部单元对虚拟单元的逆向速度来实现,它们的速度平均值为零:

$$\boldsymbol{V}_{g1} = -\boldsymbol{V}_1 \tag{3-24}$$

此外,绝热壁面条件要求壁面法向温度梯度为零。这可以通过指定第一个假想单元的密度、能量和压力等于第一个内部单元的密度、能量和压力来实现:

$$\begin{cases} \rho_{g1} = \rho_1 \\ E_{f,g1} = E_{f,1} \\ p_{g1} = p_1 \end{cases} \tag{3-25}$$

对于本书所考虑的外部流场,远场边界条件必须是准非反射条件。黎曼不变量是在近似考虑特征波传播的情况下使用的,其中沿每个单元的法线方向应用准一维方法。法线方向上的一维黎曼不变量为

$$\begin{cases} r_+ = \boldsymbol{V}_+ \cdot \boldsymbol{n} + \dfrac{2a_{s+}}{\gamma_h - 1} \\ r_- = \boldsymbol{V}_- \cdot \boldsymbol{n} + \dfrac{2a_{s-}}{\gamma_h - 1} \end{cases} \tag{3-26}$$

式中:a_{s+} 和 a_{s-} 为对应黎曼不变量 r_+ 和 r_- 的声速。根据波的传播方向,边界处的流量变量可以由不同方向的自由流(用∞表示)和内部单元(下标为 1)的流动变量进行外推。具体而言,对于亚声速流下边界法线速度 $V_{b,n} \leqslant 0$ 和 $V_{b,n} + a_{s,b} > 0$ 时,可得

$$\begin{cases} \boldsymbol{V}_+ = \boldsymbol{V}_1, \quad a_{s+} = a_{s1} \\ \boldsymbol{V}_- = \boldsymbol{V}_\infty, \quad a_{s-} = a_\infty \end{cases} \tag{3-27}$$

对于 $V_{b,n} < 0$ 且 $V_{b,n} + a_{s,b} < 0$ 的超声速入口流:

$$\begin{cases} \boldsymbol{V}_+ = \boldsymbol{V}_\infty, \quad a_{s+} = a_\infty \\ \boldsymbol{V}_- = \boldsymbol{V}_\infty, \quad a_{s-} = a_\infty \end{cases} \tag{3-28}$$

对于 $V_{b,n}\geqslant 0$ 且 $V_{b,n}-a_{s,b}\leqslant 0$ 的亚声速出口流：

$$\begin{cases}\boldsymbol{V}_{+}=\boldsymbol{V}_{1}, & a_{s+}=a_{s1}\\ \boldsymbol{V}_{-}=\boldsymbol{V}_{\infty}, & a_{s-}=a_{\infty}\end{cases}\tag{3-29}$$

对于 $V_{b,n}>0$ 且 $V_{b,n}-a_{s,b}>0$ 的超声速出口流：

$$\begin{cases}\boldsymbol{V}_{+}=\boldsymbol{V}_{1}, & a_{s+}=a_{s1}\\ \boldsymbol{V}_{-}=\boldsymbol{V}_{1}, & a_{s-}=a_{s1}\end{cases}\tag{3-30}$$

在边界条件下的法向速度 $V_{b,n}$和声速 $a_{s,b}$可得

$$\begin{cases}V_{b,n}=\dfrac{1}{2}(r_{+}+r_{-})\\ a_{s,b}=\dfrac{\gamma_h-1}{4}(r_{+}+r_{-})\end{cases}\tag{3-31}$$

在准一维方法中，考虑切向速度分量不变，边界处的速度矢量为

$$\boldsymbol{V}_{b}=\begin{cases}\boldsymbol{V}_{\infty}+(V_{b,n}-\boldsymbol{V}_{\infty}\cdot\boldsymbol{n})\boldsymbol{n}, & V_{b,n}\leqslant 0(\text{流入})\\ \boldsymbol{V}_{1}+(V_{b,n}-\boldsymbol{V}_{1}\cdot\boldsymbol{n})\boldsymbol{n}, & V_{b,n}>0(\text{流出})\end{cases}\tag{3-32}$$

边界处的密度为

$$\boldsymbol{\rho}_{b}=\left(\frac{a_{s,b}^{2}}{\gamma_h\dfrac{p_b}{\rho_b^{\gamma_h}}}\right)^{\frac{1}{\gamma_h-1}}\tag{3-33}$$

式中：$\dfrac{p_b}{\rho_b^{\gamma_h}}$为边界处的熵，由入口自由流和出口内侧的第一层网格值计算得到。压力和总能量可以用已知的流速、密度和边界处的声速计算得到。

假想单元中的流动变量定义为

$$\boldsymbol{W}_{g1}=2\boldsymbol{W}_{b}-\boldsymbol{W}_{1}\tag{3-34}$$

式中：$\boldsymbol{W}_{b}$ 为下标为 b 的流动变量矢量；$\boldsymbol{W}_{1}$ 为内部第一层网格的流动变量。

3.1.5 网格变形方法

在流固耦合模拟中，结构在表面法向力的作用下会发生变形。流场和结构界面 Γ_i 的形状轮廓随着时间的变化而变化，流场网格必须更新以适应这种非稳态边界。如果在整个结构变形过程中的每步都要生成一个新的网格，那么这是非常耗时的。相反，采用一种高效的代数方法，通过预测 - 校正过程迭代求解静力平衡方程来插值界面 Γ_i 处网格的位移，从而得到流体域 Ω_f 内网格点的位移。在此，假设流体域所有的块节点都是由弹簧连接的，弹簧的刚度与连接边的长度成反比。这里定义网格顶点在流场域边界处的位移为 $\Delta\boldsymbol{x}$，它可由当前位置 $\boldsymbol{x}$ 与 $t=0$ 时的初始位置 $\boldsymbol{x}_0$ 之差得到：$\Delta\boldsymbol{x}=\boldsymbol{x}-\boldsymbol{x}_0$。

值得指出的是界面顶点的位置是由结构变形求解得到的。边界顶点的变形解确定后，再通过以下四步得到流场域内点的位移：

(1)给定在流体域边界处网格块顶点的位移，用类弹簧法更新区域内的顶点[184]；

(2)基于一维弧长超限插值(trans - finite interpolation，TFI)方法沿内部网格块的边缘线段进行插值得到角落上的点位移；

(3)利用二维 TFI 方法沿内部网格面进行插值得到边的位移；

(4)采用三维 TFI 方法插值得到所有内部网格点的位移。

然后将这些插值的位移添加到原始的未发生变形时的网格坐标上。为了保持变形后的网格质量，采用埃尔米特多项式来保持原始网格时靠近壁面的网格角度。

值得注意的是，在用当前的可压缩流求解器模拟本书所考虑的不可压缩流问题时，必须保证可压缩性小到可以忽略不计。与之前在其他相关不可压缩流模拟中的应用一样，自由来流马赫数定义为 $Ma_\infty = U_0/a_\infty$，其中 U_0 表示自由流流速，a_∞ 表示声速，在本工作的所有模拟中，自由流马赫数选择为 0.06 ~ 0.1。选择这个值是因为它远低于临界值 0.3(马赫数为 0.3 时的可压缩性效应变得明显)，这样一来就能模拟不可压缩流动问题，同时能确保数值的稳定性。考虑到当边界在模型变形过程中发生移动时，模型周围的实际马赫数可能大于 Ma_∞。因此，整个计算域在模拟时，要实时监控马赫数的分布，以确保它们始终低于计算精度所要求的临界值。此外，我们对柔性板自由游动的数值结果表明，在这个马赫数范围内，由可压缩流动引起的密度变化所产生的压力变化可以忽略不计(小于 2%)。

3.2 结构动力学

3.2.1 控制方程

对于当前假设温度已知的仿生推进应用，有限元法的基本方程是动量平衡的弱形式，它可以用微分形式表示为

$$\rho_s \frac{D^2 \boldsymbol{U}}{Dt^2} = \nabla \cdot \boldsymbol{P} + \rho_s \boldsymbol{f} \tag{3-35}$$

其中，物质点的加速度由结构位移矢量 $\boldsymbol{U}$ 的二阶导数获得，表面力由第二类 Piola - kirchoff 应力张量 $\boldsymbol{P}$ 表示，单位质量的体积力(如重力)由 $\boldsymbol{f}$ 表示。固体密

度由 ρ_s 表示。

描述应力和应变之间关系的本构方程用于封闭方程(3-35)。对于 Saint-Venant-Kirchhoff 材料,第二类 Piola-Kirchhoff 应力张量 $\boldsymbol{P}$ 通过式(3-36)获得:

$$\boldsymbol{P}=\boldsymbol{C}:\boldsymbol{E},\quad \boldsymbol{E}=\frac{1}{2}(\boldsymbol{F}_g^{\mathrm{T}}\boldsymbol{F}_g-\boldsymbol{\delta}) \tag{3-36}$$

式中:$\boldsymbol{C}$ 为弹性张量,$\boldsymbol{E}$ 为格林-拉格朗日应变张量;$\boldsymbol{F}_g$ 为变形梯度;$\boldsymbol{\delta}$ 为单位张量,符号“:”表示双点乘。

3.2.2 空间离散

固体动力学的一般控制方程,即式(3-35),使用有限元法离散。在本工作中,固体域 Ω_s 被划分为许多三维小体积单元,称为有限元。

$$\Omega_s = \sum_e \Omega_{se} \tag{3-37}$$

式中:Ω_{se}为变形前有限元的体积。

假设每个有限元内的位移场是离散点 i 处位移的连续函数,该离散点可被视为“节点”:

$$\boldsymbol{U}(\boldsymbol{X}) = \sum_{i=1}^{N}\varphi_i(\boldsymbol{X})\boldsymbol{U}_i \tag{3-38}$$

式中:$\boldsymbol{X}$ 为结构坐标系中的位置矢量;φ_i 为模型函数;$\boldsymbol{U}_i$ 为节点位移矢量。

使用标准的虚功法(virtual work method),通过在整个固体域中的离散方程(3-35)可得到一个线性代数方程组:

$$[\boldsymbol{K}_s]\{\boldsymbol{U}\}+[\boldsymbol{M}_s]\frac{D^2}{Dt^2}\{\boldsymbol{U}\}=\{\boldsymbol{F}_s\} \tag{3-39}$$

式中:$[\boldsymbol{K}_s]$为整体刚度矩阵;$[\boldsymbol{M}_s]$为整体质量矩阵;$[\boldsymbol{F}_s]$为整体力矢量。这3个组合项分别为

$$\begin{cases}[\boldsymbol{K}_s]:=\sum\limits_e[\boldsymbol{L}]_e^{\mathrm{T}}[\boldsymbol{K}_s]_e[\boldsymbol{L}]_e\\ [\boldsymbol{M}_s]:=\sum\limits_e[\boldsymbol{L}]_e^{\mathrm{T}}[\boldsymbol{M}_s]_e[\boldsymbol{L}]_e\\ [\boldsymbol{F}_s]:=\sum\limits_e[\boldsymbol{L}]_e^{\mathrm{T}}\{\boldsymbol{F}_s\}_e\end{cases} \tag{3-40}$$

式中:$[\boldsymbol{K}_s]_e$ 为单元刚度矩阵;$[\boldsymbol{M}_s]_e$ 为单元质量矩阵;$[\boldsymbol{F}_s]_e$ 为单元力矢量。单元的局部化矩阵$[\boldsymbol{L}]_e$ 在这里被定为将元素 e 的自由度局部化在$\{\boldsymbol{U}\}$内:

$$\{\boldsymbol{U}\}_e=[\boldsymbol{L}]_e\{\boldsymbol{U}\} \tag{3-41}$$

其中$\{\boldsymbol{U}\}_e$ 是元素 e 的位移矢量。

3.2.3 时间积分

如前所述,式(3-39)的空间域用有限元方法进行离散。在本节中,使用 α

方法对时间域进行离散。$\{\boldsymbol{V}\}:=\{\dot{\boldsymbol{U}}\}$为速度矢量，加速度矢量为$\{\boldsymbol{A}\}:=\{\ddot{\boldsymbol{U}}\}$，时间级为$n+1$的解可以通过式(3-42)和式(3-43)获得：

$$\{\boldsymbol{V}\}_{n+1}=\{\tilde{\boldsymbol{V}}\}_{n+1}+\gamma\Delta t\{\boldsymbol{A}\}_{n+1} \tag{3-42}$$

$$\{\boldsymbol{U}\}_{n+1}=\{\tilde{\boldsymbol{U}}\}_{n+1}+\beta(\Delta t)^2\{\boldsymbol{A}\}_{n+1} \tag{3-43}$$

式中：$\{\tilde{\boldsymbol{V}}\}_{n+1}$、$\{\tilde{\boldsymbol{U}}\}_{n+1}$为对时间级$n+1$处的预测，仅仅取决于时间级$n$处的值，如下：

$$\{\tilde{\boldsymbol{V}}\}_{n+1}=\{\boldsymbol{V}\}_n+(1-\gamma)\Delta t\{\boldsymbol{A}\}_n \tag{3-44}$$

$$\{\tilde{\boldsymbol{U}}\}_{n+1}=\{\boldsymbol{U}\}_n+\Delta t\{\boldsymbol{V}\}_n+\frac{1}{2}(\Delta t)^2(1-2\beta)\{\boldsymbol{A}\}_n \tag{3-45}$$

通过应用牛顿第二运动定律，式(3-42)和式(3-43)中加速度矢量$\{\boldsymbol{A}\}_{n+1}$可通过求解式(3-46)获得：

$$[\boldsymbol{M}_s^*]\{\boldsymbol{A}\}_{n+1}=\{\boldsymbol{F}_s^*\} \tag{3-46}$$

其中

$$[\boldsymbol{M}_s^*]=[\boldsymbol{M}_s]+(1+\alpha)K\beta(\Delta t)^2 \tag{3-47}$$

$$\{\boldsymbol{F}_s^*\}=(1+\alpha)\{\boldsymbol{F}_s\}_{n+1}-\alpha\{\boldsymbol{F}_s\}_n-(1+\alpha)\boldsymbol{K}_s\tilde{\boldsymbol{U}}_{n+1}+\alpha\boldsymbol{U}_n \tag{3-48}$$

常数β和γ的值取决于所选的常数α，并且已经证明如果β和γ满足：

$$\beta=\frac{1}{4}(1-\alpha)^2,\quad \gamma=\frac{1}{2}-\alpha \tag{3-49}$$

这里所考虑的α方法具有二阶精度，并且如果$\alpha\in[-1/3,0]$，该方法无条件稳定[20]。

在这项工作中，有限元方法求解器的实现基于Dhondt[20]开发的开源有限元分析程序CalculiX，其中使用了多种有限元单元模型来离散固体区域并定义形状函数，包括六面体单元、四面体单元和楔形单元。该固体求解器的细节可在文献[20]中查阅。

◎ 3.3 分区流固耦合方法

如前所述，流固耦合数值模拟有两类根本不同的方案。整体求解方法的主要思路是建立并处理一个单一的全局方程组，其中包含流场变量、结构变量以及两者的耦合。而本书考虑的分离流固耦合方法，分别独立建立流体和结构的控制方程系统，如3.1节和3.2节所示，并从外部解决耦合问题。由于所用的流场求解程序和CalculiX在特定的单物理场（即流体和结构）求解方面都非常专业，并提供了一些高级功能，因此更适合使用分区流固耦合方法，如图3-2所示，以减少对原有计算代码的修改使其适应该工作。这种方式需要将两个求

解器之间进行耦合、数据映射和通信，以将它们组合为流固耦合解算器，本节介绍其耦合方法。

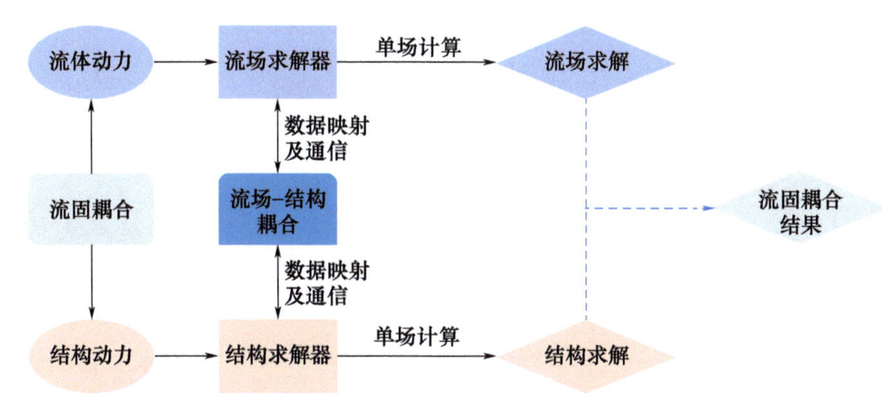

图3-2　分区流固耦合方法的示意图

3.3.1　耦合方案

分区流固耦合方法并不是指松耦合或者弱耦合（在这种耦合中，数值不稳定性对收敛构成挑战）。众所周知，结构表面流体的附加质量效应可能导致数值求解困难。在目前用于仿生鱼鳍推进和喷流推进的流固耦合仿真中，流体和固体的密度具有可比性，因此需要谨慎处理可能的数值计算不稳定性[188]。

在现有分区耦合框架下，为保证上述流固耦合模拟过程中的数值稳定，我们设计了如图3-3所示隐式的方案。具体而言，在隐式方法中引入子迭代以实现每个物理时间步内的多次数据交换。通过这种方法，采用某种收敛准则来监测在界面处的底层耦合系统的收敛性。如果不满足指定的收敛准则，将在同一时间步内触发另一个子迭代。因此，当显式方案不能达到收敛时，它可以处理强耦合作用，尽管它通常比显式方案需要更高的计算成本。

流场求解器与结构求解器 CalculiX 的耦合是通过用于分区多物理场仿真的开放源代码耦合库 preCICE 实现的，如图3-4所示。通过一定的改编，即流体代码的适配器，流场求解器可以与 CalculiX 建立通信并建立数据映射。为配合 preCICE 中已有的耦合算法，需要对流场求解器的内部运行机制进行重新设计。而用于连接 preCICE 的 CalculiX 适配器由 Uekermann 等[189]编制完成。

在当前分区耦合的框架内，我们实现了两种类型的耦合方法，即显式（松散）耦合和隐式（紧密）耦合。在显式耦合方式下，流体和结构之间的界面信息在一个迭代时间步长内仅交换一次，并且没有额外的处理来保证流体和结构的公共边界之间的动态平衡或能量平衡。如前所述，这种简化处理容易导致出现计算不稳定甚至发散。因此本书注重介绍隐式耦合方案,其基本思路是允许在一个时间步内进行子迭代。使流场求解器能够连接到 preCICE 的适应性改编方法。

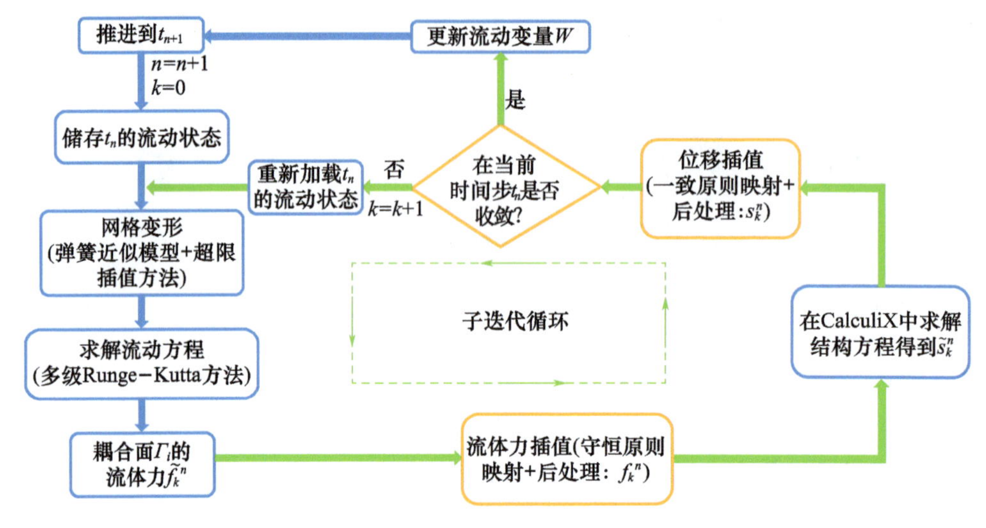

图 3-3 分区方法串行隐式流固耦合流程图

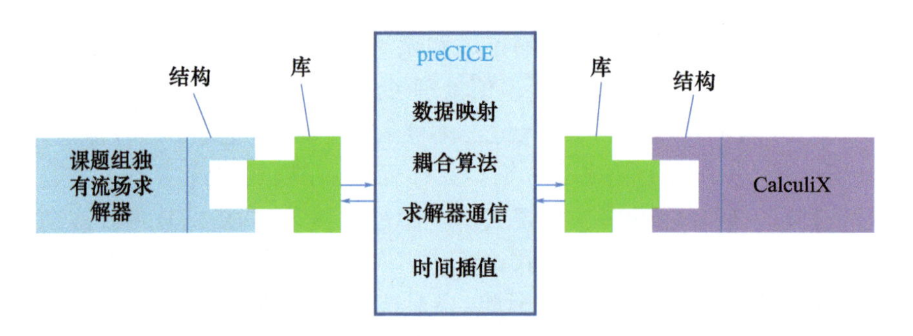

图 3-4 通过 preCICE 将内部流体代码与 FEM 代码 CalculiX 耦合[189]

改编前的流场求解器求解框架如算法 3-1 所示。为了使流场代码能够调用 preCICE 内含的程序,编译时需要将其与 preCICE 耦合库连接起来。这可以通过 preCICE 提供的高度灵活的应用程序接口(application program interface, API)来实现,以实现所需功能。改编流体代码的主要原则是适配器(adapter)应该对现有代码具有最小的侵入性,并避免破坏已有功能。这个适配器与流体代码一起编译,适配器的相关配置只需添加几个参数并且作为常规输入设置实现。因此,通过 preCICE 进行流固耦合分析的输入设置几乎与没有重新编译的单物理仿真相同。算法 3-2 概述了与 preCICE 耦合的扩展后的伪代码。

算法3-1　流场求解器典型的求解进程(简化为核心程序并以伪代码展示)

1	call MPI_INITIALIZE
2	call input
3	if(IHC_usage) then
4	call IHC_initialize
5	call IHC_implementation
6	end if
7	call geometry_preprocessing
8	call boundaryConditionSetup
9	if external_iteration < max_external_iteration then
10	if(mesh_deformation) then
11	call move_grid
12	end if
13	if(IHC_usage) then
14	call IHC_initialize
15	call IHC_implementation
16	end if
17	call driver_run
18	call convergence_monitor
19	if(convergence) then
20	update_flow_and_coordinates
21	end if
22	if(need_write_output) then
23	call output
24	end if
25	external_iteration + +
26	end if
27	call MPI_FINALIZE

注:IHC 是指用于重叠网格的隐式切孔(implicit hole cutting)技术,它是流场求解器的一部分。

算法3-2　与 preCICE 隐式耦合后的流场求解器运行机制(以伪代码展示,仅展示核心程序)

1	call MPI_INITIALIZE
2	call input
3	if(preciceuse) then
4	call precice_prepare
5	end if
6	call geometry_preprocessing

7	if(preciceuse) then
8	call preciceWetvertex
9	end if
10	call boundaryConditionSetup
11	if external_iteration < max_external_iteration then
12	do while(preciceuse)
13	if(need_writeCheckpoint) then
14	call writeCheckpoint
15	endif
16	call move_grid
17	if(IHC_usage) then
18	call IHC_Initialize
19	call IHC_Implementation
20	end if
21	call driver_run
22	call preciceCalculateForces
23	call preciceAdvance
24	call preciceGetDisplacement
25	if(need_reloadCheckpoint) then
26	call reloadOldState
27	else
28	exit
29	endif
30	enddo
31	call convergence_monitor
32	if(convergence) then
33	update_flow_and_coordinates
34	end if
35	if(need_write_output) then
36	call output
37	end if
38	external_iteration + +
39	endif
40	if(preciceuse) then
41	call precice_finalize
42	end if
43	call MPI_FINALIZE

在算法 3-2 所示的伪代码中,引入了“preciceuse”来控制 preCICE 的使用。只有在“TRUE”时,才会激活所有与 preCICE 相关的运行函数。如果要使用 preCICE,将首先调用子程序“precice_prepare”来准备通过 preCICE 进行耦合计算,包括建立力和位移数据结构的识别信息等。然后,将执行程序“preciceWetvertex”来为耦合界面分配必要的数据结构,比如,收集界面网格顶点处的信息并将其传输到 preCICE 中。在进行数值耦合计算时,如果外部迭代次数小于指定的最大外部迭代(external iterations)次数,则在每个时间步或内部迭代(internal iterations)内执行 preCICE 循环。在每个时间步的开头,将保存“内部状态”(internal state)或“检查点”(Checkpoint),其中包括流场计算中前一时间步的流场坐标、单元体积和面积以及状态变量。如果当前子迭代未收敛到标准,则重新加载这些参数,仿真计算也将返回到当前计算步的原始状态。正确保存“检查点”对于隐式定点迭代具有重要意义。只有以正确的方式处理,隐式算法才有可能收敛。

N-S 方程在“driver_run”中求解,然后调用程序“preciceCalculateForces”来计算界面节点处的力并将其传递到 preCICE。然后,调用程序“preciceAdvance”,该程序触发耦合计算算法,接收并重新映射结构求解计算的流固耦合界面处的位移。在此过程中进行收敛判断,以确定是否停留在当前时间步或继续下一个时间步。之后再触发程序“preciceGetDisplacement”来接收界面处顶点的位移,并将其分配给相应的处理器。根据收敛评判的结果,如果下一步是“reloadOldState”,这意味着当前子迭代无法满足收敛标准,则需要新的子迭代;或者跳出当前循环,更新流动变量和网格位置,并推进到下一个时间步。当每个时间步收敛且全部时间步完成时,流固耦合仿真结束。“precice_finalize”命令负责关闭与 preCICE 相关的通信通道并释放使用的内存。

为了便于描述分区耦合方案,我们将流体和固体求解器表示为算子 $\boldsymbol{F}_o$ 和 $\boldsymbol{S}_o$。它们在界面处 $\boldsymbol{\Gamma}_i$ 产生动态的解矢量和运动解矢量,分别由 $\boldsymbol{f}_i$ 和 $\boldsymbol{s}_i$ 表示。这里,$\boldsymbol{f}_i$ 由作用在界面上的流体力组成,$\boldsymbol{s}_i$ 由 $\boldsymbol{\Gamma}_i$ 处网格顶点的位移组成。通过应用 Dirichlet-Neumann 分解,流体和固体之间的输入输出相关性如下:

$$\boldsymbol{F}_o(\boldsymbol{s}_i)=\boldsymbol{f}_i,\quad \boldsymbol{S}_o(\boldsymbol{f}_i)=\boldsymbol{s}_i \tag{3-50}$$

preCICE 实现了两种隐式耦合方式,即结构和流场求解器的并行和串行计算方案[22]。这里,以串行方法为例,图 3-3 给出了串行隐式耦合的简化流程图。在时间步 n 内引入子迭代循环。在当前耦合框架内,应用 preCICE 中实现的改进型 IQN-ILS 方法来稳定和加速耦合迭代。先前迭代的输入和输出数据用于近似不动点迭代方程的残差算子的雅可比逆矩阵,并执行类牛顿方法的求解步骤。此外,为了避免近似的类雅可比逆矩阵出现可能的奇异点,采用基于

QR 滤波技术过滤线性相关的数据[21]。

按照流程图 3－3，在时间步长 n 最开始的时候，保存当前时间步长的内部状态，即流动变化量 $\boldsymbol{W}$ 和网格坐标 $\boldsymbol{x}$（对应于算法 3－2 中的“writeCheckpoint”），如果当前子迭代无法收敛，将重新加载该状态（算法 3－2 中的“reloadOldState”）。这用于在每个子迭代中保留相同的残差方程，以近似上述雅可比逆矩阵。在一个时间步长内，界面处的结构解 s_k^n，即耦合迭代步数 k 中边界处顶点的位移（这个位移已使用前述的 IQN－ILS 方案进行了后处理），将通过一致映射（consistent mapping）的方法（其对应的是保守映射，将在后面描述）传递到流体求解器中。流场求解器接收到位移后，将执行基于仿弹簧（spring－analogy）和超限插值（TFI）方法的网格变形技术来更新内部流体网格的坐标。在当前子迭代中求解流动控制方程后，流体力 $\tilde{\boldsymbol{f}}_k^n$ 由耦合界面的压力和黏性剪切应力导出。它们被后处理为 $\boldsymbol{f}_k^n$，然后以守恒映射（conservative mapping）的方法传递到结构求解器中。这里，流体力的计算基于耦合边界上的每个单元表面，但通过节点方式进行表示。

对于并行隐式耦合，流体和固体求解器同时运行，包括位移和力在内的输出数据都要经过后处理。在目前的工作中，并行耦合计算主要用于提高效率，同时 Mehl 等[22]已经证明了这两种耦合方法都会产生相同的物理结果。

通过上述界面处的固定点迭代法，隐式耦合能确保动态平衡并试图重新获得整体系统的解。

3.3.2 数据映射和通信

如前所述，流体和固体空间域分别通过有限体积法和有限元法进行离散。流体和结构网格在耦合界面处可能不会共享重合的节点分布；甚至如图 3－5（a）和（b）所示，它们在网格界面处具有不同的几何形状。网格不匹配和不一致使数据值不可能从一侧直接复制到另一侧。因此，在界面处需要使用插值方法使两个求解器的数据相互映射。

本书所用的流固耦合求解器应用文献［190］描述的基于径向基函数（radial basis functions，RBF）的插值方法将节点力从流场传递到结构求解器中，并且与之相反将顶点位移反向传递给流场求解器。RBF 插值仅适用于分散数据，不需要网格拓扑信息。作为 RBF 映射方法的主要组成部分，基函数对其性能有重要影响。这里，选择全域支持的薄板样条基函数作为径向基函数的内核。在 RBF 插值中，守恒映射和一致映射都得以实现。具体而言，在位移传递时采用一致映射，而力的映射则采用守恒方式，通过使两侧数据值之和相等来确保界面上的能量平衡，如图 3－6 所示。

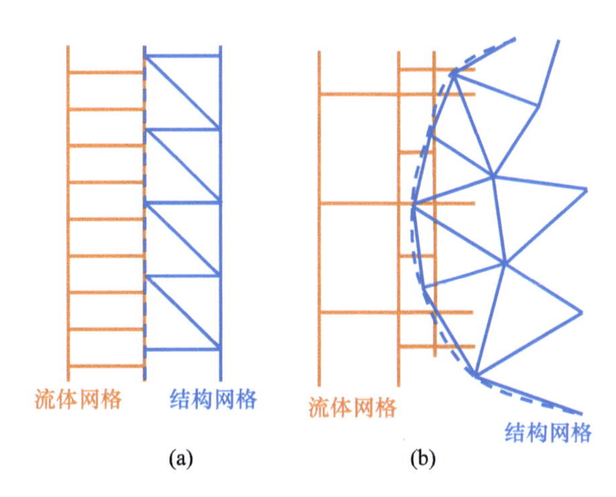

图3-5 流体和结构求解器之间的耦合界面

(a)展示了两套网格具有一致的几何结构,但节点位置不同,这称为不一致(non-conforming);
(b)展示的是非匹配(non-matching)网格界面,其中流体网格具有自适应的笛卡儿节点(左),
而结构网格由三角形单元组成(右)。(改编自文献[171]中的图2.12)

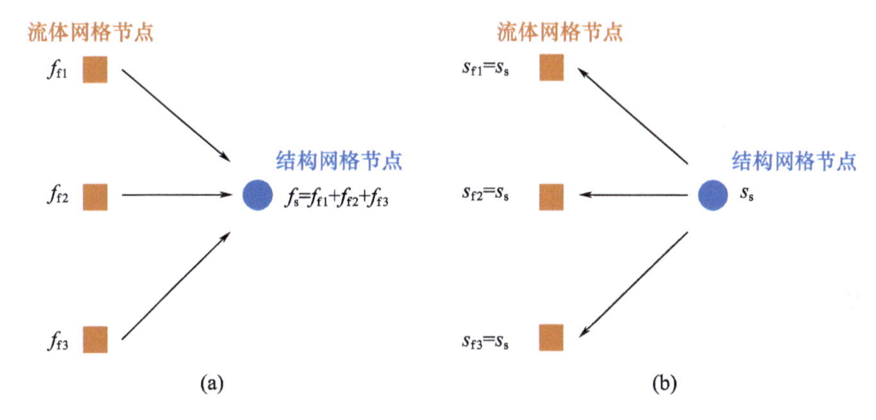

图3-6 流体网格与结构网格节点上力和位移的映射方式

(a)流体力从流体网格节点到相应的结构网格节点的守恒映射,在此期间,流体力的值之和不变;
(b)从结构网格节点到其相应流体网格节点位移的传递采用一致映射方式,在此过程中,
各个流体网格节点处的位移值与其所从属结构网格节点的位移值一致。

流体和结构求解器间的通信是完全并行的点到点方式。这意味着通信信道仅在被分配有边界界面网格块的处理器之间构建,这些处理器在网格块划分之后做了特别标记。

3.3.3 收敛标准

分区耦合的一个关键要素是在每个时间步评估趋近整体解法的收敛性。

我们选用当前子迭代步 $\boldsymbol{r}_{k+1}$ 时的位移和力的残差作为收敛准则，如下所示：

$$\begin{cases}\boldsymbol{r}_{s,k+1}=\boldsymbol{S}_o(\boldsymbol{f}_k)-\boldsymbol{s}_k\\ \boldsymbol{r}_{f,k+1}=\boldsymbol{F}_o(\boldsymbol{s}_k)-\boldsymbol{f}_k\end{cases} \tag{3-51}$$

通过应用当前迭代和上一次迭代之间位移差的离散 l_2 规范可以获得残差矢量的标量计算方式：

$$\|\boldsymbol{r}_{k+1}\|_2=\left(\sum_i(r_{k+1,i})^2\right)^{1/2} \tag{3-52}$$

因此，相对收敛标准表示为

$$\frac{\|\boldsymbol{r}_{s,k+1}\|_2}{\|\boldsymbol{s}_k\|_2}<\varepsilon \text{ 并且} \frac{\|\boldsymbol{r}_{f,k+1}\|_2}{\|\boldsymbol{f}_k\|_2}<\varepsilon \tag{3-53}$$

其中，ε 是预定义的。随着迭代的进行，相对残差预期会减小。如果它不低于 ε，则再次进行子迭代，直到相对残差小到满足准则。需要注意的是 ε 的取值不能太小，否则会增加达到这个严苛收敛准则的计算量，有时甚至会导致无法收敛。同时，过大的值可能导致计算不准确。本书在实践中选择 ε 的值为 0.003，这样可以使所需的子迭代次数少以减少计算量，同时又能保证精度。

◎3.4 数值验证

本书计算所用的流体求解器在以往的研究中得到了广泛验证[85,191-193]。同时，作为一种广泛使用的开源结构求解器，CalculiX 已被验证并应用于文献中的许多结构动力学求解（如文献[194-196]）。因此，这里只提供一个验证算例来证明其有效性和准确性。在本节中，选取的验证算例主要针对所开发的流固耦合求解器进行验证。表 3-1 总结了验算案例，其问题简介如表 3-2 所列。

表 3-1 验证算例的总结

验证算例序号	验证算例简介	验证类型	验证目的
1	恒定压力下的厚板变形	固体求解器	CalculiX 验证
2	方柱后二维悬臂梁的柔性变形	流固耦合求解器	二维流固耦合问题验证
3	三维柔性弯曲板上的绕流运动	流固耦合求解器	三维流固耦合问题验证
4	二维升沉运动柔性板的结构响应	流固耦合求解器	包含主动运动和被动变形的流固耦合求解器验证
5	二维柔性游动在圆柱后的自推进运动	流固耦合求解器	涉及自推进的流固耦合验证

表3-2 验证算例的示意图

验证算例序号	问题图解	参考文献
1	B; A; O; D; C; 1.75; 1.0; 2.0; 1.25; y; x; $\left(\frac{x}{3.25}\right)^2+\left(\frac{y}{2.75}\right)^2=1$; $\left(\frac{x}{2}\right)^2+y^2=1$; B; E′; B′; A; A′; z; y; O; x; D; D′; C; E; C′; 0.6	[197]
2	U_∞	[198-199]
3	U_∞	[200-202]
4	U_∞; y; z; x	[19]
5	U_∞; $A_{LE}\sin(2\pi ft)$; A_{LE}	[203]
6	U_∞; D_x; G; $A_{LE}\sin(2\pi ft)$; A_{LE}	[204]

3.4.1 厚板在均匀压力下的变形计算

本案例用于验证结构求解器 CalculiX。它涉及三维厚板在均匀压力下的变形。模型示意如图 3－7 所示。详情如下：

模型:均匀压力下的厚板,其几何结构如图 3－7 所示。

网格:测试了 C3D20 和 C3D20R 有限元单元模型的粗网格和细网格。C3D20 单元模型是一个二次方程砖块有限元单元,具有 3×3×3 个积分点和 20 个位于顶点和边线中间的节点。C3D20R 单元也是一种二次方程砖块有限元单元,但具有更少的积分点(2×2×2 个积分点)。生成的精细 C3D20 有限元网格如图 3－8 所示。

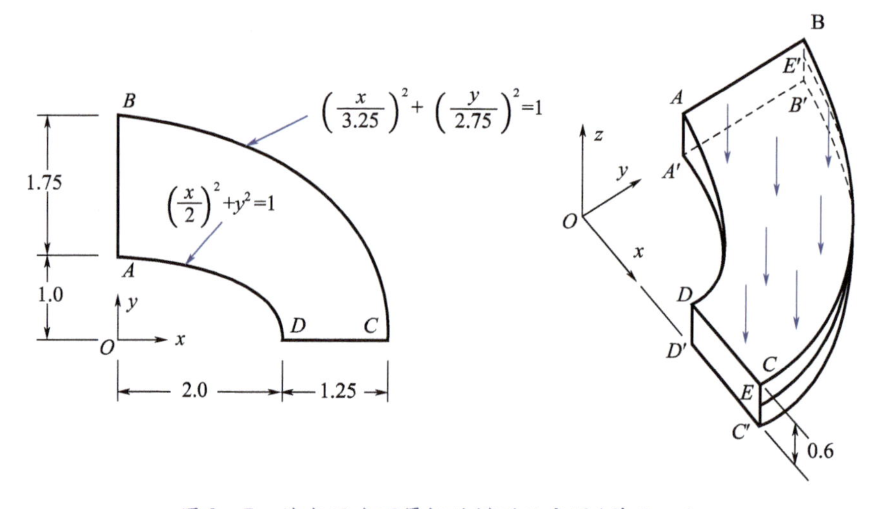

图 3－7 均匀压力下厚板的模型示意图(单位:m)

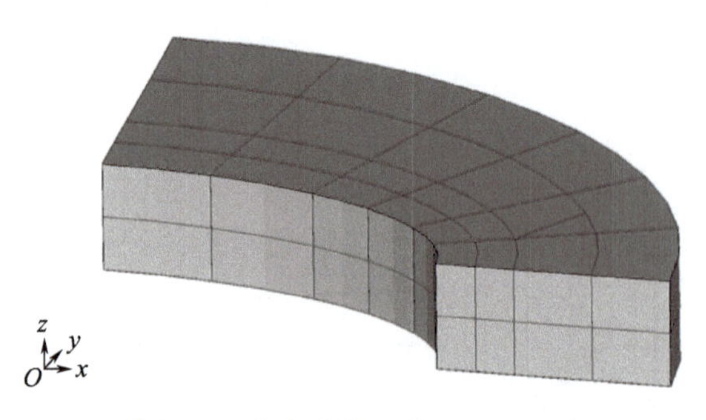

图 3－8 生成的精细的 C3D20 网格

材料属性:线弹性,杨氏模量 $E=210\text{GPa}$,泊松比 $\nu=0.3$,密度 $\rho_s=7800\text{kg/m}^3$。

边界条件:在 DCD′C 面上 y 方向位移量 $u_y=0$。在 ABA′B′面上 x 轴方向的形变量 $u_x=0$。在 BCB′C′面上有 $u_x=u_y$。在线段 EE' 上 z 轴方向的位移量 $u_z=0$(E 是边线 CC' 的中点;E' 是边线 BB' 的中点)。

载荷力:板上表面沿 z 轴负方向施加 1.0MPa 的均匀法向压力。

D 处应力 s_{yy} 的分量结果(图 3-7)如表 3-3 所示。模拟误差是通过与英国国家有限元方法与标准局(National Agency for Finite Element Methods and Standards,NAFEMS)提供的基准解 $s_{yy}=5.38$MPa[205] 进行比较获得。从表 3-3 可以看出,当前的模拟计算结果与商业软件计算结果和参考值吻合良好。

表 3-3　D 处 s_{yy} 的分量结果

求解器	单元类型	粗网格		细网格	
		s_{yy}/MPa	误差/%	s_{yy}/MPa	误差/%
Abaqus	C3D20R	-7.93	47.40	-5.53	2.79
	C3D20	-6.72	24.91	-5.64	4.83
Ansys	SOLID95	-5.36	-0.32	-5.61	4.26
	SOLID95	-5.40	0.46	-5.61	4.33
CalculiX	C3D20R	-5.34	-0.07	-5.68	5.50
	C3D20	-5.18	-3.70	-5.44	1.10

3.4.2　高雷诺数下二维翼型绕流流动

该验证案例通过模拟计算二维 NACA 0012 翼型周围绕流场来验证流体求解器中 $k-\omega$ 湍流模型的准确性。本次模拟的雷诺数为 $Re=U_\infty c/\nu=3\times10^6$,其中 c 为翼型的弦长,这些数值与 Abbott 和 Von Doenhoff[198] 的试验数据一致。第一层网格高度为 $1.0\times10^{-5}c$,对应 y^+ 的值约为 0.2,该值小于 1,以便充分解析边界层内的流动。在 $Re=3\times10^6$ 时,对翼型在 0 度、3 度、5 度、9 度和 12 度攻角时绕流进行模拟。在图 3-9 中将仿真结果与先前的数值仿真[199] 和试验[198] 数据进行比较。可以发现,随着迎角的增大,当前模拟计算得到的升力系数略高于其他方法,但差异仍可接受。而数值模拟得到的阻力系数均略高于 Abbott 和 Von Doenhoff 的试验结果。总体而言,此处的仿真结果与前人的研究结果吻合得较好。

3.4.3　方柱后二维悬臂梁的柔性变形

该验证算例模型由一个固定的方柱和一个与之连接的弹性悬臂梁组成,现有文献表明,从方柱前缘分离的流动将会引起后方弹性悬臂的周期性振荡。

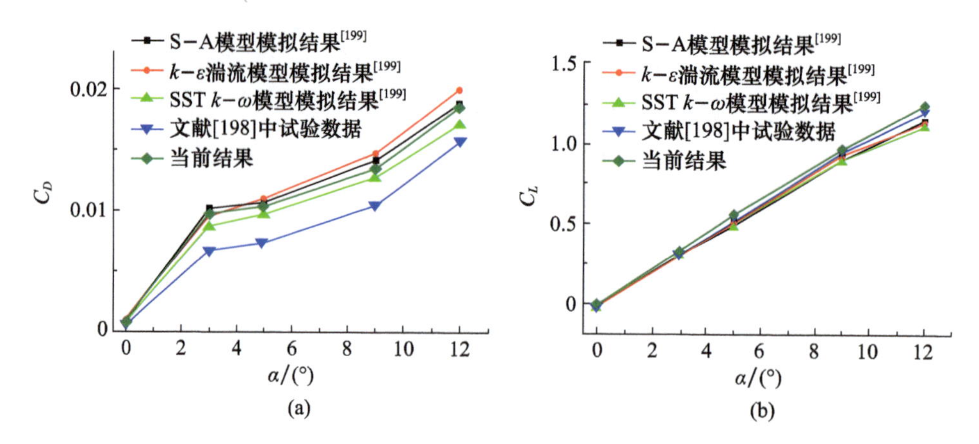

图 3-9 对比 Abbott 和 Von Doenhoff[198] 的试验数据、Eleni 等[199]使用三种不同湍流模型得到的 C_D(a)和 C_L(b)与当前的模拟结果

计算域的布局如图 3-10 所示。在本模拟计算中，流体域使用了一套具有 153428 个单元的结构化网格，其第一层高度为 0.002d(d 为方柱的边长)。结构域网格包括 123 个具有标准形状函数的二阶楔形单元。

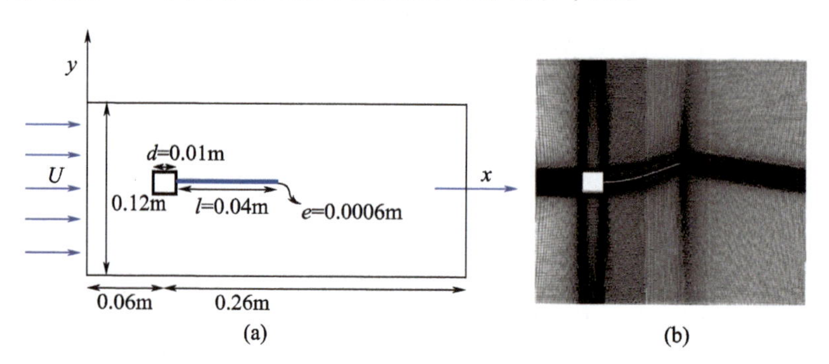

图 3-10 计算域尺寸(a)和悬臂梁变形后周围生成的流场网格(b)

本算例为层流流动问题，其雷诺数 $Re = U_\infty d/\nu = 330$，其中 U_∞ 是流速，d 是方形圆柱体的直径，而 ν 表示速度黏性系数。结构的材料属性如下：质量比 $m^* = \rho_s e/(\rho_f l) = 1.27$，$\rho_s$ 和 ρ_f 分别表示结构的密度和流体的密度，e 和 l 分别表示悬臂的厚度和长度，无量纲弯曲刚度 $K = EI/(\rho_f U_\infty^2 l^3) = 0.23$，其中 E 是杨氏模量，$I = e^3/12$ 是横截面惯性矩，泊松比 $\nu_s = 0.35$。这些材料属性使涡脱落的频率接近悬臂的第一本征频率，以便观察到显著的振荡。在结构部分，在弹性悬臂左端定义固定约束，三维悬臂的变形与位移仅限于 x 轴和 y 轴方向。

图 3-11 描绘了在三个无量纲时间步长下，柔性梁自由端在 y 轴方向上的位移，无量纲时间步定义为：$\overline{\Delta t} = \Delta t U_\infty / d$。位移在 0.80～1.20cm 的范围内，无

量纲振荡周期 $\bar{T}=TU_{\infty}/d$ 在 16.01 左右变化。根据现有文献[200-201]，位移振幅在 0.8~1.4cm，$\bar{T}$ 的范围为 15.80~17.44。因此，当前的模拟结果与先前的数值解一致。

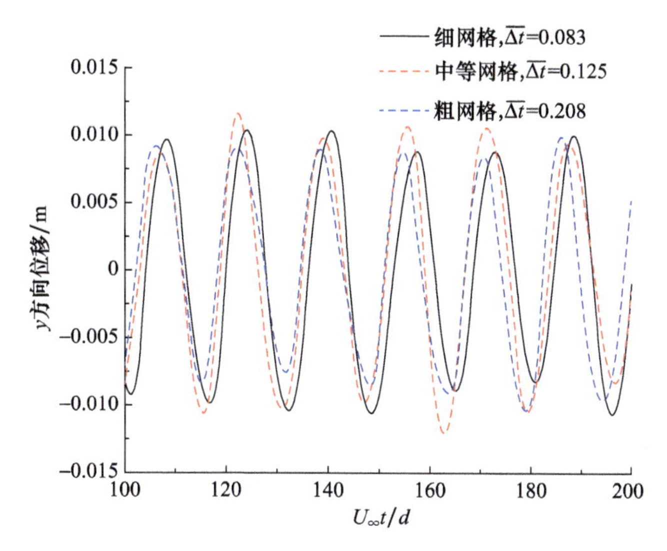

图 3-11 不同时间步长下悬臂梁尖端的垂直位移

当尖端位移达到最大值时，变形后生成的网格如图 3-10(b)所示。图 3-12 显示了一个振荡周期内 z 轴方向的涡量图。在一个振荡期间，上部区域形成两个顺时针的涡，而下部区域形成另外两个对应的涡。此外，方形柱后面的卡门涡街由于振动弹性悬臂的存在而分散，并向下游方向伸展，在脱落后的较远处演变成独立的圆形涡。

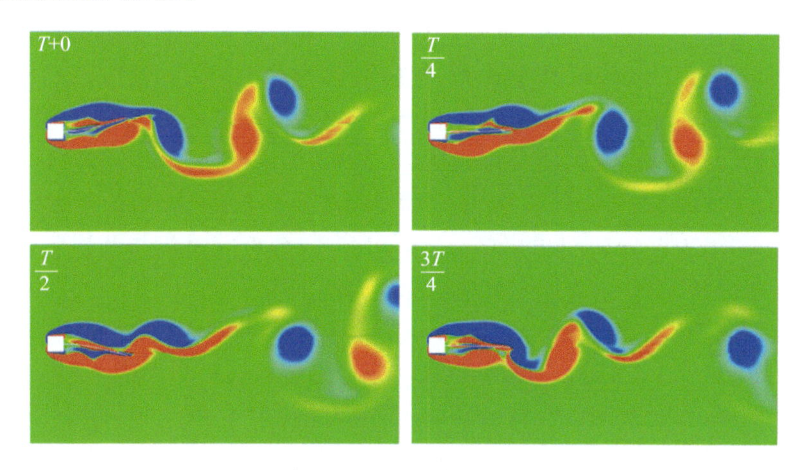

图 3-12 一个振荡周期 T 内悬臂梁周围 z 轴方向的涡量图

此时方柱和悬臂周围的速度与压力等值线如图 3-13 所示。速度分布显示了流场的非定常流动行为,尤其是在方柱和悬臂附近。在悬臂和方柱附近观察到较小的速度变化,这与 Habchi 等的结果一致。还观察到悬臂梁上下表面之间存在压力差,这直接导致悬臂的不稳定振荡。

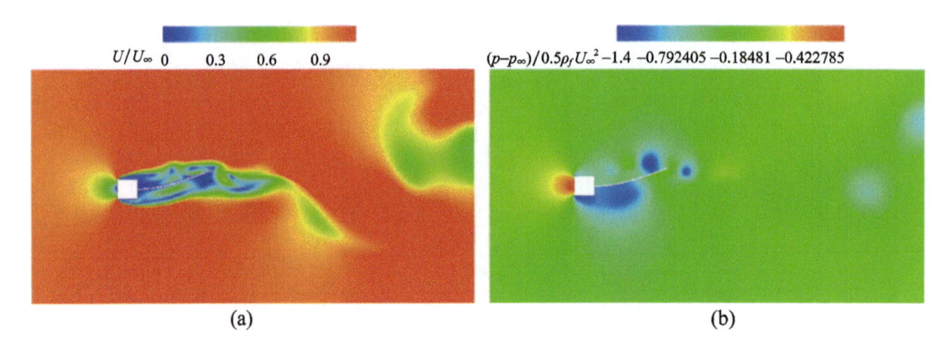

图 3-13 当尖端位移达到最大值时悬臂梁周围的速度云图(a)和压力云图(b)

3.4.4 水流冲击三维柔性板的流场分析

该验证案例为一块三维弹性平板在流场中发生弯曲变形。原始案例来源于 Luhar 和 Nepf[206] 对水生植物在水流流动影响下的运动状态研究。随后,Tian 等[19] 对他们的试验案例进行了数值模拟,作为流固耦合的验证算例。他们在仿真中加入重力和浮力条件,并对数据进行定量比较。同时他们也对没有重浮力的情况进行了一系列模拟,以此作为研究基准。本节选择后一种情况来验证提出的流固耦合求解器。

流体计算域布局如图 3-14(a)所示。板垂直放置在均匀流体中,板的下端固定,自由端在流体力的作用下发生位移。该案例涉及的无量纲参数如下:长度 $h=5b$,厚度 $t=0.2b$,其中 b 为宽度,流动为层流,$Re=U_\infty h/\nu=100$,质量比 $m^*=\rho_s b/(\rho_f t)=0.14$,$K=EI/(\rho_f U_\infty^2 b^3)=2.39$,且 $\nu_s=0.4$。我们划分了三套流体计算网格,这三套网格分别包含 2793362 个粗网格单元、3916111 个中等网格单元和 5585602 个细网格单元。无量纲时间步长定义为:$\overline{\Delta t}=\Delta t U_\infty/b$,分别采用 $\overline{\Delta t}=0.0292$、$\overline{\Delta t}=0.0208$ 和 $\overline{\Delta t}=0.0148$ 三个不同时间步长进行了计算。结构域网格包含 1400 个二阶六面体有限元单元网格。

阻力系数被定义为:$C_d=F_x/(0.5\rho_f U_0^2 bh)$,当 $Re=100$ 时,在没有重力和浮力的情况下,表 3-4 对阻力系数和板顶端中心的位移进行了比较。基于表 3-4 中所示的结果,我们采用中等网格和 $\overline{\Delta t}=0.0208$ 模拟了 $Re=400$ 情况下板的变形问题,结果如表 3-5 所列。这表明目前的流固耦合模拟结果与 Tian 等计算的结果吻合良好。

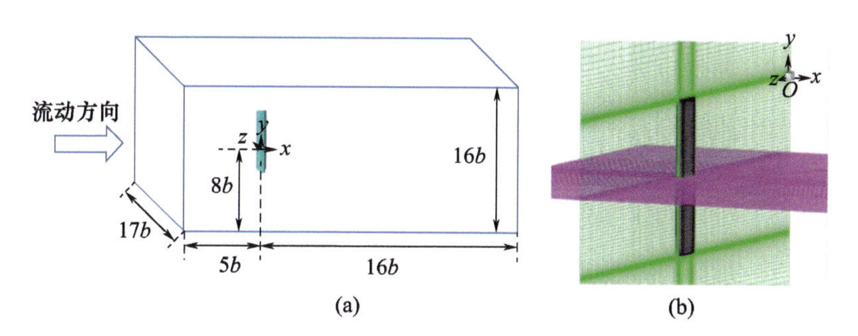

图 3-14 弹性板的流体计算域(a)和板周围生成的中等网格(b)

表 3-4 当 $Re=100$ 时,在没有重力和浮力的情况下,阻力系数和变形的比较

参数	C_d	D_x/b	D_y/b
文献[19]结果	1.02	2.34	0.67
细网格	1.05	2.31	0.675
中等网格	1.06	2.31	0.678
粗网格	1.10	2.24	0.611

表 3-5 $Re=400$ 时,无重力和浮力时的阻力系数和变形量

参数	C_d	D_x/b	D_y/b
文献[19]结果	0.94	2.34	0.68
当前仿真结果	0.99	2.28	0.647

在数值模拟中随着流固耦合发展,弹性板柔性变形最终达到稳定状态,如图 3-15 所示。弹性板迎流面的流体压强在根部最大,当接近自由端压强逐渐下降时,弹性板前后表面的压差也在不断减小。与刚性水生植物模型相比,柔性水生植物模型倾向于弯曲成稳定状态,以减少流体产生的阻力,这与试验发现的情况一致。

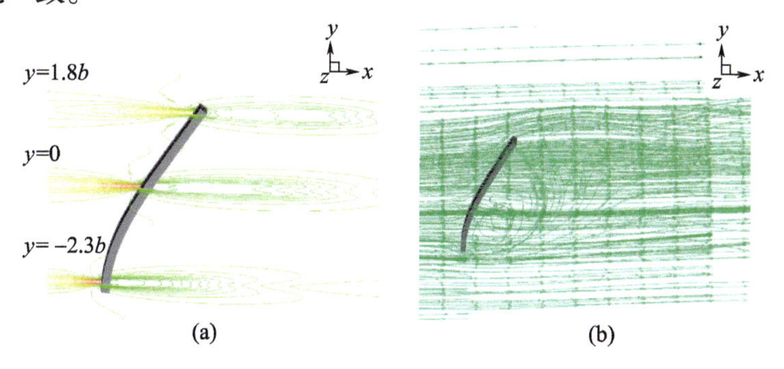

图 3-15 三个具有代表性的水平切面的流场压力分布图(a)和流线图(b)

3.4.5 柔性平板升沉运动的动力学响应

该数值验证案例来源于 Paraz 等[207]的试验研究。水平柔性板由聚硅氧烷制成,该板具有圆形前缘和锥形后缘。板的厚度为0.004m,弦长为0.12m,展长为0.12m,展弦比为1。在试验中,前缘执行谐波振荡运动,后缘为自由运动,如图3-16(a)所示。弹性板在水动力作用下发生变形。关于试验的更多细节在文献[203]中有详细介绍。

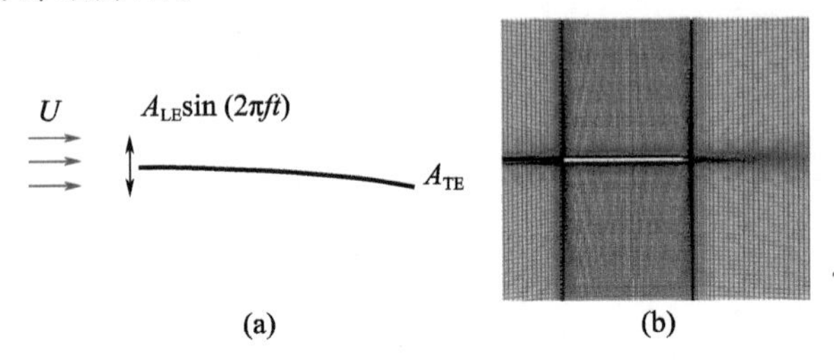

图3-16 处于受迫升沉运动中的柔性板示意图(a)和生成的板周围的细网格(b)

这里生成了三套流体计算网格:它们分别包含40626个单元的粗网格、包含57424个单元的中等网格以及包含79514单元的细网格。对于这些流体网格,我们在归一化频率$f/f_0=1$的情况下对网格和时间步长进行测试,其中f_0是板的固有频率,应于粗网格的时间步长为$\overline{\Delta t}=f\Delta t=0.00694$,中等网格的时间步长为$\overline{\Delta t}=0.00501$,细网格的时间步长为$\overline{\Delta t}=0.00357$。假设流动为层流,并使用具有105个单元的二阶六面体有限元网格对平板结构进行模拟。平板的响应以后缘相对于前缘的相对位移A_{TE}/A_{LE}以及它们之间的相位差φ的变化来表示。不同分辨率下A_{TE}/A_{LE}的比较如图3-17所示。为了降低计算成本,同时获得准确的结果,我们选择中等网格进行其他模拟。基于中等网格,尖端位移A_{TE}/A_{LE}和相位差φ的结果如图3-18所示。

从图3-18可以发现,当前仿真结果与试验中的对应结果吻合良好。在试验和数值模拟中,当受迫频率接近固有频率f_0时,后缘位移曲线中观察到尖峰,其中A_{TE}比A_{LE}大2.5倍。根据Paraz等的分析,这是第一个共振峰。随着受迫频率的增加,相位差φ持续增加,这表明流体和结构之间的相互作用更强。

在图3-19中,通过一个振动周期内中心线的叠加来展示平板的变形。根据Dai等[78]的定义,板的当前变形对应第一模式。从图3-19(a)试验结果中观察到振动模式上下的弱不对称性,但数值模拟结果呈现对称性。这可能是由于在试验中,板的密度略大于水的密度,重力效应在板的振动中起作用,而在本模拟中,重力影响被忽略。即便如此,由于两种密度彼此近似,因此忽略重力不会产生很大差异。

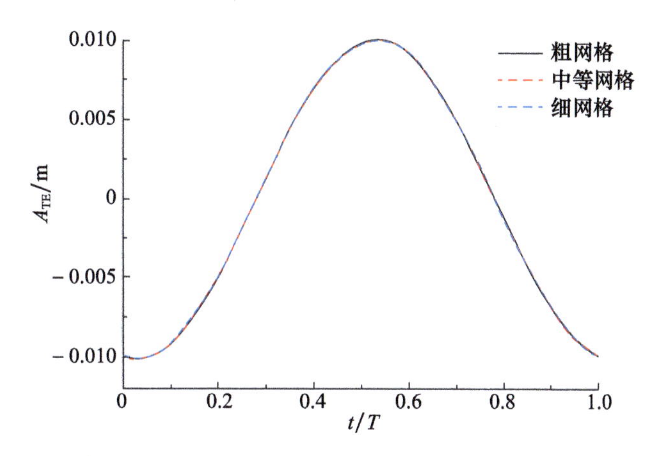

图3-17　在$f/f_0=1$，$Re=6000$，$A_{LE}=0.004$m，刚性系数$B=0.018$N·m使用三种不同网格时，模型尾缘的相对位移结果

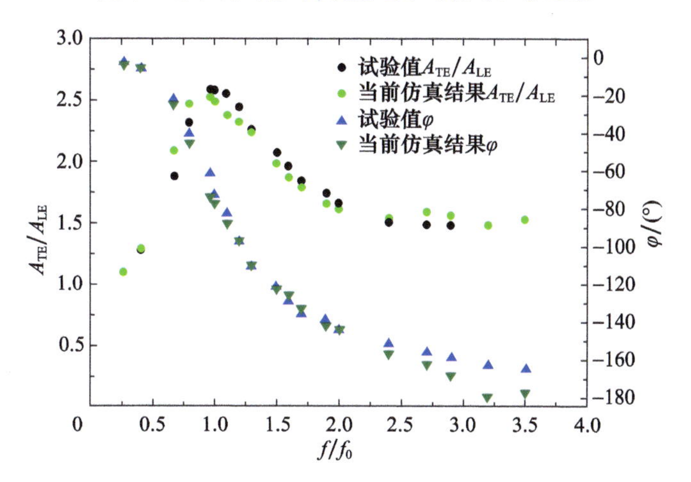

图3-18　在$Re=6000$，$A_{LE}=0.004$m，$B=0.018$N·m时，模型尾缘相对于柔性板前缘的相对位移A_{TE}/A_{LE}以及相位差相随频率f/f_0的变化曲线

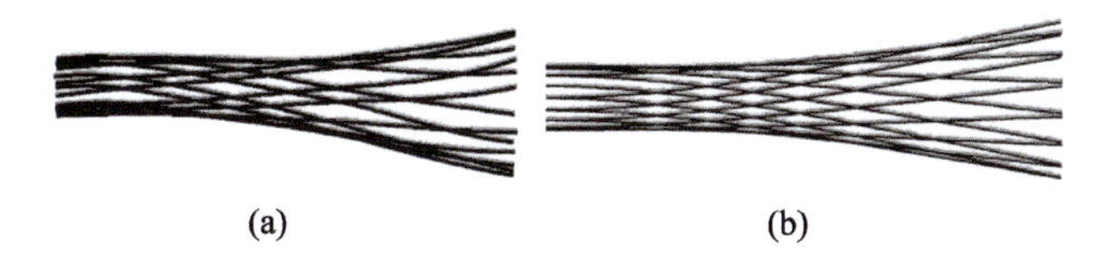

图3-19　从试验(a)和当前数值模拟(b)获得的$f/f_0=1$时板的振动状态

3.4.6　圆柱体后二维柔性板的自推进运动

该验证案例为文献[204]中的两个串联圆柱体后方的自推进柔性板，如图

3－20所示。在该仿真算例中，平板前缘施加的是升沉运动，$H(t)=H_0\sin(2\pi ft)$，其中 H_0 为最大升沉振幅，f 表示升沉运动频率，平板后缘为自由端。两个圆柱体中心距 D_x 为 $4.5D$，D 为两个圆柱体的直径。根据 Wang 等的研究，如果平板在尾迹中不发生柔性变形，扑翼运动的频率与涡脱频率相同。因此，我们首先只考虑了流场的仿真，即仅有两个串联圆柱体周围的流动，流场中不存在柔性板，从该模拟中获得涡脱频率，即斯特劳哈尔数，$St=f_vL/U_0=0.176$（f_v 为漩涡脱落频率，L 为板的长度，U_0 表示进入流速），这接近 Wang 等的报告值 0.185。因此，将无量纲升沉运动频率定义为 $f^*=fL/U_0=0.176$。在该验证模拟中，与 Wang 等的研究相对应的控制参数如下：雷诺数 $Re=U_0L/\nu=200$，质量比 $\sigma=\rho_sh/(\rho_fL)=1$，弯曲刚度 $K=EI/(\rho_fU_0{}^2D^3)=0.5$。

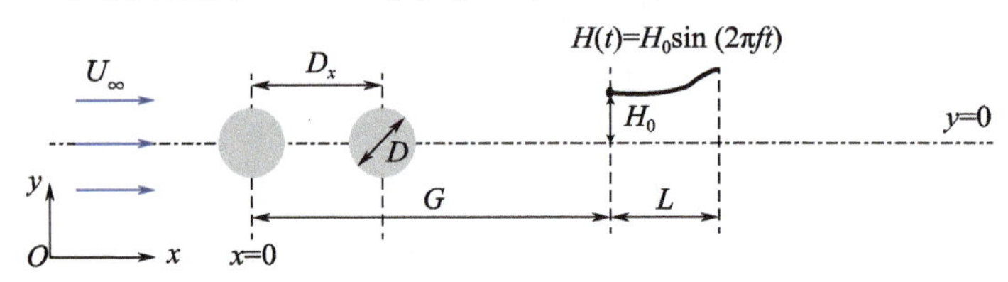

图 3－20　两个串联圆柱体后方的自推进柔性板的示意图

当平板的拍动幅值 H_0 和水平初始位置 G_0 变化时，圆柱尾迹中的柔性板有三种典型运动模式，即逆流而上的自推进（DU）、顺流而下的自推进（DD）和稳定静止运动（HS），这三种模式由 Wang 等总结，如图 3－21 所示。对于 HS 模式，我们模拟了 $H_0=0.3L$ 的情况，表 3－6 列出了柔性板在自推进稳定时前缘的水平位置。模拟的三种运动模式的运动轨迹如图 3－22 所示。可以看出，数值模拟得出的结果与 Wang 等的结果非常一致。

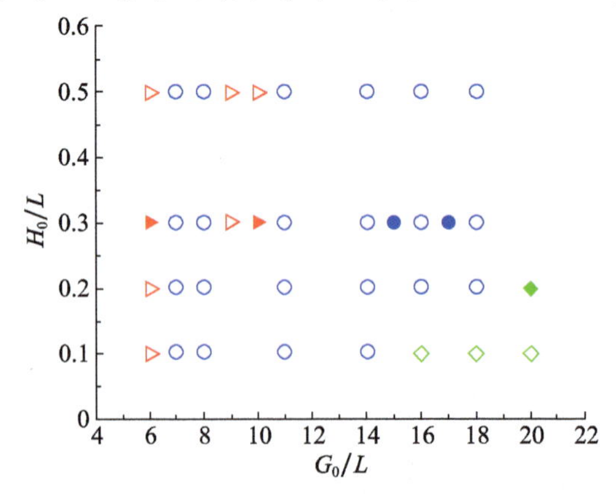

图 3－21　Wang 等绘制的三种运动模式相图（圆圈表示 HS 模式，三角形表示 DU 模式，菱形表示 DD 模式，实点代表模拟结果）

表3-6 当 $H_0=0.3L$ 时,前缘平板保持稳定的水平位置

G_0/L	数值模拟得到 G/L 的范围	Wang 等得到 G/L 的范围
15	17.15~17.25	16.0~16.1
17	19.89~20.01	18.9~19.0

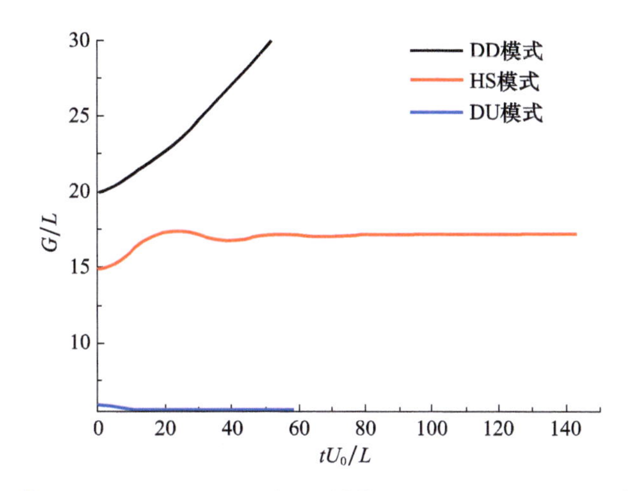

图3-22 在 $G_0/L=6,H_0/L=0.3$ 的 DU 模式;$G_0/L=15,H_0/L=0.3$ 的 HS 模式;以及 $G_0/L=20,H_0/L=0.2$ 的 DD 模式下的前缘运动轨迹

3.5 小 结

本章首先介绍了流体动力学和结构动力学的控制方程,然后介绍了求解这些方程所使用的数值方法。流体动力学通过采用有限体积法求解可压缩 N-S 方程,结构动力响应通过有限元法求解动量平衡方程获得。最后本章描述了两个求解器之间的耦合算法,介绍了这种流固耦合的主要组成部分,包括耦合方案、数据映射和通信以及收敛标准。

本书的主要贡献之一是实现了自编程流体计算程序和强大的结构解算器 CalculiX 之间的耦合,通过改写流体计算程序,使其能够与 CalculiX 连接,形成了基于 preCICE 的流固耦合求解器。通过将模拟结果与先前数值和试验研究的结果进行比较,证明了该求解器的有效性和准确性,为后续开展涉及复杂流体-结构相互作用的水下仿生推进研究奠定了基础。

第4章 非均匀刚度分布对柔性鱼体和鳍推进性能的影响

本章采用前述开发的流固耦合求解器对具有非均匀刚度分布(这来源于真实鱼类的生物学特征)的仿生柔性鱼体和鱼鳍进行了研究。具体而言,本章分别考虑了仿太阳鱼尾鳍模型和仿金枪鱼游动模型。选择这两种生物为原型是因为它们代表了两种典型的鱼尾鳍类型,太阳鱼尾部具有棘鳍鱼类(acanthopterygii)特有的低纵横比(纵横比即长度的平方与表面积之比),金枪鱼具有硬骨鱼(teleostei)的高纵横比。此外,它们的形态和运动学信息在相关文献中都有很好的描述,这使我们能够将数值模拟结果与生物学以及试验结果进行全面的比较。我们通过对柔性鱼体和鱼鳍的模拟,来揭示非均匀刚度分布对鱼类推进性能的影响。同时,这也能证明所开发的流固耦合求解器具有解决复杂流体-结构相互作用问题的能力。

4.1 具有非均匀展向刚度分布的仿太阳鱼鱼鳍推进性能研究

4.1.1 问题描述

当前的鱼尾鳍模型来源于 Esposito 等[52]的试验,该试验测试了模仿蓝鳃太阳鱼(lepomis macrochrus)运动的机器鱼尾。如图4-1所示,在他们的试验中,机器鱼由刚性鱼尾和柔性尾鳍组成,有关实验装置的更多细节,请参阅 Esposito 等[52]的论文。

值得指出的是,我们的研究并没有试图复刻真实鱼类的几何形状和材料特征。相反,与 Esposito 等还有 Zhu 和 Bi 的研究一样,我们将研究重点放在从真实鱼鳍中提取的一些主要特征上,例如各向异性的材料特性和相关的流体-结构相互作用。图 4-2 显示了鱼尾和尾鳍模型的几何形状和尺寸。模型的厚度 $h=0.02c$，其中 c 为鳍中线的弦长。所有边缘都经过倒角处理，以方便生成 CFD 网格。

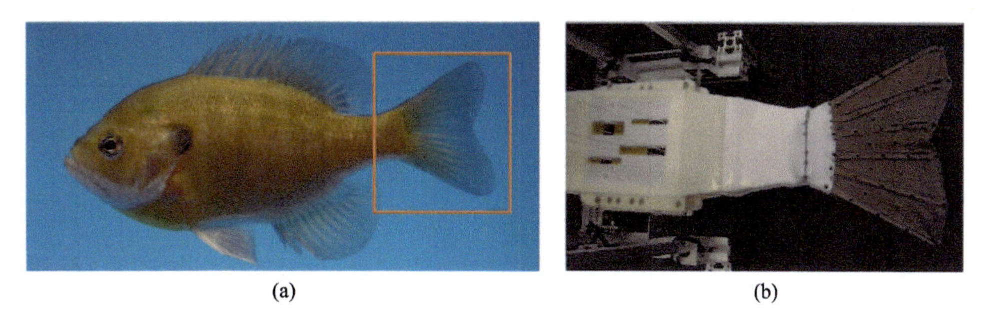

图 4-1 蓝鳃太阳鱼的实物模型(a)和由 Esposito 等设计的机器鱼尾装置(b)

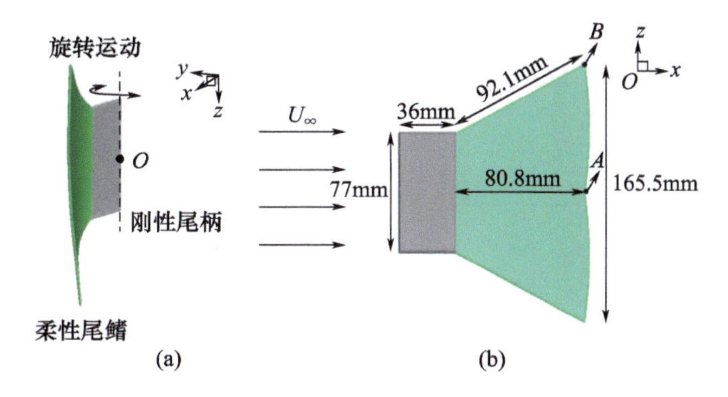

图 4-2 鱼尾模型示意图(a)和模型在 xOz 平面方向的视图及尺寸(b)

本模型的运动学描述如下：在流速为 U_∞ 的沿 x 正方向匀速流中，鱼尾和尾鳍绕 z 轴以参考点 O 做简谐摆动，模型随时间变化的运动公式为 $\theta(t)=\theta_m\sin(2\pi ft)$，其中 θ_m 是最大摆动角度，f 表示摆动频率。

无量纲参数定义为：雷诺数 $Re=U_\infty c/\nu$；质量比 $m^*=\rho_s h/(\rho_f c)$；缩减频率 $f^*=fc/U_\infty$；泊松比 ν_s；无量纲刚度 $K=EI/(\rho_f U_\infty^2 c^3)$，其中 E 被定义为杨氏模量，$I=h^3/12$ 是横截面的惯性矩。

从结构上看，该鱼鳍由 19 个鳍条组成(通常真实鱼鳍的鳍条范围为 10～20[208])，如图 4-3(a)所示。为了复制 Esposito 等以及 Zhu 和 Bi[84] 观察到的各种鳍变形模式，每段都指定了确定的无量纲刚度 K，对于第 i 段，归一化弯曲刚度 $K_i=E_iI/(\rho_f U_\infty^2 c^3)(i=1,2,\cdots,N)$，其中 $N=19$。本章考虑了与不同变形方式相对应的五种刚度分布 K：

(1)均匀(uniform)分布：$K_i=K_c$。

(2)杯形分布：$K_i=K_cR_i/R$，其中 $R_i=1+\gamma\left[1-\sin\dfrac{\pi(i-1)}{N-1}\right]$。

(3)反向杯(reverse cupping)形分布：$K_i=K_cR_i/R$，其中 $R_i=1+\gamma\sin\dfrac{\pi(i-1)}{N-1}$。

(4)W 形分布：$K_i=K_cR_i/R$，其中 $R_i=1+\gamma\left[1-\left|\sin\dfrac{2\pi(i-1)}{N-1}\right|\right]$。

(5)歪尾形分布(heterocercal)：$K_i=K_cR_i/R$，其中 $R_i=1+\gamma\left[1-\sin\left(\dfrac{\pi|i-N|}{2(N-1)}\right)\right]$。

这里 $R=\dfrac{1}{N}\sum\limits_{i=1}^{N}R_i$，$K_c$ 是一个常数，用于量化所有鳍段的平均刚度。最硬和最软鳍片段的刚度比由参数 γ 确定，在本模拟中 $\gamma=10$。弯曲刚度的变化模式如图 4-3(b)所示。

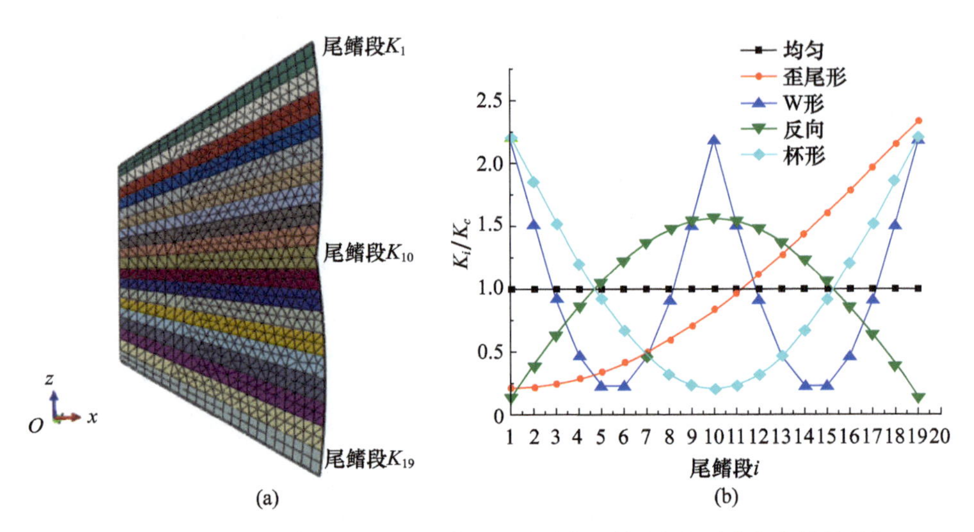

图 4-3　生成的具有 19 个不同刚度段的鳍结构网格(a)和刚度分布模式(b)

为了评估尾鳍的推进性能，瞬时推力系数和功率消耗系数分别定义为

$$C_T=-\frac{F_x}{\frac{1}{2}\rho_f U_\infty^2 S},\quad C_P=-\frac{M_O\dot{\theta}}{\frac{1}{2}\rho_f U_\infty^3 S}\tag{4-1}$$

式中：F_x 为尾鳍在 x 轴方向上的总流体动力；S 为参考面积，即鳍在 xz 平面上的面积；M_O 代表绕 O 点作用力矩的 z 轴方向分量。同时，侧向力定义为 y 方向上的水动力以及 z 方向上的升力：

$$C_y = \frac{F_y}{\frac{1}{2}\rho_f U^2 S}, \quad C_z = \frac{F_z}{\frac{1}{2}\rho_f U^2 S} \tag{4-2}$$

推进效率 η 为

$$\eta = \frac{\bar{C}_T}{\bar{C}_P} \tag{4-3}$$

式中：$\bar{C}_T$、$\bar{C}_p$ 分别为 C_T 和 C_P 在一个振荡周期内的时间平均值。值得注意的是，许多研究采用 Tytell 和 Lauder[209] 提出的弗劳德效率对游动效率进行评估[67,210]，但这只适用于游动者平均净力值为零时，并不适用于本书当前考虑的系泊模型，因此我们未对其进行定义。

4.1.2 网格无关性验证

本节将进行网格无关性验证以评估获得适当的网格和时间步长，模拟的条件为：$Re = U_\infty c/\nu = 2500$，$m^* = 0.02$，$\nu_s = 0.25$，$f^* = 1$，$\theta_m = 10°$，鱼鳍模型刚度均匀分布，无量纲刚度 $K_c = 1$。模型中尾鳍周围的计算域和流体网格如图 4-4 所示。在尾柄-尾鳍表面，应用无滑移边界条件，而对于其他边界，应用远场边界条件。我们生成了三套流体计算网格：粗网格包含的网格数为 2294292 个，网格距边界面的最小距离为 $1.48 \times 10^{-3}c$；中等网格包含的网格数为 4032768 个，网格距边界面的最小距离为 $9.9 \times 10^{-4}c$；细网格包含的节点数为 5791680 个，网格距边界面的最小距离为 $6.19 \times 10^{-4}c$。结构网格包含 1461 个二次楔形有限元网格单元。此外，与粗网格相对应的无量纲时间步长 $\overline{\Delta t} = \Delta t/T = 0.00909$，其中 T 为尾鳍摆动周期；中等网格对应的 $\overline{\Delta t} = 0.00694$；细网格对应的 $\overline{\Delta t} = 0.00556$。使用三种不同的网格和对应的时间步长的推力系数 C_T 结果如图 4-5 所示，表 4-1 中比较了 $\bar{C}_T$、$\bar{C}_P$ 和效率 η 的数值。从数据比较中我们发现中等网格可以满足尾鳍周围流场模拟的精度要求。因此，中等网格及时间步长 $\overline{\Delta t} = 0.00694$ 将用于下列仿真。

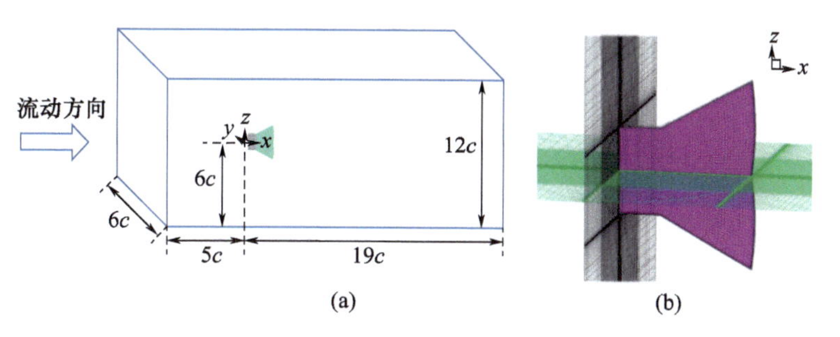

图 4-4 计算域示意图(a)和尾柄-尾鳍模型与周围的流体网格(b)

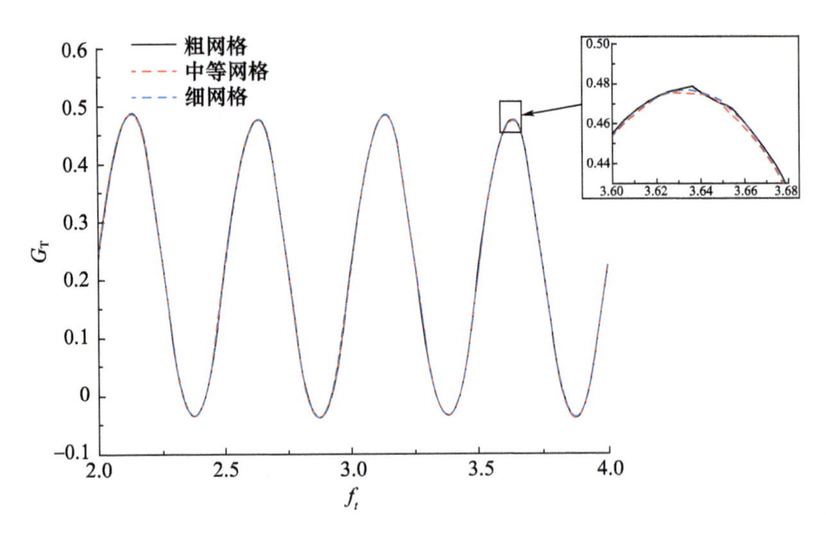

图 4-5 三种不同网格下的推力系数 C_T 对比,用于模拟仿太阳鱼的尾部模型

表 4-1 CFD 网格和时间步长的测试对比结果

类别	$\bar{C}_T$	$\bar{C}_P$	η
粗网格,$\overline{\Delta t}=0.00909$	0.221	1.045	0.211
中等网格,$\overline{\Delta t}=0.00694$	0.220	1.036	0.212
细网格,$\overline{\Delta t}=0.00556$	0.220	1.033	0.213

4.1.3 结果与讨论

通过上述对流体代码以及流固耦合求解器的验证,我们将开发的流固耦合求解器应用于柔性尾鳍的水动力研究。研究采用的雷诺数 $Re=2500$,质量比 $m^*=0.02$,旋转角 $\theta_m=10°$,泊松比 $\nu_s=0.25$,缩减频率 $f^*=1$。这些参数大多数与 Ren 等[48]在试验研究中的参数相匹配。由于本研究涉及的雷诺数较低,因此我们并未采用湍流模型,而是采用层流模型进行模拟。在仿真计算中,每个时间步内位移和流体力的耦合收敛准则 $\varepsilon_{relative}$ 设置为 3×10^{-3},以确保交界面的能量平衡。

图 4-6 总结了在不同弯曲刚度下的平均推力、侧向力、升力、功率输入系数和效率,以及尾鳍 A 点的位移,还与刚性尾鳍的计算值进行了比较。从图中可以看出,柔性分布对尾鳍的变形形式和推进性能有显著影响。总的来说,除了 $K_c>10$ 的非对称尾鳍,尾部的位移量随着 K_c 的增大而增加。同时,当尾鳍非均匀刚度分布时,$\bar{C}_T$、$\bar{C}_y$、$\bar{C}_z$、$\bar{C}_P$ 和 η 的值变化明显。此外,即使 K_c 相同,不同的

刚度分布也会使鳍具有不同的推进能力。特别地，歪尾刚度分布作为唯一的不对称分布，与其他曲线变化模式相比显示出明显不同的特征，这与 Esposito 等[52]的试验观察结果一致。

研究表明与刚性尾鳍相比，柔性尾鳍能产生更大的推力。但当刚度过小，即尾鳍过于柔软时，推力较刚性尾鳍减弱，但在这种情况下，柔性尾鳍的摆动幅度小于刚性尾鳍。在所研究的参数下，柔性尾鳍产生的推力首先急剧增加，当 $K_c=5$ 时达到峰值，非对称尾鳍则在 $K_c=10$ 时达到峰值。这与 Esposito 等的研究一致，他们发现不对称运动和对称运动产生的平均流体力在不同尾鳍刚度下达到峰值。在达到峰值后，$\bar{C}_T$ 都随着刚度的增加而减小。这种变化模式在许多先前的仿生自推进流固耦合研究中有报道。总体而言，在这五种变化中，具有非对称刚度分布的尾鳍产生的 $\bar{C}_T$ 与其他的 $\bar{C}_T$ 不同，只在尾鳍具有较大柔性时，其推力大小才远小于其他柔性。同时，具有杯形刚性分布的尾鳍产生的推力最大，而均匀分布和 W 形分布的尾鳍产生的推力值非常接近，这与 Esposito 等的研究结果一致。

由图 4-6(b)可知，当 $K_c<5$ 时，随着刚度的增加，由于不同柔度分布而产生的推力差异更为显著，这与 Esposito 等得出的结论一致。而对于刚度较大的鳍，即 $K_c>10$ 时，差异变得不那么明显。这可能是因为随着尾鳍刚度增加，变形受限，从而减小了不同刚度分布引起的差异。这一点在其他关于柔性扑动板模型的研究中也得到体现。然而，先前的数值研究[84-85]得出的结论是，随着尾鳍越来越柔软，差异变得更加显著，这似乎与本研究的结果相矛盾。然而，需要注意的是，先前的研究在尾鳍变形的运动学描述和数值模型方面与本书存在根本差异。在他们的研究中，运动是通过尾鳍中鳍条的摆动来完成的，而不是 Esposito 等的试验和本研究中绕 O 点的旋转运动。另外，在他们的鳍模型中，各种刚度分布被分配到每个鳍条上，即非线性的欧拉-伯努利梁，并且鳍的变形主要由鳍条之间的简化线性弹簧模型确定。在本研究中，鳍是由具有不同刚度的片段组成，并且弯曲变形由流体力和分配的刚度共同确定的。

对于推进效率 η 而言，随着弯曲刚度 K_c 的增加，所有刚度变化模式都出现了明显的峰值。在 $K_c=1.5$ 时，具有杯形刚度分布的尾鳍效率最高。与 $\bar{C}_T$ 的变化模式相似，杯形刚度分布的尾鳍效率性能最好，而均匀分布和 W 形分布的尾鳍在效率上没有明显差异。在 K_c 保持不变时，具有非对称刚度分布方式的尾鳍在这五种模式中的推进效率最低，这与图 4-6(b)中所示的推力情况相似。通常情况下，当 K_c 值较小时，推进效率对 K_c 的变化更为敏感。当 $K_c<1$ 时，η 效率曲线急剧下降，K_c 的轻微减小就会导致推进效率的显著损失。当尾鳍的刚度增大，$K_c>1$ 后，效率曲线变得平缓，这与 Shi 等以及 Zhu 和 Bi 的研究结果一致。

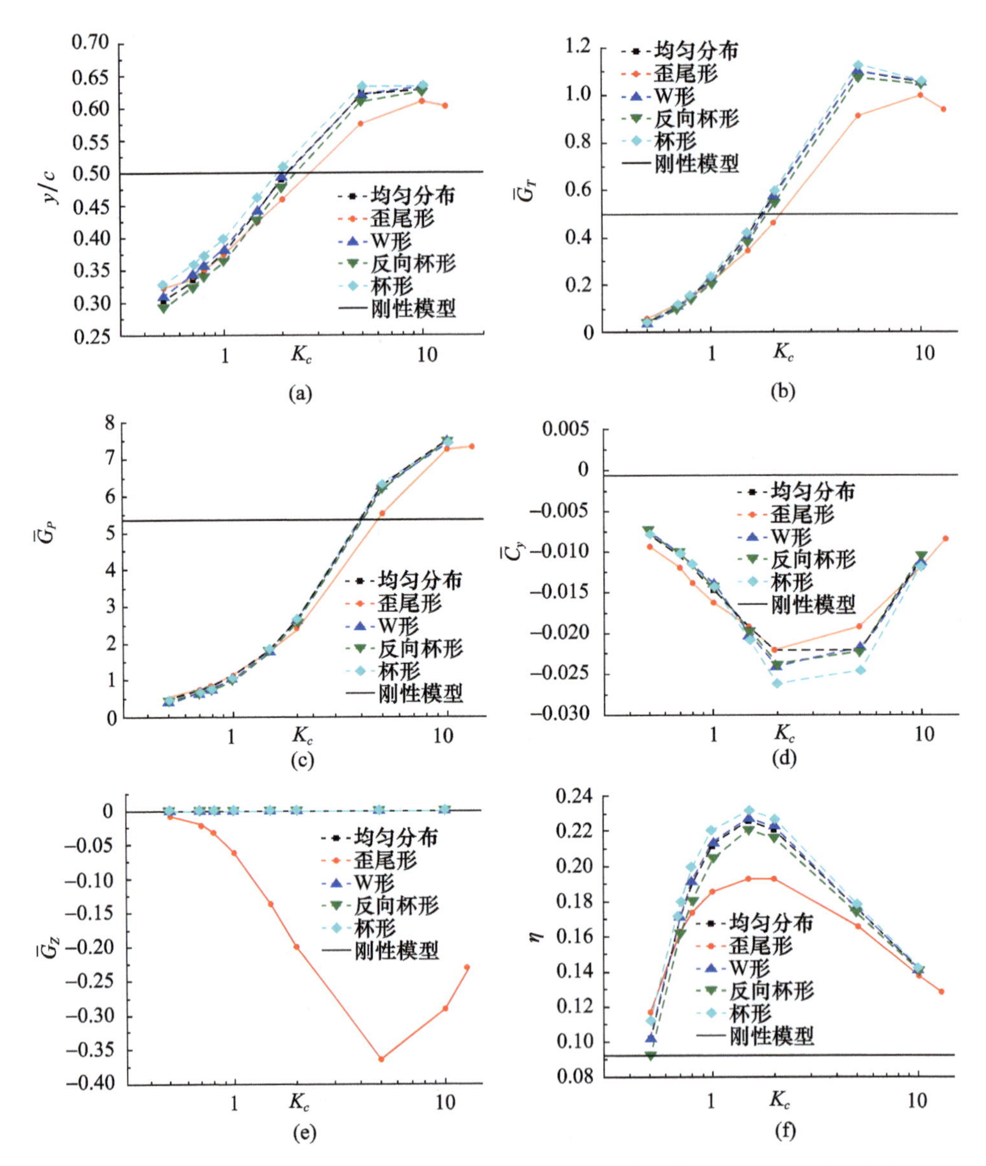

图 4-6 当弯曲刚度随均匀(黑色虚线)、非均匀(红色实线)、W 形(蓝色圆点)、反向杯形(橄榄色点)和杯形(青色短圆点)刚度分布模式的变化而变化时,A 点的位移(a)、模型平均推力系数(b)、功率输入系数(c)、侧向力(d)、升力(e)和推进效率(f)

推进效率可由 $\bar{C}_T$ 和 $\bar{C}_P$ 计算获得,因此,平均能量消耗系数曲线可以解释上述观察到的曲线变化规律。从图 4-6(c)可以看出,当 $K_c>2$ 时,除了具有非对称刚度的尾鳍 $\bar{C}_P$ 外,五条曲线在幅值上都没有明显差异。这可能是 $\bar{C}_T$ 和 η 变化相似的原因,即当 $\bar{C}_P$ 值相差不大时,η 的变化主要由 $\bar{C}_T$ 决定。另外,通过对图4-6(b)和(c)的比较,可以发现,非对称刚度分布和其他刚度分布尾鳍之间的推进效率不同,这主要是因为它们产生的推力较小。

关于平均侧向力系数,与图4-6(b)和(c)所示的 $\bar{C}_T$ 和 $\bar{C}_P$ 相比,我们观察到了其更加复杂的变化。与刚性尾鳍相比,柔性尾鳍产生的侧向力要大得多,且 $\bar{C}_y$ 曲线呈现出明显的类似沟槽的轮廓。较大的侧向力可能不利于鱼的直线游动,但它可以通过提供转弯力矩提高鱼的机动性。在图4-6(e)中可以观察到,非对称分布尾鳍产生了与推力大小相同的平均升力,而其他刚性分布模式尾鳍的 $\bar{C}_z$ 可忽略不计,这与Esposito等的试验观察结果一致。

非对称外形尾鳍的 $\bar{C}_z$ 均为负值,表明它们对向下的机动性有所贡献,并且随着刚度的增加,$\bar{C}_z$ 先增加然后减少。这与Zhu和Bi的结果不同,他们得出的结论是:当尾鳍变硬时,正升力会持续下降。不过,应注意的是,在本研究中尾鳍外形的非对称分布与Zhu和Bi的不同,如图4-3(b)所示,本研究的弯曲刚度从腹侧到背侧逐渐增加,这与他们的研究相反。这或许可以解释为什么会出现相反的升力方向。另外,不同的规律可能是由运动学模型、数值模型和变形解法的不同所致,他们的研究忽略了黏性效应和从背侧前缘到腹侧边缘脱落的涡流效应,这同样可能是结论不同的原因之一。

为了评估水生动物的游动性能,无量纲参数斯特劳哈尔数被广泛用于仿生研究中,以量化尾鳍摆动的推进力产生。在这里,将其定义为 $St=fa/U_\infty$,其中 a 是尾部的最大偏移量。在图4-7中,重新绘制了 $\bar{C}_T$、$\bar{C}_P$ 和 η 与 St 的关系曲线,其中 St 在0.3和0.8之间。在大多数情况下,随着 St 的增加,$\bar{C}_T$ 和 $\bar{C}_P$ 都会持续上升。此外还可以观察到,峰值效率通常出现在0.4~0.6的范围内,这与Dai等对柔性扑动板的研究结果一致。

$K_c=5$ 时的瞬时推力、侧向力和功率消耗系数如图4-8所示。对称刚度分布尾鳍呈现出的系数变化规律与杯形相似。与Esposito等的观测结果一致,柔性尾鳍的推力大小随着鳍从横向的最远位置摆动到轴线位置而逐渐增加,然后在行程中点附近达到最大值。鳍通过中线后,推力逐渐减小,然后变成净阻力,这与之前的相关研究结果一致[82,211]。就 C_y 而言,对比图4-6(d)和图4-8(b),尽管刚性鳍的平均侧向力较小,但柔性鳍的曲线更平缓,这意味着其侧向力的干扰较小,这有利于稳定地直线游动。与刚性尾鳍相比,柔性尾鳍所需的输入功率更低,这可能是因为柔性鳍大大减少了对周围流体所做的功。

图4-9展示了具有不同刚度模式的尾鳍变形形式。为了更直观地显示鱼鳍在展向的变形曲率,我们还绘制了在一个扑动周期内鱼鳍尾缘在 yz 平面中的形态。为了方便比较,图4-10还展示了Flammang和Lauder在试验研究中使用高速数字摄像机获得的活体真鱼游动的后视图[24,28]。在他们的试验中,鱼被

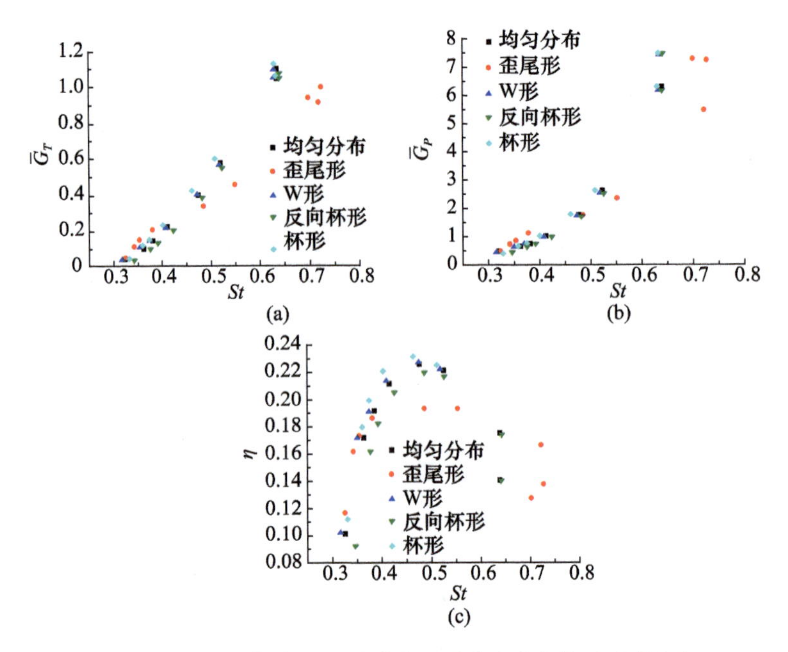

图 4-7 平均推力(a)、功率输入系数(b)和推进效率(c)与使用尾部位移定义的斯特劳哈尔数 St 对应的散点图

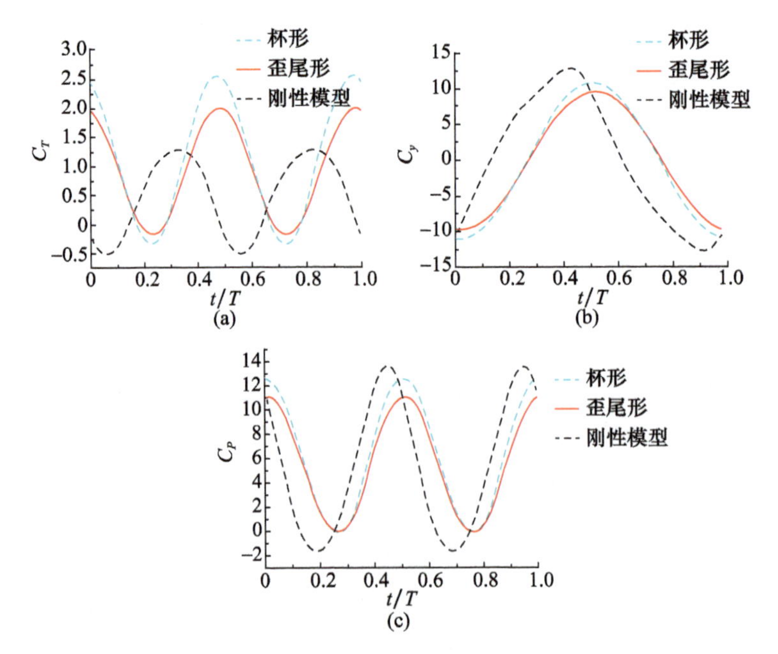

图 4-8 当 $K_c=5$ 时,带有杯形(青色虚线)、非对称刚度分布(红色实线)和刚性(黑色虚线)尾鳍在一个摆动周期内的 C_T(a),C_y(b)和 C_P(c)的变化曲线

放置在流动水槽中，并诱导其在水槽中心区域自由游动。通过比较图4－9和图4－10可以观察到，模型通过非均匀刚度分布产生的纯被动变形不能完全复现真实鱼鳍明显的展向变形。正如Lauder和Madden所述，这种差异可能是因为鱼类可以通过尾鳍鳍条根部分叉复杂的肌肉活动来主动控制表面构型来实现推进，这种主动控制可能在鱼鳍变形中起主导作用。仔细观察图4－10可以发现，我们的模型的变形方式有一个共同特点是：无论刚度如何分布，尾鳍中心的变形都远小于远离中心部分的变形。Zhu和Shoele在关于鳍条增强尾鳍模型的研究中也观察到了这种变形模式。这是因为鱼鳍模型中的悬臂梁（即构成鳍表面的柔性段）的变形完全由外部流体载荷、其结构刚度和长度决定。

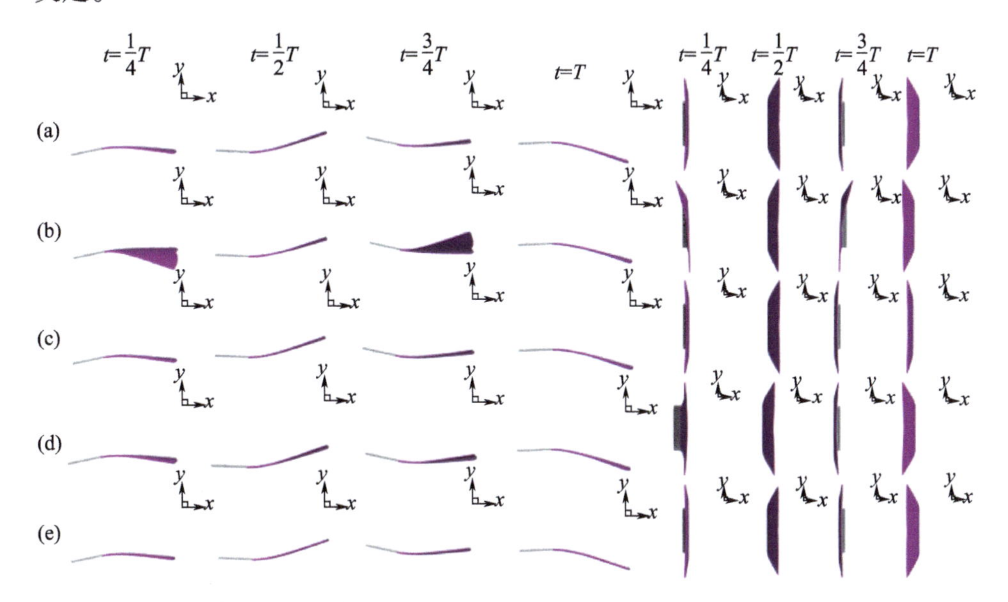

图4－9　具有均匀(a)、非对称(b)、W形(c)、反向杯形(d)和杯形(e)刚度的尾鳍 xy（左侧）和 yz（右侧）视图中的典型尾鳍变形（尾鳍被染成紫红色以便于识别）

尾鳍后缘 A 点和 B 点的位移如图4－11所示，可以观察到 A 点总是领先于 B 点偏移。与图4－6所示的推进性能类似，均匀刚度和W形刚度尾鳍的 A 点和 B 点位移没有明显区别。刚度非对称分布尾鳍的 A 点和 B 点运动轨迹存在显著差异，这是由背鳍段的大偏转引起的。还可以观察到，对于柔性较强的尾鳍，y 方向上的偏移量很小，这与尾鳍模型相对于 x 轴的实际俯仰角直接相关。随着刚性的增加，实际俯仰角相应增加。这可以解释图4－6(b)中为什么 $K_c=5$ 时的推力与更柔软的尾鳍相比更大。

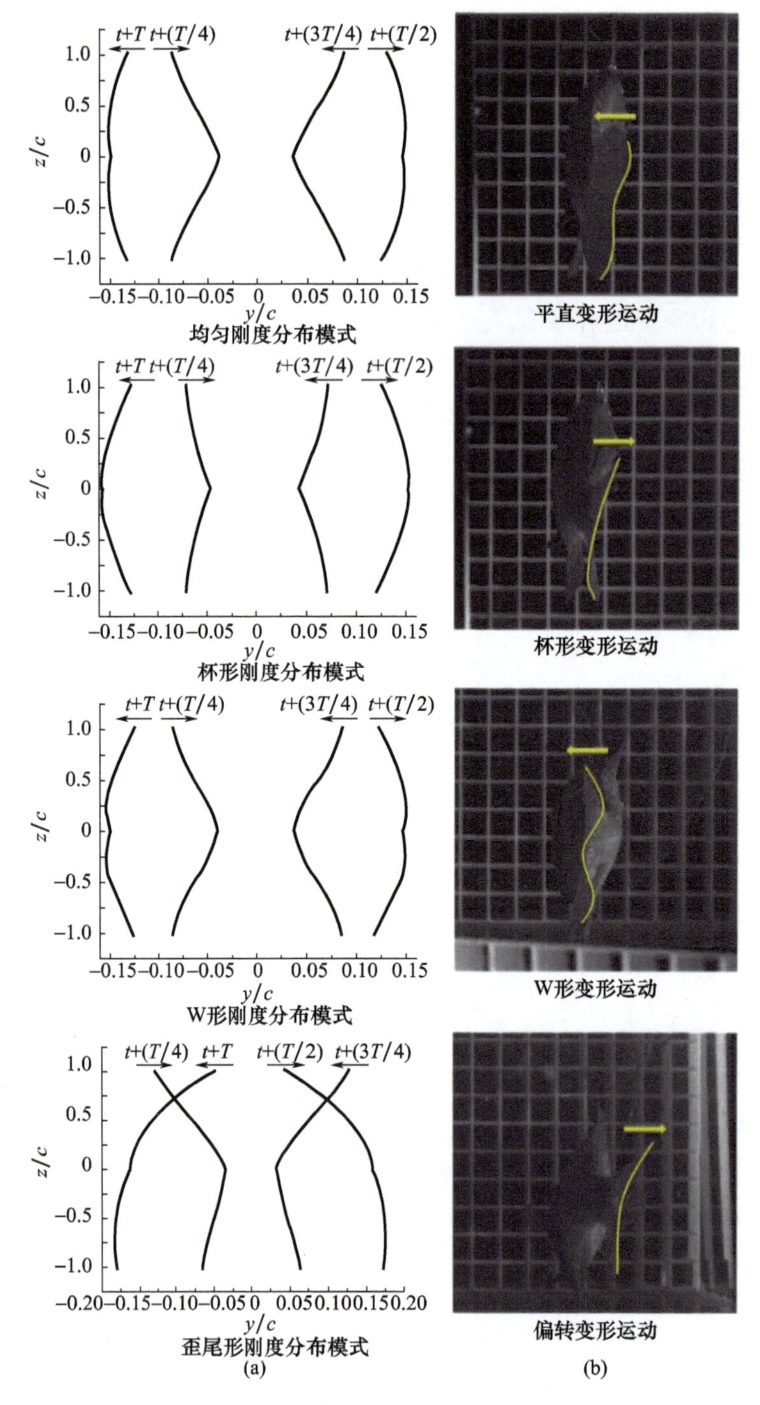

图 4-10　当 $K_c=0.5$ 时，尾鳍后缘的变形模式(a)和取自 Esposito 等的太阳鱼的后视图(b)

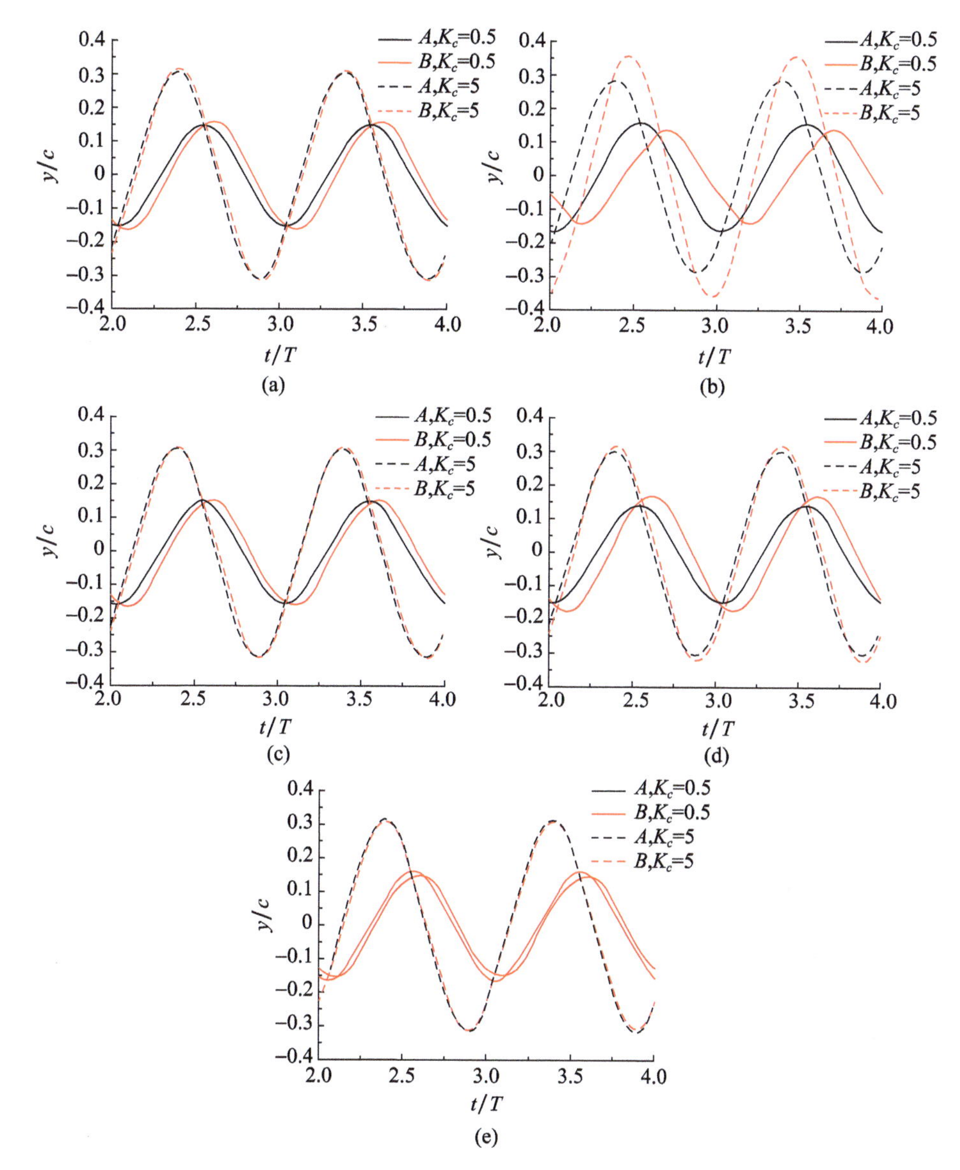

图 4-11　当 $K_c=0.5$ 和 $K_c=5$ 时，具有均匀(a)、非均匀(b)、W 形(c)、反向杯形(d)和杯形(e)刚度分布的尾鳍 A 点和 B 点位移变化

图 4-12 显示 y 方向尾鳍尾流场的涡量云图。从鳍的背侧和腹侧后缘脱落的两个主要尖端涡流平行且交替出现。它们具有相反的旋转方向，一个逆时针，另一个顺时针，对于刚度对称的尾鳍，它们的涡强度近似相等。这与 Esposito 等和 Ren 等使用数字粒子图像测速(DPIV)技术和 Shi 等基于数值模拟获得的结果相吻合。对图 4-12(e)的观察结果表明，在杯形刚度分布的尾鳍涡量图

中，可发现两对小涡附着在鳍后缘正后方，而远离鳍后缘的尾流场中涡则关于中线呈漏斗状分布。正如 Esposito 等所观察到的，这种漏斗状涡结构会导致涡流之间的流体加速喷射。这些额外的小涡和显著的漏斗效应导致了杯形分布在五种刚性分布模式中具有最佳的推进性能。然而，相比之下，刚度不对称分布尾鳍流场中涡的不对称分布打破了漏斗效应，并增加了尾流中的流体速度，阻碍了推力产生。

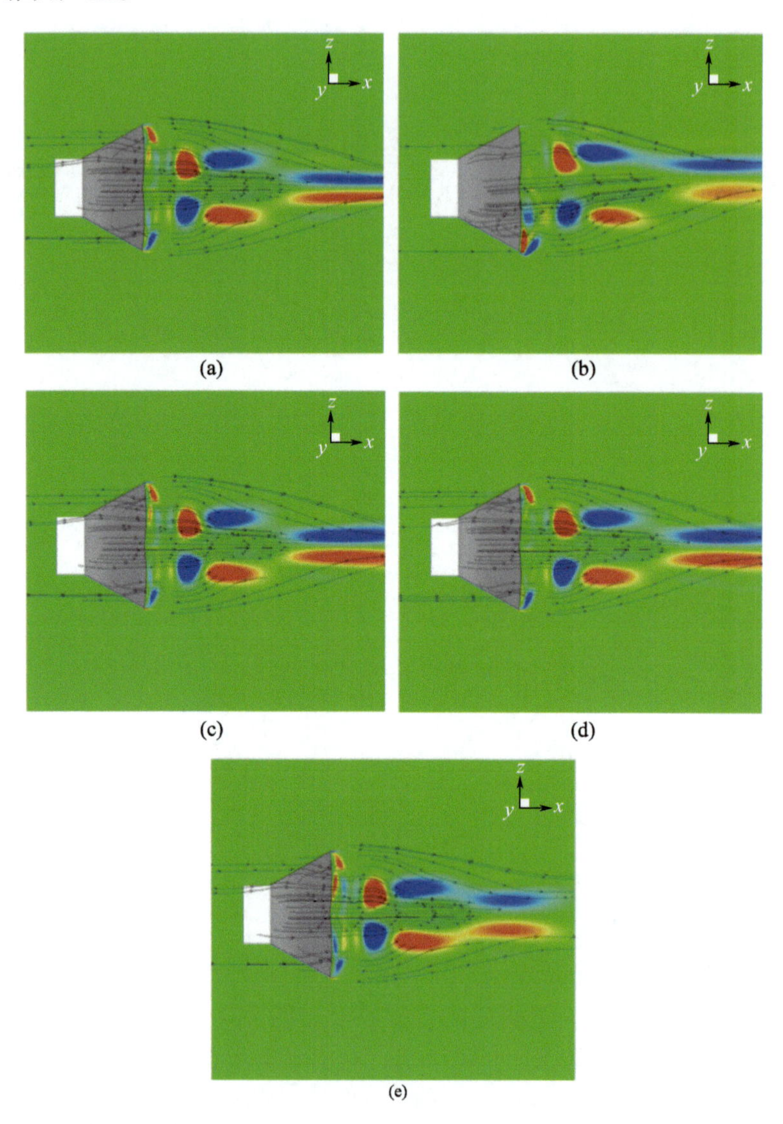

图 4-12　具有均匀(a)、非对称(b)、W 形(c)、反向杯形(d)和杯形(e)刚度分布的柔性尾鳍在 $K_c=2$，$t=T$ 时，沿平面 $y=0.3c$ 处的流线沿 y 方向绘制的涡量图和流线图

图4－13描绘了 $K_c=2$ 时具有杯形和非对称刚性分布的柔性尾鳍的涡结构。可以观察到，尾鳍的尾流由一系列涡环组成，这些涡环能够在正向推力产生的方向上产生射流。杯形刚度分布尾鳍流场中的牛角形涡环在 z 方向上相对中线对称，均匀分布、W形和反向杯形这种对称刚性分布的尾鳍具有类似的尾流模式。对于非对称刚性分布的类型，如图4－12(b) y 方向涡量图所示，涡环相对于中线显示出明显的不对称性，这导致流动方向略微向下（或向上）。因此，如图4－6(e)所示，产生了显著的升力。

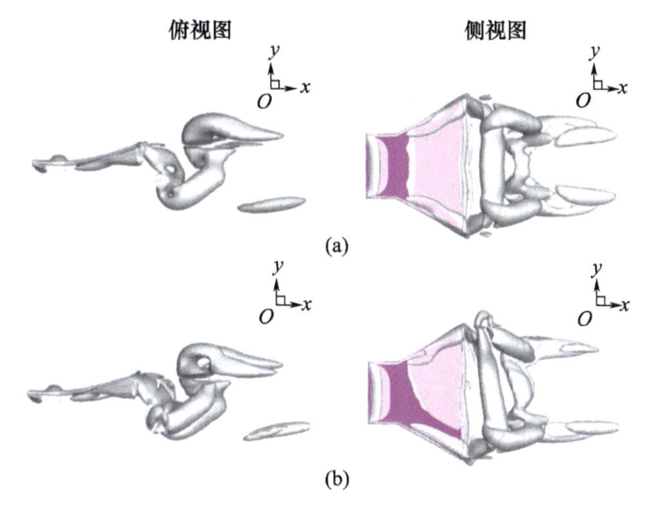

图4－13 具有杯形(a)和非对称(b)刚度分布的柔性尾鳍尾迹中，当 $t=T$ 时 $K_c=2$ 时的涡场 Q 准则的等值面图。其中尾柄－尾鳍被染成粉红色以便于识别

尾鳍表面的压力分布如图4－14所示。除了非对称刚度的尾鳍（其压力分布在左侧和右侧均不对称）外，其他尾鳍表面的压力分布关于 z 方向对称。右侧作为入射流表面，被负压覆盖，这适用于对称刚度尾鳍。然而，左侧的压力分布表明，杯形尾鳍具有最大的高压区，从而产生最大的压力差，沿 x 负方向的压力差有助于产生推力，正如图4－6(b)所示。观察图4－6(c)可以发现四种对称刚度分布尾鳍的功率输入几乎相同，因此，杯形尾鳍可实现最佳效率。

本节使用所开发的多物理场求解器模拟了太阳鱼尾鳍的摆动，并考虑了尾鳍运动过程中的被动变形。尾鳍表面具有非均匀的柔性分布，由19个具有可变刚度的鳍段组成。为了测试数值模拟是否能够复现真实的鳍变形，考虑了五种刚度分布模式，即均匀、非均匀、W形、反向杯形和杯形。

得到的数值模拟结果在以下两个方面与Esposito等的试验结果一致。首先，尾鳍变形特别是后缘变形曲率与试验观测结果相似。其次，杯形分布尾鳍具有最佳的整体性能，而代表鱼类翻滚运动的非对称分布尾鳍刚度分布模式产生的推力最小，但具有相当大的升力，可用于机动目的。与 Esposito 等 2012 年的试验相比，我们采用了更大的刚度取值范围研究了鱼类周围更详细的流场结构，并进一步解释了非对称刚度分布尾鳍产生升力的流体机制。杯形刚度分布尾鳍之所以能带来优异的推进性能，是因为显著的漏斗效应和尾鳍周围附着的小涡流。然而，这种情况并没有出现在非均匀尾鳍上。我们还发现，在刚度达到临界值之前，随着弯曲刚度的增加，瞬时推力的差异会变得更加明显。

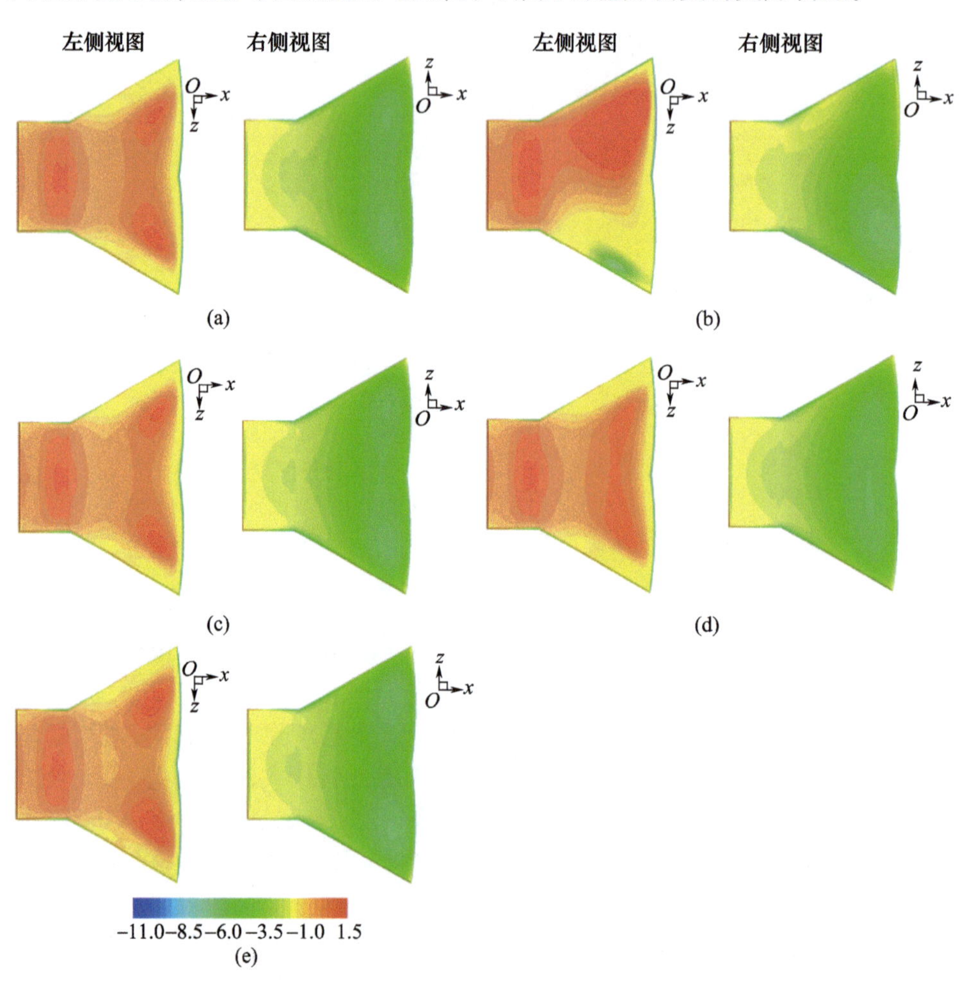

图 4-14　当 $K_c=2$，柔性鳍在 $t=T$ 时，尾鳍左侧和右侧表面在均匀(a)、非均匀(b)、W 形(c)、反向杯形(d)和杯形(e)刚度分布模式下的压力系数 $C_{\text{pressure}}=p/0.5\rho_f U_\infty^{\ 2}$ 分布云图，左和右是从后侧视角定义的

4.2 仿金枪鱼鱼体及尾鳍的非均匀分布刚度模式对推进性能的影响

4.2.1 问题描述

图4－15(b)中的金枪鱼模型受到Feilich、Lauder和Mariel Luisa等试验研究的启发，其尺寸和大小与试验中的模型相同。在本研究中，我们分别考虑了鱼体(图4－15(b))和尾鳍的刚度变化，试图阐明它们各自对推进性能和运动学的影响。不过，值得注意的是，本研究并未完全复制真鱼的几何形状或材料特征；相反，与4.1节中的研究一样，我们将研究重点放在一些关键特征上，例如，各向异性的弯曲刚度和鱼体结构与流体的相互作用。

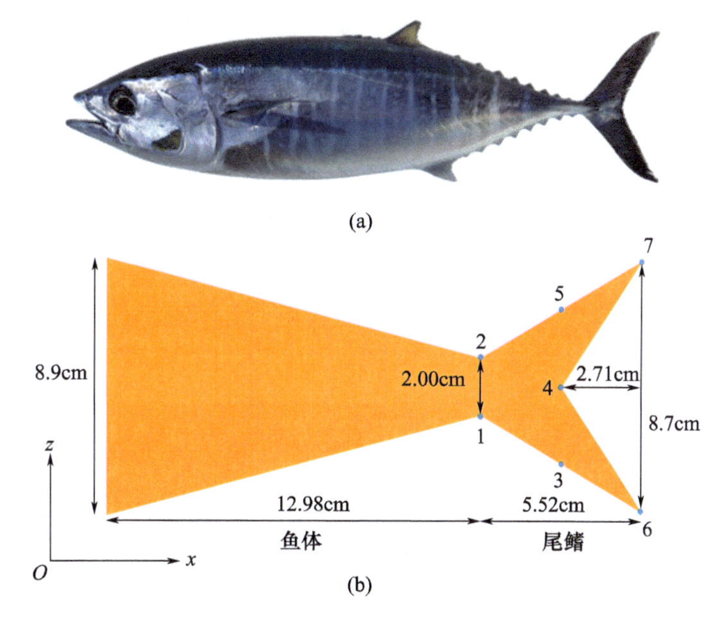

1—腹侧尾鳍柄；2—背侧尾鳍柄；3—腹侧尾鳍中部；4—尾鳍中线中部；
5—背侧尾鳍中部；6—尾尖腹侧；7—尾尖背侧。

图4－15 蓝鳍金枪鱼的照片(a)和仿金枪鱼的游动几何形状和尺寸(b)
(模型前缘的位置对应体宽和尾鳍高度大致相等的位置)

当前仿真中，长度L定义为模型的特征长度，厚度$h=0.139\text{cm}$。该模型的前缘与真实活鱼体长30%的点相匹配[212]。模型的所有边缘经过倒角处理，以便网格的生成。根据Feilich和Lauder以及Mariel Luisa等的试验研究，尾鳍在

y 轴方向做横向简谐运动,即前缘横向移动,而不进行旋转摆动。流场中流体沿 x 轴正方向做匀速流动,速度为 U_∞。模型随时间变化的运动方程为 $y(t) = y_0\sin(2\pi ft)$,其中 y_0 是幅度,f 表示振荡频率。

本研究中定义的无量纲参数为:雷诺数 $Re = U_\infty L/\nu$,其中 ν 为流体的运动黏性系数;质量比 $m^* = \rho_s h/(\rho_f L)$,$\rho_s$ 和 ρ_f 分别表示固体和流体的密度;无量纲频率 $f^* = fL/U_\infty$;无量纲刚度 $K = EI'/(\rho_f U_\infty{}^2 b' L^3)$,其中 E 表示杨氏模量,$I' = b'h^3/12$ 为单位横截面的惯性矩。值得注意的是,模型高度 b' 沿主体长度方向是可变的。为了简化,我们采用单位高度 b' 作为参考。

综上所述,为避免交互影响,身体和尾鳍的刚度分布被分开单独考虑。具体而言,考虑了两种情况:一种是鱼体的刚度变化;另一种是在尾鳍展向的刚度分布。

首先,描述沿身体长度方向的刚度变化。如图 4-16 所示,在我们的研究中,该模型的长度占真实鱼长度的 70%,由 21 节组成(各种鲭科鱼类的椎骨数量为 22~66 节[34])。每个鳍节都有一个唯一的 K 值,即第 i 个体节的无量纲抗弯刚度 $K_{bi} = E_{bi}I'/(\rho_f U_\infty{}^2 b' L^3)$ ($i = 1, 2, \cdots, N_b$,其中 $N_b = 21$)。据我们所知,文献中没有直接测量金枪鱼身体刚度的数据报道。因此,受 McHenry 等[43]测量的南瓜子太阳鱼刚度分布的启发,K_{bi} 的变化模式用椭圆方程的部分形式描述:

$$K_{bi} = K_c\left\{1.1 - \sqrt{1.002 \times \left[1 - \frac{(i - N_b - 1)^2}{445.444}\right]}\right\} \tag{4-4}$$

式中:K_c 为常数,表示第一段的无量纲弯曲刚度。同时,为了便于比较,我们还采用了均匀分布 $K_{bi} = K_c$。为了便于描述,这两种变化模式分别用非均匀(NU)和沿体长均匀分布(UB)模式表示。图 4-16(b)描述了鱼体部分弯曲刚度的变化规律。在所有情况下,第一节的刚度都是最后一节刚度的 10 倍,这在活鱼的刚度变化范围内。当鱼体各节的刚度变化时,尾鳍为均匀刚度分布,其值为 $0.04K_c$,该值是根据 McHenry 等的测量估算得出的。

至于鳍表面的弯曲刚度变化,受 Zhu 和 Bi 的研究[213]所启发,我们采用了杯形和歪尾形刚度变化模式,试图复制在 Fierstine 和 Walters[34]以及 Gibb 等[40]在鲭鱼身上观察到的尾鳍变形模式。根据 Fierstine 和 Walters 的研究,金枪鱼的尾鳍的鳍条几乎都是 17 条,因此,在我们的模型中鳍条为 17 条($N_f = 17$),如图 4-17(a)所示。根据 Zhu 和 Bi 以及 Shi 等[85]的研究,对应于不同变形方式 K_{fi} 的变化模式可以描述为

(1)杯形分布:$K_{fi} = K_m R_{fi}/R$,其中 $R_{fi} = 1 + \gamma\left[1 - \sin\dfrac{\pi(i-1)}{N_f - 1}\right]$;

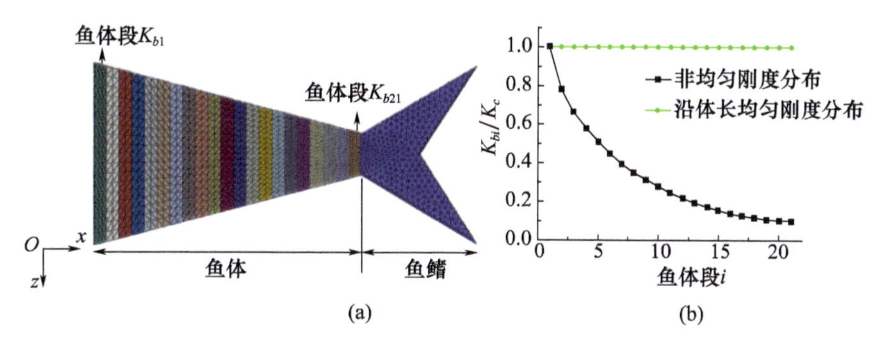

图 4-16　鱼体不同部分的结构有限元网格示意图
（不同颜色表示独特的刚度）(a)和鱼体部分弯曲刚度的变化规律(b)

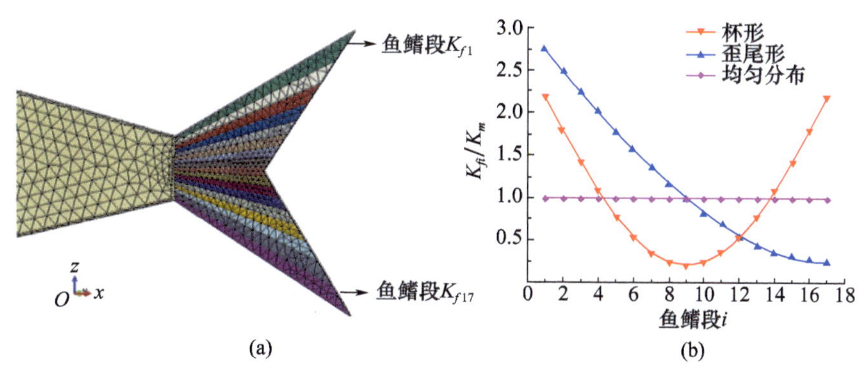

图 4-17　不同尾鳍段的结构网格
（不同颜色表示独特的刚度）(a)和尾鳍刚度的分布模式(b)

（2）歪尾形（heterocercal）分布：$K_{fi}=K_m R_{fi}/R$，其中 $R_{fi}=1+\gamma\left[1-\sin\dfrac{\pi(i-1)}{2(N_f-1)}\right]$；

（3）均匀分布(uniform along the fin)：$K_{fi}=K_m$。

其中，$R=\dfrac{1}{N_f}\sum\limits_{fi=1}^{N}R_{fi}$，$K_m$ 为所有尾鳍段刚度的平均值。参数 γ 用于确定柔性最小的鳍段和最大柔性鳍段之间的刚度比。与4.1节中对太阳鱼鱼尾的研究一样，本研究也选择了 $\gamma=10$，同样还引入了均匀分布进行比较。这三种刚度分布模式用杯形(cupping style fin segments, CF)、歪尾形(heterocercal fin segments, HF)和均匀形(uniform, fin segments, UF)表示，图4-17(b)给出了相应的刚度分布曲线。与上述研究类似，当尾鳍的刚度变化时，主体的刚度是均匀的，值为$25K_m$。受Gibb等对金枪鱼运动学的试验测量方式启发，我们还在鳍表面放置了7个监测点[图4-15(b)]，监测运动过程中的变形。

金枪鱼的推进性能由 y 方向的平均推力系数 $\bar{C}_T$、平均能量消耗系数 $\bar{C}_P$、平均侧向力系数 $\bar{C}_y$ 和平均垂向力系数 $\bar{C}_z$ 表征。这些平均值可以通过对一个运动周期 T 上的瞬时值平均获得。模型产生的瞬时推力定义为

$$C_T = -\frac{F_x}{1/2\rho_f U_\infty{}^2 S} \tag{4-5}$$

式中:S 为参考面积,即模型在 xz 平面上的面积;F_x 为总水动力在 x 方向的分量。类似地,侧向力系数和垂向力系数表示为

$$C_y = \frac{F_y}{1/2\rho_f U_\infty{}^2 S} \tag{4-6}$$

$$C_z = \frac{F_z}{1/2\rho_f U_\infty{}^2 S} \tag{4-7}$$

式中:F_y、F_z 分别为 y 方向和 z 方向上的水动力分量。对于当前考虑的系泊游动模型,功率消耗系数[214]为

$$C_P = \frac{F_y \dot{y}}{1/2\rho_f U_\infty{}^3 S} \tag{4-8}$$

利用一个周期内 C_T 和 C_P 的平均值,推进效率的计算公式如下:

$$\eta = \frac{\bar{C}_T}{\bar{C}_P} \tag{4-9}$$

4.2.2 网格无关性验证

为了选择适当的网格和时间步长,我们在 $f^* = 2.5$,$K_c = 0.1$,UB 形刚度分布模式下开展了网格无关性验证,生成了三套网格:粗网格(单元数为 2628096 个,最小网格间距为 $1.48 \times 10^{-3}L$)、中等网格(单元数为 4056000 个,最小网格间距为 $9.73 \times 10^{-4}L$)和细网格(单元数为 5679360 个,最小网格间距为 $5.95 \times 10^{-4}L$)。金枪鱼模型的计算域和流体网格如图 4-18 所示。模型表面使用无滑移条件,而在其他边界上使用远场边界条件。结构网格包含 4937 个二次四面体单元。对于三套流体网格,对应不同的无量纲时间步长定义为 $\overline{\Delta t} = \Delta t/T$,其中 $\overline{\Delta t} = 0.0087$ 对应粗网格,$\overline{\Delta t} = 0.0069$ 对应中等网格,$\overline{\Delta t} = 0.0056$ 对应细网格。图 4-19 为不同时间步长的三套网格在一个运动周期内 C_T 的变化曲线。中等网格和细网格得出的结果非常接近。因此,我们在接下来的模拟中采用了中等网格和对应的无量纲时间步长 $\overline{\Delta t} = 0.0069$,以降低计算成本,同时保证足够的精度。

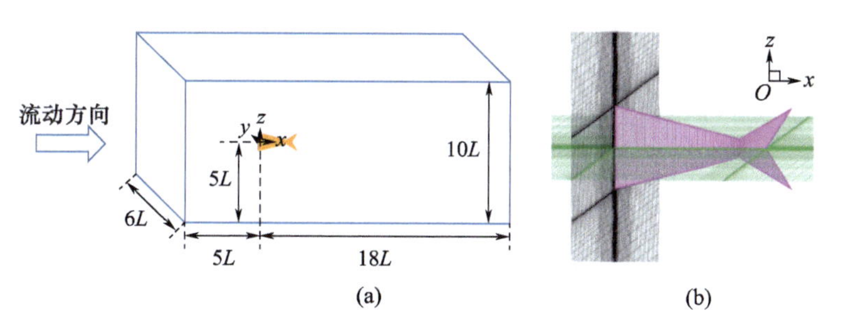

图 4-18　金枪鱼模型周围的计算域(a)和生成的中等网格示意图(b)

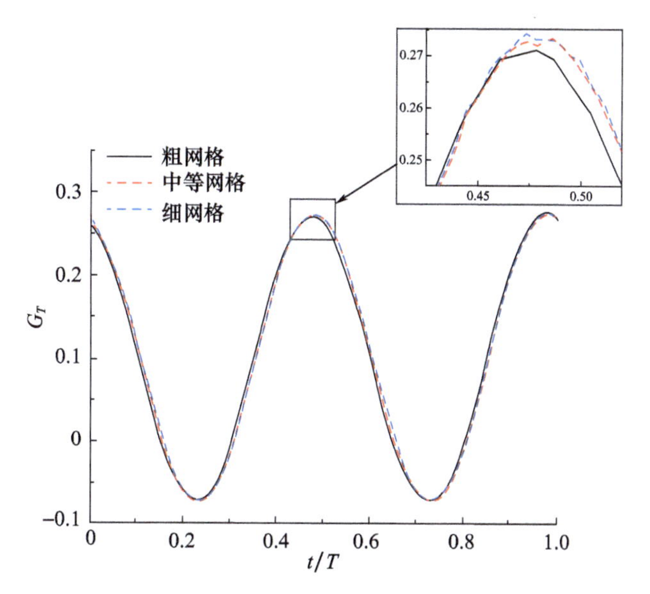

图 4-19　仿金枪鱼机器鱼在三种不同网格下推力系数 C_T 的比较

4.2.3　结果与讨论

在本节的所有仿真计算(包括上述网格独立性研究)中,雷诺数 $Re=8000$,质量比 $m^*=0.0089$,振幅 $y_0=1\text{cm}$,泊松比 $\nu_s=0.25$。大部分参数的选择与 Mariel Luisa 等的试验一致。值得注意的是,在我们的研究中,流动被假设为层流。在这种雷诺数(低于或接近 10^3)状态下,湍流效应对流场的影响可能微乎其微,这在之前的一些研究中得到了证实[62,163]。因此,层流假设被普遍用于生物游动模拟研究(见文献[63,215-216])。

4.2.3.1　鱼体刚性分布变化时的结果

图 4-20 描绘了在 $f^*=2.5$ 条件下,沿鱼体长度方向具有均匀和非均匀刚

度变化的金枪鱼模型的中轴线运动情况。$K_c=2$ 时模型的变化模式与 Michelin 和 Llewellyn Smith[74] 定义的第一种模式相对应。他们根据封闭包络中的线条数量来表征柔性翼型的振动模式，其他模式对应的是第二种模式。我们还发现，材料的抗弯刚度决定着波的数量，而且随着挠曲刚度的增加，波长会沿着模型增加，这在之前的研究中也得到了证实[55,78]。

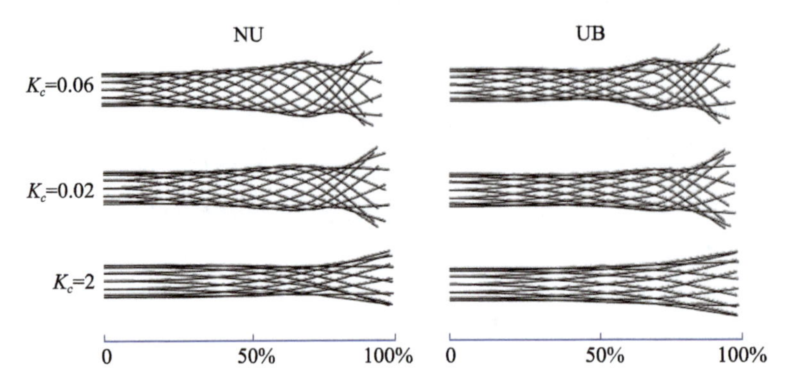

图 4-20　当 $f^*=2.5$，$K_c=0.06,0.2,2$ 时，具有沿鱼体非均匀和均匀刚度分布的仿金枪鱼模型的鱼体中线运动情况

如图 4-21 所示，尾鳍横向位移的定量结果表明两种刚度分布的横向偏移长度占模型长度的 40%～80%。当 $K_c=0.2$ 时，具有 NU 刚度变化模式的模型尾鳍中线端点位移最大，其次是 $K_c=0.2,0.06$ 时的 UB 刚度分布模式。

图 4-22 比较了 Donley 和 Dickson[39] 对金枪鱼运动性能、试验研究的 S3 箔模型[212] 以及当前仿金枪鱼流固耦合模拟的总侧向位移。可以发现，后两个模型的运动学变化模式与从真实金枪鱼的观察结果不同。仿金枪鱼模型和真实金枪鱼之间最明显的区别是金枪鱼的最小侧向位移位于其“产生推力”体长部分的 20%～40%，相当于其总长度的 44%～58%，而其他大多数模型的最小侧向位移占模型长度的 50%～80%，如图 4-21 和图 4-22 所示。

图 4-23 描述了当 K_c 改变时 $\bar{C}_T$，$\bar{C}_P$ 和 η 的结果。从图 4-23(a)中可以看出，产生的推力随着运动频率的增大而增大。鱼身刚度分布模式对推力产生的影响不是单一不变的。在本书研究的参数下，NU 模式产生的推力一般比 UB 模式大(26 种情况中有 15 种)。然而，NU 模式的优势仅在低频运动中才能体现，即 $f^*=2$ 和 $f^*=2.5$，在这两个频率下，超过 70% 的情况下(18 种情况中有 13 种)NU 模式产生的推力更大。相反，在较高频率下，如 $f^*=3.7$ 时，UB 模式在大多数情况下产生较大推力(8 种情况中有 6 种)。根据 Shelton 等对矩形柔性扑动箔片的试验研究，我们预测最大推力出现在 $K_c=8$ 处，当频率固定时，这是产生最大推力的刚度。然而，我们的结果表明，在 $f^*=3.7$ 时，产生的推力不是

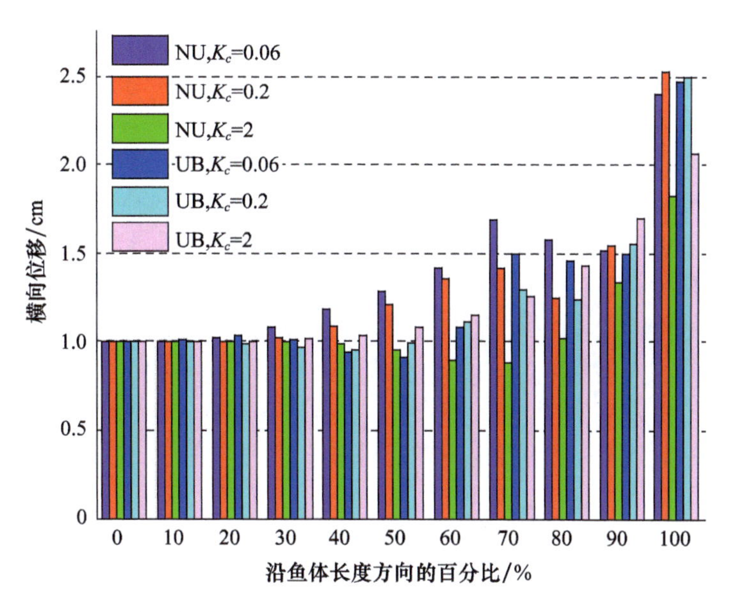

图4-21　在f^*=2.5时，鱼体刚度变化时，沿鱼体长度方向各百分比处的横向位移的示意图

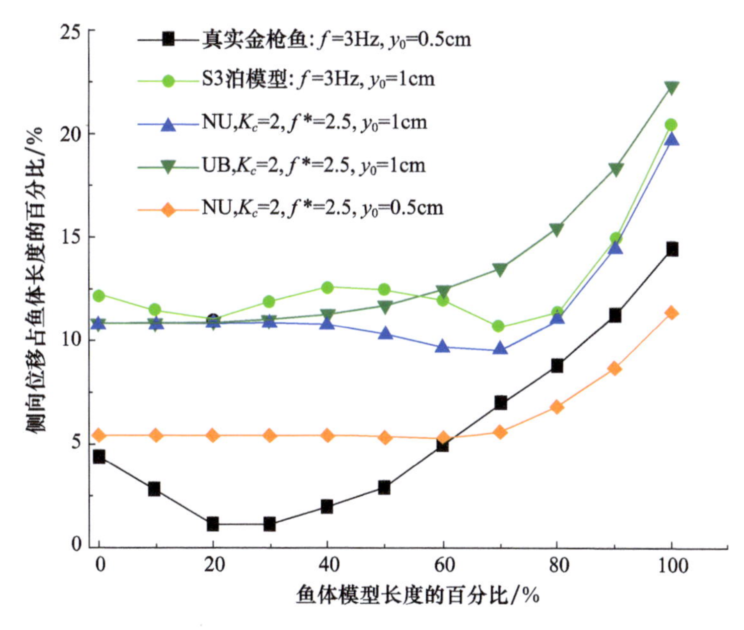

图4-22　侧向位移占鱼体长度的百分比：真实金枪鱼、S3箔模型，以及本模型

最大的，甚至在小频率下不产生推力。这一发现与 Mariel Luisa 等的结论相似，即较硬的模型并不总产生更大的推力。

正如 Rosic 等所建议的那样，运动模式并不是预测游动情况的可靠指标。例如，在 $K_c=0.2$ 时，具有 NU 刚度变化的模型具有最像真鱼的运动姿态（图 4-20），因此它们有望表现出较高的性能。然而，在某些情况下，例如在 $f^*=2.5, K_c=0.2$时，与相同频率下 $K_c=0.06$ 和 $K_c=0.5$ 的情况相比，它们产生的推力较小。另外，Lucas 等对矩形箔片的试验结果表明，较大的侧向位移，尤其是尾鳍尖端位移，能产生较大的推力。通过对图 4-21 和图 4-23(a) 的比较，可以发现，当 $K_c=0.06$ 和 $f^*=2.5$ 时，对于 UB 模式，尾部尖端位移为 2.48cm，$\bar{C}_T=0.12$。然而，对于 NU 模式，在相同刚度和频率下，产生的鳍尖位移为 2.41cm，推力系数 $\bar{C}_T=0.16$ 更大。这与 Mariel - Luisa 等的试验结果一致，表明尾尖位移不一定单独决定推进性能。

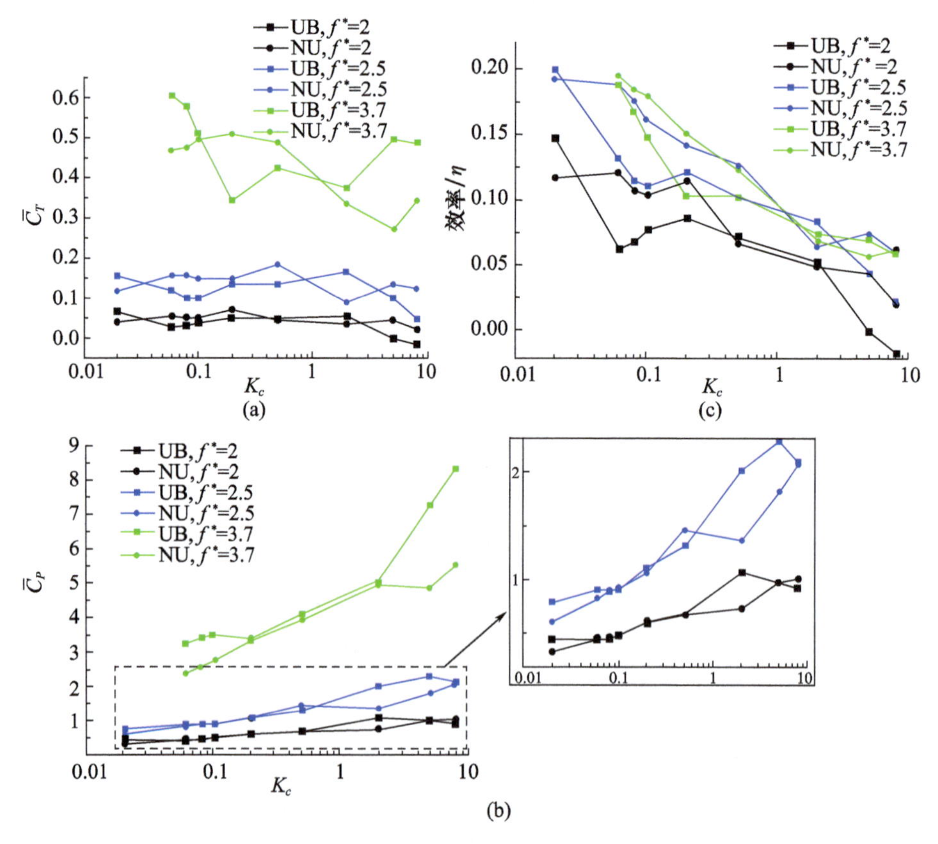

图 4-23　不同运动频率下沿模型长度方向刚度变化时，推力(a)、功率输入(b)和效率(c)的平均值

从图4-23(b)可以观察到，当$f^*=3.7$时，在较大柔性和较小柔性两种情况下，$\bar{C}_P$存在明显差异，NU模式比UB模式更节能(8种情况中有7种)。当频率较小，即$f^*=2,2.5$时，除$K_c=2$等少数几个刚度值外，两种刚度类型的$\bar{C}_P$差异不明显。在大多数情况下(总共26个算例中有18个)，NU模式的$\bar{C}_P$较小，尽管有些差异很小，例如当K_c接近0.2时。

对于推进效率，频率对η的影响不如对推力和功率消耗的影响明显。高频率并不总是产生高效率，尤其是在$f^*=3.7$时。对于柔性大的模型其推进效率通常更高，这与Mariel Luisa等的试验结果一致。但当柔性太高时，这种情况可能就不适用了，Dai等的流固耦合仿真研究就表明了这一点。在相同的拍动频率下，NU模式在大多数情况下比UB模式的效率更高(26种情况中有19种)。

现在我们将相关文献中的数值结果与本书的结果进行比较。Tian等在对前进飞行中的二维柔性扑翼进行数值研究时发现，随着柔性的变化，推力值总是在一定的翼柔性处达到峰值。然而，在本研究中，当弯曲刚度在固定频率下变化时，会出现局部推力峰值和全局推力峰值，如图4-23(a)所示。此外，与Tian等的结果相比，目前的类金枪鱼模型和扑翼模型在动力消耗系数和效率的变化规律上也存在差异。这可能是由于本书与Tian等研究采用的模型形状和运动形式不同。本模型由三维主体和叉状尾组成，而Tian等的研究中使用的是一个二维柔性板模型。此外，在Tian等的研究中，扑翼进行的是非对称的平移和旋转运动，而在本书的研究中，仿金枪鱼模型只进行了摆动运动。之前也有文献报道称，当模型采用纯粹的摆动运动时，随着刚度的变化会出现几个局部推力峰值。

如图4-23(a)和(b)所示，使用4.2.1节中定义的无量纲参数绘制的数据不够简洁。因此，这里我们使用新的缩比参数来呈现数据。受Kang等的缩比参数研究的启发，我们定义了两个无量纲参数，即有效刚度$\Pi_1=E\bar{h}^3/\{12(1-\nu_s^2)\rho_f U_\infty^2\}$，其中$\bar{h}=h/L$为厚度比，相对尖端变形$\lambda=(w_{tip}-w_{root})/y_0$，其中$w_{tip}$和$w_{root}$是模型尾端和根部的位移。图4-24显示了UB和NU两种刚度类型的对数缩放结果。当$\lg(C_T/\Pi_1)$分别为正值和负值时，使用两个线性拟合来近似表示$\lg(C_T/\Pi_1)$和λ之间的相关性。当频率很小，即$f^*=2$时，$\lg(C_T/\Pi_1)$的值都小于零，它们与λ的关系通过线性拟合得到很好的体现，系数(R^2)为0.93。在较高频率下，特别是当$f^*=3.7$时，$\lg(C_T/\Pi_1)$与λ之间的变化不太规则，表明结构和流体之间的相互作用更为复杂。通过图4-24(b)我们发现一半以上的高频点，即$f^*=3.7$，位于线性拟合线的上方；相反，其他较小频率的点更容易出现在这条直线的下方，表明频率对功率消耗有显著影响。

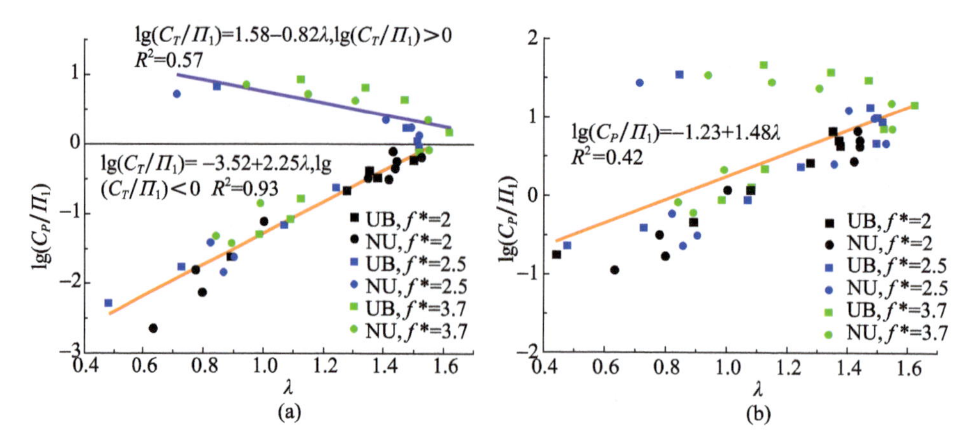

图 4－24 缩比推力系数 λ(a)和功率消耗系数(b)随 λ 变化的关系图

图 4－25 显示了两种刚度分布模式在一个运动周期内沿鱼体长度方向的推力和功率输入的时间历程。可以看出，与刚度均匀分布相比，非均匀刚度分布仅对 C_T 和 C_P 的峰值和谷值的相位位置略有改变。同时，它显著增加了瞬时推力的幅度，例如，从 UB 模式到 NU 模式推力峰值增加了 23%。此外，在刚度分布不均匀的情况下在整个运动过程中不会产生阻力，这让人想起之前对柔性胸鳍的研究，鱼类可以通过复杂的三维构造避免阻力的产生。相比之下，功率消耗只显示出微小的差异，因此在 $K_c=0.2$ 和 $f^*=3.7$ 时推进效率显著提高（相比 UB 模式增加 45%），如图 4－23(c)所示。

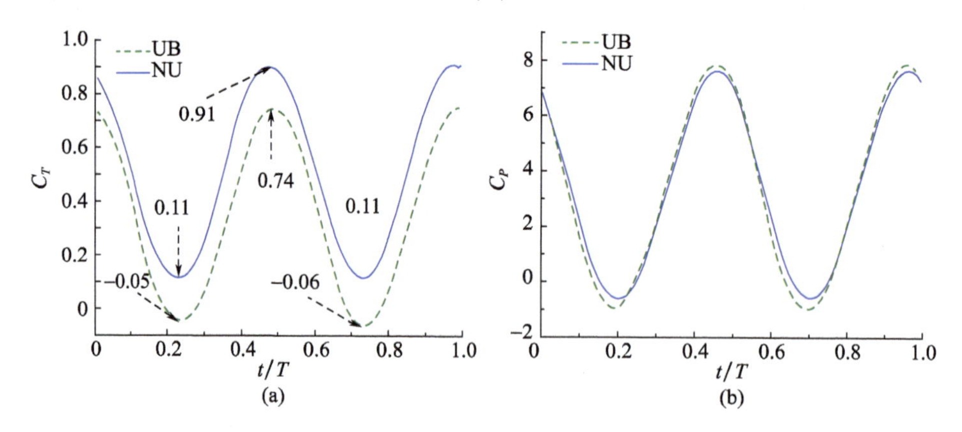

图 4－25 当 $K_c=0.2$，$f^*=3.7$ 时，以 UB 和 NU 两种刚度分布类型在一个摆动周期内推力系数 C_T(a)和功率消耗 C_P(b)的变化曲线

当鱼体刚度变化时，金枪鱼模型的尾流结构如图 4－26 所示。在 UB 和 NU 刚度变化模式下，模型的背部边缘涡[PBV(D)]和腹部边缘涡[PBV(V)]处产

生了明显的牛角形体后涡流(PBV)。Liu 等和 Han 等在数值模拟太阳鱼游动时也发现了类似的 PBV。如图 4-26(e)和(f)所示,背侧和腹侧 PBV 向尾鳍根部压缩,这也在 Zhu 等(见文献[66]中的图 8)和 Liu 等(见文献[210]中的图 11)的文章中提出。这种漩涡压缩是由鱼体后部的尾鳍变窄所致。在尾鳍附近可以看到前缘涡(LEV)和后缘涡(TEV),其强度比 PBV 弱。相比之下,NU 刚度分布模型 TEV 强于 UB 模式[图 4-26(e)和(f)]。此外,当鱼尾拍打最右侧位置并即将进行反向拍动时,前 1/4 模型长度附近可以看到被高压覆盖的齿形涡。

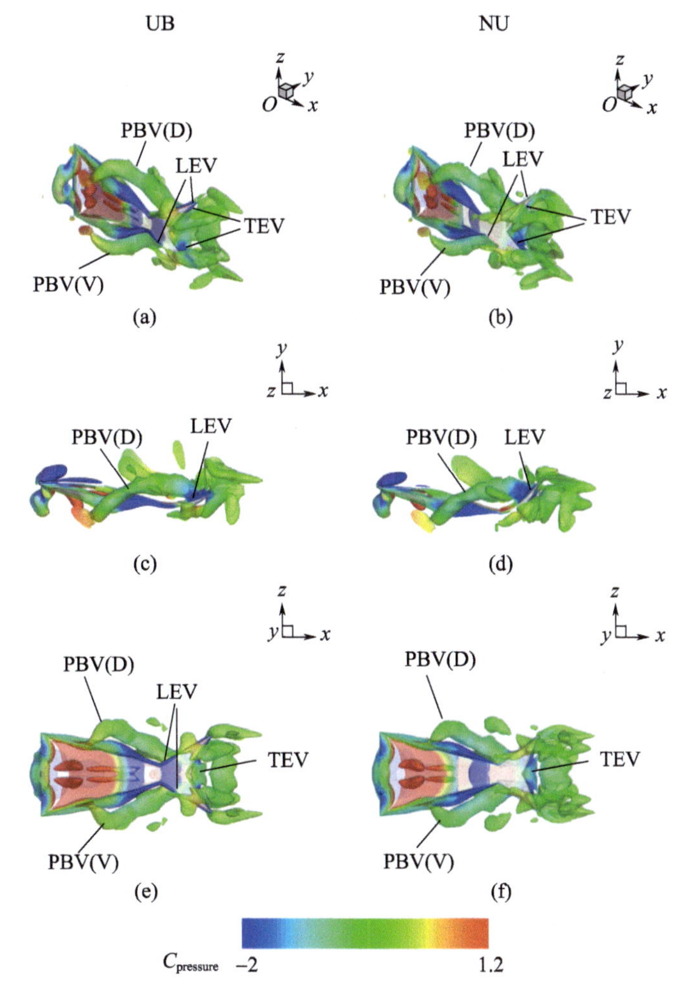

图 4-26　当 $K_c=0.2$,$f^*=3.7$ 时,在 $t=0.25T$ 时,涡场的 Q 准则的等值面与金枪鱼模型附近的压力分布,其中,$C_{pressure}=(p-p_\infty)/0.5\rho_f U_\infty{}^2$,图中分别显示的是三维模型视图、$xy$ 平面的俯视图和 xz 平面的侧视图

图 4-27 显示了具有 NU 和 UB 刚度模式的机器鱼在 xy 平面内 z 方向的涡场,可以看出两种情况下的涡场在性质上是相似的。在这一时刻,可以清楚地观察到鱼身的一对前缘涡流和鱼尾部的一对后缘涡流。通过流线图,我们可以观察到鱼前缘部分左侧存在显著的涡流,尤其是 NU 模式。相比之下,NU 模式尾翼后缘附近的顺时针涡略大于 UB 模式。尾缘附近流线的密集分布表明流速的吸力效应,这可能有助于推力的产生。

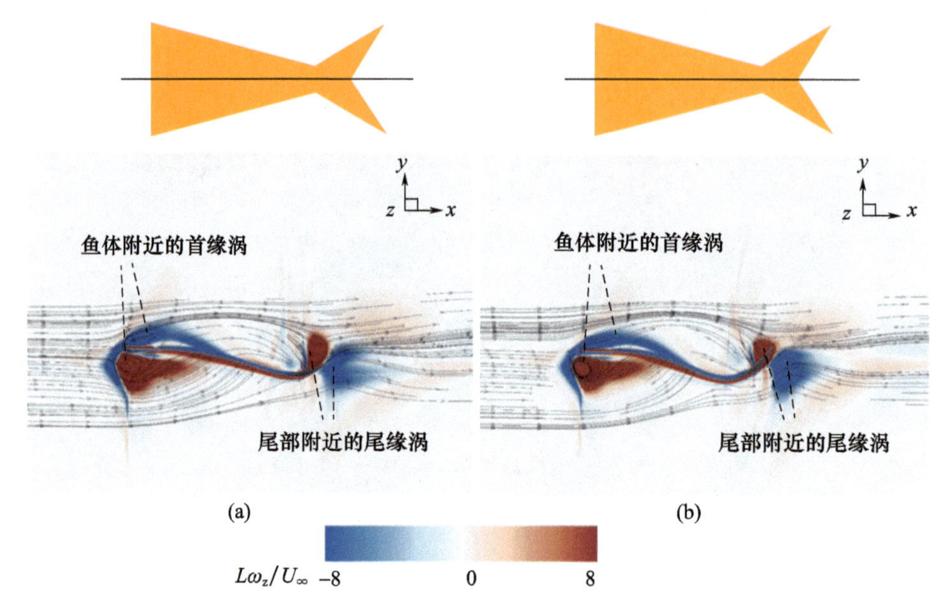

图 4-27 当 $K_c=0.2$, $f^*=3.7$, $t=0.25T$ 时,具有 UB(a)和 NU(b)刚度模式的金枪鱼模型,在平面 $Z=0$ 处(即上图黑线所示位置平面)的涡量场和流线图

为了直观地显示沿模型表面的压力分布,我们在图 4-28 中绘制了模型 xz 平面两侧的压力系数等值线云图。UB 模式下高压[左侧表面,图 4-28(a)]和低压[右侧表面,图 4-28(b)]区域的面积和数值大小均大于 NU 模式[图 4-28(d)和(e)]。如图 4-27 所示,这些高压区域和低压区域分别对应模型逆时针和顺时针的前缘涡流。例如,鱼体左侧表面主要是逆时针前缘涡流。同样,如图 4.28(a)和(d)所示,在同一侧表面的鱼体前部附近也观察到高压分布。这让人联想到 Borazjani 和 Daghooghi 对鲭鱼的数值模拟,该仿真结果表明 LEV 可能会改变尾部的压力分布。相比之下,UB 模式前部的压力差比 NU 模式更为明显。然而,这种方法似乎很难用于评估后部的压力差。尽管如此,尾鳍在 xy 平面上却呈现出截然不同的弯曲模式,如图 4-28(f)所示,NU 模式模型尾部弯曲程度更大,因此显示出更大的俯仰角。这导致水动力沿 x 轴负方向更好地定向,有利于推力的产生。

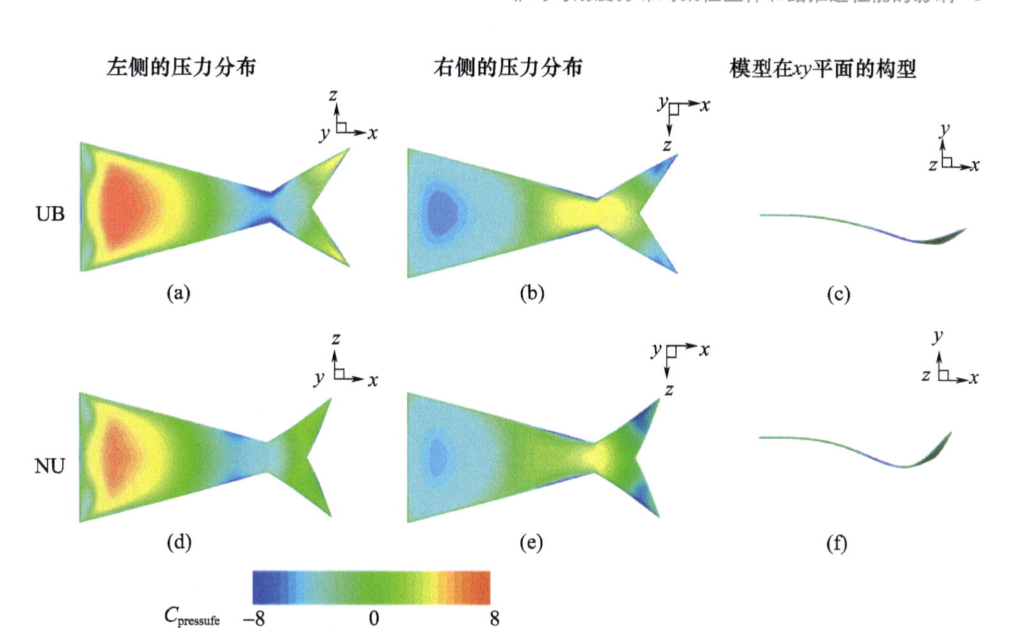

图 4-28　当 $K_c=0.2$、$f^*=3.7$，$t=0.25T$ 时，左侧和右侧模型表面上的压力分布（从后视图的角度定义），以及 xy 平面的构型

图 4-29 显示了两种刚度分布模式在一个运动周期内的力、C_T 和 C_y 大小。从图 4-29(a)中可以看出，采用 NU 模式的模型产生的力总是更倾向于推力方向，尽管在某些情况下力的大小要小于 UB 模式。如图 4-29(b)所示，NU 模式在整个运动周期中能够产生比 UB 模式更大的推力。如图 4-23(c)所示，在 $K_c=0.2$和 $f^*=3.7$ 时，两种刚度类型的 $\bar{C}_P$ 值非常接近，表明尾部弯曲模式的受力方向不需要额外的动力消耗。因此，NU 模式可获得更高的推进效率。然而，如图 4-28 所示，在 UB 模式下模型前部的较大压力差会导致图 4-29(a)和(c)所示 y 轴方向上有较大的横向力，这可能不利于鱼的直线巡游。

4.2.3.2　尾部刚度分布变化时的结果

图 4-30 展示了采用两种不同刚度分布的尾鳍的瞬时变形状态。在 CF 模式下，尾部的背叶和腹叶相对于中间水平面对称，在 UF 模式下也可观察到类似的结构，因此未在图中展示。HF 刚度分布尾部的运动具有不对称性，即在拍动过程中，背叶领先于腹叶。为了定量分析尾部的运动学，图 4-31 中绘制了背侧尾端[即图 4-15(b)中的点 7]在 x、y 和 z 方向上的位移。可以看出，仿金枪鱼模型尾部在垂直(z)和水平(x)维度上的运动幅度相对较小。在一个拍动周期内，大部分运动发生在横向(y 方向)，这与 Gibb 等对鲭鱼的试验测量结果一致。

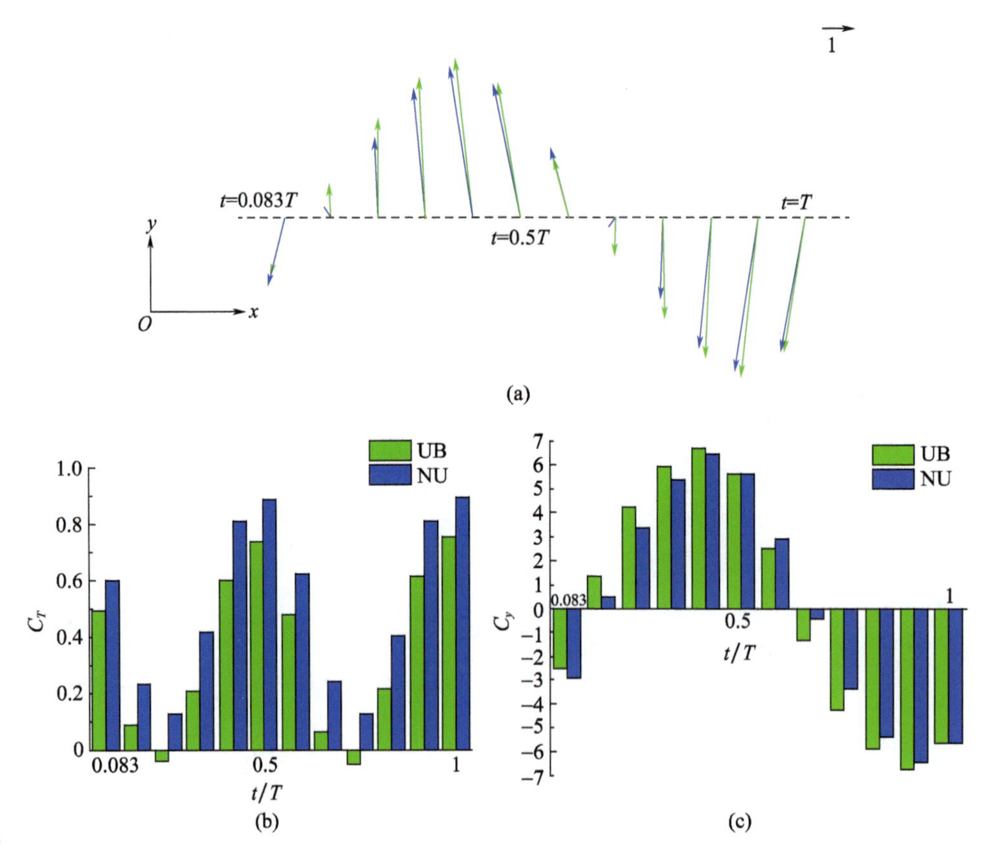

图 4-29　当 $K_c=0.2$ 和 $f^*=3.7$ 时，具有 UB 和 NU 刚度分布的模型在一个运动周期内的力(a)、推力系数(b)和侧向力系数(c)

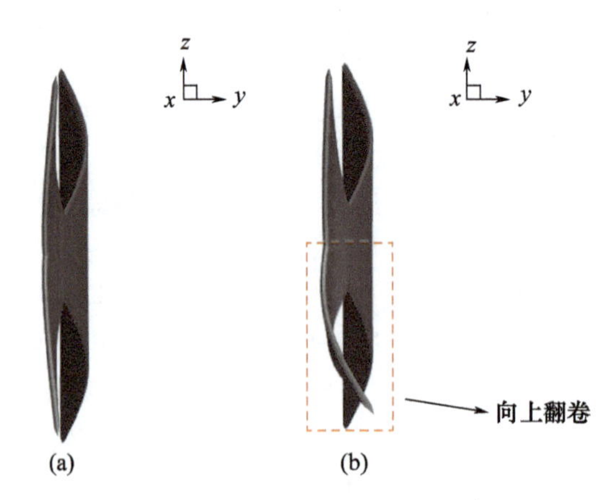

图 4-30　当 $K_m=0.005$，$f^*=2.5$，$t=0.25T$ 时，具有 CF(a)和 HF(b)刚度模式的尾鳍构型

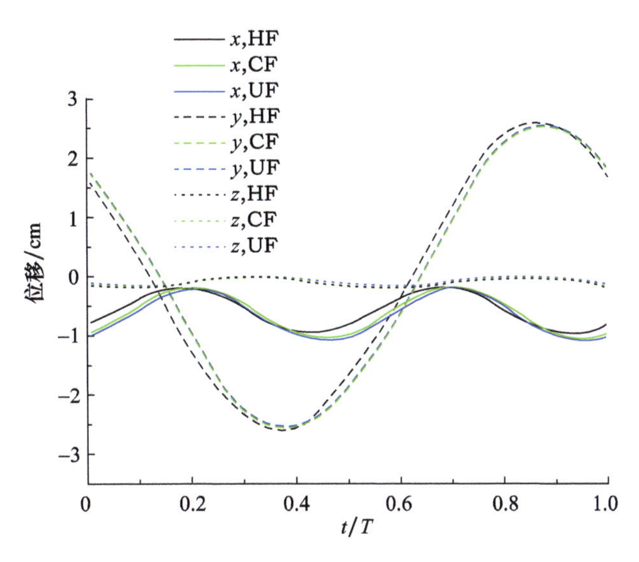

图 4-31　当 $K_m=0.005$，$f^*=2.5$ 时，尾鳍的三个部分在三种刚度分布下的三维运动，即 x 方向（水平）位移（实线）、y 方向（横向）位移（虚线）和 z 方向（垂直）位移（点线）

通过观察图 4-32 中背侧尾鳍尖端随时间变化的横向位移与纵向位移，我们发现尾尖的横向振幅约为 2.6cm，这与体长相近（约 25cm）的日本鲭活鱼的尾尖位移振幅约为 3cm 相近。此外，尾部高度的变化范围约为 0.5cm，其变化周期约为尾鳍横向位移的一半，这也与 Gibb 等的测量结果一致。

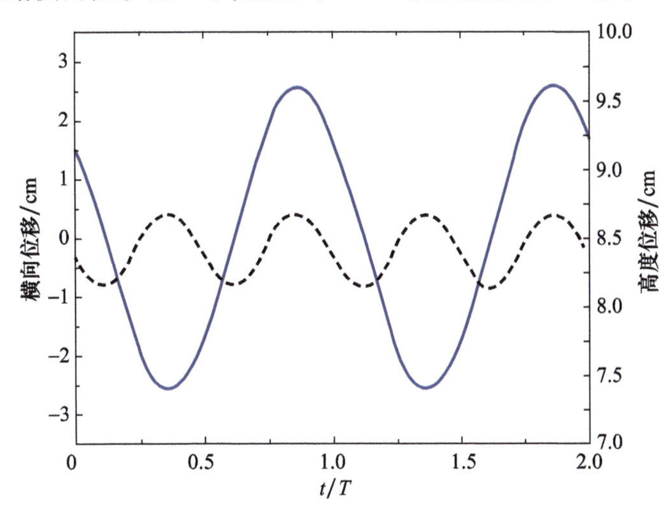

图 4-32　当 $K_m=0.005$，$f^*=2.5$ 时，通过背侧和腹侧尾鳍的垂直距离测量得到的背侧尾部横向位移（实线）和高度位移（虚线）（UF 和 CF 模式显示了类似的模式，此处未显示。注意，左右两侧垂直轴以不同的坐标值显示）

图4-33显示了尾鳍上1~7七个点在x、y和z方向上的最大位移。在所有方向上，尾部偏移的幅度在尾柄和尾中部最小，而在尾尖部最大，这与Gibb等对日本鲭鱼的测量观测结果一致。x（水平）和z（垂直）方向上的偏移与y（横向）方向上的偏移量相比小得多，后者的偏移量几乎比前者大一个数量级。

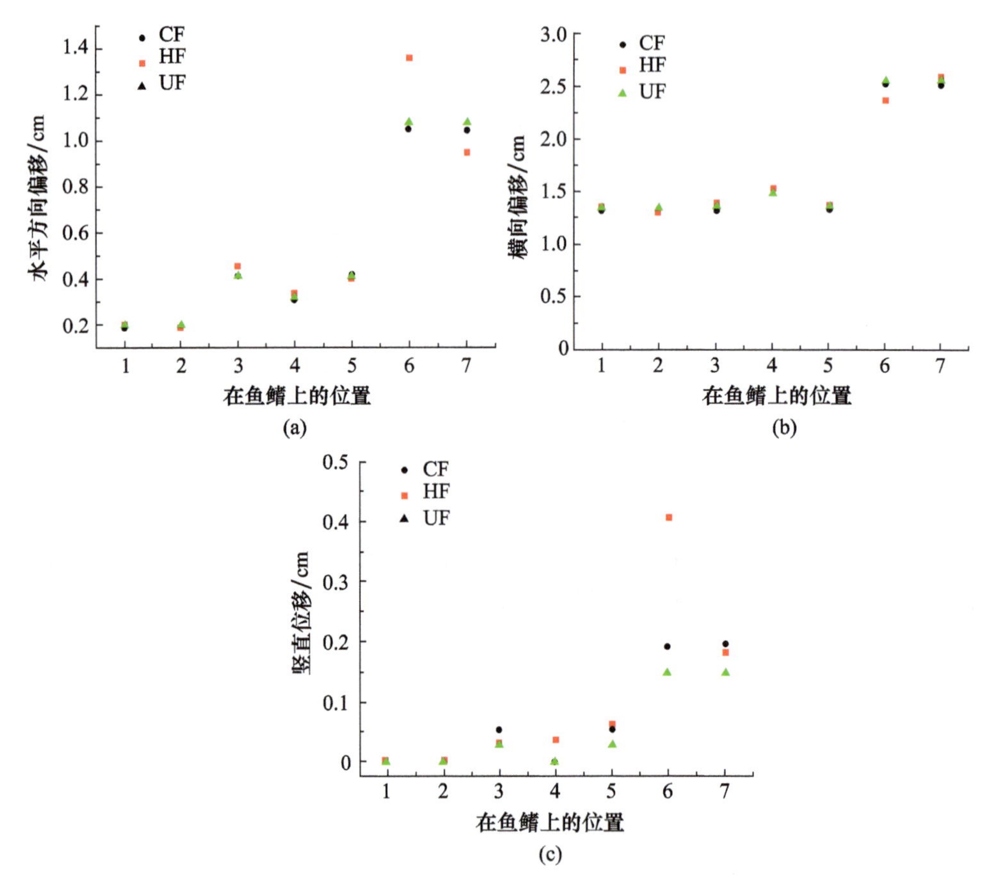

图4-33 当$K_m=0.005$，$f^*=2.5$时，模型在三个方向的最大偏移值

（鳍上标记的位置点1~7如图4-15所示，即1—腹侧尾鳍柄；2—背侧尾鳍柄；3—腹侧尾鳍中部；4—尾鳍中线中部；5—背侧尾鳍中部；6—尾尖腹侧；7—尾尖背侧）

如图4-34所示，横向位移产生的波向后传播。摆动过程中尾鳍柄处比尾鳍尖端达到最大的横向位移提前了大约10%个周期。然而，背侧尾鳍又比腹侧尾鳍提前了7%个周期达到最大位移。

图4-35显示了三种不同刚度分布情况下改变刚度时，$\bar{C}_T$、$\bar{C}_y$、$\bar{C}_z$、$\bar{C}_P$和η的变化结果。总体而言，在刚度相同的情况下，不同弯曲刚度分布模式对推进

性能的影响主要体现在垂直方向的力上，其他数值结果比较接近，这同样适用于运动频率变化的情况（本书不再单独介绍）。

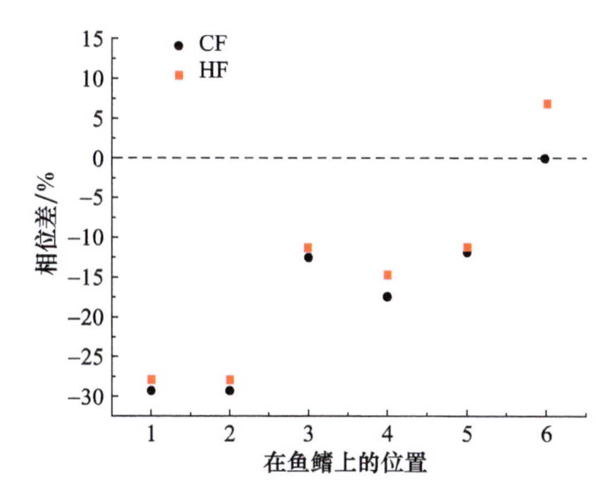

图4-34 以尾鳍摆动周期百分比测量的相位差，说明鱼鳍上的位置对尾鳍横向（y方向）运动的影响。背侧尾鳍尖被定义为参考位置，因此具有零相位。负值表示该点在背侧尾鳍尖之前达到最大横向位移处

通过观察推力系数曲线，我们发现仿金枪鱼模型在大部分情况下产生的推力非常接近，除非在柔性较高和中等刚度的情况下。在中等刚度下，具有HF刚度分布的模型比其他模型产生的推力更大。例如，在K_m为0.005和0.02时，HF刚度分布模型产生的推力相比CF模式分别增加了4.8%和4.0%。对于横向（y方向）力的产生，CF和UF两种刚度分布模式在大柔性情况下，$\bar{C}_y$随着刚度的增加而减小，随着K_m的增加而增加。相比之下，HF模式的侧向力几乎总随着模型刚度的增加而增加。如图4-35（c）所示，只有采用HF刚度分布的模型产生的垂直力不可忽略，其变化情况不满足上述结论。HF刚度分布模型的升力值（$\bar{C}_z$）通常比推力小一个数量级，这与鲭鱼的力学试验测量结果一致。在能量消耗方面，效率随着刚性的增加而增加，当模型的刚度$K_m=0.001$时推动效率达到峰值，随后推进效率随着刚度增大而降低。如图4-35（a）和（e）所示，当模型刚度非常小即$K_m=0.0008$时，推进性能有所下降。这可能是由于柔性较高的模型在运动过程中会将动量传递到水中，致使推进效率降低，Michelin和Llewellyn Smith以及Olivier和Dumas的研究都证明了这一点。

为了准确区分鱼体和鳍对推力产生的影响，我们将模型产生的总推力分成两部分，如图4-36所示，同时我们还对刚性模型与柔性模型的结果进行了比较。可以看出，不同刚度分布之间的推力差异主要来自尾部。尤其是当鱼体为刚性时，HF刚度分布模型产生的推力比其他刚度分布产生的推力大1倍，这表明在拍动过程中身体和尾部之间存在显著的相互作用。

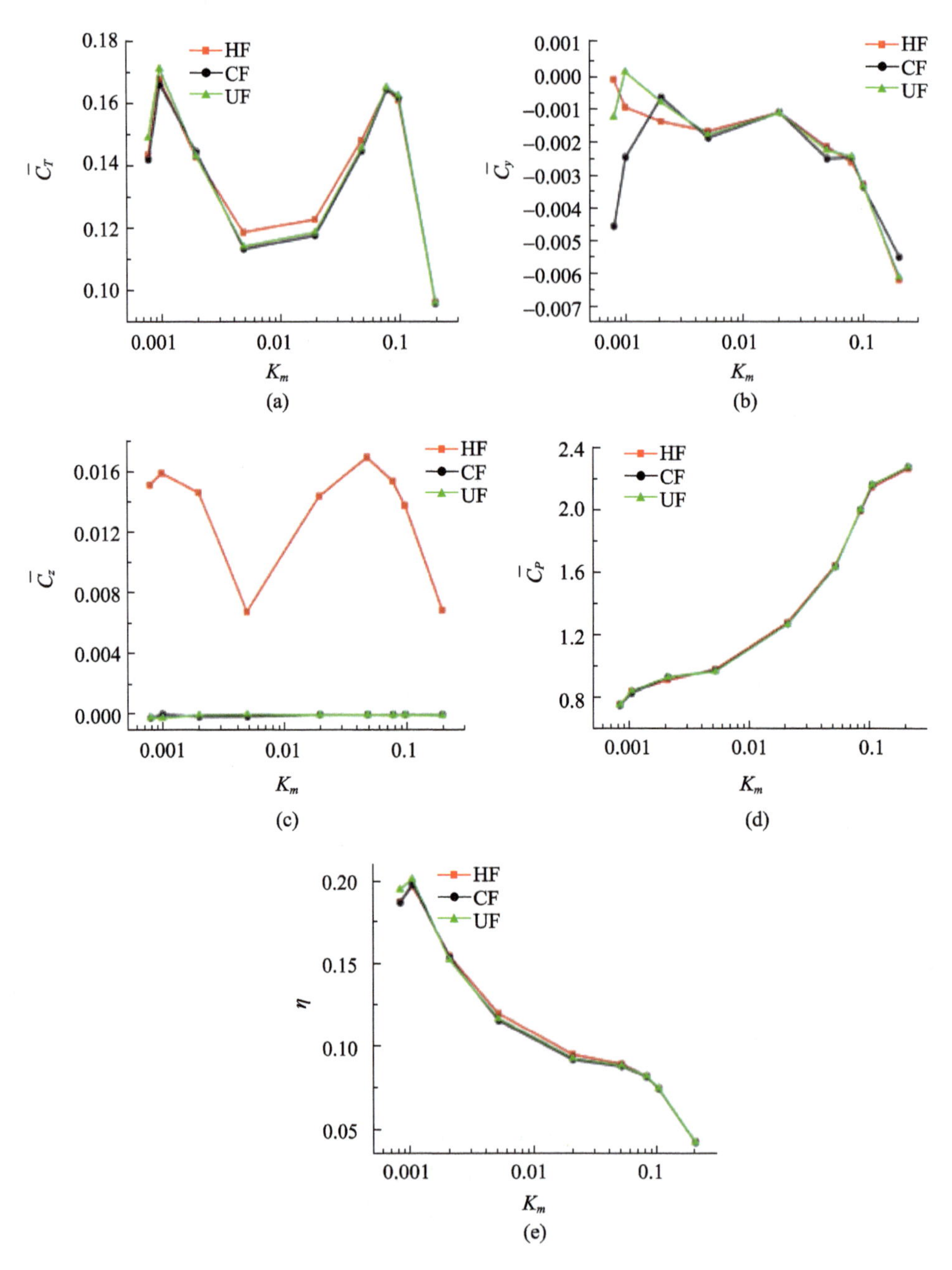

图 4-35 当 $f^*=2.5$ 时，沿尾鳍表面刚度变化时，一个周期内的平均推力(a)、横向力(b)、垂直力(c)、功率输入(d)和效率(e)随刚度的变化情况

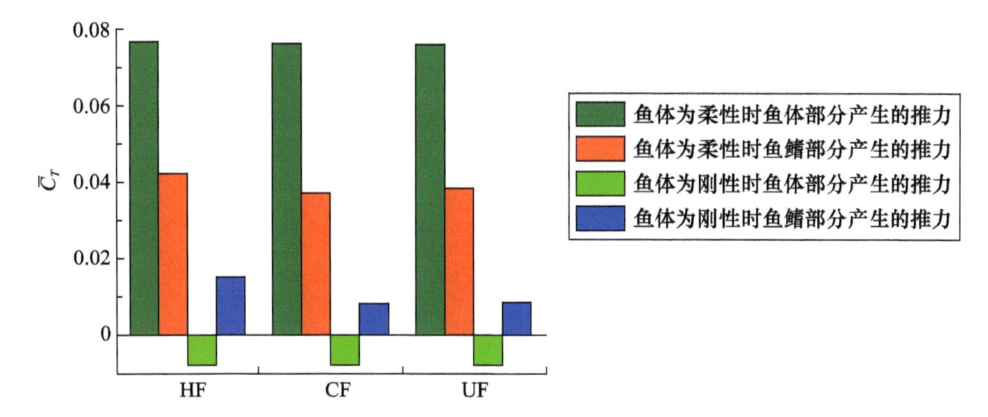

图 4－36　当 $K_m = 0.005$，$f^* = 2.5$ 时，鱼体和尾鳍部分产生的平均推力 $\bar{C}_T$

（柔性体是指鱼体部分的刚度大小为 25 倍的 K_m，如 4.2.1 节所定义。这两种情况下，鳍部分都是柔性的）

图 4－37 描述了一个运动周期内推力和功率消耗的瞬时变化。同时为便于比较，该图还显示了包括鱼体和鳍在内的模型总值以及只有鳍部分的推力和能耗系数值。仔细观察图 4－37(b)，我们发现鳍表面的刚度分布似乎对整个模型和单独尾部的 C_P 变化影响不大。不过，刚度分布对尾鳍推力产生有较大的影响，尽管这种差异在纳入整体考虑时几乎可以忽略。

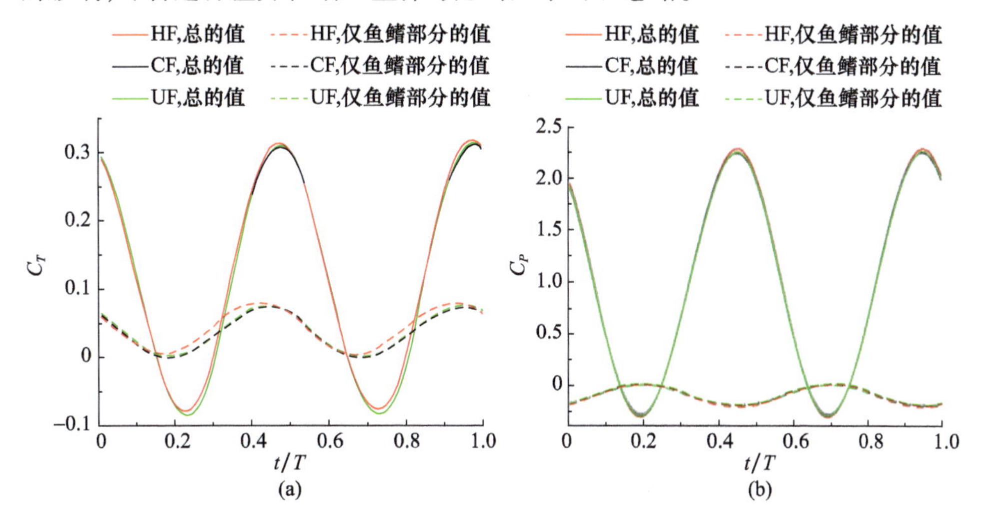

图 4－37　当 $K_m = 0.005$，$f^* = 2.5$ 时，三种刚度分布模式下在一个摆动周期内推力系数 C_T(a)和功率消耗 C_P(b)的变化情况

图 4－38 显示了具有 CF 和 HF 刚度分布模式的仿金枪鱼尾鳍附近的流场结构。如图 4－26 所示，鱼体附近的尾流结构与鱼体刚度变化时的尾流结构类

似。因此,这里只介绍尾鳍附近的涡流形成情况。通过观察图 4-38,我们可以发现 CF 模式的 TEV 在 z 方向上相对于中线总体上呈现良好的对称性。在 CF 模式下,尾鳍后缘处可以观察到一个封闭涡环。相比之下,HF 刚度分布模型的涡在后缘处存在一个开口,这表明此处的对称性被打破。

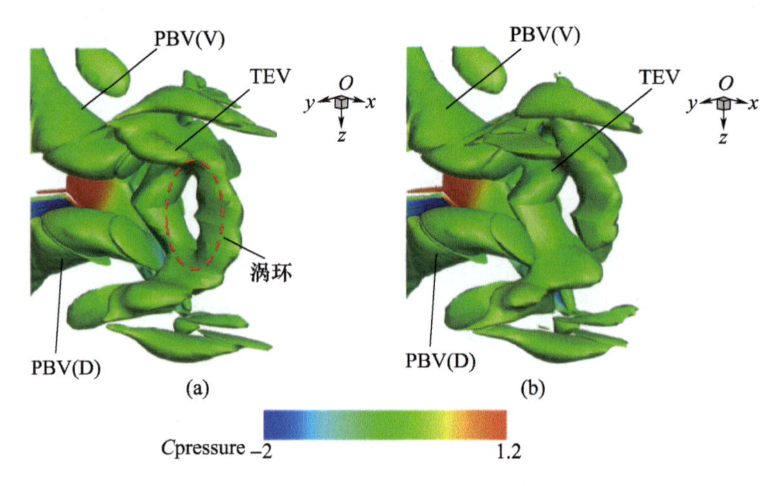

图 4-38 当 $K_m = 0.005$, $f^* = 2.5$, $t = 0.25T$ 时,尾鳍在 CF(a)和 HF(b)刚度分布模式的情况下,涡流场结构(Q 准则等值面)与尾部附近的压力系数叠加示意图

图 4-39 描绘了 CF 和 HF 刚度分布模型在 y 方向的涡量图和流线图。尾尖附近的涡强度,即次级尾缘涡流(STEV),大致等于尾鳍涡强度,这与使用数字粒子图像测速(DPIV)技术获得的鲭鱼尾流结构一致。已有的鲭鱼流场观测结果还表明,涡流射流的方向与水平 x 轴的夹角为 $-3°$ 左右。这也反映在图 4-39(b)中,流线的垂直线与垂直方向存在夹角,表明射流沿 z 轴负方向被轻微地向下推动。

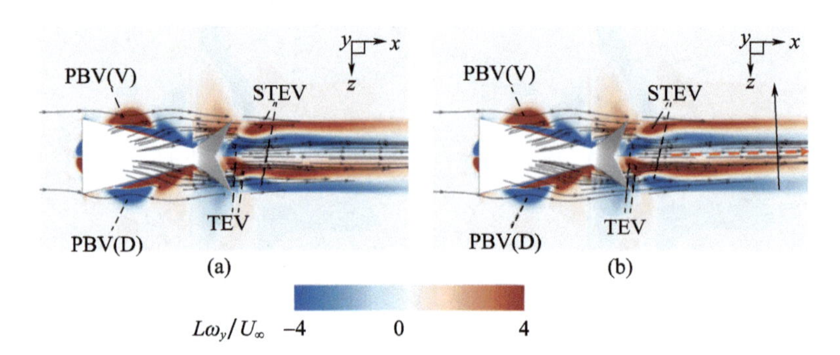

图 4-39 当 $K_m = 0.005$, $f^* = 2.5$, $t = T$ 时,仿金枪鱼模型在 CF(a)和 HF(b)刚度模式下,在 $y = -0.012$m 剖面处 y 方向的瞬时涡流图及流线图(黑色箭头与红色箭头相互垂直)

当 $K_m = 0.05$，$f^* = 2.5$，$t = 0.25T$ 时模型表面的压力分布如图 4-40 所示。CF 模式和 HF 模式的主要区别在于，对于 HF 刚度模式，较低的压力［在图 4-40(d)中用黑色圆圈标记］位于右侧表面的尾部腹叶。因此，左侧(高压)和右侧(低压)之间较大的压差是由 HF 刚度模式的尾鳍腹叶产生的。通过观察图 4-40 中的尾鳍构型，可以发现尾鳍腹叶部分向上摆动。尾部的这种摆动形式产生了正方向上的垂直力分量，这个分力由压力差产生，并且该分力无法与竖直背叶产生的力相平衡。这解释了 HF 刚度模式产生升力的原因。相反，在 CF 模式下，模型尾鳍的腹叶和背叶上也会产生压力差，但这两个力被腹背之间的对称分布抵消了。

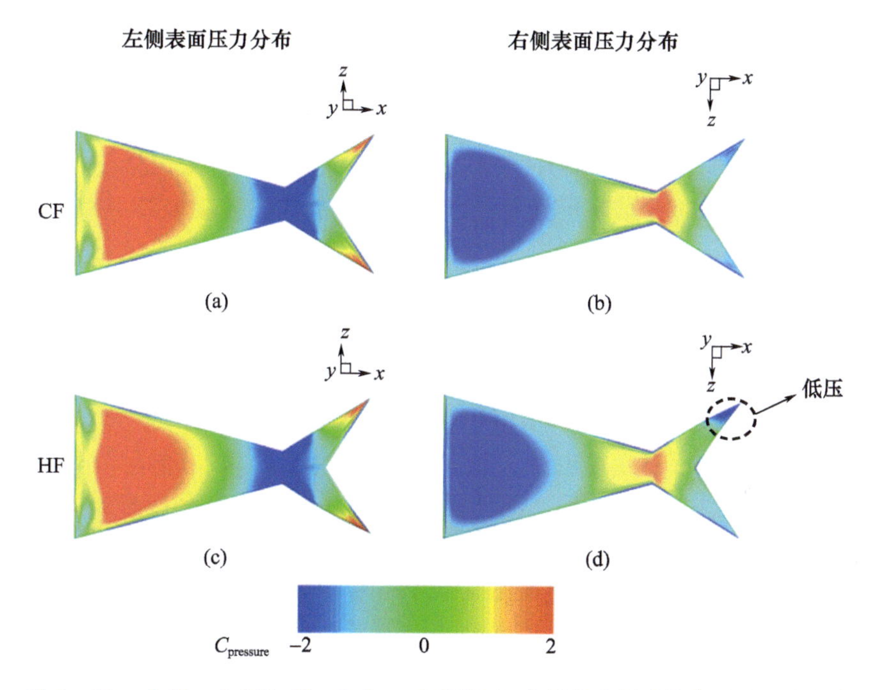

图 4-40　当 $K_m = 0.005$，$f^* = 2.5$，$t = 0.25T$ 时，左侧和右侧尾鳍表面的压力分布(从后视角度定义)

4.2.3.3　通过非均匀刚度分布实现被动控制的讨论

先前的一些研究表明，通过施加适当的刚度分布，可以利用被动变形来模仿鱼类游动时的形态特征。Videler 的一项研究表明，由于鳍条在鱼胸鳍前部结合在一起，因此刚性在鱼鳍的前缘附近得到了增强。Shoele 和 Zhu 对柔性鳍条的尾鳍模型开展的数值研究进一步证实了这一现象。其背后的机制是前缘附近的有效攻角减小，这反映在前缘涡流的分离得到抑制。Lucas 等的鱼鳍简化模型试验也提供了证据证明具有生物相关刚度的模型(即较硬的前部)比均匀刚度分布的铝箔片呈现出更像鱼的运动学特性。

在关注鱼尾鳍的同时,本研究也揭示了鱼类的运动学特征。如图 4 – 30 所示,对称和非对称刚度分布导致了不同的鱼尾变形。通常 HF 模型会导致与 Gibb 等的试验中鲭鱼鱼尾相似的变形特征。值得注意的是,这种不对称性仅表现在 HF 模型中,如图 4 – 33 所示,背侧尾尖的横向偏移比腹侧尾尖大 9.6%。在 HF 刚度模式中,背侧 – 腹侧非对称尾部运动随时间的运动状况也不同(图 4 – 34)。虽然 Fierstine、Walters 和 Gibb 等先前在鲣鱼尾鳍和鲐鱼尾鳍上观察到类似的趋势,但据我们了解,这种尾尖侧向位移幅度和相位变换的不对称趋势首次在当前这项涵盖各种流动和结构参数的流固耦合数值研究中得到了很好的复现。

完全依靠非均匀刚度的纯被动变形来复现真实的鱼类运动特性是具有较高挑战性的。例如,NU 刚度模式产生的横向位移最小值的位置与活金枪鱼的位置并不一致(图 4 – 22)。此外,在模型长度的前 60% 处,数值模型横向位移的变化规律与真鱼的数据差异较大。这表明鱼体肌肉的主动收缩/拉伸在身体波形形成中起主导作用。在尾部运动学方面,本模型得到的尾尖位移和尾部高度曲线的相移与试验观测结果不同,如图 4 – 32 所示。Gibb 等的试验观测结果表明,尾部尖端的最大横向位移往往伴随着鱼尾展现出最大限度的折叠(内收)。而在我们的研究结果中,最大横向位移几乎与尾部最大外展出现在同一时刻。这种差异很可能是复杂的尾鳍肌肉主动控制的结果,单纯的被动变形很难达到这种效果。这一发现也让人想起 Gibb 等的猜测,即鲭鱼尾的周期性垂直压缩是由桡间肌的作用所致,该肌肉的收缩可以拉近背鳍和腹鳍鳍条。我们的数值结果证实了这一观点。

除了上述运动,还可以通过 Shoele 和 Zhu 提出的非均匀刚度分布间接实现对流场的被动控制,即他们的数值研究表明刚度加强的鱼鳍前缘可减轻前缘涡流的分离。在本研究中,受生物启发的非均匀鱼体刚度分布模式产生了较强的后缘涡流(图 4 – 27),并改变了压力分布,如图 4 – 28 所示,反映在鱼体前表面和尾柄附近的压力降低。总之,非均匀刚度导致流体力重新定向,使其更多地指向游动方向,从而增加推力,如图 4 – 29 所示。这同样是歪尾形刚度分布模式尾鳍推力增加的原因。歪尾形刚度模式不会在很大程度上改变压力大小,但会导致尾鳍腹叶的滚动运动,产生沿垂直方向的合力(图 4 – 40 和图 4 – 30),进而产生了升力[图 4 – 35(c)]。

4.2.3.4 鲭鱼非对称尾部运动变形功能的讨论

鲭鱼具有背腹对称的正型尾,其外部和内部形态都呈现出对称性。由于这一对称特征,它通常具有正型尾模型的功能。运动学测量表明,在平稳游动过

程中,其尾巴通过不对称的摆动方式来提供升力,这在我们的数值模型中由非对称刚度分布来实现。实际上,先前的研究表明,鱼的身体是负浮力的,这使其更倾向于推动鱼类向下运动[217]。为了防止出现这种下沉趋势,鱼的身体会向上倾斜,使鱼的前部产生额外的向上升力,该升力由尾部产生的垂直升力来平衡[42]。这个理论导致了一个普遍的预测,即零浮力的鱼在游动过程中不会显示出不对称的尾部形态。

有趣的是,生物学的观察提示,即使在接近零浮力的一些硬骨鱼中,也可能出现明显的背腹不对称和倾斜[27,218]。后续的研究发现,太阳鱼这种背侧 - 腹侧不对称的尾部变形与其机动行为密切相关。受此启发,在4.1节中,我们通过数值仿真研究了一个形态丰满、无分叉的仿太阳鱼尾鳍。我们的研究结果表明,在所有变形模式(包括杯形和均匀刚度分布模式)中,非对称尾鳍结构在稳定游动期间持续产生最小推力和最低效率。类似的结论也从机器鱼尾鳍的试验中得出[52]。然而,在当前对类金枪鱼尾巴的研究中,非对称刚度及其产生的不对称形变并没有导致推进性能的恶化。相反,在某些情况下,当刚度处于中等水平时,HF刚度分布模式的尾鳍甚至在推力生成和推进效率方面超过了其他类型[图4 - 35(a)和(e)]。

通过将当前的结果与其他研究进行比较,我们提出了一个对鲭鱼尾巴不对称摆动形态的额外解释/假设:非对称尾鳍发挥的作用不仅有助于产生升力平衡鱼体,而且有助于产生推力和提高推进效率。然而,这并不适用于尾巴形状不同的太阳鱼。大多数太阳鱼是零浮力,因此在游动时不需要平衡重力和浮力。在这种情况下,它们采用非对称尾翼运动来提供额外的升力,同时在机动过程中伴随着推力减小。

此外,我们还发现,在仿金枪鱼游动研究中采用的刚度分布对推进性能的影响并不像Zhu和Bi的结果以及4.1节中使用太阳鱼模型的研究那样显著。例如,对于太阳鱼尾鳍模型,图4 - 6中杯形刚度分布和非对称刚度分布的模型之间的最大推力相差29.3%。而对于金枪鱼尾鳍,HF和CF刚度模型之间的最大推力仅相差4.8%,如图4 - 35所示。这可能与所研究的鱼尾形状的不同和其生物原型鱼尾内在肌肉结构的不同有关。从形态学上看,鲭鱼尾巴具有更高的长宽比,尾部高度分叉,而太阳鱼具有无叉尾巴,长宽比小。在水动力学上,不同刚度产生的不同鱼尾变形更有可能为太阳鱼产生差异更为明显的流体动力,因为它们的控制表面较大。另外,从生物学上看,鱼尾的内在肌肉构造也决定了鱼尾在游动行为中的作用。解剖学研究揭示,太阳鱼具有丰富的鱼尾内部肌肉。人们认为复杂的鱼尾结构可以更容易地控制单根鳍条的内收和外展、鳍条的其他运动,以及鱼尾瓣的上下相对运动。这些内在肌肉活动的利用,使太阳鱼能在不同的运动行为中精细控制尾部表面。相比之下,鲭鱼的尾鳍内在肌肉组织显著减少,而金枪鱼甚至没有尾部肌肉组织。

综上所述,当注重机动性时,金枪鱼尾巴的形状可能不是一个理想的仿生原型。金枪鱼尾尾形状的改变对流体动力生成的影响很小,尽管它们的半月形尾巴在高速时贡献了高推进效率。

通过使用第 3 章中描述的全耦合三维流固耦合求解器,我们在本节中对仿金枪鱼模型进行了数值研究。具体而言,本章分别研究了鱼体和尾部的可变刚度分布模式对仿金枪鱼模型运动学和动力学的影响。首先,本章通过系统性的仿真将仿生鱼的非均匀刚度模型与均匀模式进行比较。数值结果表明,在本章研究中考虑的参数范围内,仿生刚度模型在低频摆动下产生了较大的推力。而在高频下,均匀刚度的模型在大多数情况下产生了更大的推力。非均匀刚度模式对于推进效率的提升较为显著,超过 73% 的研究工况有效率的提升并且这种改善在所有三个频率下都得到了体现。其次,在三种不同的尾部刚度分布中,即非对称、杯形和均匀分布中,具有非对称模式的尾鳍在尾部运动方面与真实的鱼类最为相似。此外,在中等刚度下,非对称刚度分布模型也优于其他刚性分布。它们产生的升力对于其他两种刚度模式来说是不存在的。这些发现表明,非对称的尾部形态不仅提供了额外的升力以平衡鱼体,还可以在鲭鱼稳定游动时提高游动效率。与具有超强的操纵能力的蓝鳃太阳鱼尾鳍相比,这种歪尾变形具有独特的功能。

从本节研究结果中,我们还发现,如果仅采用变刚度的被动控制,无法完全复现真实鱼类的运动姿态。这通过本节研究结果与 Donley 和 Dickson[39] 以及 Gibb 等的试验结果进行比较可以看出。

◎4.3 小　　结

本章中,前述开发的流固耦合求解器被应用于对太阳鱼尾鳍模型和金枪鱼游动模型的仿真计算,这两种模型在结构上都包含非均匀刚度分布。模拟结果表明,尾部刚度分布对推进性能的影响与生物观测的结果一致。特别地,对于仿太阳鱼模型,杯形刚度分布展现出最佳的推进性能,而非对称刚性分布产生的推动力最小,但升力效果显著,这与先前的试验研究结论一致。

相比之下,金枪鱼尾鳍模型的非对称刚度分布在中等刚度下产生了最大推力。这对真实金枪鱼在稳定游动期间观察到的尾部上下非对称变形有了新的解释,即这种非对称变形不仅能提供以往研究中解释的额外升力,还有利于推

力的产生和效率的提高。因此,通过比较4.1节和4.2节中的结果,我们发现尾部展向刚度模型的变形效应受尾部形状的影响。此外,尾鳍的形状也会影响刚度变化对推进性能的影响程度。具有较大长宽比的高分叉的尾鳍,如金枪鱼鱼鳍,与具有较小长宽比的尾鳍(如太阳鱼鱼鳍)相比,刚度模式变化对推进力的影响较小。这可能是因为具有较小长宽比的尾鳍具有较大的控制面,对周围流体场的影响能力更强。

第 5 章 牛鼻鲼胸鳍非对称扑动的数值研究

◎5.1 问题描述

如图 5-1(a)所示,牛鼻鲼胸鳍模型几何形状是通过观测真实爪哇牛鼻鲼外形获得的。坐标系的原点位于头部前缘的中心。牛鼻鲼模型的体长用 L 表示,宽度用 B 表示。在本节研究中,$B/L=0.78$,使得该模型展弦比接近生物原型。中鳍尖振幅 A 为鳍尖上下扑动的峰间位移。生物学家通过对牛鼻鲼运动进行观察发现,除沿翼展方向扑动外,胸鳍沿鳍边缘也呈现弦向波动,如图 5-1(b)所示,其波数用 W_n 描述,定义为 $W_n=B/\lambda$,λ 为弦向波波长。W_n 越大,胸鳍弦向变形幅度越大。

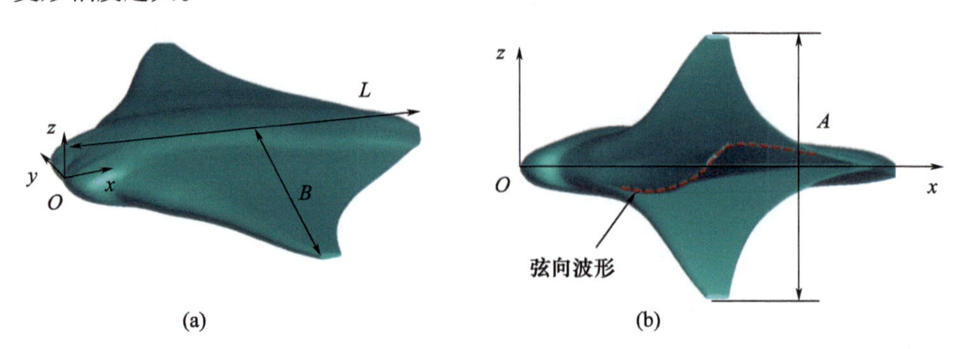

图 5-1 胸鳍扁平的牛鼻鲼模型(a)和扑动过程中鳍尖振幅 A 和弦向波的示意图(b)

当前牛鼻鲼模型在机动过程中的左右胸鳍非对称扑动由数学公式进行指定,该公式基于对牛鼻鲼运动观测来近似其胸鳍扑动的实际变形。考虑到胸鳍的展向和弦向变形,非对称鳍运动的公式如下:

对于 $y_0<0$ 的左侧胸鳍，有

$$
\begin{cases}
x(x_0,y_0,t)=x_0 \\
y(x_0,y_0,t)=-(-y_0)(1-(1-k_l)\,|\theta_l(x_0,t)|(-y_0)/B)\cdot \\
\qquad\qquad \cos[\theta_{\max l}(-y_0)/B\cdot s_l(x_0,t)] \\
z(x_0,y_0,t)=z_0+(-y_0)(1-(1-k_l)\,|\theta_l(x_0,t)|(-y_0)/B)\cdot \\
\qquad\qquad \sin[\theta_{\max l}(-y_0)/B\cdot s_l(x_0,t)] \\
s_l(x_0,t)=\sin(2\pi f_l t-2\pi W_{nl}x_0/B)
\end{cases}
\tag{5-1}
$$

对于 $y_0\geqslant 0$ 的右侧胸鳍，有

$$
\begin{cases}
x(x_0,y_0,t)=x_0 \\
y(x_0,y_0,t)=y_0(1-(1-k_r)\,|\theta_r(x_0,t)|(-y_0)/B)\cdot \\
\qquad\qquad \cos[\theta_{\max r}y_0/B\cdot s_r(x_0,t)] \\
z(x_0,y_0,t)=z_0+y_0(1-(1-k_r)\,|\theta_r(x_0,t)|(-y_0)/B)\cdot \\
\qquad\qquad \sin[\theta_{\max r}y_0/B\cdot s_r(x_0,t)] \\
s_r(x_0,t)=\sin(2\pi f_r t-2\pi W_{nr}x_0/B+\varphi)
\end{cases}
\tag{5-2}
$$

在上述方程中，(x_0,y_0,z_0) 为胸鳍在变形前呈扁平状时的初始坐标；f 为扑动频率；φ 为左右胸鳍运动的相位差；k、$\theta_{\max}$ 参数的选定标准是使胸鳍的变形沿展向方向与生物的测量结果相匹配，它们是半振幅（拍动幅值的一半，$0.5A$）的函数，可以用特定的半振幅来确定。以上胸鳍运动学模型是通过在水族馆观察自由游动的牛鼻鲼获得的[219]，与 Zhang 等[112]所示的试验数据吻合良好。

在本章中，下角 l 和 r 附加到以上参数中来表示左侧胸鳍和右侧胸鳍。因此，通过左右两侧不同的鳍尖振幅 A（k 和 $\theta_{\max}$）、扑动频率 f、波数 W_n 及相位差 φ 可实现非对称的胸鳍扑动。无量纲扑动频率 f^* 定义为 $f^*=fL/U$，其中 U 为远场流速。值得注意的是，当前我们的研究重点是左右胸鳍非对称运动的力矩产生性能，此时不考虑实际观测到的牛鼻鲼胸鳍上下非对称扑动运动。

雷诺数计算方式为

$$
Re=UL/\nu \tag{5-3}
$$

式中：ν 为流体的运动黏性系数。本节研究的雷诺数 $Re=4\times10^5$，该数值位于真实牛鼻鲼游动时的雷诺数范围内。

这里我们考虑的是模型在系泊状态下的运动，即在胸鳍扑动过程中模型不会向前游或转弯。因此，我们定义了在一个扑动周期内作用于模型的平均扭矩系数 $\overline{C}_M$ 来评估其转向性能，即

$$\overline{C}_M = \frac{\frac{1}{T_d}\int_0^{T_d} \boldsymbol{M}(t)\,\mathrm{d}t}{0.5\rho U^2 L^2 B} \tag{5-4}$$

式中:$\boldsymbol{M}(t)$为流体力相对于模型中心产生的力矩,计算公式为$\boldsymbol{M}(t) = \int_{S_b} \boldsymbol{F}_s(t,s) \times \boldsymbol{r}(t,s)\,\mathrm{d}s$,其中$S_b$表示模型的整个表面,$\boldsymbol{F}_s$是模型表面的流体力,$\boldsymbol{r}$是从模型质心到$\boldsymbol{F}_s$应用点$s$的矢量;$\rho$为流体密度。力矩系数的$x$、$y$和$z$分量分别定义为

$$C_{Mx,My,Mz}(t) = \frac{M_{x,y,z}(t)}{0.5\rho U^2 L^2 B} \tag{5-5}$$

推力系数C_T的计算公式为

$$C_T(t) = \frac{F_T(t)}{0.5\rho U^2 LB} \tag{5-6}$$

式中:F_T为净推力,通过运动产生的推力F_x减去模型的阻力D得到,即

$$F_T = F_x - D \tag{5-7}$$

值得注意的是,在一些鲹科模式鱼类研究中,阻力计算只限于模型躯体部分,而鱼鳍(如鱼的尾鳍)常被视为鱼游动的主要推力来源。然而,目前的牛鼻鲼是一种鳍身融合构型,很难区分身体和胸鳍。因此,正如 Maertens 等[158]和 Zhang 等[113]的做法,我们在式(5-7)中计算的是模型整体的净推力。

z方向的升力系数C_L和y方向的侧向力系数C_y由下式给出:

$$C_{L,y}(t) = -\frac{F_{z,y}(t)}{0.5\rho U^2 LB} \tag{5-8}$$

式中:F_z、F_y分别为模型在z方向和y方向上的流体力。功率消耗系数C_P由下式得出:

$$C_P(t) = -\frac{P(t)}{0.5\rho U^3 LB} \tag{5-9}$$

式中:P为模型的瞬时消耗功率,由下式所得:

$$P(t) = \iint_{S_b} -(\boldsymbol{\sigma}\cdot\boldsymbol{n})\cdot\boldsymbol{V}_g(t,s)\,\mathrm{d}s \tag{5-10}$$

式中:$\boldsymbol{\sigma}$、$\boldsymbol{V}_g$分别为鳍表面微元 ds 附近流体的应力张量和速度矢量;$\boldsymbol{n}$为法矢量。

推进效率η定义为准推进效率,计算公式如下:

$$\eta = \frac{\overline{C}_T + C_D}{\overline{C}_P} \tag{5-11}$$

式中：C_D为牵引阻力系数。已有研究表明，在胸鳍扑动过程中，C_D几乎保持不变。因此，我们假设模型在胸鳍未扑动的状态下，即模型处于图5－1(a)所示的姿态滑翔时，$C_D=0.02$的值为牵引阻力系数。值得注意的是，许多研究通过定义弗劳德效率来评估游动效率。但是，只有当作用在模型上的净推力平均值为零时，才可以应用它，而这不适用于本节研究工作，因此，本书研究中未对其进行定义。

5.2 求解计算域和网格无关性验证

图5－2显示了计算域和绕牛鼻鲼模型表面生成的流体网格。在模型表面应用无滑移边界条件，对于其他边界，则应用远场边界条件。通过求解$Re=4\times10^5$，$A_l=A_l=0.7L$，$f_l^*=f_r^*=1$，$W_{nl}=W_{nr}=0.4$和$\varphi=0$时的湍流流动来评估合适的网格和时间步长。为此生成了三套网格：含有528万个单元的粗网格、含有716万个单元的中等网格和含有971万个单元的细网格。这三套网格的最小网格间距（第一层网格高度）分别为$3.7\times10^{-5}L$、$2.7\times10^{-5}L$和$2.0\times10^{-5}L$。它们都产生比期望值1更小的y^+值。首先，我们使用三套网格以及不变的无量纲时间步长，$\overline{\Delta t}=\Delta tU/L=0.00625$来测试网格收敛性，结果如图5－3(a)所示。结果表明，中等网格产生的结果与细网格非常接近。此后，我们也研究了时间步长的影响，如图5－3(b)所示。这些测试表明，如果网格大小和时间步长足够小，则仿真结果对它们不敏感。因此，以下仿真计算总使用中等网格以及时间步长$\overline{\Delta t}=0.00625$，以减少计算成本同时确保结果准确性。

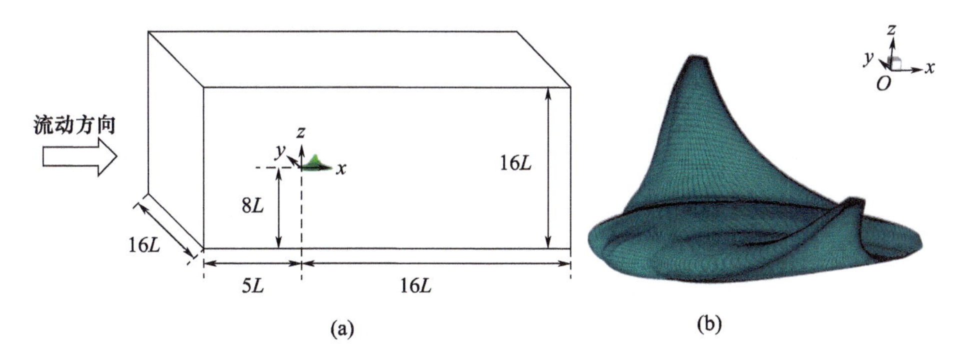

图5－2 计算域(未按比例绘制)(a)和生成的中等网格的模型表面(b)

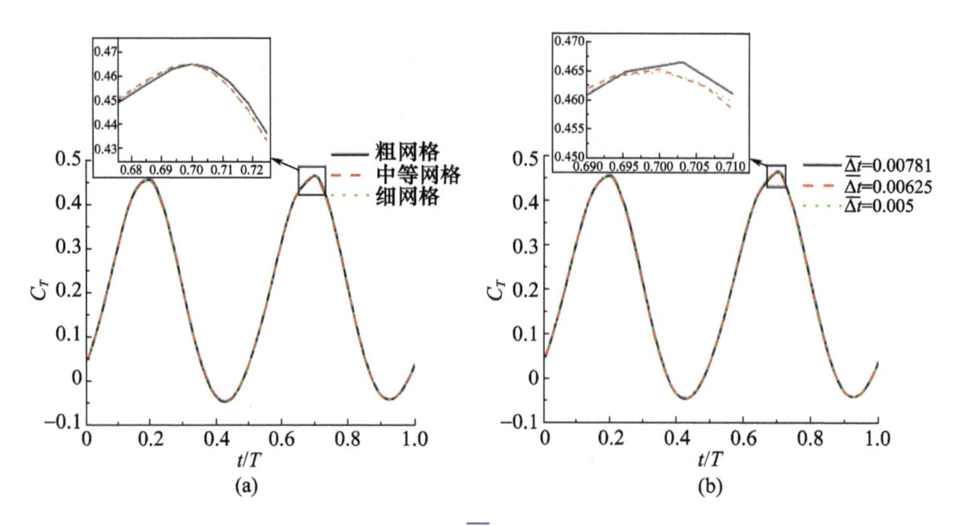

图 5-3　三套流体计算网格在时间步长$\overline{\Delta t}=0.00625$时的推力系数(a)和中等网格在三种不同时间步长时的推力系数(b)

5.3 结　　果

在本章研究中,通过施加不同的扑动振幅 A、扑动频率 f^*、波数 W_n 和左右胸鳍之间的相位差 φ,来实现仿牛鼻鲼模型的不对称胸鳍扑动。使用的参数如表 5-1 所列。首先我们给出了 $A_l=0.3L$, $A_r=0.8L$, $f_l^*=f_r^*=1$, $W_{nl}=0.2$, $W_{nr}=0.4$ 和 $\varphi=90°$时模型周围的力和力矩的产生以及流场结构以显示不对称扑动模型的推进性能和转弯能力,随后再分别研究 4 个胸鳍运动参数的影响。

表 5-1　仿真中使用的参数

高度 A/L	扑动频率 f^*	波数 W_n	相位差 φ
0, 0.3, 0.6, 0.8	0.4, 0.8, 1.0, 1.3	0.2, 0.3, 0.4, 0.8	30°, 60°, 90°, 120°, 150°, 180°

5.3.1 非对称扑动胸鳍的流场特征和推进性能

图 5-4 显示了一个胸鳍模型扑动期间产生的力和扭矩系数。在之前的研究报告中,胸鳍在一个扑动期内的下冲程和上冲程[图 5-5(a)]相继出现两个推力峰值。然而,与本章研究和 Zhang 等研究的结果不同,推力的两个峰值彼此接近,而其他已有研究显示的是两个具有较大的推力峰值。例如,Fish 等[96]和 Menzer 等[112]发现,下冲程期间的峰值推力大于上冲程,而 Liu 等[220]的研究

得到了相反的结果。这可能是因为这些研究中使用了不同的胸鳍运动公式。考虑到即使存在来流阻力 C_D，胸鳍运动产生的瞬时推力（$C_T + C_D$）始终为正。这让人想起，基于尾鳍摆动的模型在尾鳍摆动周期内可以避免推力的产生。我们的研究结果表明，与喷流推进相比，牛鼻鲼胸鳍运动也具有这样的优势。

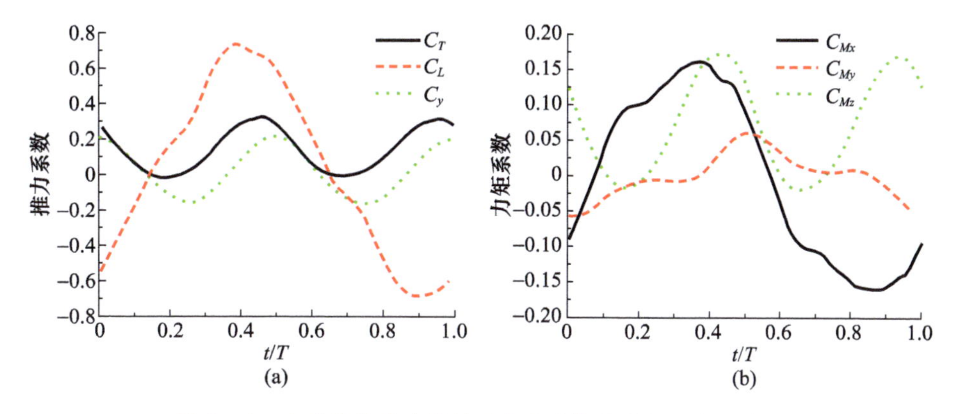

图5-4　非对称扑动胸鳍模型产生的推力系数和力矩系数

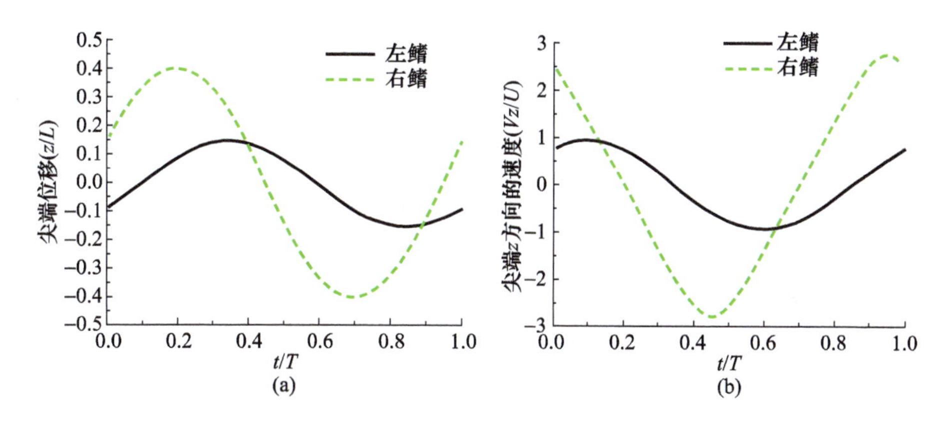

图5-5　胸鳍尖端z方向的位移(a)和z方向的速度(b)

此外，当左右胸鳍不对称扑动时，会产生一个显著的升力 C_L，其最大值大于推力。在胸鳍下拍和上扑时观察到该升力的两个极值。侧向力系数 C_y 与 C_T 具有相似的变化方式。由于 C_L 和 C_y 的最大值和最小值大小相近，因此它们在一个周期内的平均值（分别为0.017和0.020）远小于 C_T（0.14）。

关于力矩的产生，我们发现 C_{Mz} 几乎总是保持在 z 轴正方向，使模型向左转动，其变化类似于 C_T，有两个波峰和波谷。C_{Mx} 和 C_{My} 的曲线不太规则和光滑。在一个周期内进行平均，只有 z 方向 C_{Mz} 的扭矩系数具有不可忽略的大小（0.071），而另外两个扭矩的平均值很小。这表明，目前的胸鳍非对称运动学参数组合能够促使模型偏航运动，即对其游动方向进行操纵。对图 5 -4(b)和图 5 -5(b)进行比较可知，C_{Mz}扭矩峰值和右侧鳍尖 z 方向速度同步性良好，表明右侧胸鳍在产生偏航力矩方面起主导作用。

为了显示非对称胸鳍扑动模型周围的流动情况，图 5 -6 显示了 Q 准则等值面的尾迹结构，其值由 U^2/L^2 标准化得到。该模型周围生成了三种主要类型的漩涡，包括尖端漩涡(tip vortices，TV)、前缘漩涡(leading - edge vortices，LEV)和后缘漩涡(trailing - edge vortices，TEV)。在胸鳍下挑和上拍过程中，涡环将从左右的后缘脱落。左鳍周围的漩涡显示出更易识别的涡环拓扑结构，每个涡环近似水平排列，因此在 z 方向表现得更为紧凑。相比之下，右侧胸鳍周围的漩涡具有发夹状结构，类似于 Liu 等的研究结果。这些漩涡与尾迹中心线存在倾角，且尺寸比左侧胸鳍附近的漩涡大。左鳍尾迹中的涡环消散速度比右鳍的涡环消散速度快，表明右鳍附近的涡起主导作用。

与之前的研究结果一致，LEV 在三种类型的漩涡大小和强度都是最小的。Bottom 等[221]对魔鬼鱼游动的模拟结果表明，LEV 可以产生低压区。如图 5 -6 所示，在 $t=0.5T$ 和 $t=0.75T$ 的仿真结果中，也可以在左侧胸鳍的前部看到这一点。然而，Zhang 等的分析发现 LEV 主要对阻力起作用。由于更大的鳍尖扑动幅度和弦向波数，右侧胸鳍在接近极限下拍($t=0.75T$)和上挑位置时($t=0.25T$)产生了更明显从鳍尖脱落的 TV。同时，在这两个位置靠近右侧胸鳍的这些鳍尖涡被高压所覆盖。然后，当鳍扑动到接近中间平面时，这些高压被前缘涡附近的低压所取代。此外，在 $t=0.5T$ 和 $t=T$ 时，TV 变得相当弱，而右侧胸鳍附近的 TEV 将从鳍上脱落，而左侧胸鳍附近的 TEV 仍处于初期阶段。因此，如图 5 -4(b)所示，将两个时间点产生的力矩峰值与右侧胸鳍后缘漩涡的脱落相关联是合理的。

为了更好地理解三维涡结构产生的流场，图 5 -7 描绘了左右胸鳍两个截面上鳍展向方向涡量云图。与鳍尖附近的涡量相比，鳍根部附近的涡量较弱。这让人想起 Liu 等在鳍根部附近观察到的卡门涡街(这是阻力的标志)。他们的仿真结果表明，这部分以阻力为主，而鳍尖部分对推力产生的贡献最大。然而，他们考虑的是对称的胸鳍扑动，这与目前的情况不同：与截面 L_2 和 R_2 相比，右胸胸鳍产生了更强的反向卡门涡街。

模型表面的压力分布如图 5 -8 所示。可以看出，非对称的胸鳍扑动在左右背部表面不会产生太大的压力差，显著的高压区位于右腹表面的远侧。如图 5 -8(c)所示，这种高压以及胸鳍 x 轴负方向的弦向变形直接导致推力的产生。同时，左右胸鳍以不同的速度向下扑动，并在水平面内折叠，因此右侧胸鳍处的高压也可能具有沿 z 方向形成的力矩。

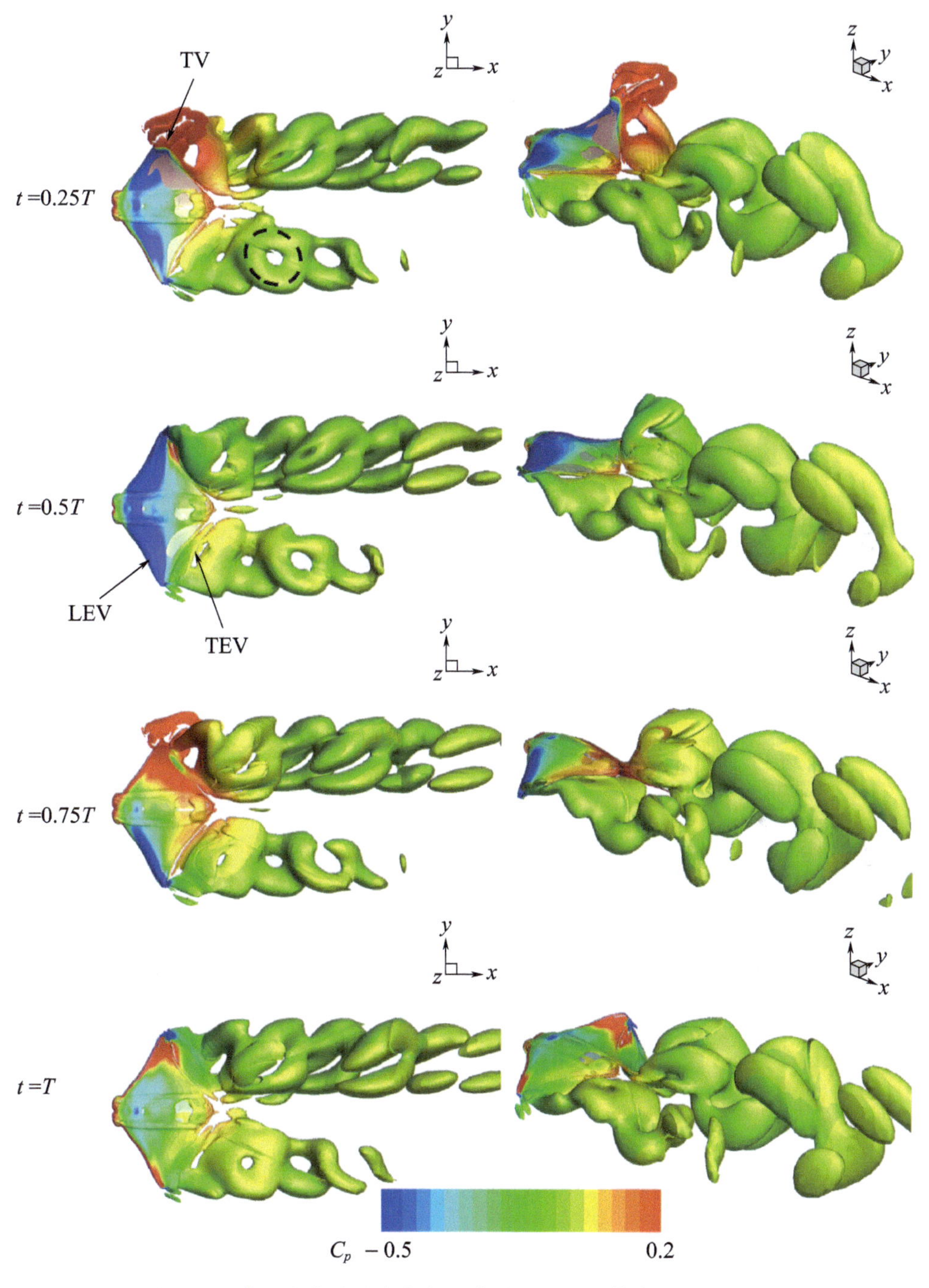

图 5－6　在一个扑动周期内由 Q 准则(0.08)的等值面与压力系数 $C_p=(p-bp_\infty)/(0.5\rho U^2)$ 叠加而成的涡结构构型

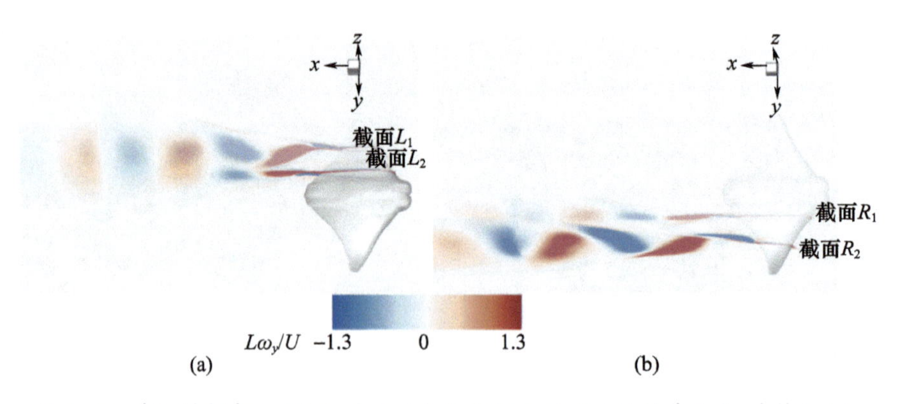

图 5-7 在距鳍根部 0.3b(L_2 和 R_1)和 0.62b(L_1 和 R_2)处的截面上，左鳍(a)和右鳍(b)周围在 $t=0.5T$ 时的瞬时鳍展向方向涡量云图(ω_y)

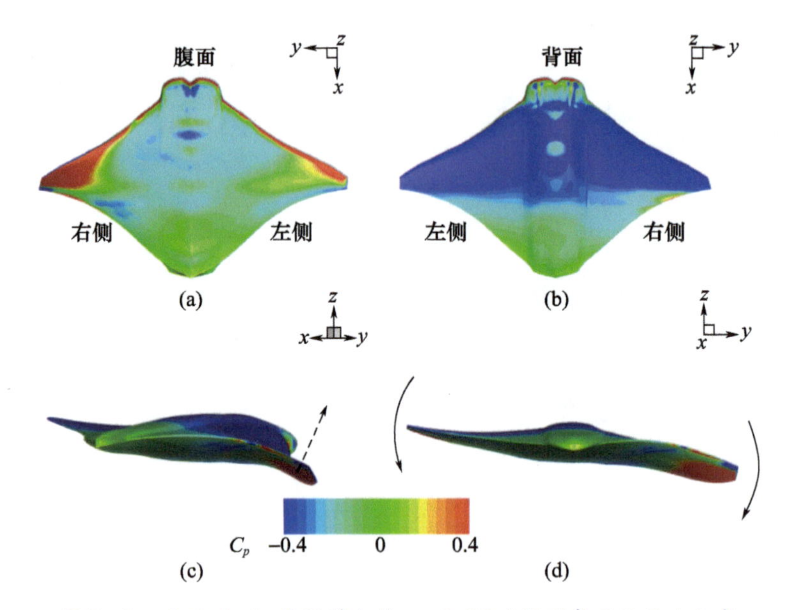

图 5-8 当 C_T和 C_{Mz}接近最大值，$t=0.5T$ 时模型表面的压力分布

5.3.2 胸鳍非对称扑动幅值的影响

本节在$f_l^*=f_r^*=1$，$W_{nl}=W_{nr}=0.4$ 和 $\varphi=0°$的情况下，研究非对称胸鳍扑动幅值的影响。图 5-9 显示了 z 方向平均力、力矩、功率输入系数和效率的结果，而$\overline{C}_{Mx}$和 $\overline{C}_{My}$的大小可以忽略不计(因此在此不做讨论)。在所研究参数下，当胸鳍扑动频率固定时，平均推力系数随两个胸鳍扑动幅度的增大而增大。尽管如此，但推进效率变化不大，因为两侧胸鳍通过一定幅度的扑动将不可避免地消

耗更多的能量。总体来看，与两个胸鳍扑动的情况相比，单侧胸鳍扑动可以产生更大的平均横向力 $\overline{C}_y$、升力 $\overline{C}_L$ 以及 z 方向的力矩 $\overline{C}_{Mz}$。当 A_r 从 0.6L 增加到 0.8L 时，$\overline{C}_{Mz}$ 增大了 1 倍，表明右侧胸鳍摆动幅度在产生转向力矩中起主导作用。图 5-10 显示，增加右侧胸鳍的扑动幅值只会改变 C_T 和 C_{Mz} 的峰值，两种幅值组合模式在同一时刻达到最小值。

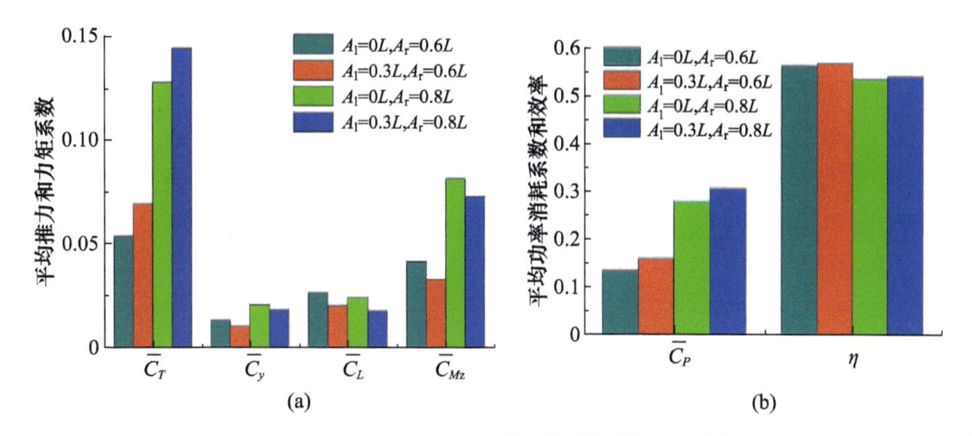

图 5-9　在左右侧胸鳍不同扑动幅值下，$\overline{C}_T$、$\overline{C}_y$、$\overline{C}_L$ 、$\overline{C}_{Mz}$(a)、$\overline{C}_P$ 和 η (b)的数值

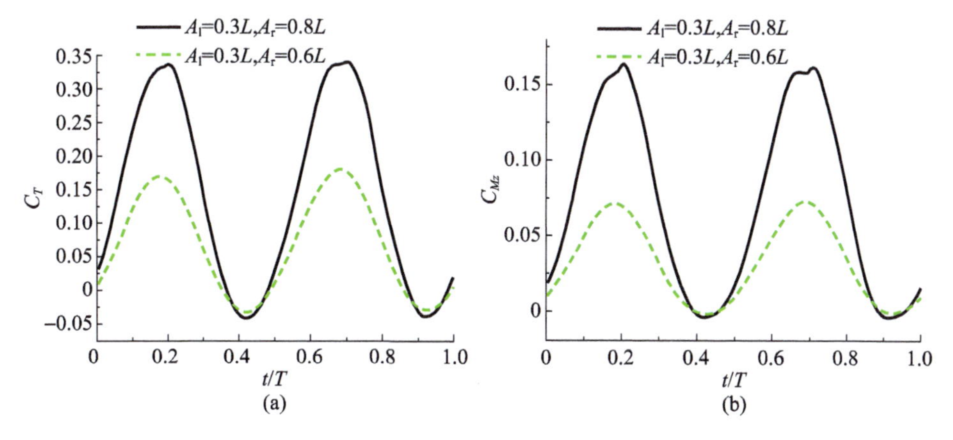

图 5-10　在 A_l = 0.3L 和 A_r = 0.8L、A_l = 0.3 L 和 A_r = 0.6L 情况下，C_T(a)和 C_{Mz}(b)的变化情况

当推力和 z 方向力矩达到最大值时，模型周围的尾流结构如图 5-11 所示。与图 5-6 所示使用组合非对称运动参数的涡结构相似，左侧涡在水平面上显示出明显的涡环，而在右侧胸鳍附近观察到胸鳍后缘尾迹上下分布的发夹状漩涡结构。这表明，这种独特的非对称涡结构可能主要归因于不同的胸鳍扑动幅值。从图 5-12 可以看出，右侧胸鳍的背部表面被高压覆盖，大约 3/4

的腹部表面被负压占据。相比之下,左侧胸鳍背部表面的高压仅限于胸鳍前缘的几个部分,与左侧胸鳍附近的负压相比,其腹侧表面的负压优势较小。右侧胸鳍表面的压力差及其推力方向的弦向变形(图 5-8)有利于推力和力矩的产生。

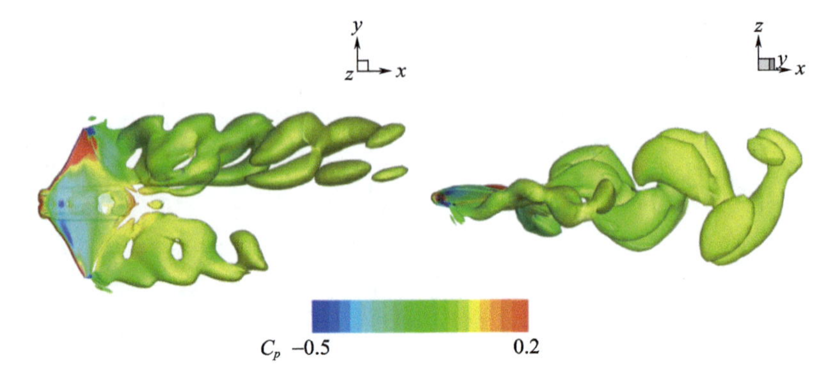

图 5-11 在 $A_l=0.3L$ 和 $A_r=0.8L$ 达到最大推力和力矩 C_{Mz} 时,Q 准则等直面图与 $t=0.2T$ 时的压力系数叠加所示的尾流结构

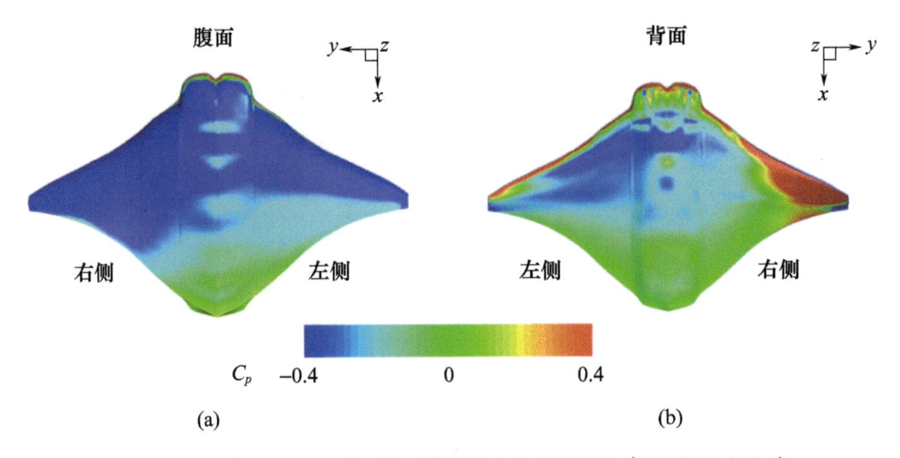

图 5-12 在 $t=0.2T$ 时,模型背侧(a)和腹侧(b)表面的压力分布

5.3.3 胸鳍非对称扑动频率的影响

根据 $A_l=A_r=0.8L$, $W_{nl}=W_{nr}=0.4$ 和 $\varphi=0°$时的工况来研究左右胸鳍的扑动频率的影响。图 5-13 所示的时间平均能效系数是使用右侧胸鳍的拍击周期 T_r计算的,该拍击周期在力和力矩产生中起着显著的作用。与 5.3.2 节中胸鳍扑动幅值变化的情况不同,当 $f_l^*=0.8$ 时,非对称胸鳍拍动频率可以产生不可忽略的升力和侧向力,以及 x 和 y 方向的力矩,尽管它们的值与推力和力矩

C_{Mz}的值相比较小。在所研究的参数下，如图5-13(a)所示，较快的胸鳍扑动将产生更多的推力，但它也需要更多的能量输入，随着扑动频率的增加推进效率下降。这与牛鼻鲼巡航游动的生物学观察一致，它们通常缓慢而温和地扑动胸鳍。

通常，两个胸鳍之间的频率差可以产生更大的转动力矩 C_{Mz}，如图5-13(b)所示。通过与图5-9(a)所示的非对称胸鳍扑动幅值的情况对比，可以发现非对称扑动频率往往能产生更大的力矩系数，比如与 $A_l=0.3L, A_r=0.8L$ 时 $\overline{C}_{Mz}=0.0809$ 相比，在 $f_l^*=0.4, f_r^*=1.3$ 时，$\overline{C}_{Mz}=0.155$。同时还可以发现，当左右胸鳍的扑动频率接近时，第一个和第二个推力及转动力矩峰值数值不同，如图5-14所示。这可能是因为当 f_l^* 接近 f_r^* 时，力和力矩的产生不再仅仅依赖右侧胸鳍的扑动和变形，这与两侧胸鳍扑动频率 f_r^* 和 f_l^* 相等(图5-10)或 f_r^* 远大于 f_l^* 的情况不同。两侧的胸鳍相互竞争及耦合，因此前后两个峰值并不相同。

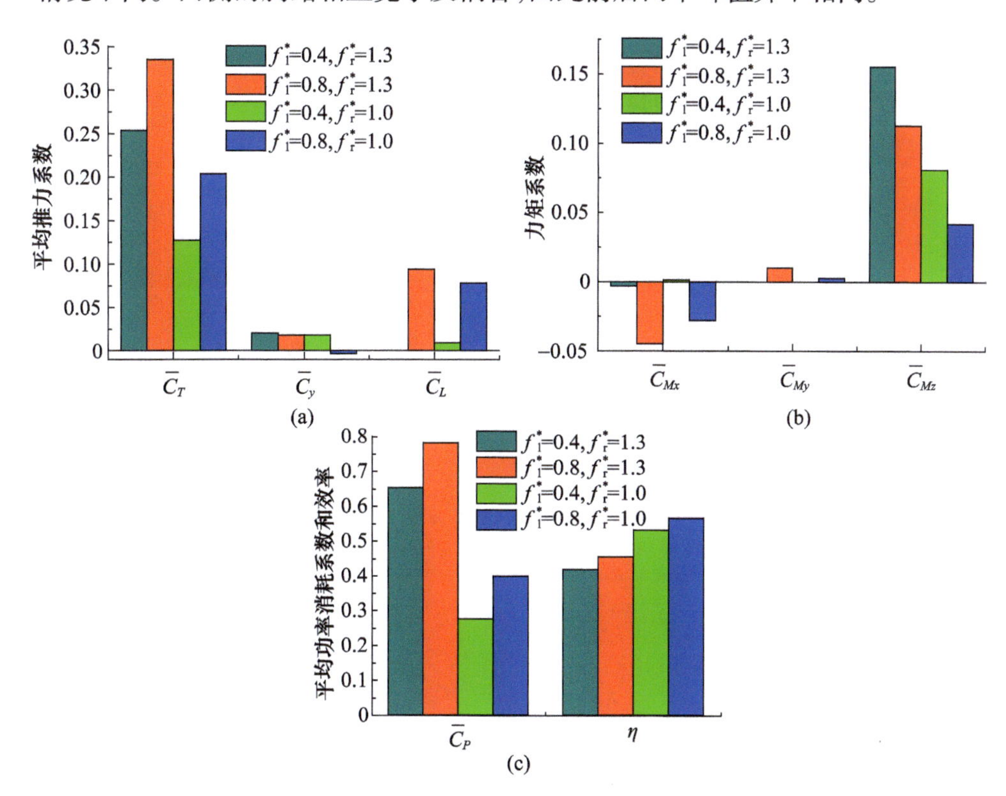

图5-13 当左右胸鳍具有不同的频率时，得到的平均推力系数(a)、力矩系数(b)和功率消耗系数与效率(c)的数据对比图

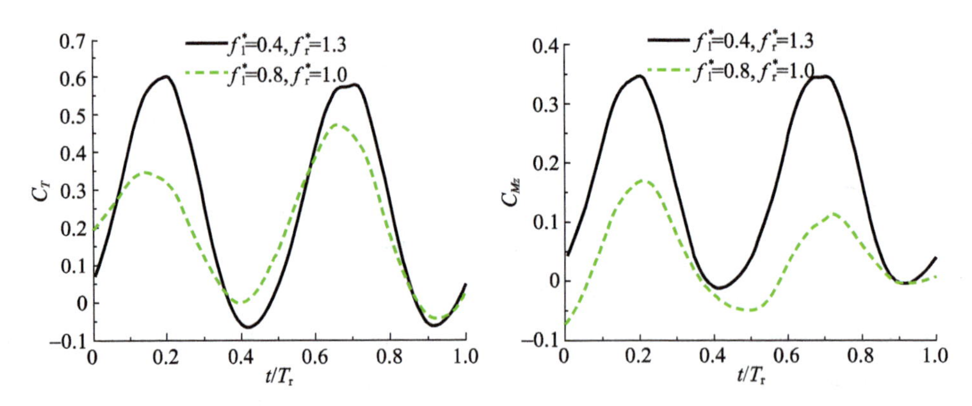

图 5-14　C_T(a)和 C_{Mz}(b)在 $f_l^*=0.4$, $f_r^*=1.3$, $f_l^*=0.8$ 和 $f_r^*=1.0$ 时的变化图

从图 5-15 可以看出，扑动频率在后缘涡的形成中起着重要作用，较低的频率（如 $f_l^*=0.4$）只会在 $t=0.2T$ 时产生一定的尖端涡。与图 5-11 中 $f_r^*=1$ 的尾迹结构相比，较高的扑动频率（如 $f_r^*=1.3$）的尾迹涡更紧凑。预计推力和力矩的产生主要来自右侧胸鳍，因为反向卡门涡街是推力的一个指标，且仅在其尾迹中形成，如图 5-16 所示。

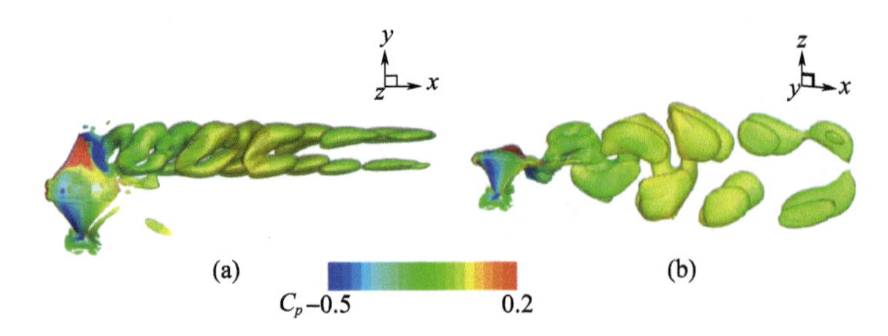

图 5-15　当 C_T 和 C_{Mz} 达到第一个峰值时，以 Q 准则等值面显示的在 $t=0.2T_r$, $f_l^*=0.4$, $f_r^*=1.3$ 时的尾流结构

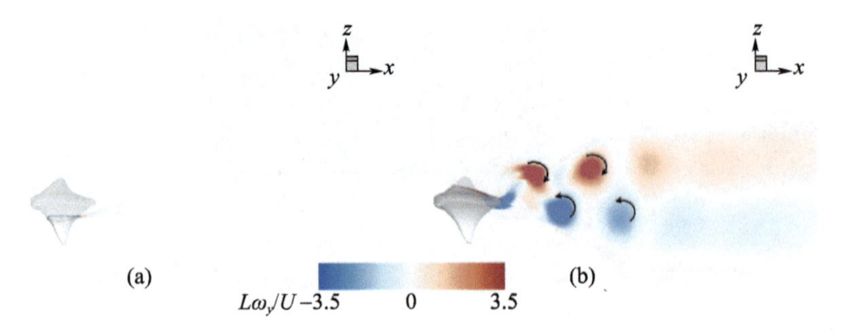

图 5-16　在 $y=-0.45B$ 截面处的 y 方向涡量图(a)和在 $t=0.2\ T_r$, $f_l^*=0.4$ 和 $f_r^*=1.3$ 时，$y=0.45B$ 截面处的涡量图(b)

5.3.4 弦向变形波数和相位差的影响

本节分别研究弦向变形波数和相位差的影响。在第一种情况下，即当$f_l^* = f_r^* = 1$，$A_l = A_r = 0.8L$，$\varphi = 0°$时，各种力系数随左右胸鳍变形的波数而变化，仿真计算结果如表5-2所列。当考虑到左右胸鳍弦向变形波数不同时，升力C_L、侧向力C_y以及力矩C_{Mx}和C_{My}的大小可忽略不计，因此，此处未展示。可以发现，当W_{nl}和W_{nr}之间的差异增加时，$\overline{C}_T$显著下降，这表明较大的波数，例如$W_{nr} = 0.8$，会削弱推力的产生，尽管先前的研究表明弦向变形（W_n非零）对于产生正推力至关重要。随着W_{nr}的增加，转向力矩方向从z轴正方向变为z轴负方向。这与上述研究的情况不同，从游动的正方向看，右侧胸鳍支配着向右的转向力矩。总体而言，$W_{nl} = 0.3$和$W_{nr} = 0.8$的组合可同时实现良好的推进效率和显著的转向力矩。

表5-2 各种力系数随波数变化时的结果

波数	$\overline{C}_T$	$\overline{C}_{Mz}$	$\overline{C}_P$	η
$W_{nl} = 0.2, W_{nr} = 0.4$	0.283	0.00471	0.746	0.406
$W_{nl} = 0.3, W_{nr} = 0.4$	0.292	-0.00425	0.653	0.477
$W_{nl} = 0.2, W_{nr} = 0.8$	0.165	-0.05810	0.510	0.363
$W_{nl} = 0.3, W_{nr} = 0.8$	0.176	-0.06640	0.420	0.466

弦向变形和波数W_n影响胸鳍的俯仰角α_p和有效迎角α_e，如图5-17所示。胸鳍的弦向变形近似翼型的俯仰运动，随着来流的改变其有效迎角发生变化。图5-18显示，与Zhang等[113]的模拟结果一致，较大的W_n增加了最大俯仰角α_p，同时显著减小了最大有效仰角α_e。俯仰运动是产生水翼推力的关键。我们的研究结果表明，过大的弦向变形和由此产生的俯仰运动可能导致推力减小。

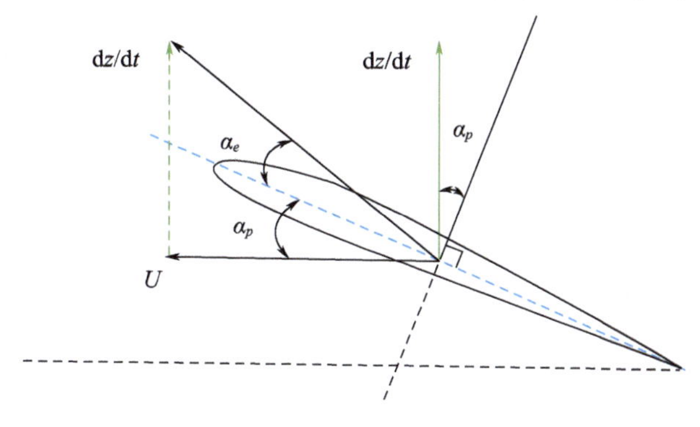

图5-17 俯仰角α_p和有效迎角α_e的示意图

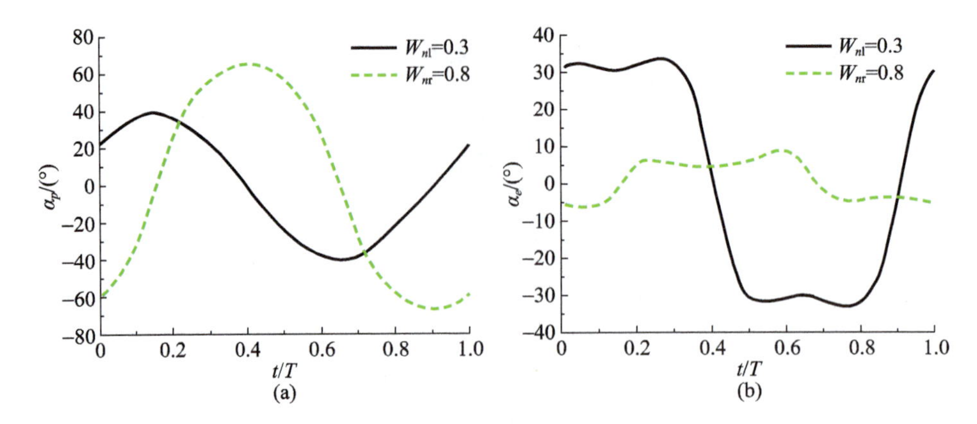

图 5-18　在 $W_{nl}=0.3, W_{nr}=0.8, f_l^*=f_r^*=1, A_l=A_r=0.8L$，且 $\varphi=0$ 时，胸鳍左侧和右侧 $y=-B$ 和 $y=B$ 鳍尖截面处，α_p(a)和 α_e(b)的变化值

同时，波数也会影响尾迹结构，如图 5-19 所示。与上述研究情况(图 5-11 和图 5-15)不同，尾迹涡不再由右侧胸鳍决定，与左侧胸鳍相比，右侧胸鳍仅产生微弱且分散的尾缘涡和尖端涡。因此，平均扭矩系数 $\overline{C}_{Mz}$ 将不利于模型向左侧转向游动。

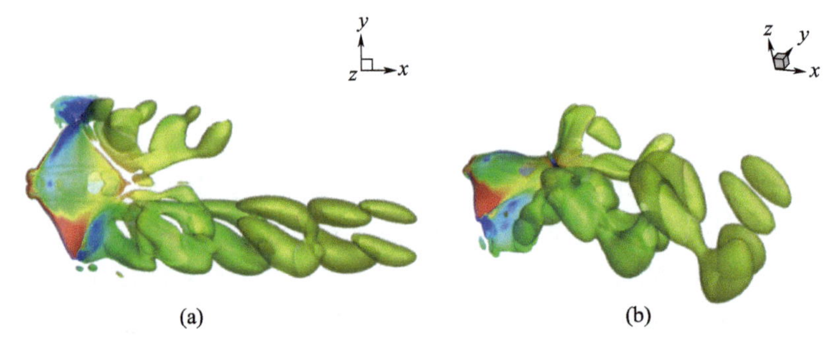

图 5-19　在 $W_{nl}=0.3, W_{nr}=0.8$ 时，C_{Mz} 达到最大值，对应 $t=0.2T_r$ 时的 Q 准则尾流结构

随后，我们研究了扑动的左右胸鳍之间相位差 φ 的影响。当 φ 变化时，$\overline{C}_T$ 和 η、$\overline{C}_{My}$ 和 $\overline{C}_{Mz}$ 的变化分别如图 5-20(a)和(b)所示。C_y、C_L 和 M_x 在平均后可忽略不计，因此，此处未显示。研究发现，平均推力系数随 φ 的增大而略有减小，但对推进效率影响不大，在 20°~180°的最大变化小于 0.5%。这意味着通过相位差改变游动姿态不会影响游动效率，并且我们可以相应地减小仿蝠鲼机器鱼游动期间的抖动问题。$\overline{C}_{My}$ 的大小随 φ 的影响变化不大，最大差值小于 0.4%。除了 $\varphi=180°$ 时的 $\overline{C}_{Mz}$ 外，其他相位差的扭矩系数 $\overline{C}_{Mz}$ 均为负值，即模型向左游动偏转。此外，在 $\varphi=90°$ 时取得最大 $\overline{C}_{Mz}$。

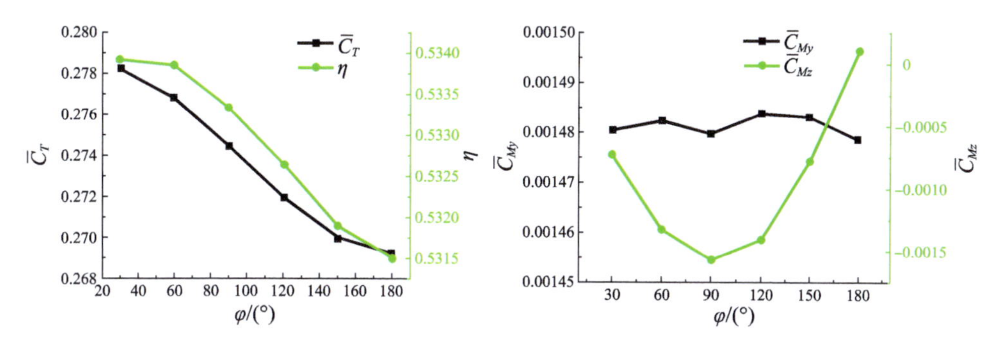

图 5-20　在 $f_l^* = f_r^* = 1, A_l = A_r = 0.8L$，且 $W_{nl} = W_{nr} = 0.4$ 时，随着 φ 的变化 $\overline{C}_T$ 和 η(a)，$\overline{C}_{My}$ 和 $\overline{C}_{Mz}$(b) 的变化情况

如图 5-21 所示，C_T曲线显示了四个局部峰值，与之前研究的其他情况不同。此外，它的变化范围很窄，为 0.245～0.305，这意味着胸鳍可以在整个扑动周期内持续产生较大的推力。相比之下，C_{Mz}的正负峰值很接近，因此，时间平均力矩系数小于上述情况。这可能与图 5-22 所示模型的尾流结构有关。相位差 φ 不会改变两侧胸鳍附近的涡量大小和拓扑结构，但会改变涡的脱落顺序。单独使用左鳍和整个胸鳍之间的漩涡强度几乎没有差异。因此，如图 5-21 所示，在一个扑动周期内，C_T 的正负最大值非常接近，与非对称扑动振幅(图 5-9)扑动频率[图 5-13(b)]和波数(表 5-2)相比，胸鳍扑动的相位差所产生的 $\overline{C}_{Mz}$相对较小。

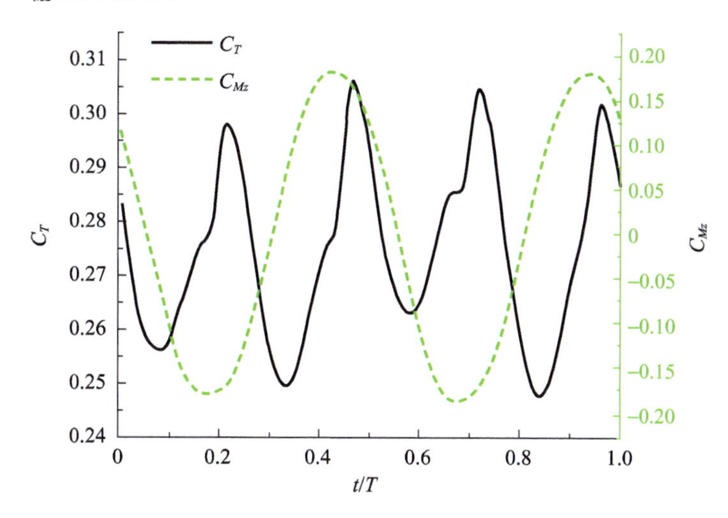

图 5-21　在 $f_l^* = f_r^* = 1.0, f_l^* = f_r^* = 0.8$ 且 $\varphi = 90°$ 时，C_T和 C_{Mz}的变化曲线

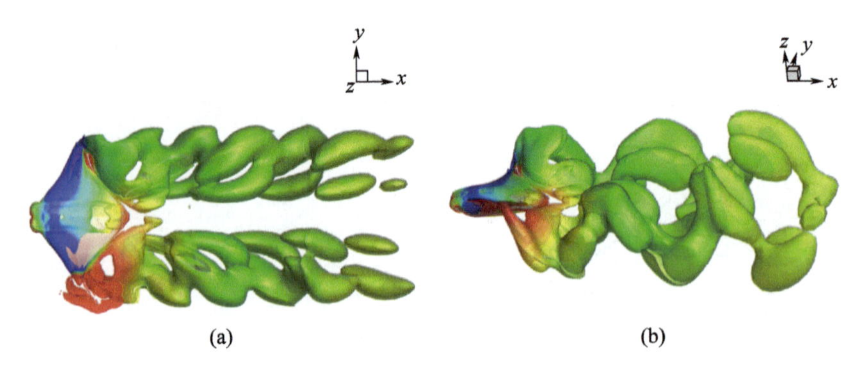

图 5-22 在 $t=0.5T_r$，$f_l^*=f_r^*=1.0$，$f_l^*=f_r^*=0.8$ 且 $\varphi=90°$ 时，Q 准则等值面表示的尾涡结构

◎5.4 小　结

本章采用基于三维有限体积法的黏性 N-S 方程求解器，对左右胸鳍非对称扑动的仿牛鼻鲼模型的推力和力矩产生进行了数值研究。胸鳍变形根据生物学数据得到，这样可以系统地研究左右胸鳍非对称扑动幅值、频率、波数和相位差的影响。尾迹结构也被可视化以显示胸鳍扑动期间的流场演变过程。

本章的仿真结果表明，当两侧胸鳍执行不同的运动时，左鳍和右鳍后的流场结构会有很大的差异。例如，扑动幅值较小的左侧胸鳍后缘涡在水平面上受到更大的压缩，而扑动幅值较大的右侧胸鳍后侧对应的涡结构在水平中线上下分布。较低的尾鳍拍打频率（例如，$f_l^*=0.4$）不会引起明显的后缘涡，尽管它会产生显著的鳍尖涡。波数（翼弦变形）也会显著地影响尾迹结构，较大的波数（例如，$W_{nr}=0.8$）会减弱后缘涡的大小和强度。相比之下，两鳍扑动之间的相位差对尾迹结构的影响较小，只改变了两鳍后侧尾迹涡的脱落顺序。因此，与其他运动学参数变化情况相比，非零相位差产生的扭矩最小。

通过非对称的鳍扑动，可以同时产生推力和转动力矩。在 $Re \sim O(10^5)$（雷诺数在 10^5 数量级）的研究中达到的最大推进效率（大于 55%）大于 Zhang 等研究的在层流中所达到的最大推进率（小于 25%），这表明雷诺数在推进性能中起着重要作用。在考虑扑动频率、幅值、波数和相位差时，驱动模型做偏航运动的 z 方向转向力矩始终是非对称胸鳍扑动的主要产物。同时我们发现左、右胸鳍后的非对称尾缘涡显著影响扭矩 $\overline{C}_{Mz}$ 的产生。最大平均扭矩系数 $\overline{C}_{Mz}$（约为 0.16）在左侧胸鳍低频扑动时，几乎不产生后缘涡。相比之下，左右侧胸鳍相位差对后缘的影响很小，因此产生的最大扭矩 $\overline{C}_{Mz}$ 约为 0.0015。

这项研究可为仿生水下机器人的操纵性控制设计提供参考。例如,在仿蝠鲼水下航行器的控制设计过程中,采用不同的左右胸鳍扑动频率是有利的,可以产生足够的推力,同时获得显著的偏航转弯扭矩。通过改变伺服电机驱动和/或基于智能材料产生的仿蝠鲼机器鱼扑动激励信号,而无须额外的机械设计即可轻松实现转弯机动。相比之下,胸鳍的非对称波数(即弦向变形)可能需要伺服电机驱动机器人的特定机械设计。大多数现有的机械驱动的胸鳍扑动机器鱼通常使用由薄膜覆盖的少于5条机械鳍条来实现柔性鳍变形。这些设计可能无法产生沿胸鳍表面的预期弦向变形,从而难以通过非对称波数来影响力矩的产生。一些仿生机器鱼仅利用单个前缘机械鳍条来激发运动,在这种情况下鳍表面的变形大多是被动的。对于这些机器人,建议使用非对称的扑动幅度和/或频率,而不是左右侧鳍的非对称弦向变形来进行转弯动作。

需要注意的是,由于柔性胸鳍的材料和结构特性,真实胸鳍波动涉及流体-结构相互作用。未来的研究需要考虑这种流固耦合效应,以反映柔性机器鱼和浸没流体之间真实的动态相互作用。

第 6 章 仿鱿鱼腔体变形脉冲喷流推进

本章考虑了不同于前 5 章鱼鳍摆动推进的喷流推进方式。与涉及复合结构和复杂驱动机制的尾鳍推进相比,喷流推进在力学上更易实现。本书主要考虑了两种情况:一种是在高雷诺数下二维仿鱿鱼模型脉冲喷流推进;另一种是三维仿鱿鱼模型在背景来流下的脉冲喷流推进。第一种情况旨在研究涉及周围流场和柔性结构之间的动态相互作用的喷射推进性能,因此,使用开发的流固耦合求解器对其进行求解。三维仿鱿鱼喷流模型的研究目的是探索在给定的喷射速度曲线下,等效行程比(喷流体积相对于喷嘴尺寸的无量纲值)对喷流结构和脉冲推力产生的影响机制。因此,在给定的喷流速度和最大等效行程比下模型的变形是预先指定的,只使用流体求解器进行求解。

6.1 高雷诺数下二维仿鱿鱼模型的脉冲喷流推进

6.1.1 问题描述

本章研究设计了一个仿鱿鱼喷流推进的二维模型。它的模型为一个椭圆壳体,并移除右端来模拟喷口。在之前的研究中,有学者[222]已经将鱿鱼模型简化为半椭球体。如图 6-1 所示,变形前物体的初始几何形状由下式给出:

$$\frac{x^2}{a^2}+\frac{y^2}{b^2}=1,\quad x\leqslant c \tag{6-1}$$

在一个喷流周期内,模型会经历膨胀和收缩两个阶段,这与鱿鱼游动时的情况类似。鱿鱼的喷流推进涉及两组肌肉,即径向肌肉和环形肌肉,以及外套膜。径向肌肉通常在逃逸或捕食过程中活跃,以防外套膜过度膨胀。而环形肌肉则通过快速收缩实现喷流动作。通常在游动过程中,膨胀主要由外套膜的弹性恢复力驱动。受这一机制启发,在本章研究中,腔体的变形包括两个阶段:主动喷流和被动充水。前者是由模拟环形肌肉的外力驱动产生的主动收缩,后者

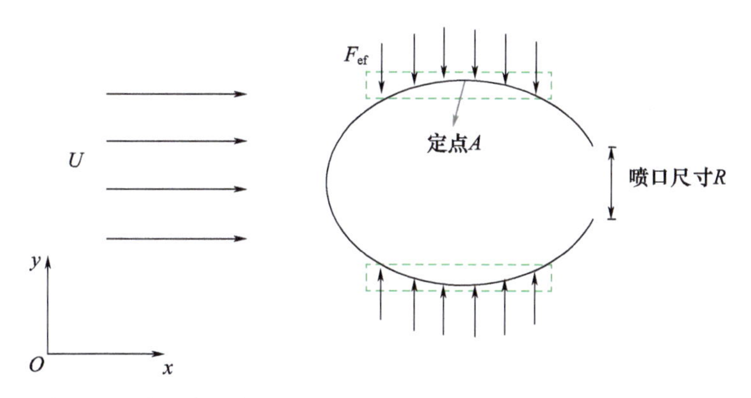

图 6-1　外力均匀作用在绿色矩形区域的网格节点上，矩形区域左边界 $x=-0.78a$，右边界为 $x=0.78a$。U 为自由来流速度，F_{ef} 为施加的外力

是由外套膜结构中弹性势能释放导致的被动膨胀。在膨胀阶段，腔体内部体积增加，使得流体通过喷口（尺寸为 R 的椭圆开口）流入。之后，在喷流阶段，腔体内部体积在收缩过程中减小，流体通过喷口排出。如图 6-1 所示，为了驱动鱿鱼运动，在竖直方向上向鱿鱼表面施加外力 F_{ef}，由下式给出：

$$F_{ef}(t)=\begin{cases}F_{ef0}\sin(2\pi f_{ef}t), & t\leqslant nT_i+1/2T_{ef}\\0, & t>nT_i+1/2T_{ef}\end{cases}\tag{6-2}$$

式中：n 为非负整数（$n=0,1,2,3,\cdots$）；$T_{ef}=1/f_{ef}$ 为外力的周期；f_{ef} 为激励频率；t 为时间；T_i 为鱿鱼腔体被动膨胀所需的时间（由腔体结构自由振动测试获得，将在后面介绍）；$F_{ef0}=0.5\rho_f U^2 L\cdot C_{ef0}$ 为外力的振幅，其中 ρ_f 为流体密度，U 是自由流速度，L 为中等尺寸喷口的长度（$R=0.1L$），C_{ef0} 为外力系数。完整的变形周期包括膨胀和收缩两个阶段，即 $T=0.5T_{ef}+T_i$。

主导本章研究问题的无量纲参数包括：雷诺数 $Re=UL/\nu$，其中，ν 表示流体的运动黏性系数；外力的无量纲频率斯特劳哈尔数 $St=f_{ef}L/U$；质量比 $m^*=\rho_s h/(\rho_f L)$，h 表示蒙皮厚度，ρ_s 表示结构密度；无量纲刚度 $K=EI/(\rho_f U^2 L^3)$，其中 E 是杨氏模量，$I=h^3/12$ 表示横截面的惯性矩，ν_s 为泊松比。

通过对分布在鱿鱼身体上的流体应力进行积分，得到瞬时推力系数：

$$C_T=-\frac{F_x}{\frac{1}{2}\rho_f U^2 L}\tag{6-3}$$

式中：F_x 为 x 方向的水动力分量。

瞬时功率消耗系数计算公式如下：

$$C_P = \frac{P_{ef}}{\frac{1}{2}\rho_f U^3 L} \tag{6-4}$$

式中：P_{ef}为外力的总功率输出，$P_{ef} = \int F_{ef} \cdot u(s)\mathrm{d}s$，其中 u 是外力施加到网格节点 s 的速度。

在来流速度恒定的系泊状态下，推进效率定义为平均推力系数与平均功率消耗系数之间的比值，即

$$\eta = \frac{\overline{C}_T}{\overline{C}_P} \tag{6-5}$$

6.1.2 腔体结构自由振动研究

为了找到结构的自由振动频率，我们进行了数值松弛研究，即在腔体结构表面上施加一个 $C_{ef0}=0.64$，即 $F_{ef}(t)=0.5\rho_f U^2 L\times 0.64$，然后释放，腔体在流体中自由振荡。图 6-2 记录并显示了椭圆体 A 点在 $K=0.05$ 时不同雷诺数下的位移响应，以及在 $Re=10^5$时随着刚度变化的响应。从图 6-2(a)可以看出，流体黏性越大(Re 越小)，腔体的振幅衰减越快。阻尼效应在 $Re=50$ 时最明显，此时振动的衰减速度比在其他雷诺数下衰减得更快，这一点在 Hoover 和 Miller[222] 的研究中也得到了证实。然而，雷诺数的变化对振动频率的影响不大，因为它们与 $Re=10^5$时的参考值($St_v=f_{vibration}L/U=6.3$)相差在2%以内。影响腔体振动响应的另一个重要因素是结构刚度，如图 6-2(b)所示。结构刚度越大，振动频率越高，当刚度足够大时，响应曲线彼此接近，例如，在 $K=0.05$ 和 $K=0.06$ 时。可以发现，在一个振动周期内，收缩和膨胀的持续时间几乎相同。因此，在本章研究中将被动膨胀周期 T_i设置为自由振动周期的 1/2。

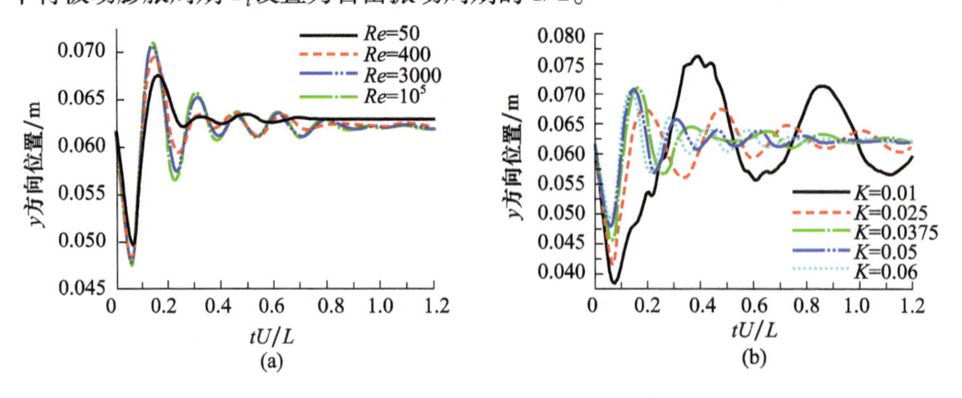

图 6-2 当 $K=0.05$ 时，在不同雷诺数下(a)，以及当 $Re=10^5$时，不同刚度下(b)，顶点 A 在 y 方向随无量纲时间的振荡变化

6.1.3 网格无关性验证

计算域如图6－3(a)所示。在仿鱿鱼模型表面应用无滑移/无通量条件，而对于上、下边界，应用远场边界条件。速度入口和压力出口边界条件分别施加在左侧边界和右侧边界。

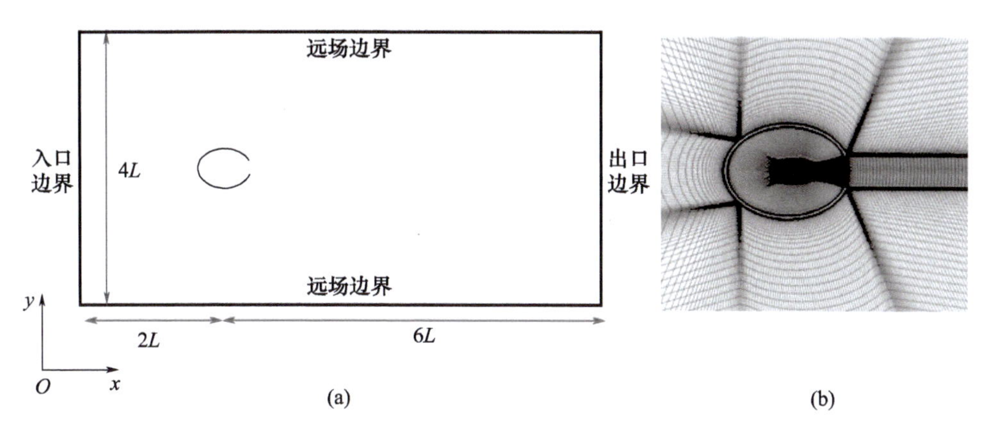

图6－3 当喷口尺寸 $R=0.1L$ 时，计算域布局(a)和模型周围生成的中等网格(b)

我们通过求解 $Re=UL/\nu=10^5$，$m^*=0.05$，$K=0.05$，$C_{ef0}=0.64$，$St=4.4$，$R=0.1L$条件下的流场，进行网格无关性研究，以评估合适的网格和时间步长尺度。我们划分了三套流体网格：60290个网格单元的粗网格，78758个网格单元的中等网格以及105220个网格单元的细网格。三种网格均采用结构网格进行划分，第一层高度为 $1.98\times10^{-4}L$，y^+ 值为1，包含198个二次块(quadratic brick)有限元网格单元。我们首先进行了网格收敛性测试，这里使用了三种流体网格和一个不变的无量纲时间步长 $\overline{\Delta t}=0.00113$，其中无量纲时间步长定义为：$\overline{\Delta t}=\Delta tU/L$。三种网格计算出来的推力系数 C_T 随时间的变化如图6－4(a)所示。同时以细网格为标准进行相对误差分析。可以看出，中等网格的结果非常接近细网格，两者之间的最大差异小于2%。此后，我们也研究了在中等网格下，时间步长对计算结果的影响，如图6－4(b)所示。这些测试表明，如果网格尺寸和时间步长足够小，则计算结果对它们不敏感。因此，为了确保计算精度，同时降低计算成本，以下数值计算均使用中等网格。

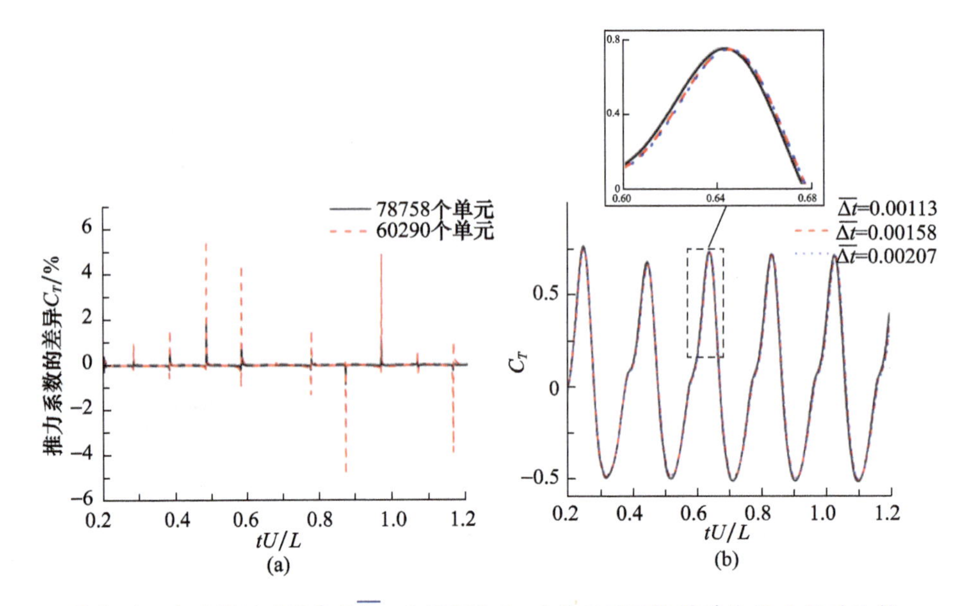

图 6-4　在无量纲时间步长$\overline{\Delta t}=0.00113$时，三种不同网格得到的$C_T$之间的比较，使用 105220 个单元的细网格作为参考对象(a)和使用三种不同时间步长时与中等网格C_T结果的比较(b)

6.1.4　结果与讨论

在网格和时间步长的自洽性研究之后，我们还开展了数值测试以确定合适的刚度和外力幅值。结果表明，在$K=0.05$和$C_{ef0}=0.64$的情况下，可以实现周期性的膨胀-收缩运动，并且能持续足够长的时间以达到稳定状态。同时，变形不会太大从而避免运动系统的不稳定性，但也不会因为膨胀过小而无法产生推力。因此，我们使用上述参数进行模拟研究。

6.1.4.1　稳态响应

这里给出了一个典型的稳态响应情况，以展示鱿鱼的膨胀-收缩变形以及由此产生的推进性能。在本模拟中，无量纲参数如表 6-1 所列。值得注意的是，当$Re=10^5$并且$K=0.05$时，腔体的自由振动频率$St_v=6.3$，这是通过 6.1.2 节中的自由振动研究获得的。被动膨胀周期T_i是自由振动周期的 1/2，$T_i=0.5L/(USt_v)$，如图 6-2所示。因此，完整的运动周期$T=0.5L(1/St+1/St_v)/U$。

表 6-1　二维仿鱿鱼模型使用的参数

Re	K	C_{ef0}	St	m^*	a	b	R
10^5	0.05	0.64	3.6	0.05	0.2L	0.15L	0.1L

图6－5绘制了一个周期内的鱿鱼腔体轮廓变化示意图，以展示喷流推进过程中的腔体变形。可以看出，在这种刚度和外力频率下的变形不如Bi和Zhu[153]的流固耦合模型出现的变形明显（参见文献[153]中的图8）。他们这项研究的驱动机制与本研究不同。在他们的研究中，腔体的膨胀和收缩是空腔内横向布置的虚拟弹簧拉伸和收缩的结果。通过指定单个弹簧的纵向位置和刚度，他们能够控制腔体沿纵向的变形。然而，当前研究的腔体变形是整个模型结构对外力、流体力和结构惯性力的响应。从数学上讲，它是完全耦合的流体方程（3－1）和结构方程（3－35）的共解。这也解释了本研究与文献[153]中腔体变形的差异。具体而言，如本研究图6－5所示，沿圆周方向的变形是平滑的，这与Hoover和Miller仿水母模型的驱动机制和变形模式相似。相比之下，文献[153]中模型在圆周方向的变形更为复杂（见文献[153]图9所示）。

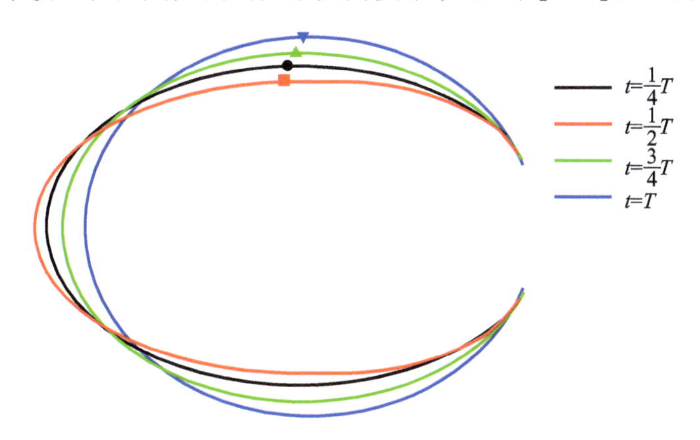

图6－5　一个周期内的鱿鱼腔体轮廓变化示意图$\left[\text{顶点}A\text{由圆点}\left(t=\frac{1}{4}T\right)\text{、正方形}\left(t=\frac{1}{2}T\right)\text{、上三角形}\left(t=\frac{3}{4}T\right)\text{和下三角形}(t=T)\text{进行标记}\right]$

为了定量记录腔体的运动变形，我们在图6－6（a）中描绘了图6－1所示顶点A在y方向的位置变化。综上所述，一个运动周期包括外力作用下的主动收缩和结构弹性引起的被动膨胀。从图6－6中可以看出，尽管外力作用仍然存在，但腔体在运动中期之前就开始膨胀，表明外力不足以抵消此时的弹力。最大y方向的位置出现在下一个周期开始施加外力之前，这意味着腔体在自由振动条件下达到了最大膨胀状态。

推力和喷流速度的变化如图6－6（b）所示。将图6－6（a）和图6－6（b）进行比较可得，大部分推力产生在收缩阶段，推力峰值出现在腔体完全收缩之前。虽然在一个运动周期内有近一半的时间是产生阻力的，尤其是在膨胀阶段，但平均推力仍然为正，这主要是由于最大推力大于最大阻力。这一特征不同于鳍推进模式,在一个鳍推进周期内,鱼类几乎可以通过柔性鳍的复杂三维结构避免阻力的产生[65]。与文献[153]一致,此处的平均喷流速度定义为 $V_j = -\frac{1}{R}\frac{dS}{dt}$,其中 S 是腔内部区域体积,其变化如图 6-6(d)所示。与文献[153]的研究结果类似,推力产生和喷流速度之间存在相位滞后现象,如图 6-6(b)所示。这可能是受腔体上的阻力、喷流加速效应[154]以及附加质量相关的推力的影响。

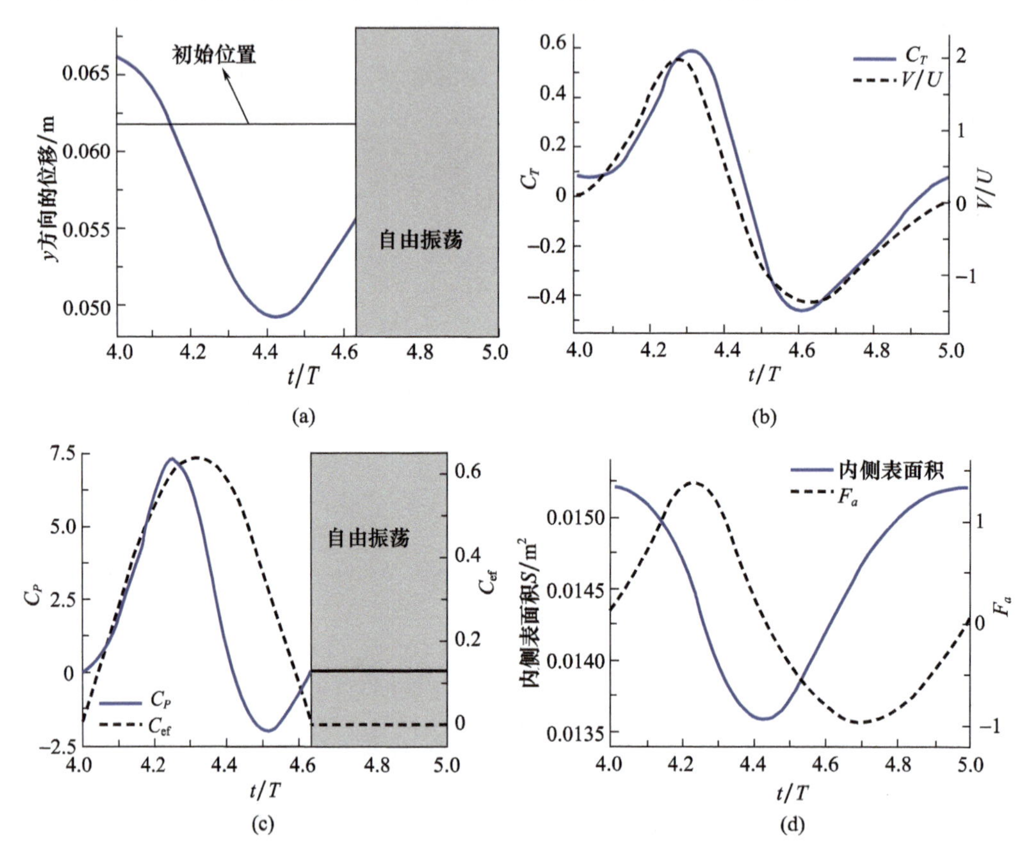

图 6-6 顶点在 y 方向的位移(a)、瞬时推力系数 C_T 和喷射速度(b)、瞬时功率消耗系数 C_P 和施加的外力系数 C_{ef}(c),以及一个周期内的内侧表面积和无量纲附加质量相关的推力系数(d)随时间的变化[在图(a)和图(c)中,自由振动的持续时间用灰色背景覆盖]

功率消耗系数 C_P 和施加的瞬时外力系数 C_{ef} 如图 6-6(c)所示。可以看出,除非在施力阶段接近尾声时结构发生反弹,否则大部分时间外力都在做正功。喷流与腔室的内部面积直接相关,腔体形状的改变会产生与附加质量相关的推力。图 6-6(d)显示了在一个运动周期内内部面积和附加质量相关推力的变化。无量纲附加质量相关推力由 $F_a = -\dot{m}_a U/(0.5\rho_f U^2 L)$ 计算,其中 m_a 为

附加质量。将物体的瞬时形状简化为以 $\widehat{b}$ 轴为半短轴的椭圆来计算附加质量，则可写成$m_a=\rho_f\pi\widehat{b}^2$。虽然 F_a的大小大于 C_T的大小，但 F_a的平均值非常小，对平均推力贡献很小，这一点在 Bi 和 Zhu 的研究中得到证实，该研究也采用了系留游动假设。在系留模式下，喷流阶段质量变化带来的正推力输入被膨胀阶段的负推力中和。而从 Bi 和 Zhu[223]随后对自由游动状态的后续研究中可知，附加质量相关的推力却能占到平均推力相当大的一部分。

鱿鱼模型在 z 方向的涡量变化如图 6－7 所示。可以发现，从腔体喷流出了一对分别沿顺时针和逆时针方向旋转的喷流诱导涡。这与 Bartol 等[123]通过 DPIV 技术观察到的鱿鱼（lolliguncula brevis）周围的涡场模式有些相似，尤其是文献［124］中提到的模式Ⅰ。有趣的是，在本章研究中也观察到了强烈的腔体内部漩涡，而在先前研究[153]中，当雷诺数低得多（$Re=400$）时，内部漩涡就弱得多。由此可以合理地推测，雷诺数会显著影响模型周围的流场，而这将在 6.1.4.2 节中讨论。观察图 6－7 可以发现，在 $t=\dfrac{2}{3}T$ 时，腔体内部漩涡和喷流涡几乎同时脱落。从其旋转方向可以看出，内部涡来自腔体外表面，而喷流涡源自腔体内表面。在该周期内，喷流涡、内部涡和外部尾流涡关于水平中线都是对称的，尽管在对称轴上下两侧具有相反的旋转方向。

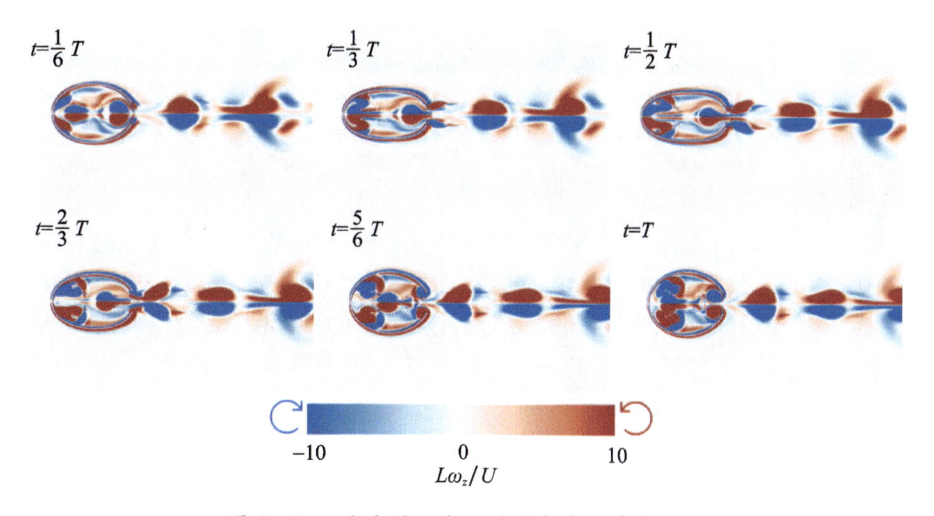

图 6－7　z 方向的一个运动周期内涡量变化图

除了涡场模式外，喷流推力还与模型周围的压力分布密切相关。图 6－8 所示为一个运动周期内模型周围压力分布云图。由图 6－8 与图 6－6(a)、(b) 之间的比较可得，当接近完全收缩状态时，在 $t=\dfrac{1}{3}T$ 处的推力峰值与模型周围的巨大压差直接相关。随后,随着模型膨胀,上游压力开始增加,下游压力下降,直到 $t=\frac{2}{3}T$。因此,在此过程中,推力持续减小,直到 $t=\frac{2}{3}T$ 时,模型的瞬时阻力值达到最大。

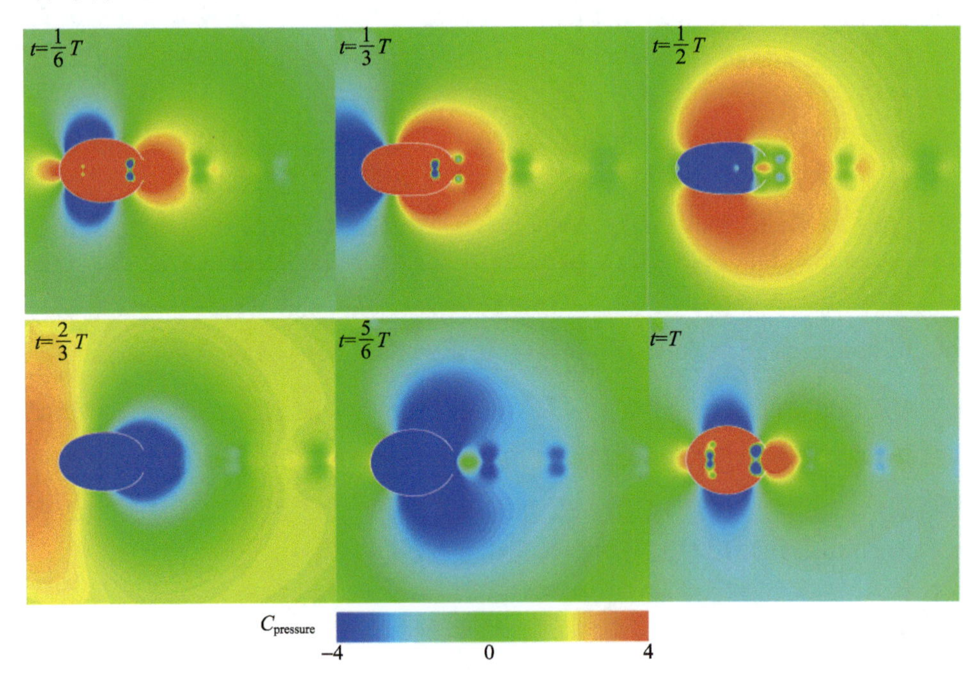

图 6-8 一个运动周期内模型周围压力分布云图[$C_{\text{pressure}}=(p-p_{\infty})/(0.5\rho_f U^2)$]

6.1.4.2 推进性能

如 6.1.4.1 节所示,$Re=10^5$时的涡场分布模式与低雷诺数时有较大不同。由此可见,流体黏度对系统周围的流动演变有重大影响,进而影响推进性能。本节对此进行参数化研究以探索 $Re=50,400,3000,10^5$时的流场情况,这些数值都在鱿鱼发育过程中所经历的雷诺数范围内。除雷诺数外,本节还研究了斯特劳哈尔数的影响。大多数无量纲参数与表 6-1 保持一致。

图 6-9 显示了平均推力系数 $\overline{C}_T$、功率消耗系数 $\overline{C}_P$、推进效率 η 以及顶点 A 的极端位置位移比。通常,在 $Re=400,3000,10^5$时可以观察到四个变量相似的变化规律,而在 $Re=50$ 时,黏性效应占主导地位,因此可以看到独特的变化规律。

如图 6-9(a)所示,随着雷诺数的增加,平均推力增大。当流动为层流时,仿鱿鱼模型在大多数情况下不会产生平均推力;相反,此时模型只受到阻力,尽管阻力在较高的雷诺数下会有所减小。当 $Re=3000$ 时,平均推力在 $St=3.2$ 处达到峰值,$\overline{C}_T=0.0039$;当 $Re=10^5$时,推力在 $St=3.6$ 处达到峰值($\overline{C}_T=0.013$),增加了2倍。在这两种情况下,低驱动频率和高驱动频率都有阻力产生。图6-9(c)效率变化曲线显示了类似的变化模式,在 $Re=3000$ 和 $Re=10^5$ 时,分别在 $St=3.2$和 $St=2.4$ 处观察到最大效率。具体而言,$Re=10^5$时的最佳效率为24.0%,比 $Re=3000$ 的最佳效率(约3.5%)显著提高了586%。从式(5.4)可以得出,功率消耗与腔体位移直接相关。因此,它们的曲线显示出一些相似性,如图6-9(b)和(d)所示。顶点 A 的最大位移和最大功率消耗大多出现在频率 $St_v=6.3$ 附近,但 $Re=50$ 的情况除外,该雷诺数下最大位移出现在 St 较小处。观察图5.9(c)和(d),我们还发现当 $Re>50$ 时,$St=2.8$ 附近存在局部的最大位移。第二个峰值可能对应于结构系统的另一个模态,然而该模态在6.1.2节中的松弛测试中并未被激发。

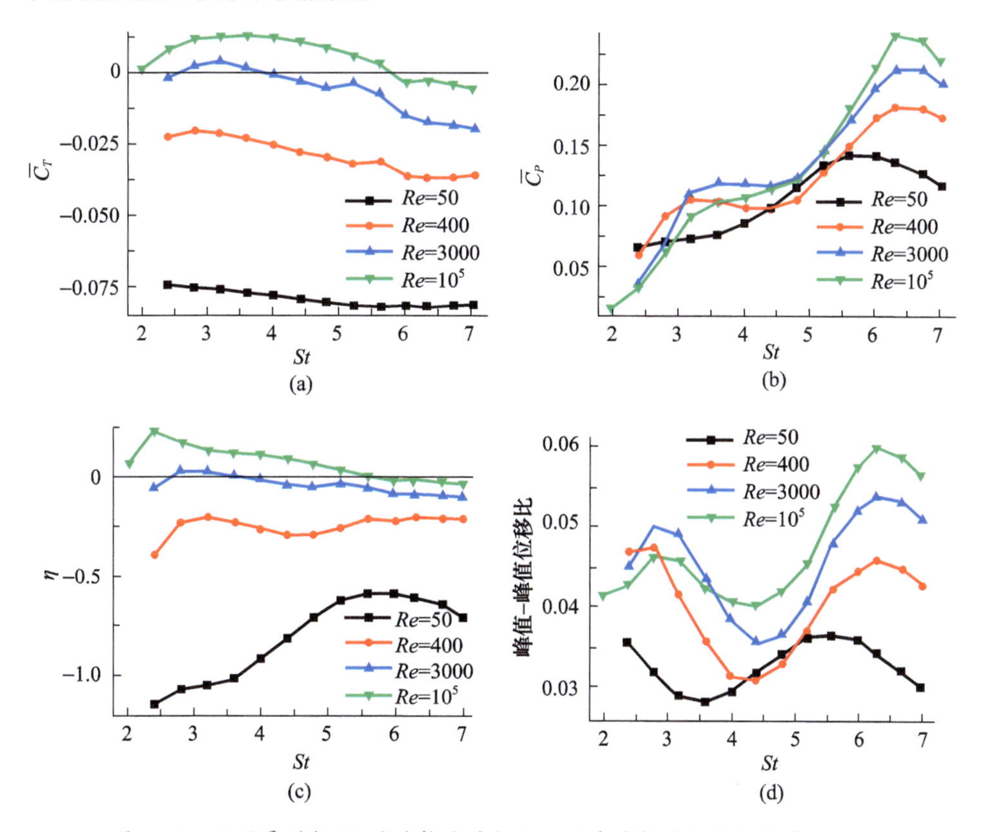

图6-9 不同雷诺数下,平均推力系数(a)、功率消耗系数(b)、效率(c)和顶点 A 的峰值-峰值位移比(d)随 St 的变化情况

Bi 和 Zhu 也研究了 $Re=400$ 时运动频率对推力的影响(参见文献[153]图 11)。将其与当前结果进行比较发现,他们预测的平均推力系数总体上比本章研究工作中的推力系数大一个数量级。这是由于其鱿鱼模型的腔体变形比本章研究中的变形更为显著。因此如 6.1.4.1 节所述,他们的模型产生了更强的喷流。然而我们的研究结果表明,当考虑到更高的雷诺数时,效率的提高还是非常明显的。也就是说,Bi 和 Zhu 的研究中在 $Re=400$ 时的最大效率低于 15%,而我们的仿鱿鱼模型在 $Re=10^5$ 时的最佳效率达到了 25%。

腔体的共振变形可能不是鱿鱼游动的最佳选择。例如,当 $Re>50$ 时,在自由振动频率 $St_v=6.3$ 处会产生全局最大位移,但在该频率处没有产生平均推力。以 $Re=10^5$ 为例,在 $St=2, 3.6, 6.3$ 时一个周期内的瞬时推力如图 6-10 所示。在自由振动频率 $St=6.3$ 时,蒙皮的最大变形确实产生了更大的推力峰值。然而,产生推力的时间并不长(小于整个周期的 2/5)。虽然最大阻力小于推力,但得到的平均推力仍然为负。相比之下,在 $St=3.6$ 时,产生的正推力时长占总周期时间的一半以上。因此,在该驱动频率下获得的平均推力最大。

图 6-11 比较了在 $St=3.2$ 时不同雷诺数的瞬时推力系数。可以发现,在层流状态下,C_T 的峰值随着雷诺数的增加而增加。4 个雷诺数中 C_T 的最大瞬时值出现在 $Re=3000$ 处,较高的雷诺数会导致瞬时峰值出现的时间提前。如图 6-11 所示,在这 4 个雷诺数下 V_j 和 F_a 的变化与 C_T 的变化相似。因此,本章并未单独进行说明。

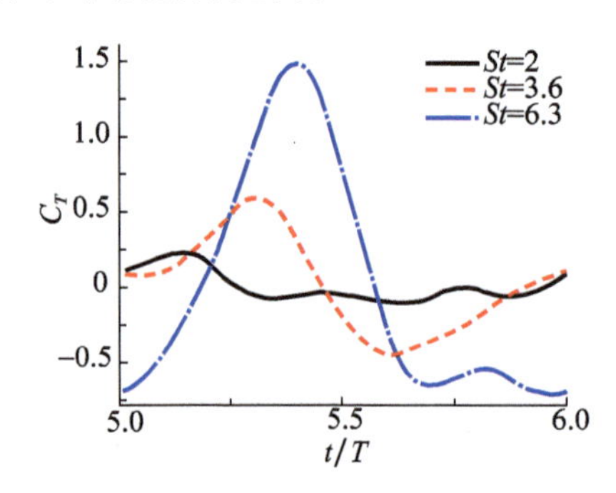

图 6-10 不同的斯特劳哈尔数在 $Re=10^5$ 的一个周期内,瞬时推力系数的变化情况

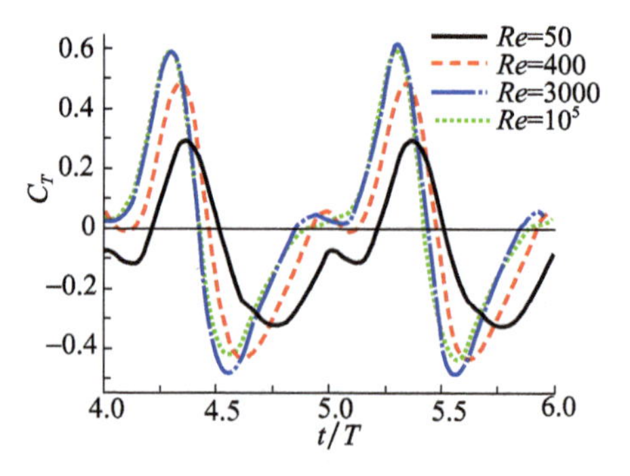

图 6-11 在 $St=3.2$ 时,不同雷诺数下的瞬时推力系数随时间的变化情况

6.1.4.3 流场结构和涡结构对称性破坏现象

为了解释不同参数下的推进性能,我们给出了模型周围可视化的流场结构。图 6-12 为 $St=3.2$ 时 4 个不同雷诺数下腔体完全收缩状态下的 z 方向涡

量图。随着 Re 的增加，腔体外产生的涡变弱，而喷流涡逐渐成为主导。在较低的雷诺数下（$Re=50$ 和 $Re=400$），从腔体内喷射出的射流涡和体内涡迅速消散。因此，尾流与腔体内部没有明显的涡对。相反，鱿鱼体外部产生的涡强度最高，类似于层流中圆柱体前表面的漩涡[224]，这意味着阻力占据主导地位。这或许可以解释为什么在这两个 Re 值下没有产生推力，如图 6-9(a)所示。在 $Re=10^5$ 时，尾流中的喷流涡强度最大，沿腔体外壁面的与阻力相关的外部涡被高度抑制，从而产生了较高的推力。

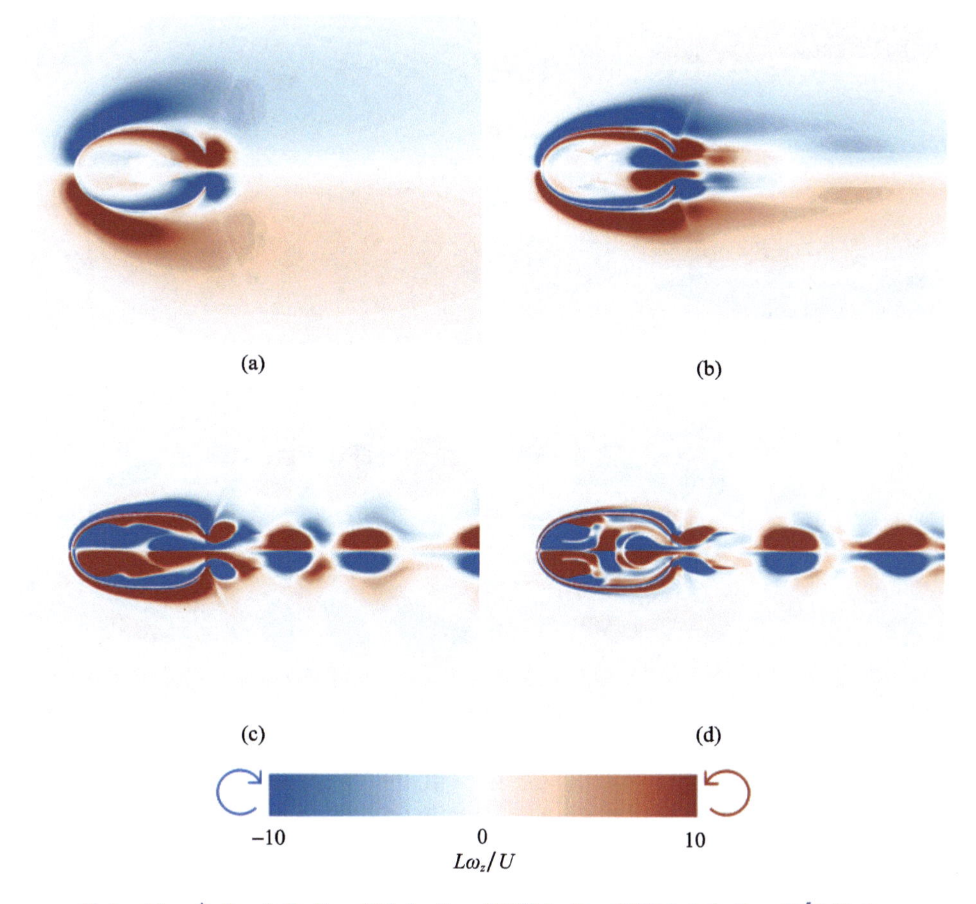

图 6-12　在 $St=3.2$，$Re=50$(a)、$Re=400$(b)、$Re=3000$(c)和 $Re=10^5$(d)时，完全收缩状态下 z 方向涡量图

如图 6-13 所示，除流体黏性外，外力的作用频率对游泳者周围的流动模式也有重要影响。在不同的斯特劳哈尔数下，观察到三种模式的涡量图。在低频下，如 $St=2$，会出现模式Ⅰ，此时体外涡流和喷射涡流强度相当，而体内涡流较弱。这种涡模式产生的推力较小。模式Ⅱ中，St 介于 2.4 和 4.8 之间，喷流

涡占主导地位。同时,体内涡的强度变高。如图 6-9(a)所示,在 $St=3.6$ 和 $St=4.8$ 时,该模式有较大推力产生。如图 6-9(c)所示,从模式Ⅰ过渡到以喷流涡为主的模式Ⅱ的过程中,即在 $St=2.4$ 和 $St=2.8$ 时,效率较高。这与 Bi 和 Zhu 的研究结果一致。在模式Ⅲ中,随着 St 的进一步增加,与阻力相关的体外表面漩涡再次变强。与此相反,作为产生推力的主要来源的喷流涡与体表漩涡相比逐渐减弱。因此,当驱动频率较高时,模式Ⅲ不会产生平均推力。

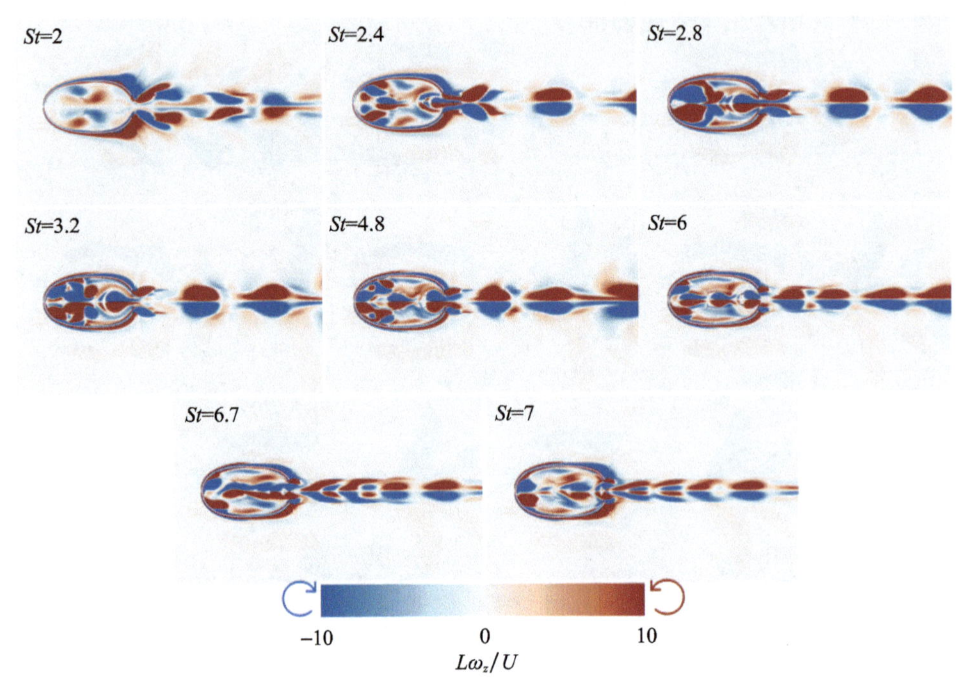

图 6-13 $Re=10^5$ 时,模型处于完全收缩状态时周围 z 方向的涡量图

随着仿真的持续进行,我们发现在几个循环之后,特别是在高雷诺数下,规律的周期性膨胀-收缩运动和由此产生的喷流推进系统是不持久的。为了展示不规则振动和对称性破坏现象,图 6-14 绘制了顶点 A 在 y 方向的位移变化以及 y 方向的瞬时升力 C_y。在 $Re=10^5$ 时,经过约 8 个运动周期后,鱿鱼的不规则变形就很明显了。而在 $Re=3000$ 时,经过第 9 个周期后,腔体变形的不规则性就很明显了。在较低的 Re 值下,周期性振动在所有 10 个周期内都保持不变。不对称变形能够产生一定的升力,如图 6-14(b)所示,在正常的膨胀-收缩运动中,升力 C_y 可忽略不计。然而,在 $Re=3000$ 和 $Re=10^5$ 时,升力曲线从第 7 个周期开始波动。前者的第 1 个升力峰值出现的时间略晚于后者。一般来说,Re 越高,对称性破坏出现的时间越早。这让人联想到,在层流($Re=1\sim100$)

下游动的鱿鱼幼体比在较高雷诺数（Re 为 $10^3 \sim 10^6$）下游动的幼鱼和成年鱿鱼更频繁地采用连续喷射游动。这些幼鱼和成年鱿鱼间歇性的喷流游动有助于它们在湍流中避免这种对称性破缺所产生的不稳定性。

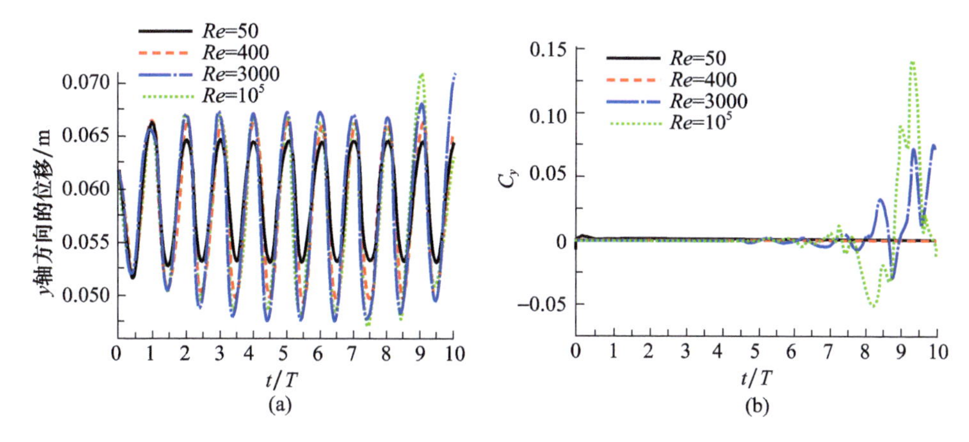

图6－14　对于不同的雷诺数，顶点 A 在 y 方向的位移(a)和升力系数 C_y(b)在 $St=3.2$ 时随时间的变化图

图6－15显示了 $Re=10^5$ 时模型在 z 方向的瞬时涡量图，以观察对称性破坏不稳定性的发展。图6－16还提供了在 $Re=400$ 时的数据比较。从图6－15可以看出，在 $t=6.60T$ 之前，三种类型的涡流，即腔体内部漩涡、外部表面涡流和喷流涡流，都关于水平中线对称。从 $t=7T$ 到 $t=7.73T$，腔体内部漩涡的对称性被打破，而其他漩涡的对称性保持不变。对比图6－14和图6－15可知，腔体的不规则变形和升力的产生首先来源于紊乱的内部涡流。随后，这诱发了喷流漩涡的对称性破坏，在 $t=8.60T$ 后变得明显。Bi 和 Zhu 在更小的 Re 值(400)时也发现了类似的尾迹对称性破坏现象。在他们的研究中，内部漩涡并不明显，膨胀－收缩系统的不稳定性主要是由于尾迹中喷流漩涡对称性被破坏。他们预计，较低的雷诺数往往会延迟涡结构对称性的破坏。事实上，我们的模拟结果表明，在 $Re=400$ 的情况下，涡对的对称性至少可以维持10个周期，如图6－16所示。在这种情况下，原有的漩涡会迅速消散，新形成的涡避免与它们发生碰撞从而对腔体内外造成扰动。据作者所知，这一结果首次证明了在高雷诺数条件下，腔体内部涡流对喷流推进系统不稳定性的显著影响。这可能会对仿鱿鱼喷流推进机器人的设计有一定指导意义：需要设计内部腔体结构和相关的腔体变形，以免涡流的对称性被破坏。例如，可以在机体内部实施某种机制，通过影响内部漩涡的演变来抑制这种不稳定性。

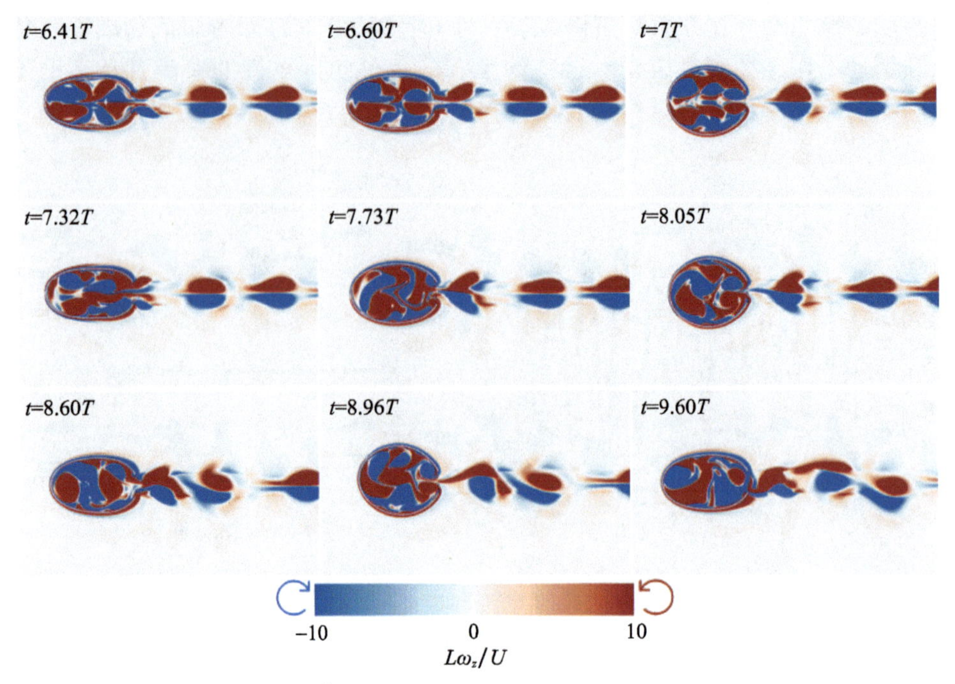

图 6-15　在 $Re=10^5$、$St=3.2$ 时，模型在 z 方向的涡量图随时间的变化

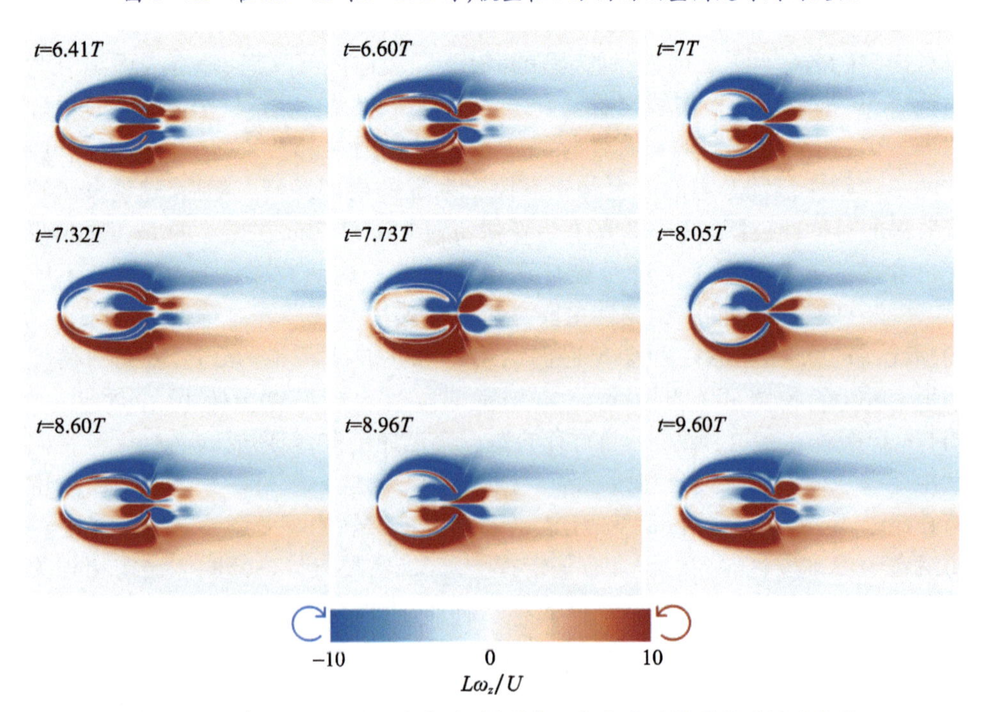

图 6-16　在 $Re=400$、$St=3.2$ 时，模型在 z 方向的涡量图随时间的变化

6.1.4.4 喷口尺寸的影响

射流是喷流推进中推力的主要来源，直接受入口和出口的喷口尺寸的影响。本节考虑了两种喷口尺寸：一种是 $R=0.14L$ 的大喷口尺寸；另一种是 $R=0.075L$ 的小喷口尺寸。值得注意的是，两种尺寸的喷口用于膨胀阶段的自由振动频率是不同的。它们是从6.1.2节介绍的收缩-膨胀自由振动研究中获得的。表6-2列出了大、小喷口的模拟参数。

表6-2 两种喷口尺寸下使用的模拟参数

Re	K	C_{ef0}	m^*	a	b	R（大喷口）	R（小喷口）
10^5	0.05	0.64	0.05	$0.2L$	$0.15L$	$0.14L$	$0.075L$

图6-17中绘制了 $St=3.6$ 时的平均推力、功率消耗系数、效率和瞬时射流速度。可以看出，在所研究的参数下，在低驱动频率运动，喷嘴尺寸较小的射流游动平均推力较大。随着 St 的增加，平均推力变得比大喷口尺寸的推力低。在 $St=3.2$ 时，大喷口模型的平均推力峰值为0.012，比小喷口的推力峰值(0.0094)增

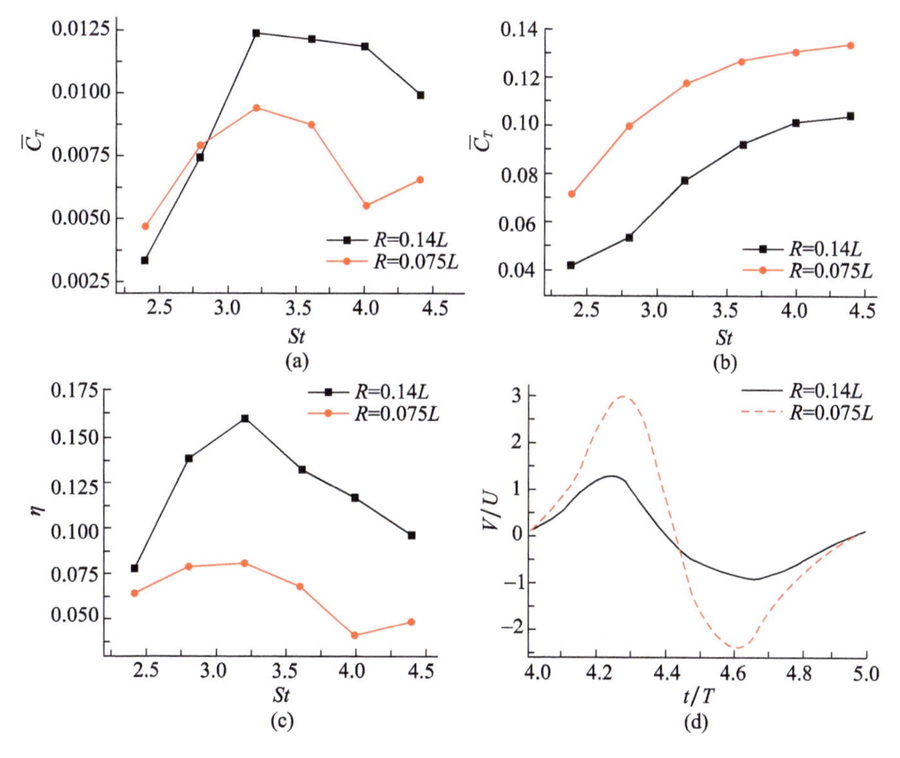

图6-17 具有两种不同喷口尺寸的仿鱿鱼喷流模型随 St 变化时的平均推力(a)、功率消耗系数(b)和效率(c)以及在 $St=3.6$ 时一个周期内的瞬时喷射速度(d)

加了 27.7%。在这两种情况下的功率消耗随着外力驱动频率的增加而单调递增。与小喷口相比,大喷口的喷流运动更节能。由于更大的推力和更少的功率消耗,具有大喷口的鱿鱼模型比具有小喷口的鱿鱼模型效率更高,在 $St=3.2$ 时,两者之间的最大效率差为 98%(后者的效率作为参考),如图 6-17(c)所示。$\overline{C}_T$、$\overline{C}_P$ 和 η 随 St 的变化表明,喷口相对较大的模型在推进能力方面通常优于喷口较小的模型。

虽然小喷口的平均推力较低,但其最大瞬时推力系数(0.61)大于大喷口的最大瞬时推力系数(0.54)。这意味着具有小喷口的鱿鱼模型可以获得更大的瞬时爆发速度。由图 6-17(d)可知,小喷口产生更大的喷流速度,大喷口导致收缩-膨胀运动出现喷流速度峰值较早。

图 6-18 绘制了两种喷嘴尺寸在不同斯特劳哈尔数下模型周围的涡量图。在低频下,例如 $St=2.4$ 时,当喷口尺寸较大时,内部涡和喷流涡较弱。这与小喷口的情况不同,小喷口的涡流要强得多。此时($t=8T$),两种涡模式之间的主要差异是,具有大喷口的模型周围涡对的对称性依然保持良好;相反,其他涡模式腔体内部呈现出充分发展的扰动和不对称的喷流涡对。

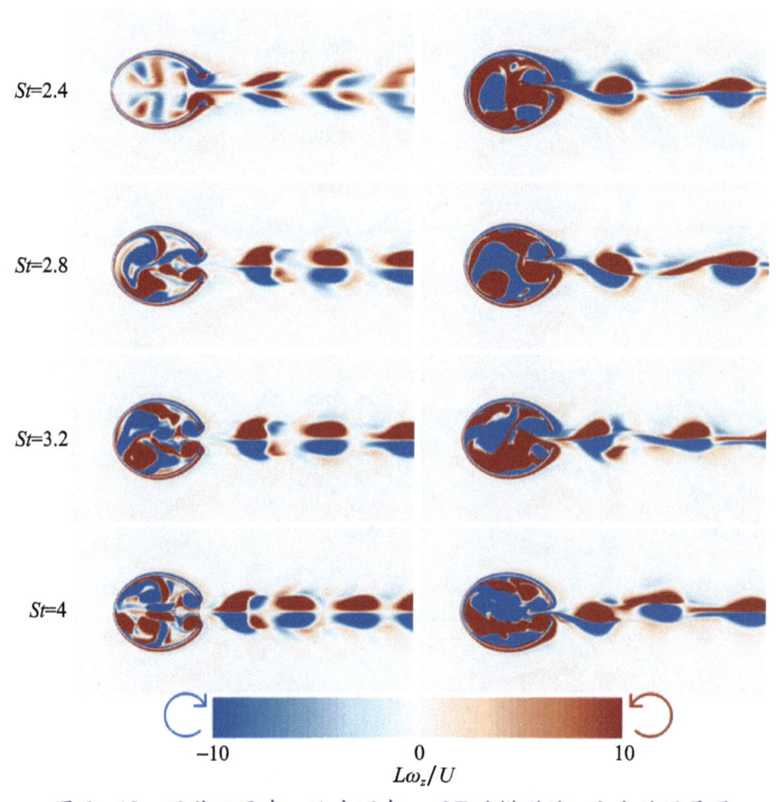

图 6-18 两种不同喷口尺寸下在 $t=8T$ 时模型的 z 方向的涡量图

除流体黏性外，喷口尺寸还会对喷流周期性运动系统不规则性的发展产生重大影响，如图6-19中的升力所示。可以看出，在$t=8T$出现显著不对称的涡流之前，从第六个周期开始就产生了升力。

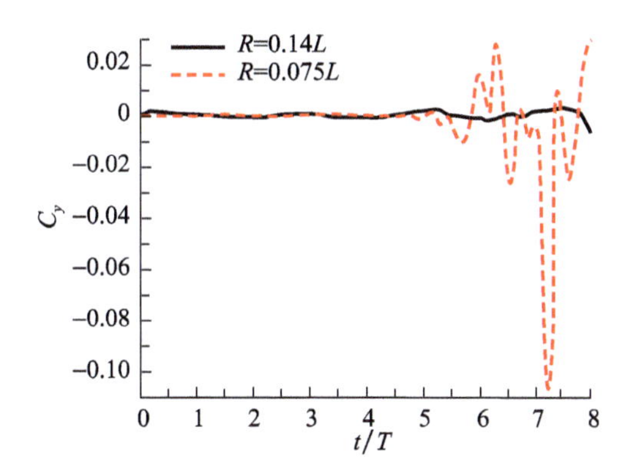

图6-19　两种不同喷口尺寸下在$St=3.2$时C_y随时间的变化情况

图6-20显示了小喷口鱿鱼模型周围z方向涡量随时间的变化过程，以展示漩涡对称性破坏现象的发展。与图6-15中所示的现象类似，涡对的破坏首先发生在腔体内部，时间$t\approx5.98T$。在随后的一个多周期后，即$t=7.67T$时，腔体内部扰动对喷流涡的形成产生了显著的影响。对于喷口尺寸较大且$St=3.2$时，尾流结构的对称性至少持续到$t=8T$，尽管此时腔体内涡开始趋于不规则，如图6-18所示。因此，第8个周期之前模型的变形依旧保持规则并且产生的升力可以忽略。

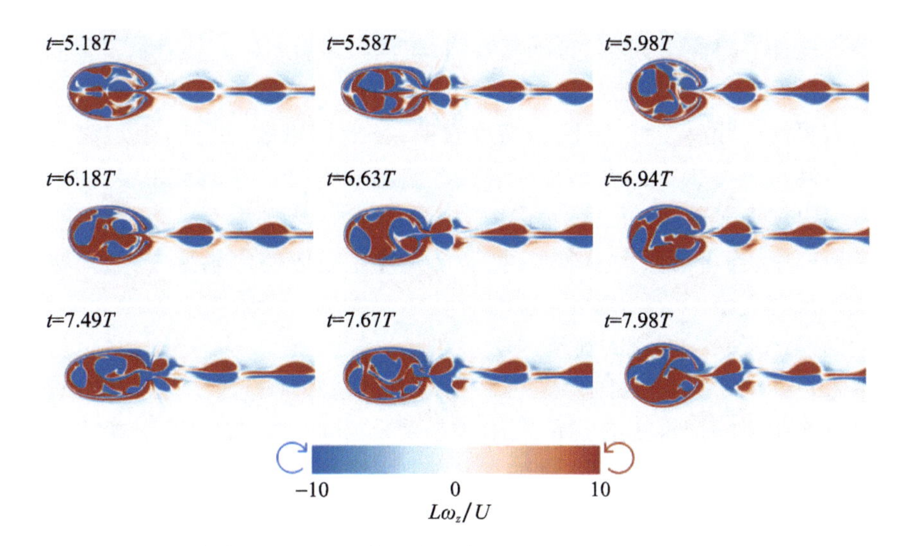

图6-20　小尺寸喷口的仿鱿鱼喷流模型在$St=3.2$时z方向的涡量随时间的变化

受鱿鱼和其他头足类动物喷流推进的启发,本节提出了一种膨胀-收缩式的喷流推进系统。二维仿鱿鱼模型被简化为半椭圆的一部分,其开口端被当作喷口。在腔体表面施加外力以实现收缩,这模仿了鱿鱼的圆形肌肉收缩机制。在收缩阶段,腔体内的流体通过喷口喷射出来。在外力撤回后,由于弹性体结构的弹性能释放,腔体结构开始膨胀。在膨胀阶段,流体通过喷口进入腔体,然后在下一次喷射时排出。我们的模拟结果表明,在该机制下可以实现周期性的膨胀-收缩运动和产生推力(图6-5和图6-6)。

我们系统地研究了雷诺数对喷流推进的影响。结果表明,在所研究的参数下,较高的雷诺数产生较大的平均推力。这种推力的增加可能是由作为阻力指标的外部表面附近涡流被抑制导致的。此外,我们还通过数值试验得到了Bi和Zhu的研究中没有涉及的腔体结构的共振频率,结果表明,尽管在共振频率附近观察到了较大的振动位移,但并未产生更高的推进性能。在研究的所有4个不同雷诺数下,出现了驱动频率变化所产生的平均推力峰值。最大推进效率出现在相对较低的外力驱动频率下[图6-9(c)]。在本章研究中所考虑的参数范围内,峰值效率达到25%,远高于Bi和Zhu的文献中报道的峰值效率(15%)。可视化流场结果显示,随着斯特劳哈尔数的增加,可以观察到三种涡结构模式。在模式Ⅰ中,腔体内涡的强度与喷流涡强度相当。模式Ⅱ以喷流涡为主,而模式Ⅲ以腔体内涡为主。当喷流涡开始占主导地位时,在模式Ⅰ到模式Ⅱ的过渡阶段可以看到最高效的喷流推进,这与Bi和Zhu的研究一致。

文献[153]展示了在 $Re=400$ 时,在膨胀-收缩运动进行几个周期后出现了腔体附近涡结构对称破坏的不稳定性现象。他们预测在较高的雷诺数下不稳定性会增加。事实上,我们的研究表明,雷诺数越高,不规则变形和涡流模式出现得越早[图6-14和图6-15]。然而,他们的数值模型只强调了尾流不稳定性的重要性。相反,我们的模拟结果表明,在低雷诺数(层流)下观察到的系统不稳定性机制可能不适用于高雷诺数下湍流的情况。特别是在层流时,不对称性主要出现在尾部喷流流涡对中,而内部涡流的影响并不显著。相比之下,在本章研究中,当雷诺数大得多时,扰动首先发生在腔体内涡流中,其对称性被新形成的涡和先前形成的涡相互碰撞所破坏。大约一个收缩-膨胀周期后,这种扰动明显地反映在尾流的喷流涡中。

尽管目前的研究是二维模型,但涡结构对称性破坏的现象仍可能对真实鱿鱼的游动产生影响。真实的鱿鱼采用的是膨胀-收缩喷流和鳍摆动协同推进模式。在流体黏性显著的低雷诺数条件下,连续游动比膨胀-收缩游动更有利[225]。因此,Bartol等预测,在层流环境中游动的鱿鱼幼体有利于频繁地收缩喷流和进行更少的滑行运动,这与生物学观测结果一致。相比之下,成年鱿鱼

在较高雷诺数下更频繁地使用鳍摆动。根据我们的研究结果，可以合理地推测，间歇的膨胀－收缩运动不仅提高了效率，而且抑制了内部涡流的对称破坏不稳定性。如 Bi 和 Zhu 所述，在设计喷流推进水下航行器或推进器时，可能需要采取一些具体措施来缓解这种不稳定性的影响，例如，通过主动控制腔体变形来改变内部涡流模式的演变。

为了研究的完整性，我们还探讨了喷口尺寸对推进性能的影响。结果表明，虽然小喷口可以增加瞬时推力，但并不总是有利于提升平均推力和效率。此外，较小的喷口尺寸会导致更强的涡流，甚至导致涡结构对称性破坏的不稳定性增强[图 6－19 和图 6－20]。

6.2 背景来流下三维仿鱿鱼模型的脉冲喷流推进

在 6.1 节中，我们研究了高雷诺数下二维仿鱿鱼喷流的推进性能。腔体的膨胀－收缩由外部附加力和结构弹性能的释放驱动。因此，这种数值模型考虑了腔体动态变形过程中模型与周围流体之间的流体－结构相互作用。尽管该二维模型与鱿鱼的喷流推进有一些相似之处，但对于二维模型而言，探索从鱿鱼喷流过程中观察到的显著的三维喷流涡环是不可能的。因此，在本节中，我们考虑仿鱿鱼的三维喷流模型。通过指定腔体变形和喷流速度分布，以及通过数值仿真，本节研究了在背景来流速度的影响下腔体单次收缩过程中不同的喷流速度轮廓对喷流流场和推进性能的影响规律。

6.2.1 问题描述

本节考虑了有压力腔室并带有开口的仿鱿鱼模型。这个腔室模仿鱿鱼的腔体，其开口同时充当流体的入口和出口。在典型的膨胀－收缩过程中，腔体收缩，从而使腔室内的流体通过喷口排出，然后膨胀流体被吸入腔室，用于下一次喷流。在这项研究中，我们关注的是在膨胀－收缩推进循环中的单次收缩变形中所产生的推力。

如图 6－21(a)所示，我们考虑的几何结构关于 x 轴对称。模型的长度为 L，喷口尺寸用 D 表示。上表面[图 6－21(a)中的上虚线以上部分]和下表面[图 6－21(b)中的下虚线以下部分]分别为椭圆的一半。在柱坐标系中，从 x 轴到模型表面某一点的径向距离为：

$$r = 0.5L\sqrt{(1-e^2)(1-4x^2/L^2)} + 0.5D \tag{6-6}$$

式中：e 为椭圆的偏心率。值得注意的是，尽管几何结构本身是轴对称的，但不能保证本节研究中在相对较大的雷诺数（约为 1000）下流场还保持轴对称分布，这与雷诺数较小的情况不同（例如，对于静态圆柱体绕流问题，在 $Re=210$ 以下时流动为轴对称的）。因此，在这项研究中使用三维数值模型可以避免由于轴对称简化而可能出现的误差。

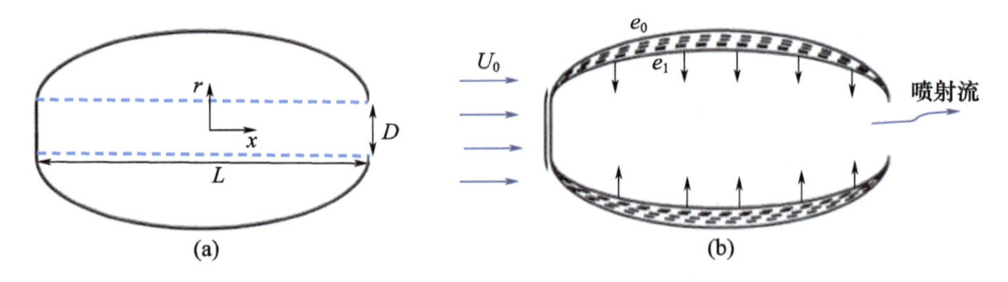

图 6－21　腔体的几何形状(a)和变形示意图(b)[起始(e_0)和结束(e_1)位置用实线表示]

如图 6－21(b)所示，在收缩过程中，主体长度 L 和喷口直径 $D=0.2L$ 保持不变，而椭圆的偏心率增加，从而使内部体积减小。这种设计与 Weymouth 等设计的仿鱿鱼机器人类似，这个机器鱼内部骨架是刚性的，因此机器鱼体长是恒定的。这也与鱿鱼的喷流运动方式一致，在此期间，身体长度几乎保持不变，但周长随着身体收缩而减小。

图 6－22 显示了三维仿鱿鱼模型的收缩变形情况。在变形过程中，腔体的厚度发生变化，收缩到极值点时腔体壁厚 $h=0.02L$，从而使腔体总体积（不包括其内部的流体）保持恒定，以免腔体本身的质量发生变化。两种极端状态，即完全膨胀和收缩分别由 $e=e_0$ 和 $e=e_1$ 表示，其内部体积（腔体包裹的流体体积）分别为 $V(e_0)$ 和 $V(e_1)$。与腔体收缩相关的等效行程比定义为 $\Gamma(t)=4\Lambda(t)/(\pi D^3)$，其中 $\Lambda(t)=V(e_0)-V(e(t))$（$e(t)$ 为瞬时偏心率）。为了表征和区分各种模拟的工况，我们定义了最大等效行程比 Γ_m，$\Gamma_m=4[V(e_0)-V(e_1)/(\pi D^3)]$，它与鱿鱼模型腔体变形密切相关，并在模型收缩结束时达到最大值。在收缩过程中，喷口处喷流的平均速度 V_j 为

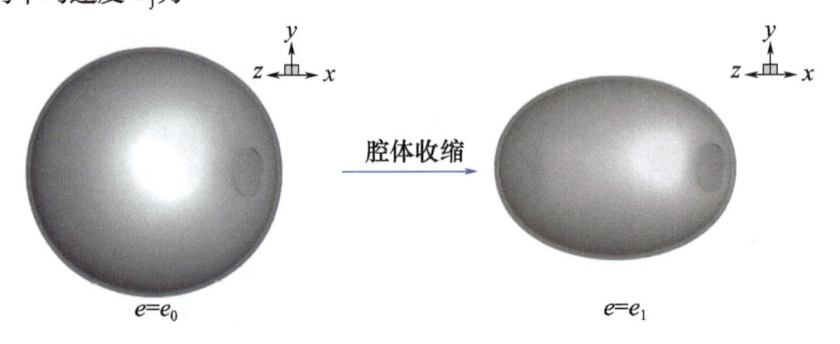

图 6－22　三维仿鱿鱼喷流推进过程中腔体收缩时的示意图

$$V_j(t)=\frac{-4}{\pi D^2}\frac{\mathrm{d}V}{\mathrm{d}t}=\frac{\mathrm{d}\Gamma}{\mathrm{d}t}D \tag{6-7}$$

与 Bi 和 Zhu 的研究做法一样，我们指定喷射速度 $V_j(t)$ 的变化以允许通过式(6-7)计算内部瞬时体积 $V(e)$ 和等效行程比 $\Gamma(t)$，进而确定偏心率。表6-3中列出了需要对比的最大等效行程比 Γ_m。在本节研究中最终收缩状态是确定的，这与一些现有喷流推进系统一致[141,143]。在他们的设计中，收缩时是自然（或非激活）状态，而膨胀时是激活状态。这是基于运动-滑行（burst-coast）的游动模式，其中收缩状态用于滑行运动，因为该状态比膨胀状态有更好的流线型。

表6-3　在 $e_1=0.92$ 达到完全收缩状态时，各初始偏心率 e_0 下最大等效行程比 Γ_m 的值

e_0	0.904	0.898	0.883	0.868	0.844
Γ_m	3.31	4.66	7.60	10.59	15.07

喷流推进的雷诺数可以表示为

$$Re_j=V_{jm}D/\nu \tag{6-8}$$

式中：V_{jm}为最大喷流速度；ν 为速度黏性系数。本节研究主要对 $Re_j=980$ 的情况进行模拟。

为了评估该推进系统的性能，我们定义瞬时推力系数 C_T和功率消耗系数 C_P分别为

$$C_T=-\frac{F_x}{0.5\rho V_{jm}^2 D^2} \tag{6-9}$$

$$C_P=\frac{P}{0.5\rho V_{jm}^3 D^2} \tag{6-10}$$

式中：F_x为鱿鱼在 x 方向上的水动力；ρ 为流体密度；P 为身体的瞬时消耗功率，计算公式为

$$P=\int_{\Gamma_b}\boldsymbol{F}_{bs}\cdot\boldsymbol{U}(s)\,\mathrm{d}s \tag{6-11}$$

式中：$\boldsymbol{F}_{bs}$为腔体表面上节点 s 处的流体力；$\boldsymbol{U}$ 为运动速度；Γ_b表示身体的整个表面（包括内表面和外表面）。运动变形周期内的推进效率定义为

$$\eta=\frac{V_{jm}I}{P_{inp}} \tag{6-12}$$

式中：I 为收缩周期 T_d时间内的推动力，计算公式为 $I=\int_0^{T_d}-F_x(t)\,\mathrm{d}t$，并且 P_{inp} 被定义为运动时的总的输入能量：$P_{inp}=\int_0^{T_d}P(t)\,\mathrm{d}t$。

6.2.2 网格无关性验证

仿鱿鱼模型腔体表面的计算域和网格生成如图 6－23 所示。在鱼体表面应用无滑移条件，而对于其他边界设置为远场边界条件。首先通过求解$U_0=0.42V_{jm}$和 $\Gamma_m=10.59$ 条件下的层流，进行网格无关性验证，以选择合适的网格和时间步长。具体而言，我们生成了三套网格：包含 5109112 个网格的粗网格、包含 6437992 个网格的中等网格和包含 8127368 个网格的细网格。三套网格的第一层网格高度均为$3.5\times10^{-3}L$。与本节研究中的其他模拟一样，在背景速度为 U_0的情况下，周围流场发展稳定后，再开始腔体变形。首先，我们开展网格收敛测试，其中使用三套网格以及无量纲时间步长，定义$\overline{\Delta t}=\Delta t\ V_{jm}/L$，$\overline{\Delta t}=0.02$，如图 6－24(a)所示。可以看出，中等网格计算的结果非常接近细网格的结果。此外，我们还研究了时间步长的影响，如图 6－24(b)所示。这些测试表明，如果网格尺寸和时间步长足够小，则结果对网格尺寸和时间步长不敏感。因此，以下模拟采用中等网格并且时间步为$\overline{\Delta t}=0.025$，以减少计算成本并确保精度。

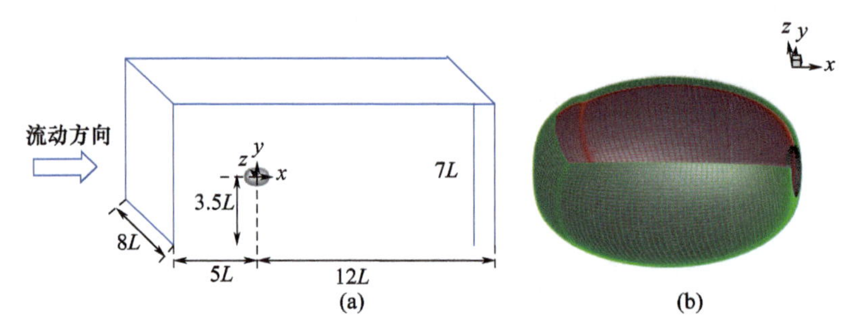

图 6－23 计算域(非比例展示)(a)和腔体表面的流体网格(b)示意图
(此处仅显示腔体表面的部分网格，即内部(红色)、外部(绿色)和喷口(黑色)表面)

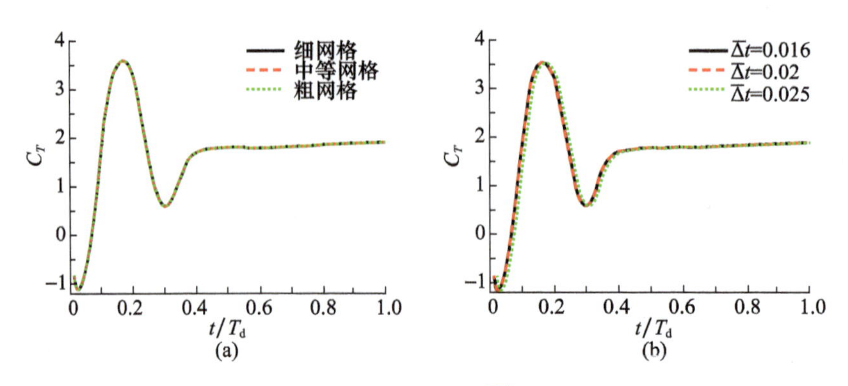

图 6－24 在三套不同网格下，推力系数 C_T在$\overline{\Delta t}=0.02$，$\Gamma_m=10.59$ 时随无量纲时间的变化(a)和在中等网格与三种不同的时间步长下得到的推力系数(b)

6.2.3 结果

与 Jiang 和 Grosenbaugh 的研究[148]相似,我们在外部准稳态流场充分发展后开始研究腔体变形。具体而言,我们首先模拟了在均匀来流情况下模型在膨胀状态保持不动的流场,随后将此流场仿真结果作为腔体收缩变形运动的初始流场。

我们的仿真从不同最大等效行程比 Γ_m 的恒定喷流速度轮廓开始,背景来流速度为 U_0,空间平均喷流速度的时间变化为 $V_j(t) = V_{jm}, t \in (0, T_d]$,其中收缩过程的持续时间由以下式确定:

$$\int_0^{T_d} V_j \mathrm{d}t = \Gamma_m D \tag{6-13}$$

之后,我们也研究了不同背景来流速度下恒定射流速度的涡结构演化和喷流推进性能。入射速度与射流速度之比 U_0/V_{jm} 选择范围为 0.42 ~ 0.69,这与 Anderson 和 Grosenbaugh 对鱿鱼的试验测量结果一致。随后我们也对两种其他喷流速度的影响进行了研究。

6.2.3.1 最大等效行程比的影响

为了观察不同最大等效行程比下模型周围的尾流结构,我们绘制了 z 方向的涡量云图、流线图和 $z=0$ 平面处的 Q 准则分布图,以及图 6-25 中的 Q 准则等直面尾流结构图。从图 6-25(a)和(g)可以看出,在较小的最大等效行程比下,几乎所有喷流形成了单个涡流环。此外,当 Γ_m 增加到 10.59 时,尾迹由前缘涡环和尾流组成,如图 6-25(b)所示。这让人想起鱿鱼喷流后观察到的两种喷射模式,即在模式Ⅰ中,喷射流体形成孤立的涡环,而在模式Ⅱ中,前缘引导涡环从尾流中脱落。$\Gamma_m = 3.31$ 和 $\Gamma_m = 10.59$ 的情况分别体现了这两种模式的特征。

然而,观察图 6-25(f)和(h)可以发现,与 Gharib 等观察到的情况不同,在 $\Gamma_m = 10.59$ 时,前缘涡环后面没有形成显著的二次涡。这种差异可能是由于他们的试验中考虑的是较大的基于喷流速度的雷诺数 Re_j(2500 以上),而在较小的雷诺数下(1000 以下),我们的结果与 Bi 和 Zhu 以及 Palacios Morales 和 Zenit 的数值结果与试验数据一致。从图 6-25(c)和(d)中的流线分布可以观察到喷口附近的喷流和来流速度之间的相互作用,这意味着背景来流可能会影响尾流场和涡流环的形成,这将在后面进行研究。

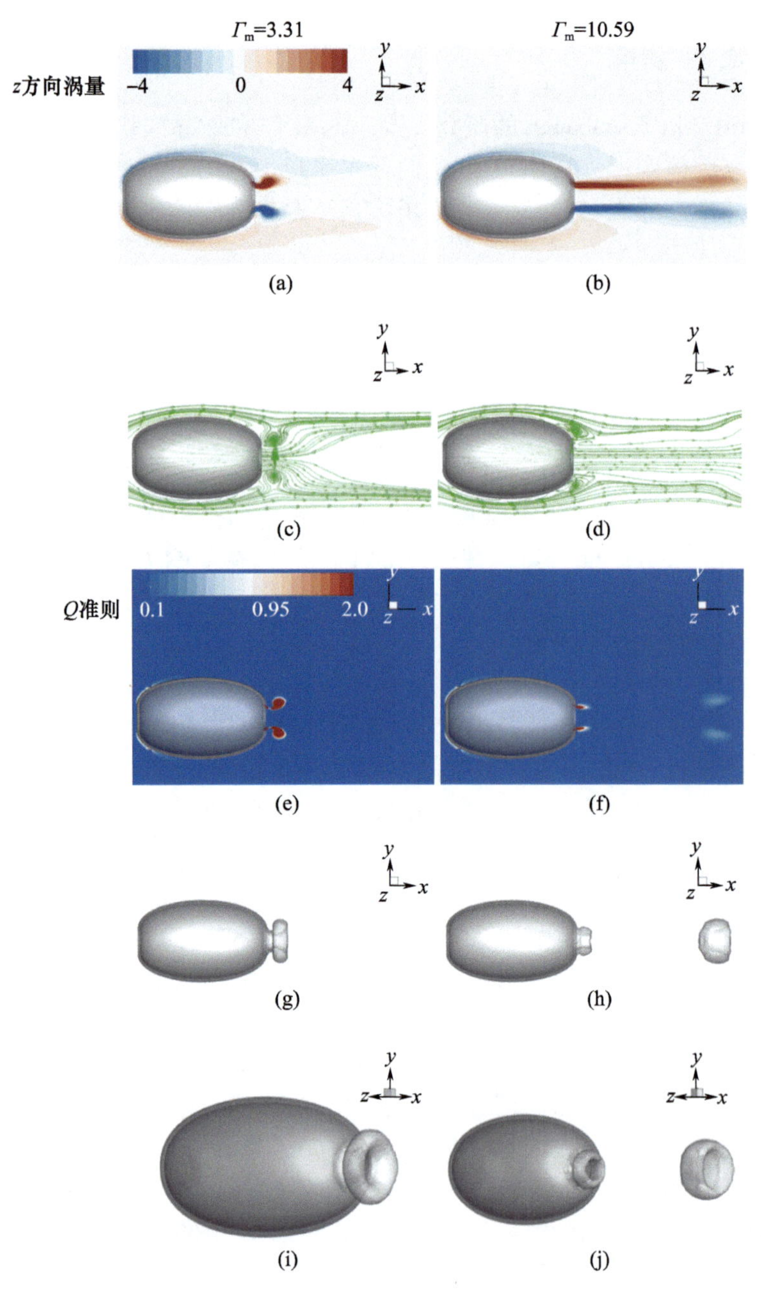

图 6-25 平面 $z=0$ 处的 z 方向的涡量图[(a)和(b)]、流线分布[(c)和(d)]、Q 准则等值面绘制的涡结构[(e)和(f)]，以及在 $\Gamma_m=3.31$ 和 $\Gamma_m=10.59$ 且 $U_0=0.42V_{jm}$ 处 Q 准则尾流涡结构($Q=0.22$)[(g)～(j)]。z 方向涡量图和涡结构由 V_{jm}/D 和 $V_{jm}{}^2/D^2$ 归一化得到。这些数据为收缩运动结束时的状态

为进一步了解模型周围的流场和涡环的演变，图6－26给出了平面 $z=0$ 处的涡量图和 Q 准则涡量分布，以及在 $\Gamma_{\mathrm{m}}=10.59$ 时喷流过程中几个瞬时形成的尾流结构。值得注意的是，前缘涡环与尾部射流的分离不能由 Q 准则涡量图确定，因为后者排除了自由剪切层区域，该区域是前缘涡环增长的涡量源。虽然 Gharib 等发现行程比的临界值约为4，但随后的一些研究表明，临界行程比可能会根据特定条件变化，例如，喷口平面的速度分布和基于喷流速度的雷诺数[131, 145]。Bi 和 Zhu 发现，在 $Re_{\mathrm{j}}=150$ 时，尾流不足以诱导二次涡环，并且在 $\Gamma=4$ 后，尾流仍与前缘涡环连接，因此尾流仍能够持续为前缘涡环提供动力。

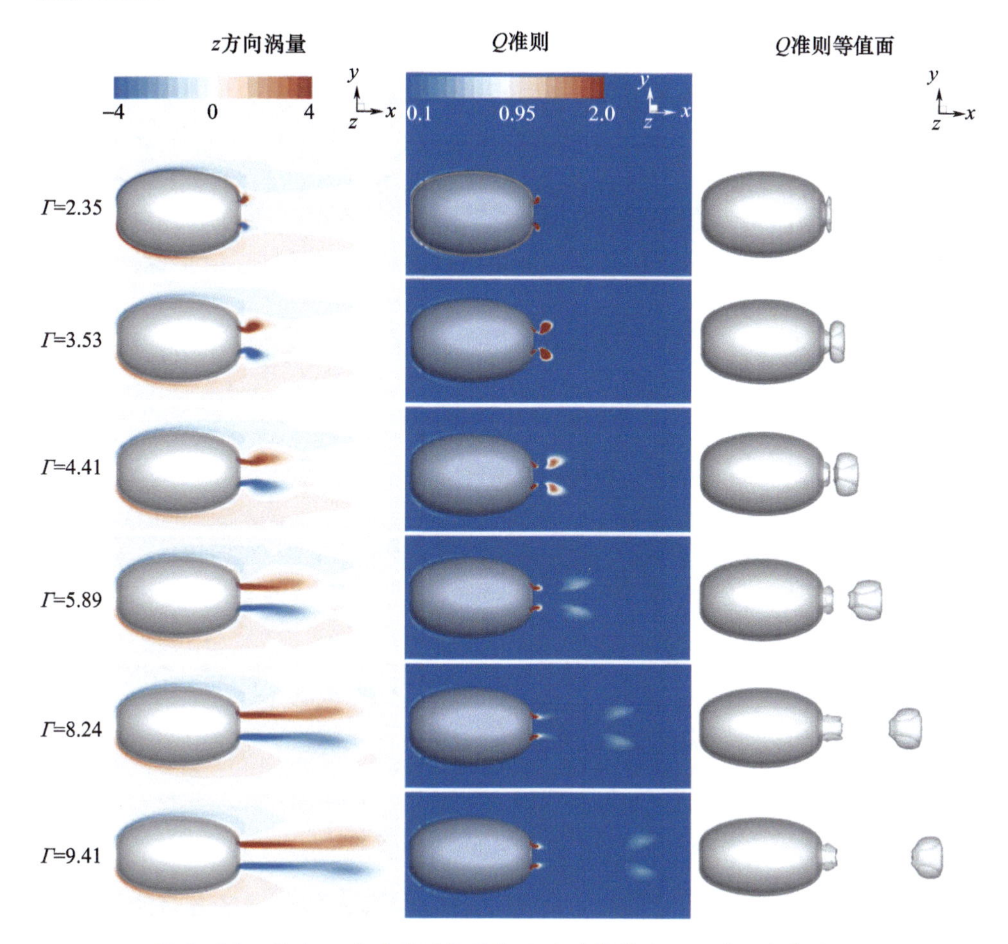

图6－26　平面 $z=0$ 处的涡量图和 Q 准则等值面显示的涡分布演变，以及在 $\Gamma_{\mathrm{m}}=10.59$ 和 $U_0=0.42V_{\mathrm{jm}}$ 时，Q 准则的尾部涡量云图（$Q=0.22$）

为了了解前缘涡环的实际增长和衰减，我们在此计算前缘涡环的环量。根据 Palacios Morales 和 Zenit 的研究，我们使用 Q 准则来获得 $Q>0$ 时的封闭区域，并通过对涡量进行积分来计算涡环环量。环量 C 通过以下方式获得：

$$C = \int_{Q>0} \omega_z \mathrm{d}S \tag{6-14}$$

式中：ω_z 为平面 $z=0$ 处的 z 方向涡量图，由下式得到：

$$\omega_z = \frac{\partial u}{\partial y} - \frac{\partial v}{\partial x} \tag{6-15}$$

需要注意的是，该方法仅适合涡流核心区环量的计算。因此，此处给出的环量值可能低于 Gharib 和 Mohseni 等测量得到的值。图 6-27 绘制了各种最大等效行程比的涡环环量。无量纲涡环环量在大约 $\Gamma=7.0$ 时达到峰值 2.2。然而，值得注意的是，该行程比（$\Gamma=7.0$）可能不是 Gharib 等定义的形成数（最大行程比，此时其中射流的涡量完全进入前缘涡环）。在我们的研究中，该值对应于喷流的输入射流跟不上黏性耗散，从而导致前缘涡环的涡量停止增长的时刻。在本研究中所考虑的相对较低的雷诺数下，这种耗散效应十分显著。例如，图 6-27 所示，涡环环量的峰值不会长时间保持恒定；相反，由于黏性耗散，环量逐渐减少。

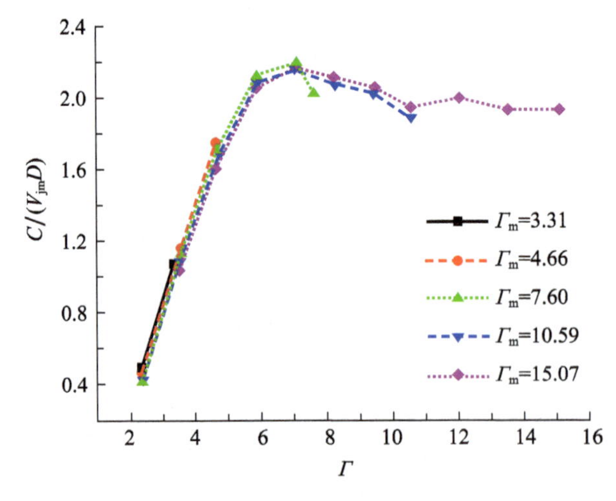

图 6-27　在 $U_0=0.42\ V_{jm}$ 时，涡环环量 C 与等效行程比 Γ 的关系

现在我们来研究腔体变形对实际喷流速度分布的影响。在之前涉及鱿鱼收缩膨胀的大多数研究中，模型喷口为水平管状因此水流主要沿轴向喷射。相比之下，我们的模型更像一个锥形喷口，横向尺寸在鱿鱼收缩过程中减小。因此，如图 6-25(c)和(d)中的流线分布所示，喷流速度存在显著的径向分量。为了进一步了解出口处的实际喷流速度分布，图 6-28 给出了轴向速度和径向

速度分布。如图 6－28(b)所示,在喷口表面附近观察到最大径向速度约为 $0.3V_{jm}$。另外,我们还观察到轴向速度出现了一个极大值,这个值大于在 $r/D=0.35\sim0.45$附近的喷流速度。

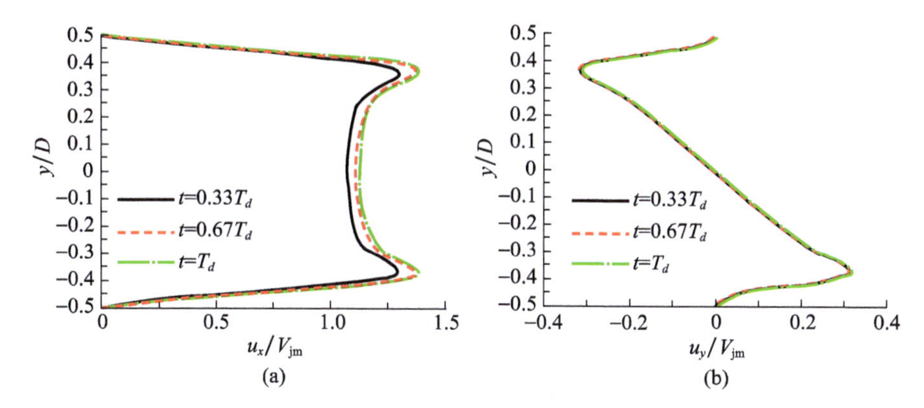

图 6－28　在 $z=0$ 平面处喷口出口平面的轴向速度(u_x)(a)和径向速度(u_y)(b)分布($\Gamma_m=10.59$ 且 $U_0=0.42\ V_{jm}$)

我们还计算了给定背景流速下喷流产生的推力。图 6－29(a)给出了不同最大等效行程比 Γ_m下总推力系数 C_T随时间的变化。可以看出,总推力在峰值后处于准稳定阶段。将 C_T相对于图 6－29(b)中的瞬时等效行程比 Γ 重新绘制时,发现在 $\Gamma>4$ 后推力趋于稳定。为了解释观测到的 C_T随时间的变化,我们分析了推力来源。通过基于动量定理的分析,可以识别出三个推力源,即与喷口表面的喷流动量通量相关的推力源 F_j、与喷口出口平面处的过压(over－pressure)相关的 F_p[128],以及腔体内流体水平方向动量变化率引起的推力源 F_m。具体而言,由喷流动量引起的推力系数 C_{Tj}为

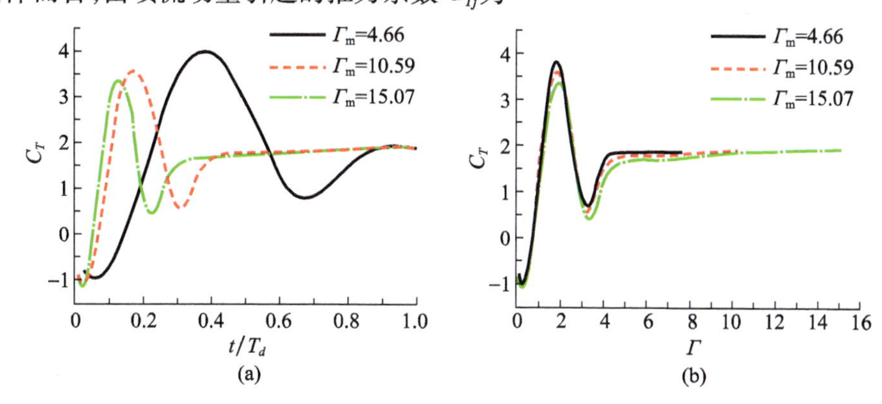

图 6－29　在 $U_0=0.42V_{jm}$时,不同 Γ_m 下推力系数随时间的变化情况(a)和推力系数随瞬时等效行程比 Γ 的变化(b)

$$C_{Tj}=F_j/(0.5\rho V_{jm}^2D^2) \tag{6-16}$$

其中

$$F_j=\int_A \rho u_x^2 \mathrm{d}S \tag{6-17}$$

喷口平面由 A 表示，从图 6－29（a）和图 6－30（a）之间的比较中发现，在初始阶段，C_T远大于 C_{Tj}时，喷流动量相关的推力并不是总推力的主要来源。尽管在准稳态阶段，C_{Tj}接近 C_T。

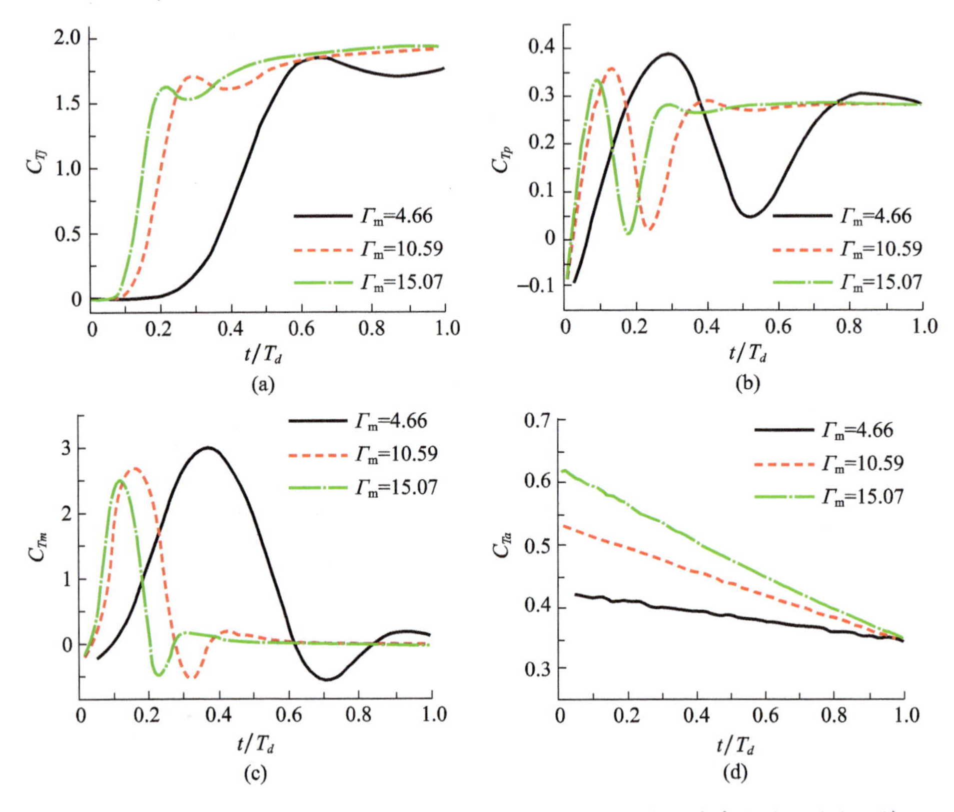

图 6－30　在 $U_0=0.42V_{jm}$时，$C_{Tj}(a)$、$C_{Tp}(b)$、C_{Tm}(c)和 C_{Ta}(d)随喷流时间的变化情况

我们在图 6－30（b）中进一步绘制了与喷口平面压力相关的推力系数$C_{Tp}=F_p/(0.5\rho V_{jm}^2D^2)$，其中 $F_p=\int_A \Delta p\mathrm{d}S$（$\Delta p=p-p_\infty$，其中 p_∞为远场压力）是喷口平面处的压力。然而，C_{Tp}本身无法弥补 C_{Tj}和总推力 C_T之间的差异，尤其是在峰值时。例如，当 $\Gamma_m=10.59$ 时，C_T的峰值为 3.37，而 $C_{Tp}+C_{Tj}$的最大值仅为 1.81。剩余的推力来自 F_m，其无量纲形式为 $C_{Tm}=F_m/(0.5\rho V_{jm}^2D^2)$，其变化如图 6－30（c）所示。以 $\Gamma_m=15.07$ 为例，我们发现，在 $t=0.13T_d$时的总推力峰

值主要由腔内流体的水平动量变化相关的 C_{Tm} 的变化决定，如图 6－29(a)和图 6－30(c)所示。通过将图 6－29(a)与图 6－30(a)进行比较，发现在 $t=0.4T_d$ 时，由喷流动量通量产生的推力分量 C_{Tj} 主导了推力的产生。尽管之前的研究表明，过压效应将增强启动喷流产生的推力，但我们发现，在整个过程中，C_{Tp} 对总推力的贡献相对较小。在图 6－30(b)和(d)的比较中，归因于鱿鱼腔体变形产生的附加质量相关推力(将在后面讨论)比 C_{Tp} 贡献还要多。除 $\Gamma_m=10.59$ 外，三个推力源与总推力间的占比关系也适用于本书研究的其他 Γ_m 的情况。

如前所述，由于黏性耗散效应，在当前情况下无法直接计算得到 Gharib 等定义的形成数，该形成数对应于喷口涡流产生的环量全部进入前缘引导涡环时的行程比。然而，为了深入了解，我们假设在 C_T 达到稳定之前，非定常涡环主要在推力产生中发挥作用，以评估其作用。因此，我们将与涡环形成相关的冲量，即动量通量 I_j 和压力冲量 I_p 定义为

$$I_j = \int_0^{T_{ut}} F_{Tj} \mathrm{d}t \tag{6-18}$$

$$I_p = \int_0^{T_{ut}} F_{Tp} \mathrm{d}t \tag{6-19}$$

式中：T_{ut} 为 C_T 接近常数的时刻。以 $\Gamma_m=4.66, 10.59, 15.07$ 为例，图 6－31 比较了 I_j/I、I_p/I 和 $(I_j+I_p)/I$ 的值。可以发现，非定常涡环动力对喷流推进有很大贡献，特别是 Γ_m 较小即小的腔体变形时。

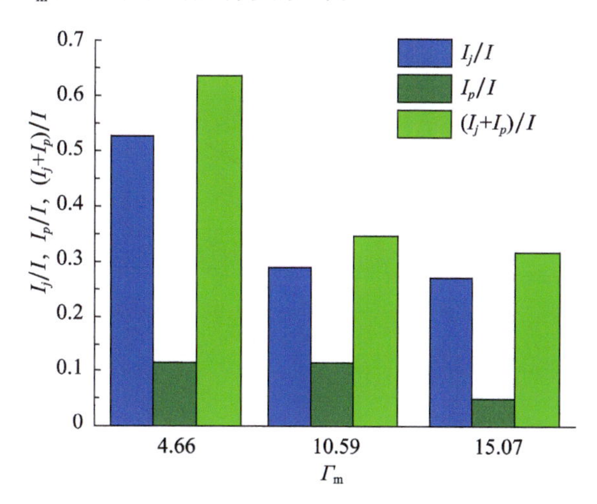

图 6－31　在 $U_0=0.42V_{jm}$ 时，I_j、I_p 以及它们的和与 I 的比值

此外，我们还将三个推力分量与图 6－32(a)中的总推力进行了定量比较。可以看出，三部分之和的峰值与总推力的峰值非常接近。然而，在准稳态阶段，

三个分量的组合比产生的推力值大。这种差异部分是由于流体进入腔体内产生的阻力。我们对 $\Gamma_m=15.07$，$e_0=0.844$ 处于膨胀状态下的刚体模型进行模拟，得到其阻力系数 $C_d=F_x/(0.5\rho V_{jm}^2D^2)=0.77$，如图 6-32(c)所示。当模型收缩时，随着流动方向上的表面积和投影面积减小，并且外形趋于流线型，该值可能会减小（例如，在 $e=e_1=0.92$ 时，C_d 下降到 0.54）。同时，附加质量相关推力 F_a 也对总推力有贡献。我们绘制了图 6-30(d)中不同 Γ_m 处的无量纲附加质量相关推力系数 $C_{Ta}=F_a/(0.5\rho V_{jm}^2D^2)$（其计算方法将在 6.2.3.2 节中描述）。可以看出，较大的模型变形（Γ_m）导致产生更大的附加质量相关推力。如图 6-32(b)所示，现在，附加质量相关推力和黏性阻力加在一起基本补齐了其他三个推力分量与恒定推力阶段的总推力之间的差距。

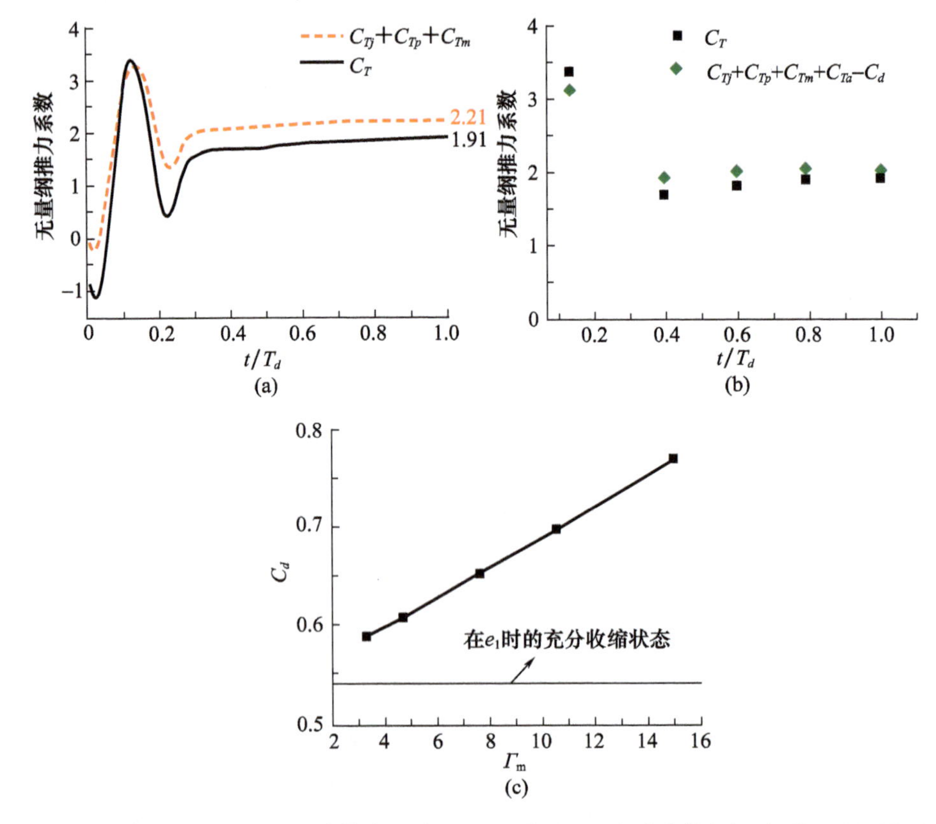

图 6-32 在 $U_0=0.42V_{jm}$ 时，总推力 C_T 与 C_{Tj}、C_{Tp} 和 C_{Tm} 之和的比较(a)，在 $\Gamma_m=15.07$ 时，四个推力分量和阻力系数的变化(b)，以及模型膨胀时阻力系数 C_d 变化情况(c)

图 6-33(a)显示了功率消耗系数 C_P 随时间的变化情况。我们发现开始时输入功率增大，随后趋于平稳。图 6-33(b)显示了收缩-膨胀产生的平均推

力系数和推进系数对 Γ_m 的依赖关系。与先前的研究一致，在较小的最大等效行程比 Γ_m 时，可以获得更大的平均推力系数和推进系数。

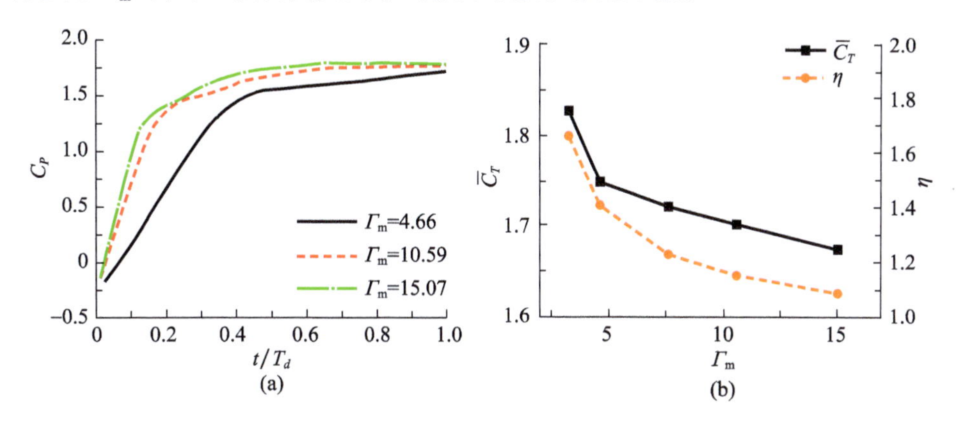

图 6-33　在不同最大等效行程比 Γ_m 和 $U_0=0.42V_{jm}$ 下，功率消耗系数 C_P(a)和稳定后的平均推力系数以及推进效率(b)的变化情况

6.2.3.2　来流速度的影响

我们首先研究了在模型开始变形之前，背景来流对启动过程的影响。图 6-34(a)中显示了几种不同流速下阻力系数随时间的变化情况。可以看出，在初始阶段之后，阻力系数 C_d 最终接近常数。图 6-34(b)绘制了恒定阻力系数与来流速度的关系，其显示出 C_d 与 U_0/V_{jm} 的线性相关性。如图 6-35 所示，对 z 方向的涡量图观察可得，在较大的 U_0 处，模型喷口平面附近形成了较强的涡场。接下来我们将研究当模型开始收缩时来流产生的这个增强涡如何影响喷流和产生推力。

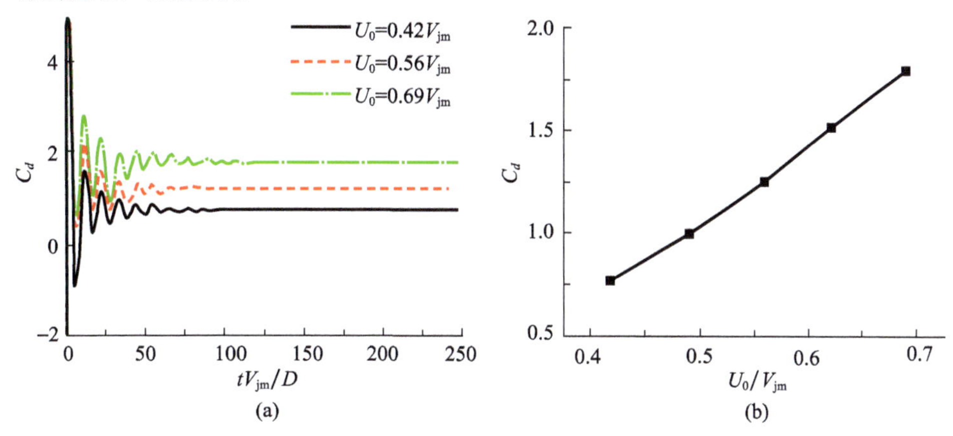

图 6-34　不同 U_0/V_{jm} 下阻力系数 C_d 随时间的变化情况(a)，以及不同来流速度下的 C_d 值(b)

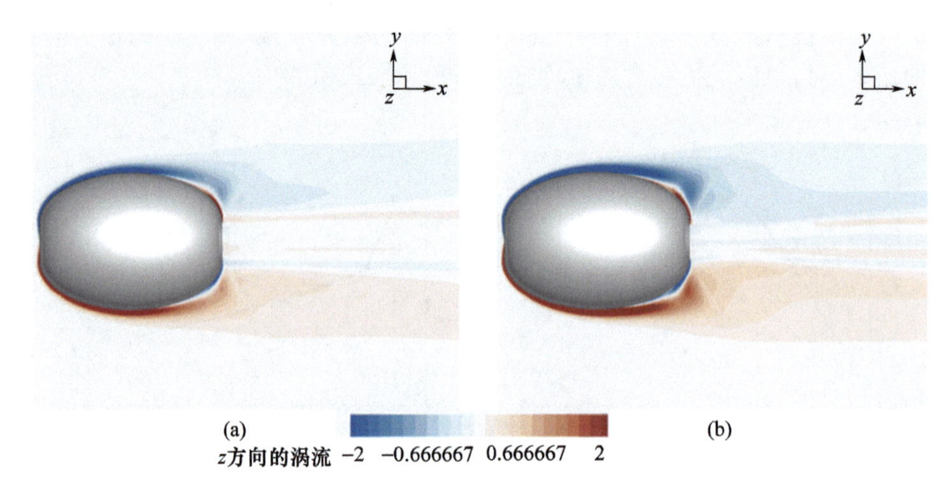

图 6-35　当来流速度流过 $e_0=0.844$ 的鱿鱼模型，在 $tV_{jm}/D=245$，$U_0/V_{jm}=0.49$(a)以及 $U_0/V_{jm}=0.69$(b)时，z 方向的瞬时涡量图

为了证明变形过程中来流速度对模型的影响，我们首先在图 6-36 中绘制了不同速度下，标准化涡环环流与等效行程比 Γ 的关系，其中，$\Gamma_m=15.07$。最大环流随着来流速度的增大而减小。这可能是由于在较大的 U_0（图 6-37）处，来流速度和喷口附近射流之间更强的相互作用，这消耗了射流的能量，并使其更难生成前缘涡环。这让人想起在鱿鱼射流中观察到的涡环比在背景来流中形成的涡环更弱的现象。在较大的来流速度下，从腔体喷射的流体与背景来流一起被夹带到喷嘴附近的涡流中，而不利于涡环的生成。因此，在喷口平面附近形成更强的涡流，而随着 U_0 的增加，前涡环后侧的尾涡受到更大的抑制，如图 6-38 所示。

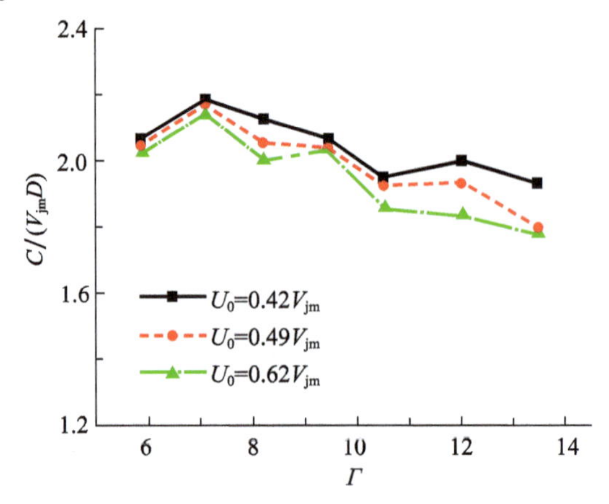

图 6-36　在 $\Gamma_m=15.07$ 时不同背景来流 U_0 下的涡量演变

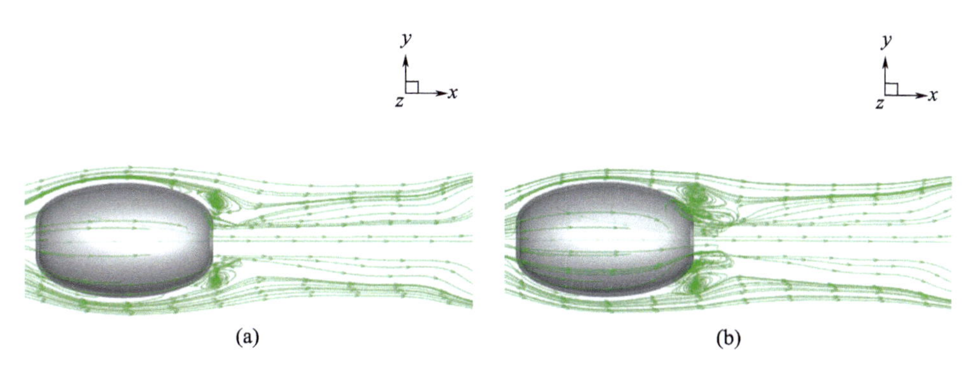

图 6-37　在 $\Gamma_m=15.07$，$t=0.8T_d$ 时，$U_0/V_{jm}=0.42$（a）和 0.62（b）的情况下 $z=0$ 的涡量图

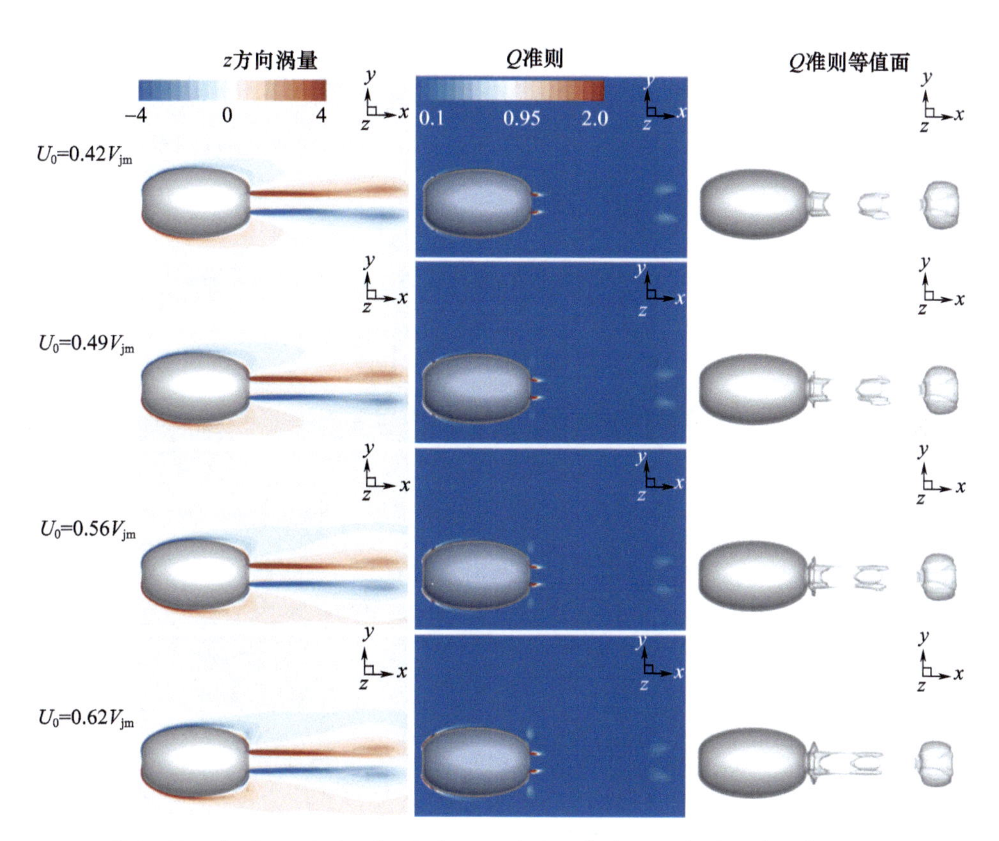

图 6-38　在 $\Gamma_m=15.07$ 时，平面 $z=0$ 处的涡量图和 Q 准则涡量分布图，以及 $t=0.8T_d$ 时不同来流速度下的 Q 准则等值面（$Q=0.037$）显示的尾部涡结构图

然后，我们对来流速度对喷流推进的影响进行研究。图 6－39 显示了不同来流速度下推力系数、平均推力系数的变化。结果表明，它们都随着 U_0 的增加而减小。为了研究总推力减小的主要原因，我们首先比较图 6－40(a)～(c) 中不同 U_0 下的 C_{Tj}、C_{Tp} 和 C_{Tm}。可以看出，来流速度通常对与动量相关的 C_{Tj} 和来源于腔体内流体水平方向动量的变化率 C_{Tm} 影响忽略不计，尤其在准稳态阶段。它对 C_{Tp} 有显著的影响，尤其是在 $t=0.2T_d$ 附近时的喷流初始阶段。

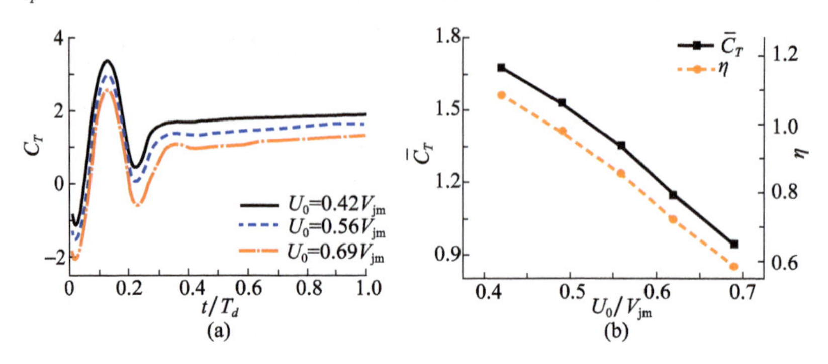

图 6－39 在不同来流速度 U_0 下，当 $\Gamma_m=15.07$ 时，推力系数(a)和平均推力系数 C_T(b)随时间的变化情况

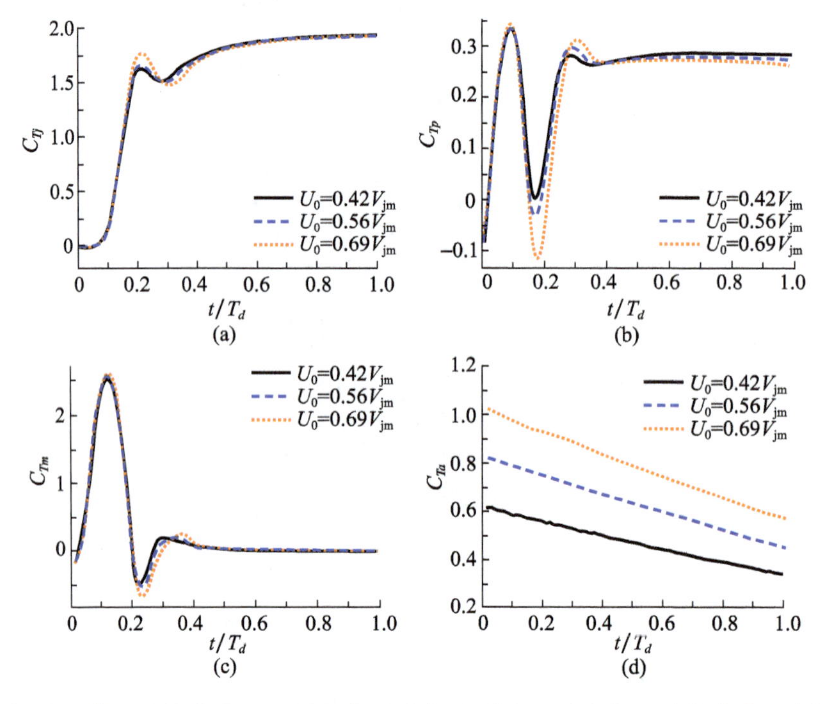

图 6－40 在不同 U_0 和 $\Gamma_m=15.07$ 时，C_{Tj}(a)、C_{Tp}(b)、C_m(c)和 C_{Ta}(d)随时间的变化

事实上,这些变量是根据出口平面和腔体内部的流场计算的,它们也因此不太可能受到来流速度的影响。即使如此,如图6-41所示,当背景来流速度较大时,喷口出口平面轴向和径向的速度也会更大。因此,我们观察到在较大U_0的情况下C_{Tj}增加。至于模型变形(特别是径向收缩变形)产生的径向速度,其速度增加可能是由于喷口附近背景流和喷射流相互作用形成的诱导涡环。之后,尽管在不同的U_0下,喷口处的轴向速度仍逐渐平稳,并达到稳定值。

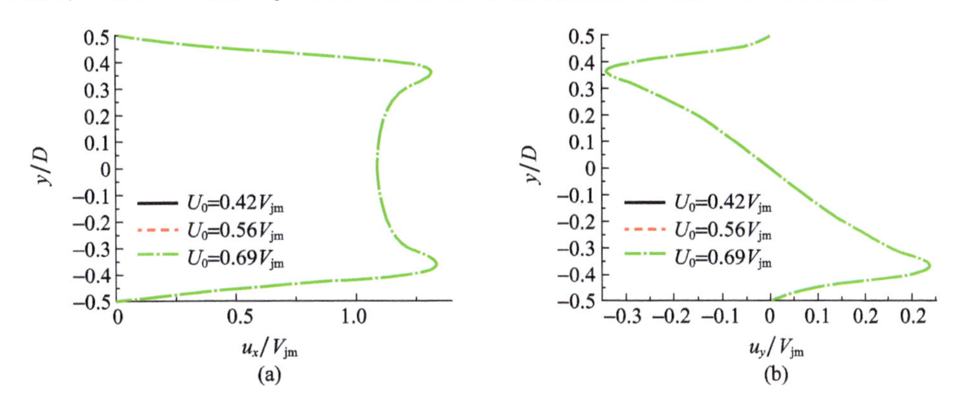

图6-41 对于不同的U_0,$\Gamma_m=15.07$,在$z=0$平面和$t=0.23T_d$时,出口平面处的轴向速度(u_x)(a)和径向速度(u_y)(b)随时间的变化

排除C_{Tj}、C_{Tp}和C_{Tm}作为高速背景流下总推力降低的因素,我们进一步计算了附加质量的相关影响。如前面所述,在收缩过程中,模型横向尺寸减小,导致附加质量相关推力增加,$-\frac{\mathrm{d}}{\mathrm{d}t}(m_a V)=-\dot{m}_a V-m_a\dot{V}$其中$V$是模型的游动速度(对于当前的系泊模式,我们使用$U_0$代替),其中$F_a=-\dot{m}_a V$对推力的产生有积极贡献。通过将鱿鱼的形状近似为长椭圆形,我们能够计算瞬时附加质量为$m_a=C_a\frac{4}{3}\pi\rho a^3(1-e'^2)$其中$e'=\sqrt{1-(\sqrt{1-e^2}+D/L)^2}$。附加质量因数$C_a$的计算公式为$C_a=\frac{\alpha}{\alpha-2}$,其中$\alpha=\frac{2(1-e'^2)}{e'^3}\left(\frac{1}{2}\log\frac{1+e'}{1-e'}-e'\right)$[226]。我们在图6-40(d)中绘制了无量纲附加质量的相关推力系数C_{Ta}。在当前系泊模式下,C_{Ta}随着来流速度的增加而增大,随着腔体的收缩而减小。然而,在较大的U_0下,附加质量力的增加并不能克服黏性阻力。如图6-34(b)所示,当$U_0=0.42\ V_{jm}$时,鱿鱼模型膨胀时的阻力系数C_d为0.77,而当$U_0=0.69\ V_{jm}$时,阻力系数增加至1.79。因此,考虑到其他三个推力分量几乎保持不变且F_a增加,可以得出结论:在较高来流速度下,总推力的减少主要是由黏性阻力引起的。

此外,与整体脉冲的产生相比,我们将关注来流速度对形成涡环相关的非定常冲量 I_j 和 I_p 的影响。为此,我们计算了图 6-42 所示不同 U_0/V_{jm} 值下的非定常脉冲与总脉冲 I 之间的比值。随着来流速度的增加,与非定常涡环动力学相关的流量动量和过度压力对总喷流推力的产生有较大的影响。尽管喷口平面处的过压效应增大了总冲量,但随着 U_0/V_{jm} 的变化,其变化相对较小。相比之下,流量动量在更大的来流速度下对整体推力的产生贡献更大。

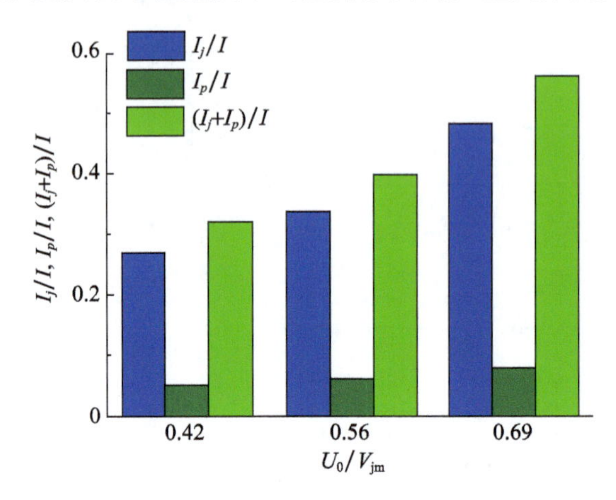

图 6-42 在 $\Gamma_m=15.07$ 时,比较 I_j、I_m 及其总和在不同来流速度 U_0 下的变化

6.2.3.3 喷流速度轮廓对鱿鱼的影响

已有研究表明,喷流速度分布对喷流系统涡环的形成和动态性能有着不可忽略的影响。然而,在分析不同喷流速度轮廓下喷流推进性能时,大多数研究忽略了腔体内流体水平动量变化的影响以及涉及腔体变形的附加质量效应,这将导致低估实际脉冲推进所产生的推力。为了进一步研究当前仿鱿鱼喷流式推进中的这些效应,我们考虑了余弦式和半余弦式这两种额外的喷流速度类型,如下:

$$V_j/V_{jm}=\begin{cases}0.5[1-\cos(2\pi t/T_d)], & \text{余弦变化}\\ 0.5[1-\cos(\pi t/T_d)], & \text{半余弦变化}\end{cases} \tag{6-20}$$

图 6-43 显示了以上两种射流速度模式下 V_j 随时间的变化。

图 6-44 显示了上述两种喷流速度模式的涡环环量 C 随 Γ 的变化。在整个喷流过程中,对于半余弦剖面,在任何瞬时 Γ,具有较小 Γ_m 的涡环环量大于具有较大 Γ_m 的涡环环量。这是因为当 Γ_m 较小时,相同量的流体质量能产生较高的喷流速度(在相同 Γ 的情况下)。出于同样的原因,两种喷流速度剖面的最大环量小于在相同 Γ_m 时定常喷流速度剖面的最大环量。正如 Bi 和 Zhu 所提出的,在某一瞬间 Γ,涡环环量 C 受该瞬时之前喷流速度的演变影响。因此,即

使在相同的等效行程比 Γ 下，两种速度剖面的涡环环量也可能不同。相比之下，当考虑定常喷流速度时，不同 Γ_m 下涡环环量 C 的时间历程彼此接近，如图 6－27 所示。

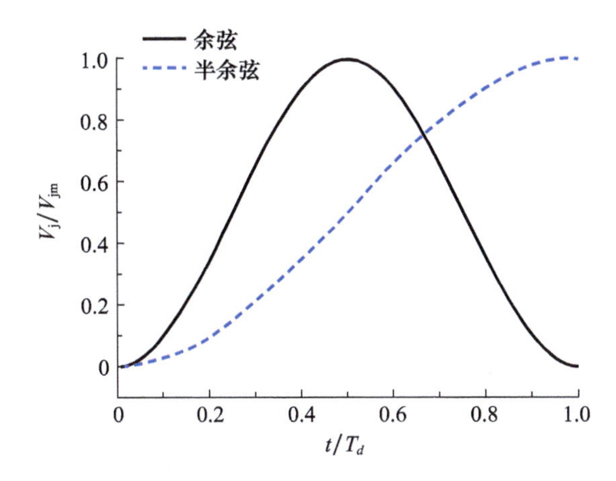

图 6－43　余弦和半余弦喷流速度变化图

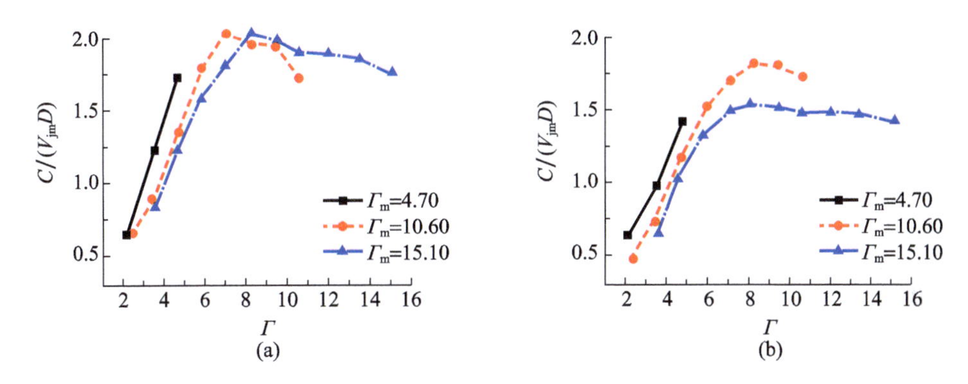

图 6－44　余弦(a)和半余弦(b)喷流速度模式的涡环环量 C 随 Γ 的变化

图 6－45 显示了两种喷流速度剖面的 C_T随时间的变化过程。与半余弦剖面相比，余弦射流速度的增加更为显著，导致 $t=0.5T_d$之前 C_T的增幅更快。达到峰值喷流速度后，产生的推力值减小，然后在后期喷流时又逐渐增大，在喷流的末期产生与喷流减速相关的负推力。相反，对于半余弦速度剖面，C_T通常在整个喷射过程中持续增大。总体而言，恒定喷流速度模式的推力产生几乎总是超过其他两种模式。下面将讨论其背后的机制。

为了进一步了解图 6－45 所示两种速度剖面的总推力来源，我们比较了图 6－46中 C_{Tj}、C_{Tp}、C_{Tm}和 C_{Ta}随时间的变化情况。通过比较图 6－45(a)和图 6－46(a)，我们发现余弦喷流速度剖面的推力峰值由喷口平面外的喷流动量通量决定。大约在 $t=0.6T_d$ 处达到峰值后，随着喷流速度的降低，C_{Tj}、C_{Tp} 和 C_{Ta} 开始下降。推力源 C_{Tm} 甚至随着喷流后期腔内流体速度的降低而变为负，这解释了在 $t=0.8T_d$ 后随着黏性阻力 C_d 的变化总推力 C_T 变为负的原因。

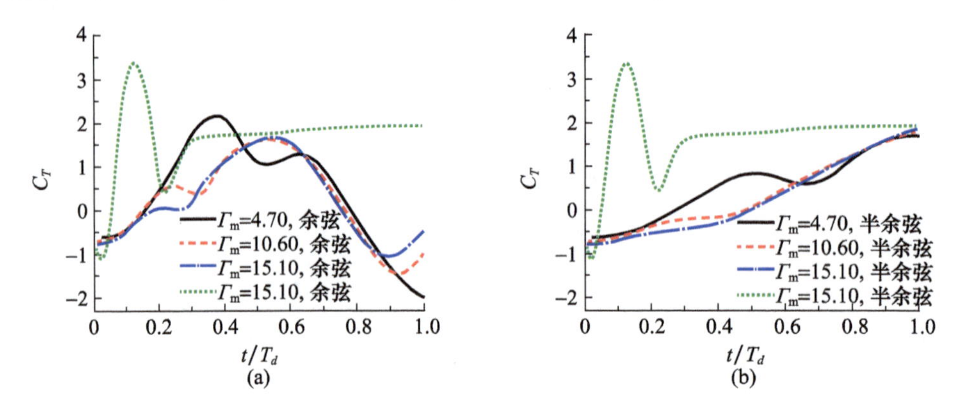

图 6-45　余弦(a)和半余弦(b)喷流速度剖面的 C_T 随时间的变化过程，也包括与 $\Gamma_m=15.10$ 时定常喷流速度剖面情况的比较

关于半余弦剖面，由于喷流速度持续增加，四个推力分量的所有值为正。通常，C_{Tj}、C_{Tp} 和 C_{Ta} 的变化模式在 Γ_m 较大时相似。不同 Γ_m 的主要差异在于 C_{Tm}，尤其是在 $\Gamma_m=4.70$，$t=0.5T_d$ 时，峰值显著。C_{Tm} 的较大峰值是因为对于较小 Γ_m 半余弦喷流轮廓下能更快达到最大喷流速度 V_{jm}。这导致腔内的流体加速更大。出于同样的原因，我们看到，在 $\Gamma_m=10.60$ 时，C_{Tm} 的值大于 $\Gamma_m=15.10$ 时的值。因此，如图 6-45(b) 所示，在 $t=0.5T_d$ 和 $\Gamma_m=4.70$ 时，总推力 C_T 的小峰值由 C_{Tm} 主导。收缩变形结束时达到最大总推力 C_T，它们都归因于来自喷流动量通量的推力分量 C_{Tj}。

为了解释图 6-45 所示的三种喷流速度模式的总推力随时间的变化，我们在图 6-47 中重新绘制了它们在 $\Gamma_m=15.10$ 时 C_{Tj}、C_{Tp}、C_{Tm} 和 C_{Ta} 随时间的变化情况。正如期望的一样，推力分量 C_{Tj} 与喷流速度剖面密切相关。在定常喷流速度剖面中，收缩运动后期产生的较大的总推力 C_T 归因于该阶段相对较大的喷流速度。初始阶段定常喷流速度剖面 C_T 的峰值与腔体内部流速快速增大的 C_{Tm} 密切相关。事实上，腔体内的流体必须从静止状态产生相当大的加速度达到指定的喷流速度。相反，由于 V_j 变化较慢，其他两个喷流速度剖面的 C_{Tm} 变化更为平缓。三种射流速度剖面 C_{Tp} 的最大值接近，但位于不同时刻。关于附加质量相关推力 F_a，尽管三种喷流速度剖面呈现出不同的 C_{Ta} 变化模式，但它在整个推力产生中作用较小。如果考虑更大的腔体变形，它的影响可能会增加大。

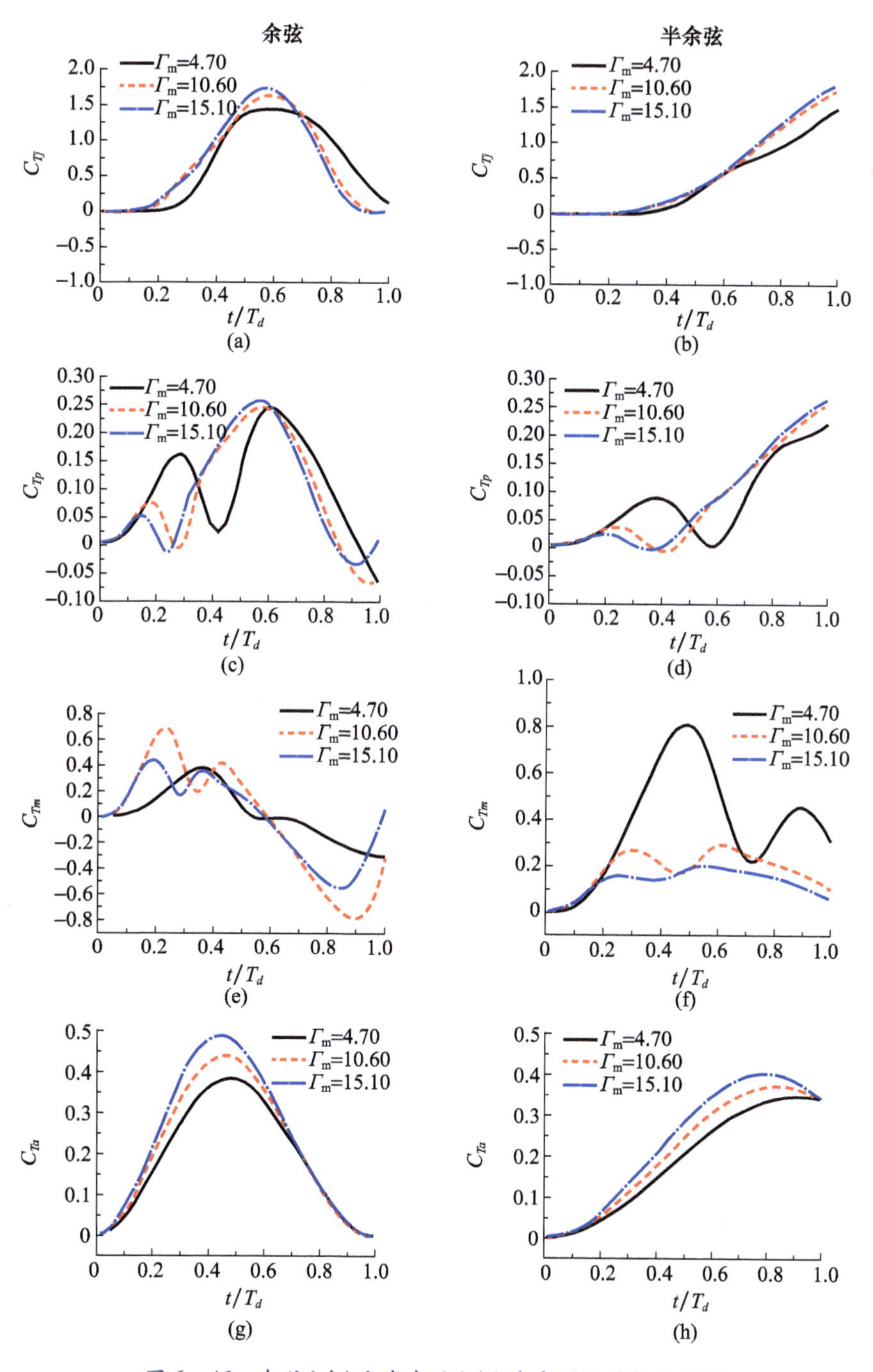

图6-46 余弦(左)和半余弦(右)速度剖面的推力分量
C_{Tj}(a~b)、C_{Tp}(c~d)、C_{Tm}(e~f)和C_{Ta}(g~h)

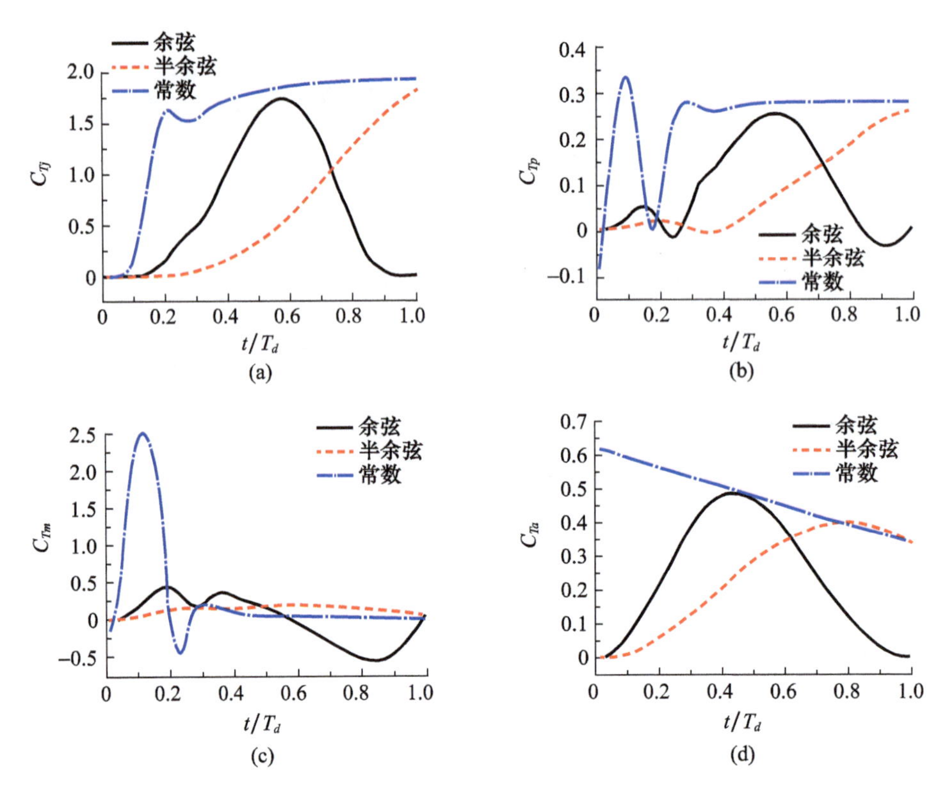

图 6-47 在不同喷流速度剖面下,对 Γ_m = 15.10 时的 C_{Tj}(a)、C_{Tp}(b)、C_{Tm}(c) 和 C_{Ta}(d)进行比较

基于三维非定常黏性可压缩的 Navier - Stokes 流体求解器,我们通过数值模拟研究了仿鱿鱼腔体变形的喷流推进模式。仿头足类模型被理想化为一个椭圆形的空腔,其开口作为喷流出口。随着模型偏心率的增大,腔体收缩排出内部流体。通过专注于单次腔体收缩变形,我们系统地研究了不同背景来流速度条件和不同喷流速度剖面下模型周围的流场、涡环形成和喷流推进性能。

对于定常喷流速度剖面,通过可视化流场观察到,在 Re_j 相对较小的情况下,与高雷诺数情况不同,前缘引导涡环后面没有明显的二次涡流。来流速度 U_0 在涡环的形成中起作用。U_0 越大,来流速度和喷口附近喷流之间的相互作用越强。当喷流进入这些涡流中时,出口平面附近形成明显的漩涡,使得更难供给涡环和尾涡,从而在较高来流速度下涡环环量减少。喷流速度分布是决定涡环演变的另一个重要因素。与余弦和半余弦喷流速度剖面相比,定常喷流速度剖面在给定形成数下能产生更大的速度峰值。这可以通过以下事实来解释:流体在没有加速阶段的恒定喷流速度分布下以更高的速度喷射。

基于动量守恒,我们确定了三个不同的推力源,即动量通量相关推力 C_{Tj}、过度压力(在喷嘴出口处)相关推力 C_{Tp}和由于腔体内流体动量随时间变化而产生的推力 C_{Tm}。对于定常喷流速度模式,在喷流初始阶段观察到总推力的峰值,主要由 C_{Tm}主导,而 C_{Tj}影响准稳态阶段的推力大小。对于余弦喷流速度剖面,喷流动量通量相关推力 C_{Tj}影响喷流中间阶段的推力峰值。对于半余弦速度剖面推力的产生,C_T通常在整个喷射过程中持续增大,这主要归因于不断增大的 C_{Tj}。通过比较三种喷流速度剖面推力的产生,我们发现,与瞬时喷流速度密切相关的喷流动量通量产生的推力 C_{Tj}对于保持正的总推力至关重要。例如,在余弦喷流速度剖面的收缩期后半段,随着喷流速度减小,总推力变为负。就 C_T而言,在准稳态推力产生的后期阶段,定常喷流速度剖面优于其他两个速度剖面,因为其射流速度更大,因此 C_{Tj}更大。我们通过对腔体变形的附加质量相关推力 F_a进行计算发现,对于此处考虑模型运动的所有三个射流速度剖面,它在总推力中是不可忽略的部分。

尽管较大的来流速度 U_0将导致推力减小,但已经证明来流速度对腔内流体水平动量的相关推力 C_{Tj}和 C_{Tm}的影响可忽略不计。更大的来流速度会导致附加质量相关推力 F_a增加。尽管如此,在较大的 U_0下,更大的黏性阻力也会使 F_a增大。因此,在大的来流速度下,总推力下降。此外,我们还发现,较大的来流速度也会增加 C_{Tj}和 C_{Tp}在总推力产生中所占的比例。

6.3 带弯曲喷管的仿鱿鱼“矢量推进”性能研究

在6.1节和6.2节中,喷流模型的喷口方向是固定不可调的。实际鱿鱼喷口是可以旋转的,它们通过这种“矢量推进”机制,可以实现快速敏捷的转弯机动。本节建立了系泊模式下由柔性腔体和可弯曲喷管构成的三维脉冲喷流推进数值模型。通过指定腔体柔性变形和喷口角度来探究“矢量推进”模式下的涡流场演化特征和推进性能。

6.3.1 问题描述

这里考虑的三维仿鱿鱼模型由一个压力空腔组成,类似于6.2节的喷流模型,该压力腔对应鱿鱼的蒙皮腔。此外,该模型还添加了一个仿鱿鱼漏斗管的喷管,用作流体出口。对于一个完整的膨胀-收缩循环周期,当腔体收缩时,内部流体通过喷口喷出,然后腔体膨胀流体又被吸回腔体中,以进行下一次喷流。需要注意的是,“矢量推进”可以通过转动喷口来实现,这是当前模型与6.1节和6.2节数值计算模型的关键区别。这样一来，整个脉冲喷流力可能与背景流动的方向不一致，从而产生转向力矩。在本节研究中，我们只考虑单个收缩阶段，因为它在整个膨胀－收缩循环期间产生了绝大部分的推力和扭矩。

仿鱿鱼模型的剖面如图6－48(a)所示。腔体长度为L，喷口尺寸$D=0.2L$，长度为$0.1L$。腔体几何形状和尺寸与6.2节中的模型一致，特别地，当前模型考虑的是一个弯曲的喷管设置。喷口的弯曲角θ为腔体和喷口的轴向中线之间的角度，如图6－48(a)所示。当喷口固定在给定角度θ时，通过增加椭圆的偏心率e来实现腔体的收缩，如图6－48(b)所示。变形期间，与鱿鱼喷流运动一致，腔体的长度保持不变。

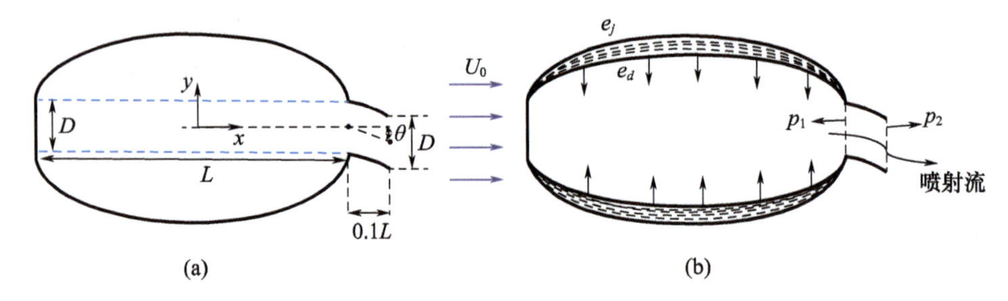

图6－48　模型横截面的轮廓(a)和收缩变形(b)［起始(e_0)和结束(e_1)位置以实线表示］示意图(喷嘴入口平面和出口平面分别标记为p_1和p_2)

仿鱿鱼模型的变形如图6－48所示。在收缩过程中，改变壁厚以保持腔体体积恒定，避免质量发生变化。初始状态，即腔体的膨胀状态，用$e=e_i$表示，而极度收缩状态用$e=e_d$表示。与这两种状态相对应的腔体内部容积分别为$V(e_i)$和$V(e_d)$。我们将等效行程比定义为$\Gamma(t)=4\Lambda(t)/(\pi D^3)$，$e$为模型的瞬时偏心率。最大等效行程比$\Gamma_m=4(V(e_i)-V(e_d))/(\pi D^3)$是当物体达到完全收缩状态时获得的。在腔体收缩期间，喷嘴出口周围的空间平均速度$V_j(t)$为

$$V_j(t)=\frac{-4}{\pi D^2}\frac{dV(e)}{dt}=\frac{d\Gamma}{dt}D \tag{6-21}$$

式中：V_j为喷射速度，也是恒定速度，计算公式为

$$V_j(t)=V_{jm},\quad t\in(0,T_d] \tag{6-22}$$

式中：V_{jm}为规定的最大喷射速度；T_d为收缩时间，由下式给出：

$$\int_0^{T_d}V_j(t)dt=\Gamma_m D \tag{6-23}$$

利用式(6－21)，我们可以计算瞬时内部容积$V(e)$和等效行程比$\Gamma(t)$。表6－4列出了我们需要研究的最大等效行程比Γ_m和相应的初始偏心率。

表6-4 在 $e_d=0.92$ 时不同 e_i 对应的完全收缩时 Γ_m 的值

e_i	0.904	0.898	0.883	0.868	0.844
Γ_m	3.31	4.66	7.60	10.59	15.07

基于喷流速度的雷诺数计算公式为

$$Re_j = V_{jm}D/\nu \tag{6-24}$$

式中：ν 为运动黏性系数。

考虑存在背景流 U_0 来模拟稳定游动期间鱿鱼突然转弯的场景。背景流与喷流速度 U_0/V_{jm} 之比选择为0.42，这在实际观测到的鱿鱼流场范围内。本节研究考虑的是模型在系泊状态下的模式，即在喷流过程中不会向前或转弯。为此，我们将一个收缩时间内作用于模型的平均扭矩系数 $\overline{C}_M$ 定义为

$$\overline{C}_M = \frac{\frac{1}{T_d}\int_0^{T_d}\boldsymbol{M}(t)\,\mathrm{d}t}{0.5\rho V_{jm}^2 D^3} \tag{6-25}$$

式中：$\boldsymbol{M}(t)$ 为作用于模型质心上流体力的力矩，通过 $\boldsymbol{M}(t) = -\int_{S_b} p(\boldsymbol{r}\times\boldsymbol{n})\,\mathrm{d}s + \int_{S_b} \boldsymbol{r}\times(\boldsymbol{\tau}\cdot\boldsymbol{n})\,\mathrm{d}s$ 计算，其中 S_b 表示模型的内外表面，$\boldsymbol{n}$ 表示指向表面的法矢量，$\boldsymbol{r}$ 表示动量臂矢量，p 表示压力，$\boldsymbol{\tau}$ 表示黏性应力张量，流体密度用 ρ 表示。应当注意，此处用于归一化的特征速度为喷流速度 V_{jm} 而不是背景流速 U_0。这是因为涡流环的形成和喷流相关的推力均与 V_{jm} 有关。

对于此特定研究，喷嘴弯曲角度 θ 是关于 z 轴的，如图6-48所示，因此，我们关注 xy 平面 C_{Mz} 中扭矩系数的 z 方向分量，定义为

$$C_{Mz}(t) = \frac{M_z(t)}{0.5\rho V_{jm}^2 D^3} \tag{6-26}$$

推力系数 C_T 和 y 方向力系数 C_y 定义为

$$C_T(t) = \frac{F_T(t)}{0.5\rho V_{jm}^2 D^2} \tag{6-27}$$

$$C_y(t) = \frac{F_y(t)}{0.5\rho V_{jm}^2 D^2} \tag{6-28}$$

式中：F_T、F_y 分别为游动模型总水动力在 x 方向和 y 方向的分量。功率消耗系数 C_P 由下式给出：

$$C_P(t) = \frac{P(t)}{0.5\rho V_{jm}^3 D^2} \tag{6-29}$$

式中：P 为能量功耗，通过式(6.30)计算得到：

$$P(t) = \iint_{S_b} -(\boldsymbol{\sigma} \cdot \boldsymbol{n}) \cdot \boldsymbol{V}_{\mathrm{g}}(t,s)\,\mathrm{d}s \tag{6-30}$$

式中：$\boldsymbol{\sigma}$、$\boldsymbol{V}_{\mathrm{g}}$分别为与体表 d$s$ 相邻的流体应力张量和速度矢量；$\boldsymbol{n}$ 为法矢量。

评估力矩产生性能的转向系数定义为

$$\eta_{\mathrm{H}} = \frac{\overline{C}_{Mz}}{\overline{C}_P} \tag{6-31}$$

其中，$\overline{C}_P = \frac{1}{T_d}\int_0^{T_d} C_P(t)\,\mathrm{d}t$ 。推进性能的推进系数定义为

$$\eta_{\mathrm{T}} = \frac{V_{\mathrm{jm}} I}{P_{\mathrm{inp}}} \tag{6-32}$$

式中：$I = \int_0^{T_d} -F_x(t)\,\mathrm{d}t$ 为总脉冲量；$P_{\mathrm{inp}} = \int_0^{T_d} P(t)\,\mathrm{d}t$ 为收缩期间的总能量消耗。表 6-5 列出了物理参数。

表 6-5 物理参数

C_{Mz}	xy 平面的扭转系数	P_{inp}	总能量消耗
C_T	推力系数	Re	雷诺数
C_P	能量消耗系数	T_d	收缩周期
C_y	y 方向力系数	U_0	背景来流速度
e	椭圆的偏心率	V_{j}	喷口喷流速度
D	喷口尺寸	V_{jm}	最大喷流速度
I	整体脉冲冲量	Γ_{m}	最大等效行程比
L	模型长度	η_{H}	转向系数
M	质心扭矩	η_{T}	推进系数
M_z	z 方向扭矩	θ	喷嘴弯曲角度
P	能量消耗	ν	运动黏性系数

6.3.2 求解计算域和网格无关性验证

图 6-49 显示了模型表面的计算域和流体网格。将壁面边界条件应用于腔体和喷口表面，将远场边界条件应用于其他边界。在 $Re_j = 1000$，$\theta = 10°$ 和 $\Gamma_{\mathrm{m}} = 10.59$的条件下进行网格和时间步长无关性验证。我们生成了三套网格：包含 399 万个单元的粗网格、包含 555 万个单元的中等网格和具有 777 万个单元的细网格。三种网格的第一层的高度为 $5 \times 10^{-3}L$，并且三种网格使用的无量纲时间不长$\overline{\Delta t} = \Delta t V_{\mathrm{jm}}/L = 0.025$，来测试网格的收敛性，结果如图 6-50(a)所

示。结果表明，中等网格的结果与细网格的结果相差不大。之后，我们还使用了更小的$\overline{\Delta t}$进行计算。可以看出，较小的时间步长几乎不会改变结果。因此，在$\overline{\Delta t}=0.025$的时间长度下我们使用中等网格以节约计算成本。

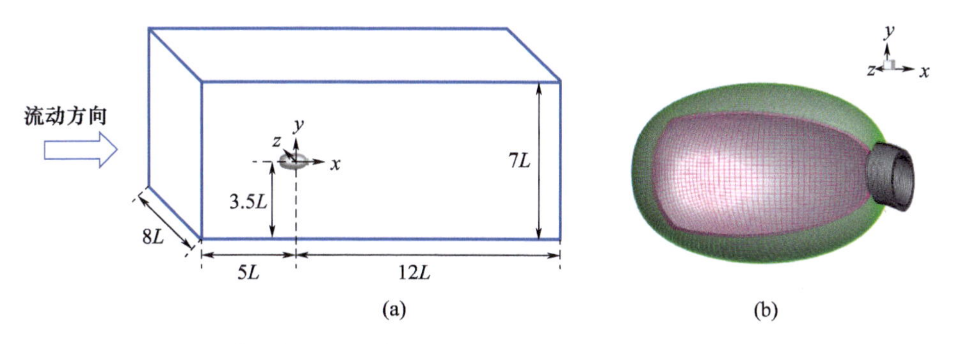

图6-49　计算域布局(a)(未按比例)和喷流模型表面(b)生成的流体网格[腔体表面的部分网格被隐藏来显示内部(红色)、外部(绿色)和喷管(黑色)表面]

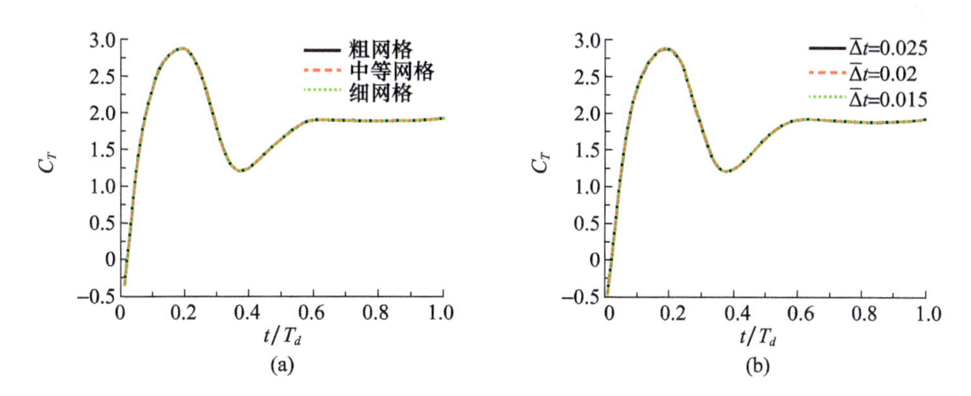

图6-50　在$Re=1000$，$\theta=10°$且$\Gamma_m=10.59$时，三种网格在$\overline{\Delta t}=0.025$时的$C_T$曲线(a)，和中等网格使用不同的时间步长下的$C_T$曲线(b)

6.3.3　结果

我们通过数值仿真研究了仿鱿鱼模型通过弯曲喷口喷流产生的推力和扭矩。同6.3.2节一样，在外部流场完全发展变为准稳态后，腔体才开始收缩。喷口的弯曲角度为5°、10°和15°，这些选择的最大角度与Christianson等现有的鱿鱼机器人所使用的角度相匹配，他们的研究表明过大的喷口弯曲角度只会导致原位旋转。我们首先展示一个带有弯曲喷口的喷流模型所产生的推力和力矩产生情况。之后再进行参数化研究，探讨喷流的雷诺数($Re_j=100$和$Re_j=1000$)和喷口弯曲角度对喷流运动的影响，以及最大行程比的影响。

6.3.3.1 弯口喷流特征

本节在 $Re_j = 1000$ 和 $\Gamma_m = 10.59$ 的条件下，对喷口弯曲角 $\theta = 15°$ 的鱿鱼喷流推进模型进行了模拟。在之前的许多研究中，喷流推进系统通常被理想化为带有直管式喷口的活塞－气缸装置，因此喷流主要沿轴向方向。相比之下，当前的模型有一个弯曲的喷口。因此，在流体通过弯曲喷口的过程中，实际的喷流速度轮廓应该会产生变化，如图 6－51 所示。可以看出，在流体通过喷嘴后，沿轴向方向的速度 u_x 通过喷口之后变得更加均匀（即两个峰值速度值变平）［图 6－51(a)和(b)］，证明了喷口的整流效果。此外，我们还发现，径向速度 u_y 在经过喷口后变为负值（沿图 6－48 所示的 y 轴负方向，向下），说明弯曲喷口有效地引导了喷流方向，尽管当流体刚进入喷口时，轴向速度 u_x 总体上关于中线对称。这也适用于 $\Gamma = 2.45$ 喷流的早期阶段。如图 6－51(d)所示，在喷流后期，径向速度 u_y 集中在喷嘴平面的下侧。

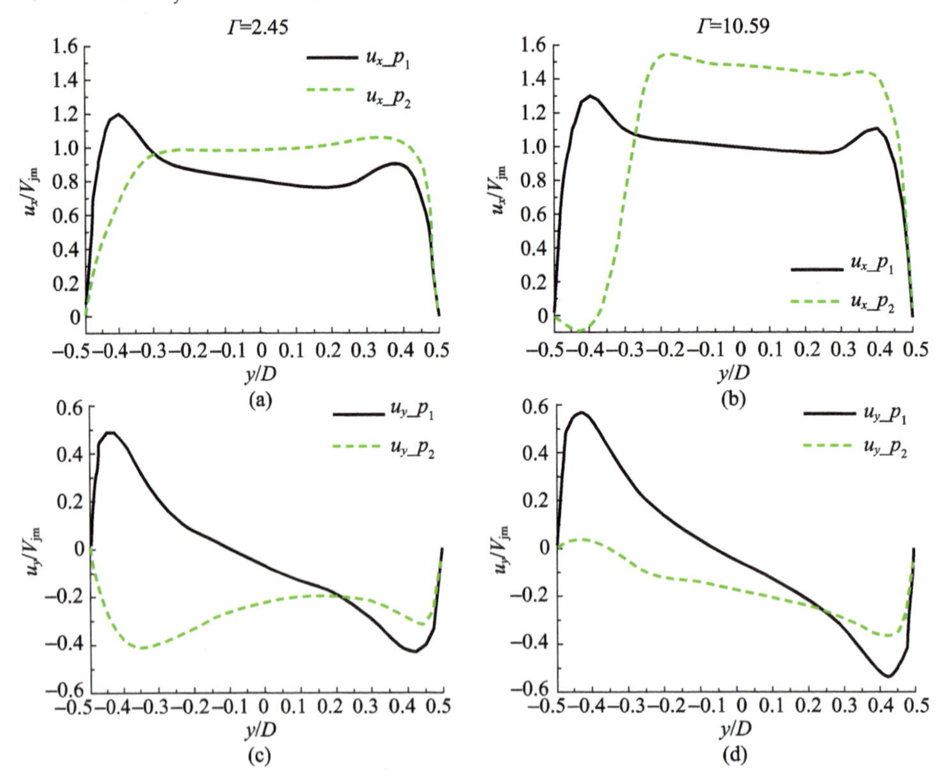

图 6－51　当 $Re_j = 1000$，$\theta = 15°$ 且 $\Gamma_m = 10.59$ 时，在平面 $z = 0$，$\Gamma = 2.45$［(a)和(c)］和 $\Gamma = 10.59$［(b)和(d)］时，喷口入口平面(p_1)和出口平面(p_2)［图 6－48(b)］处沿长度方向的轴向速度(u_x)和沿径向方向的径向速度(u_y)的曲线

为了展示通过弯曲喷口喷流时的周围流场，图 6－52 中给出了平面 $z=0$ 处的 z 方向涡量图、流线和 Q 准则分布，以及 Q 准则等值面图。在最大行程比 $\Gamma_{\mathrm{m}}=10.59$时，我们可以观察到一个前导涡环以及随后的分布涡。由于背景流和通过弯曲喷口后倾斜的喷流相互作用，尾迹结构相对于水平轴并不对称，这不同于先前研究的轴对称模型。这可以从图 6－53(a)中 $\Gamma=3.06$ 时刻的流线分布中看出，此时在喷口出口平面的上部附近形成了更强的涡流。因此，如图 6－53(b)所示，涡环的上半部分在此时发展得更加充分。如图 6－52 所示，在 z 平面方向的涡量图和 Q 准则云图中，上部涡结构比下部涡结构持续的时间更长，下部涡结构在涡环与喷口分离后迅速消失。

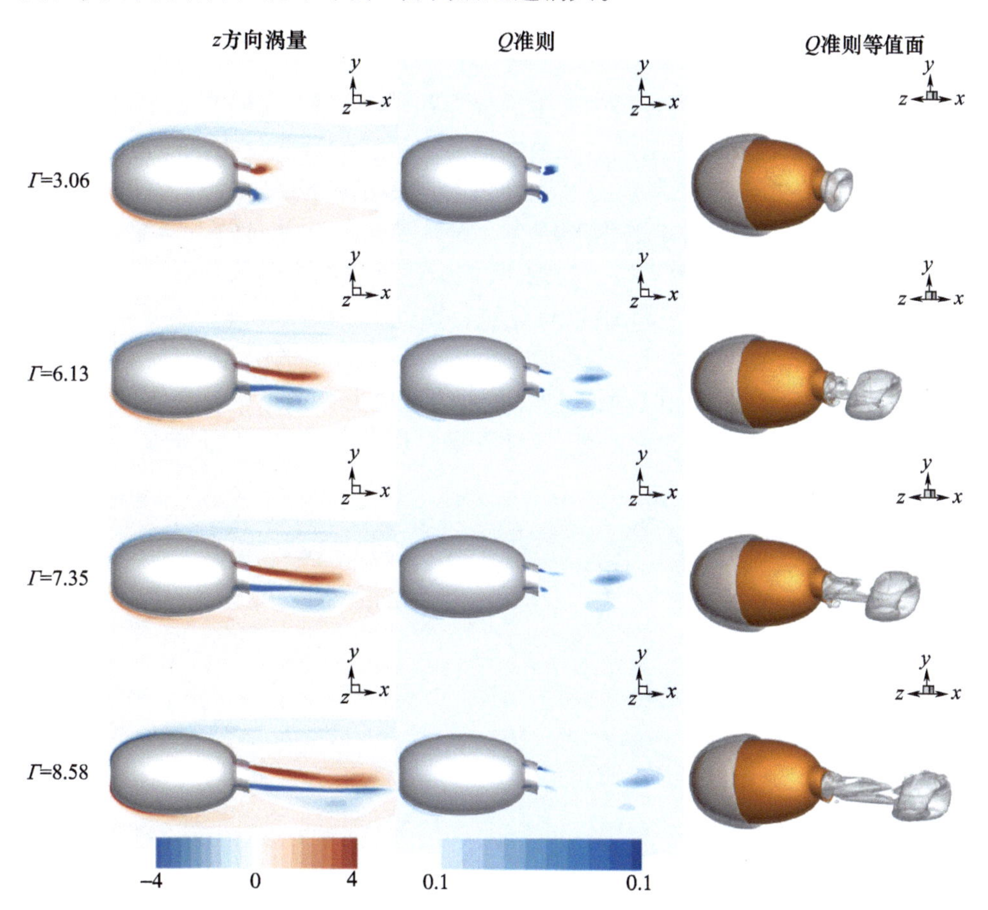

图 6－52　在 $Re_{\mathrm{j}}=1000$，$\theta=15°$ 且 $\Gamma_{\mathrm{m}}=10.59$ 时，平面 $z=0$ 处的 z 方向涡量图和 Q 准则（归一化后 $Q=0.05$）分布图，以及 Q 准则等值面图（二者分别用 V_{jm}/D 和$V_{\mathrm{jm}}^2D^2$ 进行归一化处理）（将模型染色以便于与 Q 准则等值面进行比较）

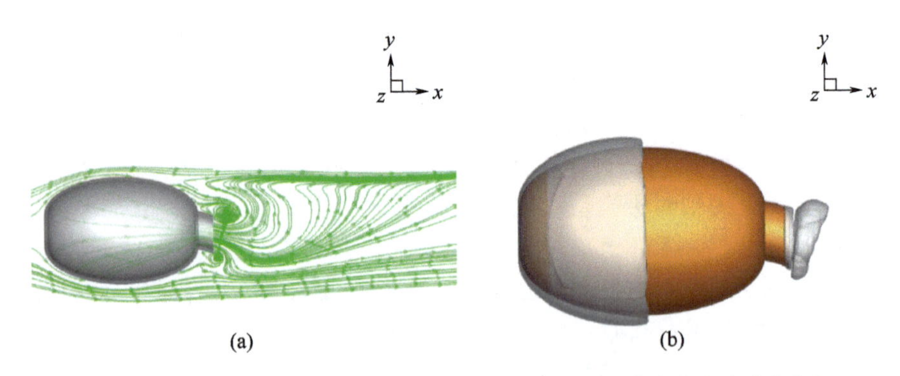

图 6-53 在 $Re_j=1000, \theta=15°, \Gamma_m=10.59, \Gamma=3.06$ 时的流线分布(a)和 xy 平面 Q 准则等值面显示的涡结构(b)

为了进一步了解喷流过程中产生的推力和转动扭矩，我们在图 6-54 中绘制了瞬时推力系数和力矩系数。在最大推力之后我们观察到力矩峰值，在喷流后期，它们都接近于一个常数。喷流推力的产生机制已在 6.2 节中进行了讨论。这里，我们专注于力矩的生产机制。喷口沿 y 轴负方向向下弯曲。因此，可以预计力矩主要由升力产生。为此，我们描述了模型不同部分产生的瞬时升力系数 C_y，并将其与图 6-55 中总的 C_y 进行比较。发现整体升力主要由内部喷口上表面部分产生。事实上，将动量定理应用于 y 方向的喷流，当流体在弯曲喷管中被迫改变流动方向时，可以预计喷管内表面上会产生垂直方向的反作用力。另外，由于模型的不对称外形，腔体外表面也会承受 y 轴负方向的力。

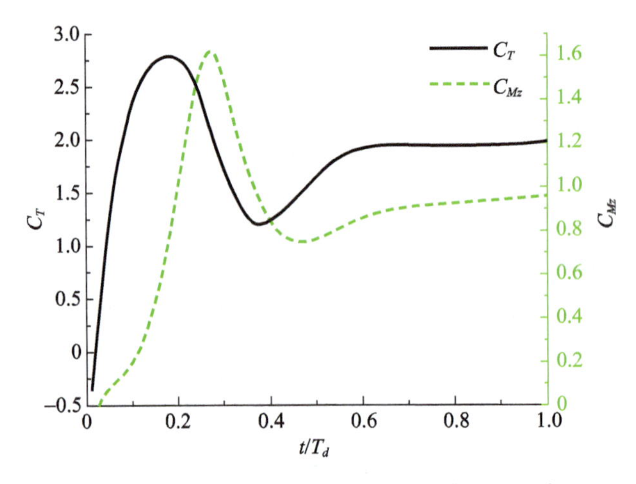

图 6-54 在 $Re_j=1000, \theta=15°$ 且 $\Gamma_m=10.59$ 时，喷流模型在收缩周期内的 C_T 和 C_M 变化情况

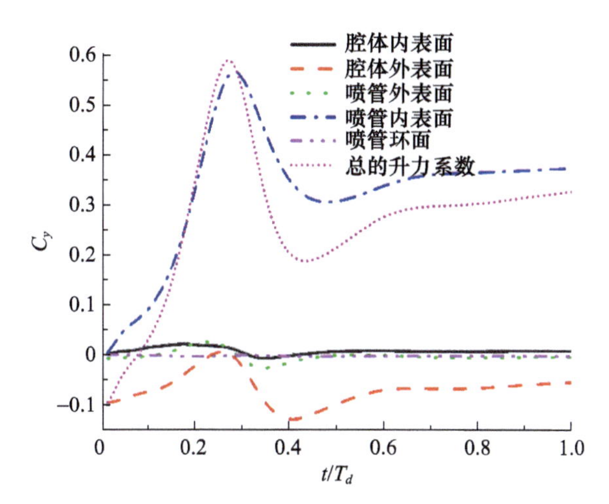

图 6－55　在 $Re_j=1000$，$\theta=15°$ 且 $\Gamma_m=10.59$ 时，一个收缩周期内 C_y 随时间的变化曲线

为了进一步了解喷嘴内表面的压力分布，图 6－56 中绘制了压力分布图。当喷流流过弯曲喷管的锐角边时，喷管内表面的升力主要来源于下表面的靠近腔体一侧的吸力（负压）。正压主要位于喷管上表面附近，其值较小。

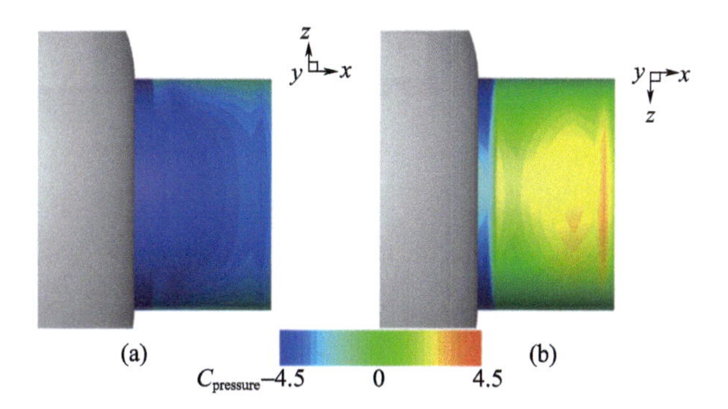

图 6－56　当 C_y 在 $Re_j=1000$，$\theta=15°$ 且 $\Gamma_m=10.59$ 时达到最大值时，$\Gamma=3.06$（$t=0.3T_d$）时刻，喷管内表面下侧（a）和上侧（b）的压力分布（$C_{pressure}=p/0.5\rho U_0^2$）（颜色范围经过调整来反映压力的绝对值，以便于比较）

值得注意的是，此处假设模型在转矩作用下旋转的时长无限大，实际上在自由游动条件下的流场演变及力和扭矩的产生可能与当前研究的系泊模式结果不同。并且，在自由游动状态下，外力（矩）随时间的变化也是不同的。此外，如果模型在转弯力矩作用下相对于来流发生旋转，产生的推力可能会减小，因为模型相对于自由来流不再是流线型。

6.3.3.2 喷管弯曲角度的影响

本节在 $Re_j=100$ 和 $Re_j=1000$ 时研究喷管弯曲角度 θ 对推力和扭矩产生的影响。此外,也将介绍 $\theta=0°$ 时直喷管的结果,以便进行比较。图 6-57 绘制了 $\theta=0°$ 和 $\theta=15°$ 时喷管出口平面处的轴向速度和径向速度剖面,以此来比较通过直喷管和弯曲喷管的流体流动方向。弯曲的喷管明显破坏了两个速度分量关于中线的对称性,流体如预期的那样向下流动。

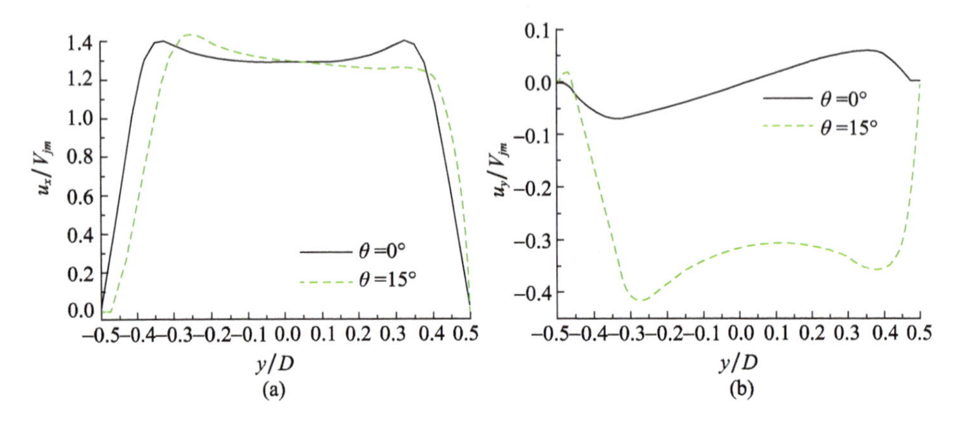

图 6-57 当 $Re_j=1000,\Gamma_m=10.59,\Gamma=3.06$ 时喷管出口平面处(p_2)的速度分布

为了显示这种非对称喷流对产生力和扭矩的影响,图 6-58 总结了两种雷诺数下的性能参数变化。平均和瞬时力矩系数随着喷管弯曲角度的增大而增大,如图 6-58(b)和图 6-59 所示。这可能是由于流场通过弯曲角度较大的喷管时,喷管内部的上表面和下表面之间较大的压力差导致的(图 6-56)。然而,随着 θ 的增加,产生的推力基本保持不变。这与太阳鱼尾鳍推进不同,后者利用不同的鳍运动和变形模式来产生推力和升力(转动扭矩)。已有的试验[52]和 4.1 节中仿太阳鱼尾鳍的数值模拟结果表明,复杂的尾部结构产生的升力通常伴随着推力和推进效率的降低。如图 6-58(a)、(b)和(d)所示,这一结论不适用于仿鱿鱼喷流模型的“矢量推进”,因为它可以同时产生较大的推力和力矩。

尽管 $Re_j=100$ 时的峰值力矩系数小于 $Re_j=1000$ 时的峰值力矩系数(图 6-59),但其在一个周期内的平均值前者大于后者,如图 6-58(b)所示。这与两个雷诺数下的瞬时力矩产生曲线有关,即 $Re_j=1000$ 时的力矩在 $t=0.3T_d$ 时达到峰值后在稳定喷流阶段其值显著减小。相反,在 $Re_j=100$ 时,C_{Mz} 在峰值之后仍能保持相对较大的值,甚至大于 $Re_j=1000$ 时 C_{Mz} 的值,如图 6-59所示。$Re_j=1000$ 时的 C_{Mz} 达到峰值后减小与图 6-56 所示的喷管内表面的压力分布密切相关。图 6-56 和图 6-60 的对比表明,作为最大 C_{Mz} 产

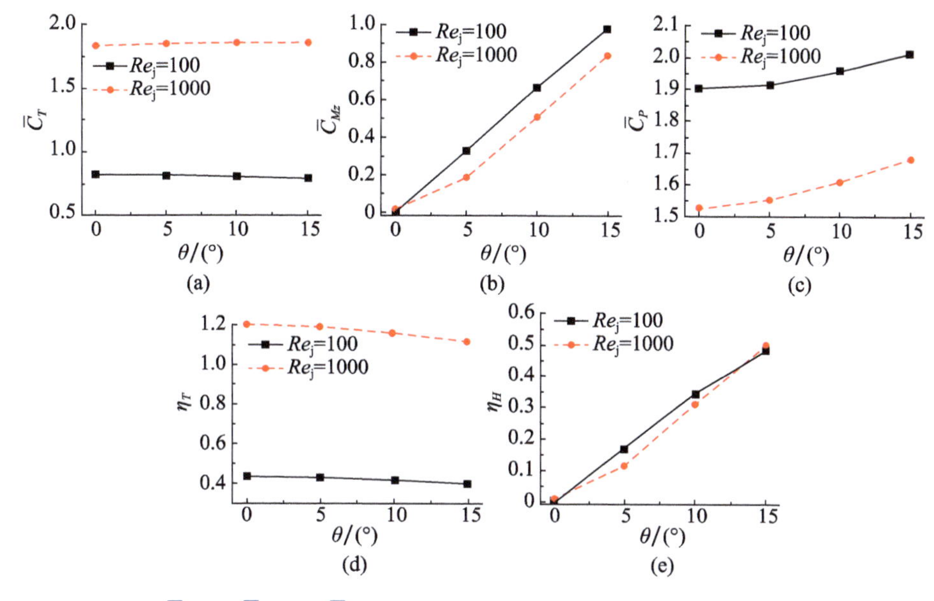

图 6－58　$\overline{C}_T$(a)、$\overline{C}_{Mz}$(b)、$\overline{C}_P$(c)、η_T(d)和 η_H(e) 在不同喷嘴弯曲角度下的变化

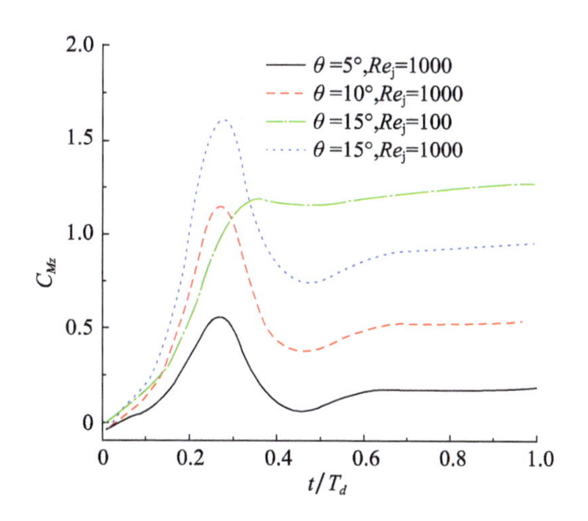

图 6－59　不同情况下 C_{Mz} 的比较

生主要来源的喷管下表面的负压和分布面积在 $Re_j=1000$ 时的稳定喷流过程中显著减小。因此，尽管上表面的正压略有增加，但在稳定喷流阶段产生的力矩总体是减小的。与其形成对比，在 $Re_j=100$ 时，具有更大分布面积的正压力支配着喷管内部上表面，并且下表面的负压更小。如此一来，如图 6－59 所示，在稳定喷流期间，在 $Re_j=100$ 时，升力及产生的绕 z 轴的力矩正如预期一样大于其他雷诺数下的数值。

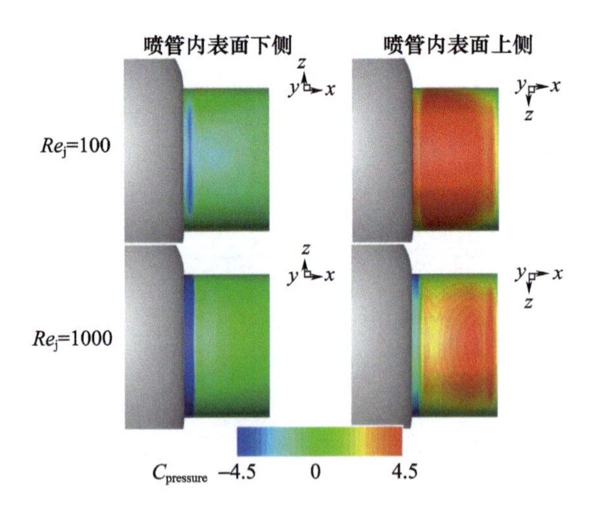

图 6-60 当 $\theta=15°$ 且 $\Gamma_m=10.59$ 时，两个不同的 Re_j 喷管内表面下侧和上侧在 $t=T_d$ 时的压力分布

总推力 C_T 由腔体变形产生的推力 C_x 减去阻力 C_D 得到，即 $C_T=C_x-C_D$。基于喷流的雷诺数和喷嘴弯曲角度对它们都有影响。我们首先在图 6-61 中比较了在 6.2 节中推导出的 C_x 的三个主要来源，包括下式给出的喷流动量通量导致的推力系数 C_{Tj}：

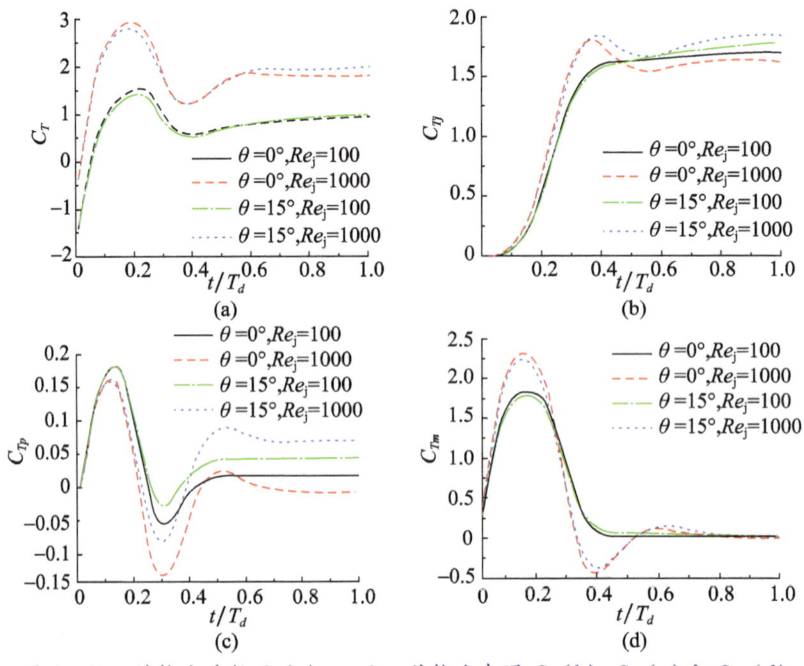

图 6-61 总推力系数 C_T(a)，以及三种推力来源 C_{Tj}(b)、C_{Tp}(c)和 C_{Tm}(d)

$$C_{Tj}=F_j/(0.5\rho V_{jm}^2 D^2) \tag{6-33}$$

其中

$$F_j = \int_A \rho u_x^2 \mathrm{d}S \tag{6-34}$$

式中:A 为喷口平面,相关的过压推力系数 $C_{Tp}=F_p/(0.5\rho V_{jm}^2 D^2)$,在喷管出口平面处,$F_p$表示给出的过压力,$F_p = \int_A \Delta p \mathrm{d}S$ ($\Delta p = p - p_\infty$,其中 p_∞ 为远场压力);F_m来源于腔体内流体动量随时间变化相关的推力,其归一化形式为$C_{Tm}=F_m/(0.5\rho V_{jm}^2 D^2)$ [227]。

总体而言,与喷管弯曲角度相比,三个喷流推力源受喷流雷诺数的影响更大。特别是在不同的喷流雷诺数下,在恒定喷射阶段与过压相关的推力 C_{Tp} 在不同的喷管弯曲角度方面表现出很大的差异。例如,恒定喷射阶段的 C_{Tp} 在 $t=0.6T_d$时,$\theta=0°$ 和 $\theta=15°$时在 $Re_j=100$ 和 $Re_j=1000$ 的差异分别为 150% 和 58% 左右。θ 对 C_{Tp}的影响在恒定喷射阶段也是显著的,在 $Re_j=100$ 和 $Re_j=1000$ 时,C_{Tp}的差异在 $\theta=0°$和 $\theta=15°$时,分别达到 174% 和 110%。

图 6-62 显示了 $t=0.3T_d$时喷管出口平面附近的压力分布。与喷管内部表面的压力场一致,当喷管弯曲时,正压力集中在喷管出口上平面。而对于平直喷管,出口环平面被负压包围,该负压在雷诺数较大的出口平面周围具有更大的影响范围,特别是在 $\theta=0°$时。因此,如图 6-61(c)所示,此时最小的 C_{Tp} 在平直喷管中获得。

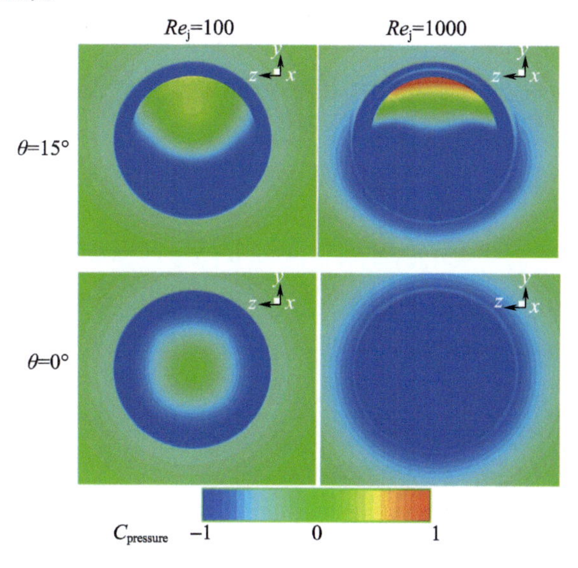

图 6-62 当 C_{Tp}在 $t=0.3T_d$时达到最小值时,喷管出口平面 p_2附近的压力分布

在 $Re_j=100$ 和 $Re_j=1000$ 时，C_T之间的差距不能由三个推力源中的任何一个因素来填补，这3个推力来源包括上述讨论的由喷流尾流产生的推力。实际上，它们只是 C_T的一个子集，鱿鱼喷流模型承受的阻力 C_D也起着重要作用。由于外表面上的力直接受到背景流的影响，因此该阻力主要由黏性阻力主导。然后，我们可以将 $Re_j=100$ 和 $Re_j=1000$ 情况下 C_T的总体差异大致分解为两个部分，分别对应于图6-63中的 C_x和 C_D。如图6-63所示，外表面产生的力导致两个不同喷流雷诺数下总推力的大部分差异，特别是在恒定推力阶段。

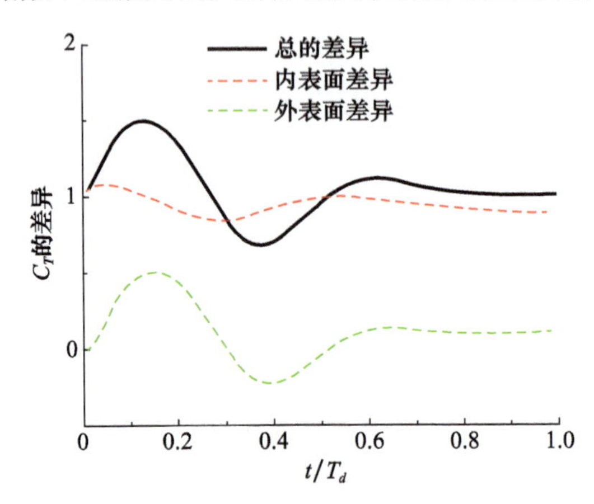

图6-63　在 $\Gamma_m=10.59$ 和 $\theta=15°$ 时，$Re_j=100$ 和 $Re_j=1000$ 两种情况下的瞬时推力系数的差异

6.3.3.3　行程比的影响

已有的活塞-气缸装置研究表明，喷流的尾流特性由最大行程比决定。一些研究人员认为，最佳推进性能可能与形成数有关。这些研究集中于静止流体中的平直喷管喷流现象。在存在背景流的情况下，当喷管具有弯曲角度时，最大行程比如何影响推力和扭矩，已有研究还鲜有涉及。在本节中，通过使用表6-4列出的 Γ_m值（$Re_j=1000$ 和 $\theta=15°$）进行模拟来研究其影响。$\Gamma_m=3.31$ 和 $\Gamma_m=10.59$ 时的流线分布、z 方向涡量、中间平面 $z=0$ 处的 Q 准则分布以及在腔体完全收缩时的流场结构如图6-64所示。当 Γ_m较小时，喷流似乎完全进入前缘引导涡环。当最大行程比增加到10.59时，尾流结构变得复杂，涡环后面伴随着分布涡结构。在两个行程比值下的涡流环不再是轴向对称的，这与我们先前研究中的直喷管后的涡流环不同。

为了深入了解模型的推进和转弯力矩产生性能，我们在图6-65中绘制了具有不同最大行程比的性能参数变化。$\overline{C}_T$和 η_T的变化模式通常与具有直喷管的喷流模型的变化模式相似，它们都随着 Γ_m的增大而降低。这是因为较小的

Γ_m对应较小的膨胀外形，因此阻力较小。由于这一原因，峰值瞬时推力系数 C_T 和扭矩系数 C_{Mz}在 Γ_m较小时数值增大，如图 6-66(a)和(b)所示。与 C_T不同，在一个收缩周期内的平均扭矩系数 $\overline{C}_{Mz}$对最大行程比的变化不敏感。然而，如图 6-66(c)所示，随着 Γ_m的增大，喷流过程中功率消耗同时增加，转向系数 η_H 相应降低。图 6-66 中也包括了 $\Gamma_m=10.59$ 且 $\theta=0°$时，即喷管平直时的情况以便进行比较。研究发现，弯曲喷管的瞬时推力峰值小于直喷管的瞬时推力峰值，这是因为流体在通过弯曲喷管时可能会损失一些水平运动能量，从而产生转动力矩。由于类似的原因，在相同的 Γ_m下，$t=0.2T_d$后，直喷管的瞬时功率消耗始终低于弯曲喷管的瞬时功耗。

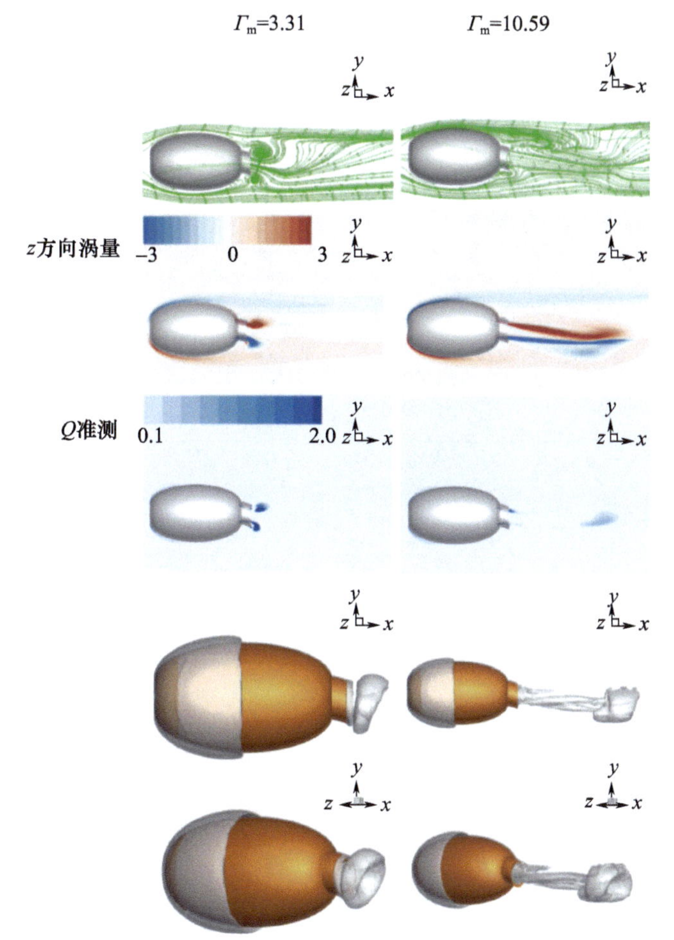

图 6-64　在 $\Gamma_m=3.31$ 和 $\Gamma_m=10.59$ 时，中间平面 $z=0$ 处的流线、z 方向涡量图、Q 准则分布以及收缩结束时 Q 准则等值面图

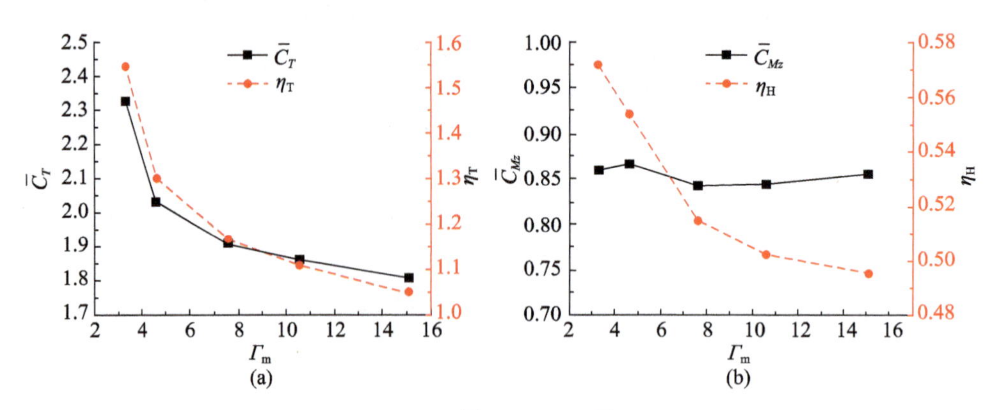

图 6-65　在 $Re_j = 1000$ 且 $\theta = 15°$ 时，$\overline{C}_T$、η_T(a)和 $\overline{C}_{Mz}$ 和 η_H(b)在不同行程比下的变化曲线

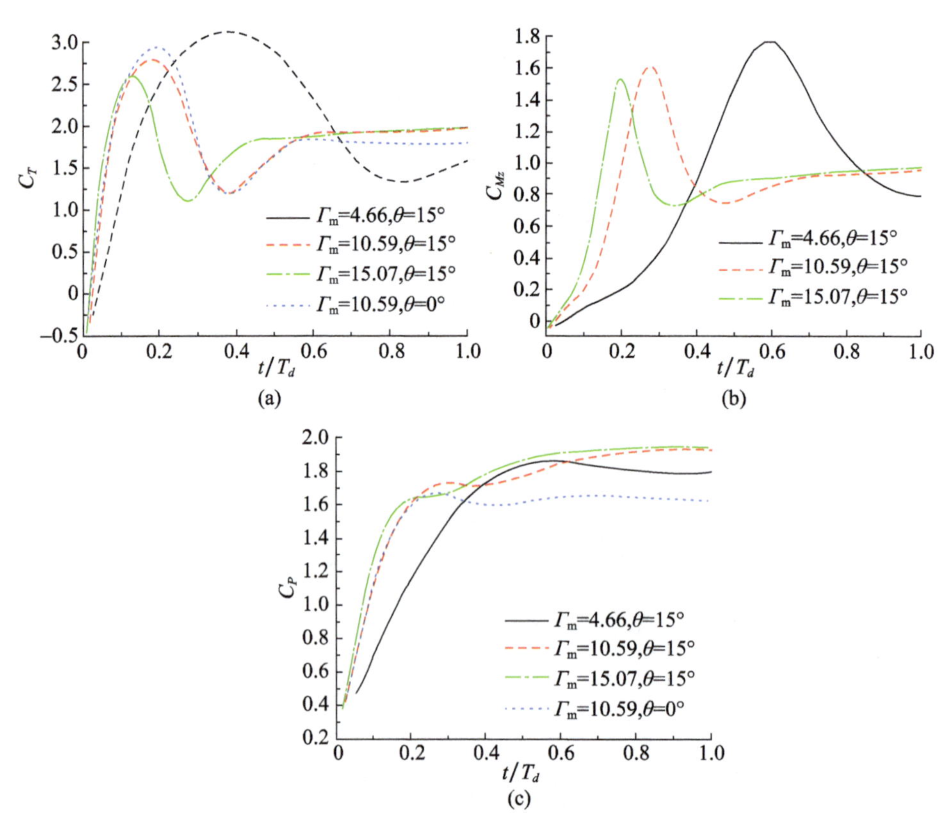

图 6-66　在 $Re_j = 1000$ 时，一个收缩周期内不同行程比下 C_T、C_{Mz} 和 C_P 的变化曲线

本节对仿鱿鱼喷流模型的推力和扭矩产生性能进行了数值研究。这种仿头足类动物的模型有一个可变形的压力室和一个可操纵的弯曲喷管。腔体通过增大主体的偏心率而收缩,从而使腔体内部流体关于中线和背景流向构成一定角度喷出。我们系统地研究了喷管弯曲角度、喷流的雷诺数和最大行程比对推进性能和扭矩的影响。

通过展示入口和出口喷管平面的轴向速度和径向速度分布,我们证明了弯曲喷管在整流和流动定向方面的有效性。结果表明,弯曲喷管排出的前缘涡环不再是轴对称的,其上部比下部更饱满。除了脉冲推力之外,在喷射期间还产生了绕 z 轴逆时针方向的转动力矩,该脉冲推力的峰值稍早于力矩的产生。通过对模型表面各部分力矩产生的升力进行分解,我们发现作用在内部喷管表面上的升力对力矩产生的贡献最大。此外,压力分布表明,当喷流流经弯曲喷管的转角处时,该力(和力矩)主要来源于下表面的吸力(负压)。

本节系统的仿真结果表明,较大的喷管弯曲角度会增大产生的力矩。同时,产生的推力不会随着扭矩产生的增加而减少。这与尾鳍运动模式不同,在尾鳍运动模式中,转弯力矩的产生通常伴随着推力的减少。

基于喷流的雷诺数也会影响力矩和推力的产生。关于力矩系数,尽管在较高 Re_j(1000)的非稳态喷流过程中可以看到 C_{Mz} 的显著峰值[该峰值归因于喷管相对于主体长度方向向下弯曲时喷管内部下表面显著的负压力(吸力)],但随后显著降低。相比之下,瞬时力矩系数在低 Re_j(100)下保持在高水平,在稳定喷流阶段,喷管上表面由显著的正压力主导。结果,其平均力矩系数大于 Re_j 较高时的力矩系数。我们的研究结果还表明,通过改变喷管出口平面的压力分布,基于喷流的雷诺数对稳定喷流阶段的过压相关推力(C_{Tp})有显著影响。它对其他两个与喷流相关的推力源[包括来自动量通量(C_{Tj})和腔体内部流体动量变化(C_{Tm})相关的推力]几乎没有影响。考虑到脉冲喷流推力产生的特点,我们发现在两个 Re_j 值下,总推力的差异主要由外表面的黏性摩擦阻力主导,这是通过对仿鱿鱼喷流模型内外表面的推力解耦来实现的。

最大行程比对力矩产生的影响类似于对推力产生的影响。较小的最大行程比导致较大的力矩峰值和平均值。尽管如此,转弯系数对最大行程比的敏感性仍不如推进系数,并且随着最大行程比增大,转弯系数会不断减小。在本节研究中,腔体变形是通过数学方程指定的,没有考虑材料特性或结构动力学。未来的研究可能集中在自由机动模式下考虑结构响应的喷流推进模型上,以探索其在静止流体中的转弯半径和速度。

◎6.4 小　结

在本章中,我们对仿鱿鱼和其他头足类动物的脉冲喷流推进进行了数值研究。根据研究目标考虑三种不同的模型。在6.1节中,使用我们开发的流固耦合求解器探索在驱动力作用下柔性腔体的结构响应,研究在高雷诺数流动条件下的二维收缩-膨胀推进系统。与层流研究相比,我们的仿真结果揭示了湍流条件下对称破坏不稳定性的不同机制。具体而言,湍流中涡结构的这种不稳定性源于不规则的腔体内部涡场,进而导致尾流结构的对称性被破坏。较高的雷诺数或较小的喷口尺寸将促进这种对称破坏不稳定性的形成。

对于第二个三维喷流游动模型,我们旨在研究存在背景来流速度的情况下,行程比和喷流速度剖面对喷流推进性能的影响。因此,我们通过数学方程指定了单次收缩变形过程(这个过程产生了膨胀-收缩过程中最多的推力)。基于动量守恒定律并考虑附加质量相关的推力,我们系统分析了不同喷流速度模式和不同最大行程比下的推力来源。研究发现,在系泊模式下,来流速度对由动量通量和腔体内流体动量变化引起的推力的影响可以忽略不计。然而,它确实会影响喷口平面过压的相关推力,虽然这种影响相对较小。尽管附加质量相关的推力有所增大,但由于在较大的来流速度下阻力显著增加,因此总推力依然减小。

在6.3节,我们建立了一个由柔性腔体和弯曲喷管构成的三维脉冲喷流推进模型,并对其进行了数值研究。通过指定腔体变形和喷嘴角度来研究"矢量推进"模式下的涡结构演变和推进/转弯性能。我们的结果表明,当喷流与入射流呈一定角度喷出时,涡环不再是轴对称的。在喷流过程中观察到力矩峰值主要来源于流体通过锐角喷嘴内表面下部的吸力(负压)。在该峰值之后,力矩由喷管内表面上部的正压主导,尤其是在相对较低的基于喷流速度雷诺数[$O(10^2)$]下。如预期的那样,力矩随着喷管弯曲角度的增大而增加。但是,推力几乎保持不变,这体现了通过弯曲喷管进行"矢量推进"的优势。我们还研究了最大行程比的影响。结果表明,在较大的行程比下,时间平均推力和力矩均会减小。

第 7 章 刚性体附近的柔性鳍模型自推进运动控制研究

第4章、第5章和第6章分别对尾鳍摆动推进、喷流推进和胸鳍扑动推进模式进行了数值研究。然而,上文考虑的游动模型在均匀流中均处于系泊状态。本章主要研究二维柔性鳍游动模型的自推进运动。此外,模型的自主游动由反馈PD控制器控制,以指定模型在均匀流中游动到目标位置,并固定于圆柱附近。通过将开发的流固耦合求解器与PD控制器耦合,以了解这种经典控制方法在涉及复杂流体-结构耦合作用时的有效性。此外,本章研究的目的是探索当模型在尾流中推进和保持站位时游动能耗的节省程度(如Liao等开展的生物试验[228]),因为在生物试验中这种能量消耗可能无法直接测量。

◎7.1 问题描述

此处考虑的模型是一个二维柔性板,如图7-1所示。受Liao等2003年开展的生物试验研究启发,模型被固定放置在圆柱体之前。从模型到圆柱体的距离用d_0表示。与大多数先前研究不同(如文献[75, 230]),当前模型的变形由横向的外力驱动,该外力均匀分布在其表面上,以模拟施加在鱼鳍上的肌肉力。这种通过在表面施加外力的驱动机制已成功应用于6.1节中仿鱿鱼流固耦合数值模型和文献[230]中仿生尾鳍数值模型的研究。

在结构动力学中,模型的前缘固定,后缘可以自由摆动。模型可以在水平方向上自由游动,这种自由运动完全由周围流体和柔性模型之间的流固耦合产生的附加驱动力、流体力和结构惯性力共同作用决定。沿x方向的水平运动由牛顿第二定律给出:

$$m_{\mathrm{b}}\frac{\mathrm{d}u_{\mathrm{b}}}{\mathrm{d}t}=F_{x} \qquad (7-1)$$

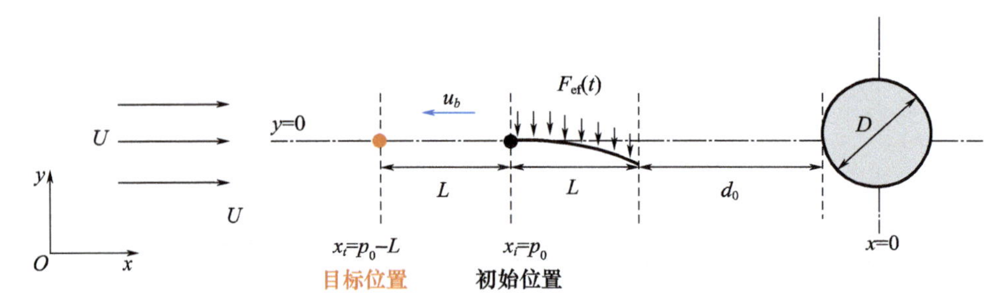

图7-1 在均匀流中,受力驱动自推进柔性鳍模型在圆柱前游动的示意图（未按比例）（模型运动只限于沿 x 方向游动）

式中：m_b为模型的质量；u_b为模型 x 方向的速度；F_x为流体力在 x 方向的分量。

我们设计了一个带反馈的控制器来动态调整驱动力，从而控制模型的自主游动。设计的控制方案旨在引导模型从初始位置 $x_i = p_0$（从模型的前缘测量）游动到目标位置 $x_t = p_0 - L$（图 7-1），并保持在指定位置，以实现在一个周期内模型游动中的推力和阻力相平衡（控制方案的细节将在 7.2 节详细介绍）。因此，驱动力为

$$F_{ef}(t) = \alpha(t) \cdot F_{ef0}\sin(2\pi f_{ef} t + \varphi) \tag{7-2}$$

式中：α 为范围在[0,1]的控制变量，该变量用作驱动力振幅的调整系数；f_{ef}为力的驱动频率；φ 为驱动力的相位差；F_{ef0}为驱动力的最大振幅，$F_{ef0} = 0.5\rho_f U^2 L \cdot C_{ef0}$，其中 ρ_f是流体密度，U 是均匀流速，L 是模型的特征长度，等于圆柱体直径 $D(L=D)$，C_{ef0}为驱动力系数。调整因子 α 是反馈控制器的输出结果，其精确计算方法将在 7.2 节中描述。

雷诺数为

$$Re = LU/\nu \tag{7-3}$$

式中：ν 为流体的运动黏性系数，瞬时推力系数 C_T为

$$C_T = -\frac{F_x}{\frac{1}{2}\rho_f U^2 L} \tag{7-4}$$

为了评估不同初始位置 d_0处的游动性能，我们将记录模型游动长度 L_1 到达目标位置所需的时间 T_s。模型在 T_s期间所需的总能量消耗系数 C_{Ps}为

$$C_{Ps} = \frac{\int_0^{T_s} P_{in}(t)\,dt}{\frac{1}{2}\rho_f U^2 L^2} \tag{7-5}$$

式中：$P_{in}(t)$为瞬时的能量系数，$P_{in}(t) = \int_{\Gamma_f} \boldsymbol{F}_{ef}(s,t) \cdot \boldsymbol{u}(s,t)\,ds$，其中 $\boldsymbol{u}(s,t)$为

驱动力施加位置处表面Γ_f上网格节点s的运动速度。此外，模型在动态保持目标位置附近所需的平均能量消耗系数为

$$C_{P_h}=\frac{\int_t^{t+T_h}P_{\text{in}}(t)\,\mathrm{d}t}{T_h\cdot\frac{1}{2}\rho_f U^3 L}\tag{7-6}$$

式中：T_h为选定的模型到达位置$x_t=x_i-L$后在目标周围停留的参考时间，对于所有考虑的工况，这一参考时间是常数。通过对这两个指标的评估，我们可以了解在游动相同距离并在一定位置保持站位时的能耗。

主导本问题的无量纲参数定义如下：质量比$m^*=\rho_s h/\rho_f L$，其中ρ_s表示模型的密度，h表示模型的厚度；无量纲驱动力作用频率$f^*=f_{ef}L/U$；无量纲刚度$K=EI/(\rho_f U^2 L^3)$，其中E是杨氏模量，$I=h^3/12$表示横截面的惯性矩，ν_s为泊松比。

7.2 带反馈的模型运动控制方案

我们为模型运动设定了控制目标，即从圆柱体前的初始点向目标点游动，并保持在该目标位置而不被来流冲向下游。为此，我们提出了一种反馈控制系统。已有的与控制相结合的鱼类游动数值模拟研究表明，PID 控制具有较强的鲁棒性和有效性[159,232]。在此我们忽略 PID 控制中的积分项 I，得到的 PD 控制器的一般形式如下：

$$C_v(t)=k_p e(t)+k_d\frac{\mathrm{d}(e_t)}{\mathrm{d}t}\tag{7-7}$$

式中：$u(t)$为控制变量；α为力振幅调整系数；$e(t)$为追踪误差；k_p、k_d为调谐增益。

模型的躯体变形和整体运动受到主动驱动力影响。为了实现控制目标，引入控制变量α来动态调整驱动力的幅值大小，如式(7-2)所示。所选的 PD 控制器与流固耦合求解器耦合的控制图如图 7-2 所示。

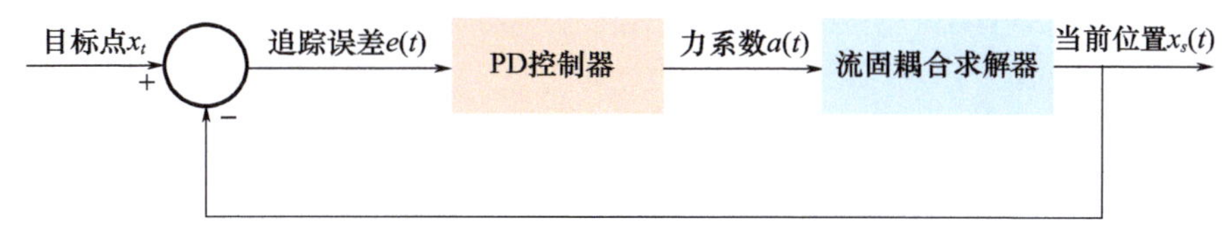

图 7-2　与流固耦合求解器耦合的反馈控制器原理的示意图

在先前关于游动控制的研究中,人们大多使用游动速度矢量和距离矢量的点积结果计算跟踪误差。这可以避免模型没有在适当的时候停止而越过目标位置。与上述方法不同,我们使用游动速度计算跟踪误差来进行控制,而不是像先前的研究那样直接使用位置跟踪误差。这是因为我们的数值测试表明,仅考虑目标位置和当前位置之间距离的跟踪误差会导致位置控制时出现较大的超调。具体而言,PD 控制器用于动态调整控制变量 α,以调节模型的游动速度,使之趋近期望的游动速度 $\boldsymbol{u}_{\text{set}}(t)$。$\boldsymbol{u}_{\text{set}}$取决于模型当前位置和目标位置之间的瞬时距离 G,由 $G(t)=x_s(t)-x_t$给出,其中 $x_s(t)$为模型前缘的瞬时位置,x_t为目标位置,如图 7-3 所示。考虑到模型变形的周期性,我们在跟踪误差的计算中使用模型在一个周期内的平均速度而不是游动的瞬时速度。如此一来,可以避免误差信号的高波动而增强数值计算的稳定性。这对于模型在接近目标位置时,保持一个运动周期内推力和阻力的平衡从而维持模型运动控制的稳定性至关重要。

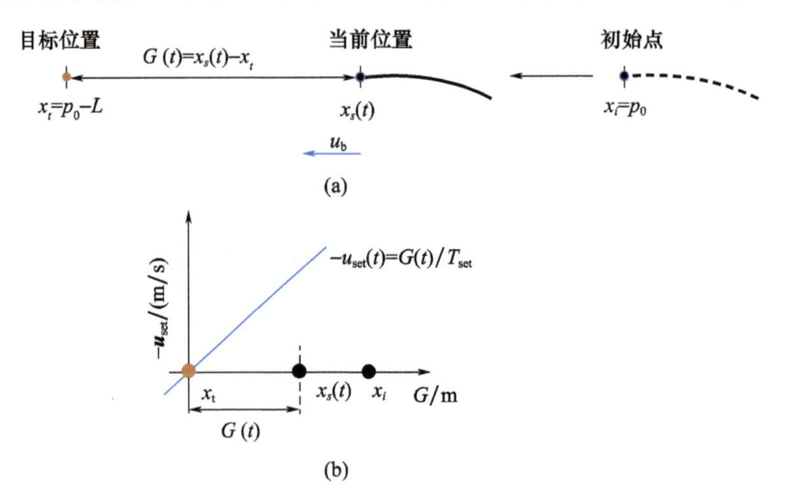

图 7-3　基于柔性鳍模型相对于目标位置的水平运动控制方案示意图(a)以及瞬时速度 u_{set}和误差 G 的相互关系(b)

按照上述逻辑,瞬时控制跟踪误差 $e(t)$被定义为

$$e(t)=\overline{u_{\text{b}}(t)}-u_{\text{set}} \tag{7-8}$$

式中:$\overline{u_{\text{b}}(t)}$为模型在一个外力驱动周期内的平均游动速度,即

$$\overline{u_{\text{b}}(t)}=\frac{1}{T}\int_t^{t+T}u_{\text{b}}(t)\,\mathrm{d}t \tag{7-9}$$

并且与间距 G 相关的设定速度 u_{set}被定义为

$$u_{\text{set}}(t)=-G(t)/T_{\text{set}} \tag{7-10}$$

式中:T_{set}为用于调整游动速度的恒定周期。相对于初始位置,朝向目标的期望

游速在坐标系中为负(沿负 x 方向)(图7-1),因此将负号添加到 u_{set}。T_{set} 值是从数值试验中获得的,以保证游动的稳定控制。

基于式(7-8)的控制方案,模型将在距离值 $G(t)$ 较大时以高速游动,并在接近目标位置时减速,如图7-3(b)所示。而一旦游过目标位置,改变 u_{set} 的符号就会使跟踪误差减小,使得模型由于驱动力减小而减速。如果产生的推力小于阻力,模型甚至会被来流冲回下流。然而,在模型被推离目标位置后,距离值变为正,将使其再次向前游动。当模型非常接近目标时,u_{set} 的值几乎为零,使控制器指示模型在目标处保持每个运动周期内接近零的平均游动速度。

我们采用增量计算的方法计算调整因子 $\alpha(t)$,$\alpha(t_n)$ 的瞬时值计算公式为

$$\alpha(t_n)=\alpha(t_{n-1})+\Delta\alpha(t_n) \tag{7-11}$$

式中:$\alpha(t_{n-1})$ 为上一个时间步的值;$\Delta\alpha(t_n)$ 为误差增量,计算公式为

$$\Delta\alpha(t_n)=k_p[e(t_n)-e(t_{n-1})]+\frac{k_d}{t_s}[e(t_n)-2e(t_{n-1})+e(t_{n-2})] \tag{7-12}$$

式中:t_s 为与当前时间步对应的采样周期;$n-2$ 对应的为上一时间步之前的时间步。式(7-11)计算得到的 α 被限制在[0,1]范围内,以使驱动力的幅值不超过最大的规定值,并且不会改变力的方向。k_p 和 k_d 的值(表7-1)是通过使用 Ziegler-Nichols 方法的数值试验获得的,以产生灵敏的响应和较小的超调量。

7.3 网格无关性验证

计算域如图7-4(a)所示。在柔性鳍表面上,施加无滑移/无通量条件,而对于其他边界,则应用远场无反射边界条件。在本节研究中,我们使用多块重叠网格系统来处理模型和圆柱体之间的相对运动。这种重叠网格方法基于 Lee 和 Baeder[232] 提出并由 Liao 等[233] 改进的隐式孔切割(implicit hole cutting, IHC)技术。具体而言,本仿真中有两簇结构化网格,如图7-4(b)所示,一簇是包含圆柱体的背景网格(重叠网格1),另一簇是模型周围的贴体网格(重叠网格2)。这样,后一个重叠网格可以相对于前一个重叠网格移动,而不会出现较大的网格变形或负体积网格。Shi 等[85] 介绍了这种重叠网格的相关内容。

我们针对 $Re=500$,$m^*=0.5$,$K=0.5$,$f^*=2.5$ 且 $d_0=1.0L$ 时的工况,对前端固定的柔性鳍周围的层流流场仿真计算进行了网格无关性验证,以评估网格密度和时间步长的敏感性。我们生成了三套流体计算网格:一套为82574个单元的粗网格、一套为包含103888个单元的中等网格以及一套包含130533个单

元的细网格。结构动力学计算网格包含 132 个由 15 个节点构成的楔形有限元单元。首先,我们使用生成的三套不同粗细的流体计算网格以及无量纲时间步长(定义为$\overline{\Delta t}=\Delta tU/L$)$\overline{\Delta t}=0.00333$ 来进行网格收敛测试。三套网格计算得到的 C_T结果如图 7-5(a)所示。可以看出,中等网格产生的结果与细网格非常接近。此后,我们还使用中等网格研究了时间步长的影响,如图 7-5(b)所示。这些结果表明,如果网格尺寸和时间步长足够小,则仿真结果对它们不敏感。因此,在以下计算中我们使用中等网格,以确保计算精度,同时降低计算成本。

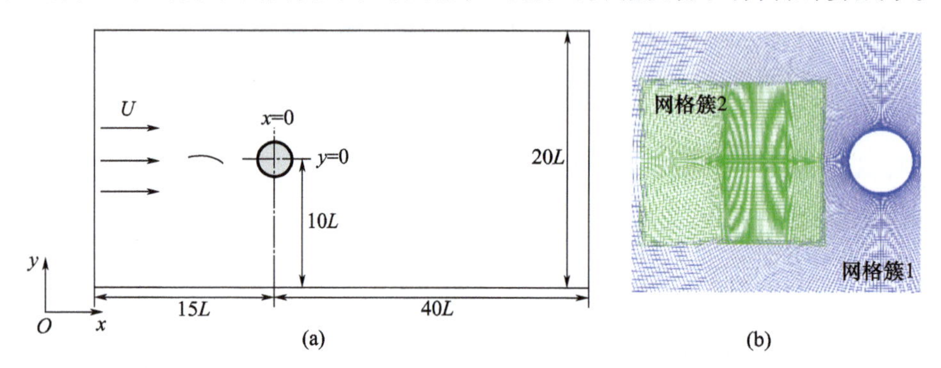

图 7-4　计算域示意图(未按比例)(a)以及在 $d_0=1.0L$ 时模型和圆柱体周围的流体重叠网格(b)

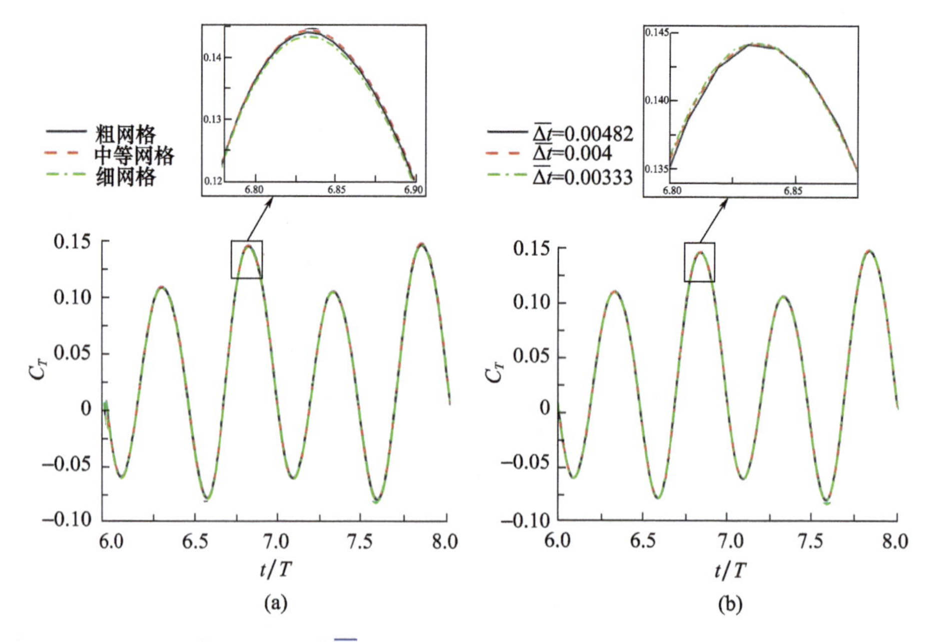

图 7-5　三套不同网格在$\overline{\Delta t}=0.00333$ 时的 C_T对比图(a),当使用中等网格和三种不同的时间步长时得到的 C_T比较图(b)

◎7.4 结　果

考虑到鱼类习惯在均匀流中停留在圆柱体前面的位置，正如 Liao 等试验研究描述的那样，我们重点研究圆柱体前一个柔性鳍模型的自主游动，模型的驱动力幅值通过反馈控制器动态调整，如图 7－1 所示。此外，我们还考虑了在均匀流动条件下无圆柱体时的模型的自主游动和站位保持的工况，以对二者进行比较。在开始涉及模型运动控制的流固耦合仿真之前，我们首先研究了圆柱体附近的刚性和静止模型周围的流场特征；然后考虑了雷诺数（$Re=500,1000,2000$）和模型与圆柱体之间的初始距离 d_0 对流场的影响，这些流场的仿真结果被用于随后流固耦合仿真的初始流场；最后探讨了驱动频率 f^* 和驱动力相位差 φ 对模型游动性能和控制结果的影响。一些参数在以下的仿真计算中保持不变，如表 7－1 所列。值得注意的是，驱动力 C_{ef0} 的最大值是由模型弯曲数值试验获得的，使之能产生足够大的推力向前游动，同时避免弯曲过大导致过度变形，从而产生数值问题。

表 7－1　自主游动模型仿真计算中使用的参数

K	C_{ef0}	m^*	k_p	k_d	T_h	T_{set}
0.5	2.0	0.5	7.15	0.05	$20T$	$4.2U/L$

■ 7.4.1　圆柱体上游刚性静止模型的流场

在施加驱动力使模型变形之前，首先对圆柱体和模型静止时的流场进行模拟。以 $Re=1000$ 为例，不同 d_0 时圆柱体和刚性静态模型的平均阻力系数 $\overline{C}_d$ 如图 7－6 所示。可以看出，与单独置于均匀流中的情况相比，圆柱体的存在导致刚性静态模型所受阻力降低。模型离圆柱体越近，阻力减少就越显著。当圆柱体放在模型后时，其所受阻力会相应减少。尽管如此，这种阻力减少并不与两者之间的距离呈单一变化，在 $d_0=2L$ 时可以看到阻力减小达到最大。在这个最小值之后，随着模型距离变远，圆柱体的 $\overline{C}_d$ 再次增大。这可能与圆柱体在不同距离处受上游模型复杂影响的非定常涡脱模式有关。Wu 等[234]报道了与本节研究相类似的板模型上游圆柱体阻力变化模式。

为了深入了解周围的流场，我们在图 7－7 中展示了模型和圆柱体周围的压力分布情况。如图 7－7(a) 所示，当模型的尾部靠近圆柱体时，它暴露在圆柱体产生的高压下，有助于减少阻力。相比之下，当模型位于圆柱上游较远的位置时,它会失去沿 x 轴正方向推动它的较高的压力,如图 7-7(b)所示。同时,圆柱体的迎流面即其左侧也受到较大的压力,这与图 7-7(c)所示的圆柱处于均匀流动中的情况相似。与圆柱接近模型尾流的情况相比,此时圆柱左侧表面的高压会产生更大的总体阻力。当在反馈控制器的控制下给柔性鳍模型施加驱动力时,模型和圆柱体之间的水动力相互作用将如何影响模型的柔性变形和自由游动,这一点值得进一步研究。

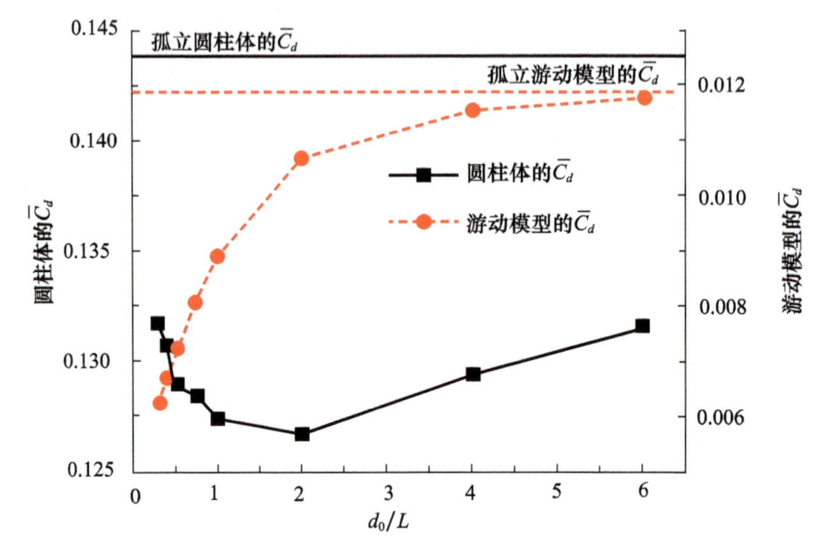

图 7-6　在 $Re=1000$ 时,圆柱体和刚性静态模型在不同距离处的平均阻力系数 $\overline{C}_d$,孤立圆柱体和模型的结果也显示在其中用于比较

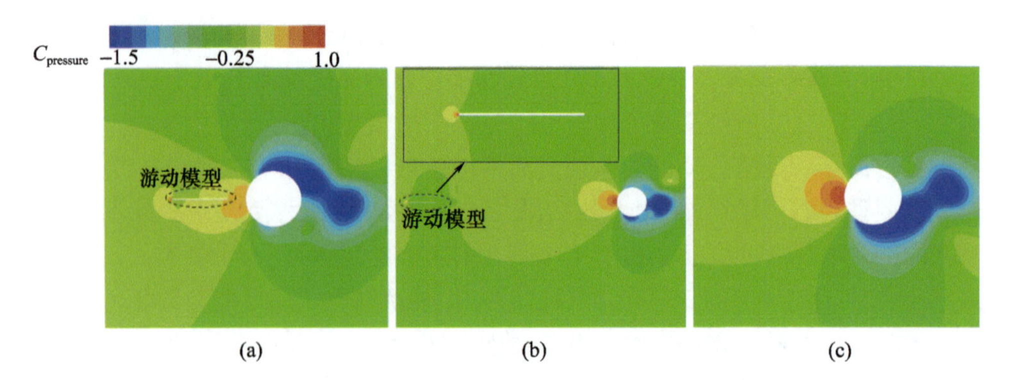

图 7-7　压力分布云图[$C_{pressure}=(p-p_\infty)/(0.5\rho_f U^2)$],其中 p_∞ 是远场压力,图(a)和(b)分别为均匀流中圆柱体和静态刚性模型[$d_0=0.3L$ (a)和 $d_0=6L$(b)]以及单一圆柱体(c)周围的压力分布[当 $Re=1000$ 时,$tU/L=104$]

7.4.2 雷诺数和初始距离 d_0 对流场的影响

对无弹性变形的静态模型完成上述模拟后，我们开始研究模型在控制策略下的自推进性能，即指定其运动到目标位置并保持稳定在目标位置。其中，控制参数 $k_p=7$ 和 $k_d=0.05$。7.4.1 节研究的刚性静止模型的流场解作为接下来涉及模型柔性扑动和自推进运动仿真的初始流场。图 7-8 显示了模型从不同初始位置出发，运动相同距离（一个体长 L）所需的总能量消耗系数 C_{Ps}、游动时间 T_s、平均能量消耗系数 C_{Ph} 和模型稳定在目标附近时的收敛后的驱动力幅值调节系数 α_h。该图中也包括了与没有圆柱时模型独自游动的结果进行的比较。可以发现，在当前的控制方案下，当初始位置靠近圆柱体时，模型到达目标位置所消耗的总能量通常较少。此外，当目标位置接近圆柱体时，模型稳定在这一目标位置时能耗更小，这反映在与 d_0 较大的情况相比此时的 C_{Ph} 的数值更小。到达目标位置所需的游动时间 T_s 随着 d_0 和雷诺数的变化呈现复杂的变化形式。

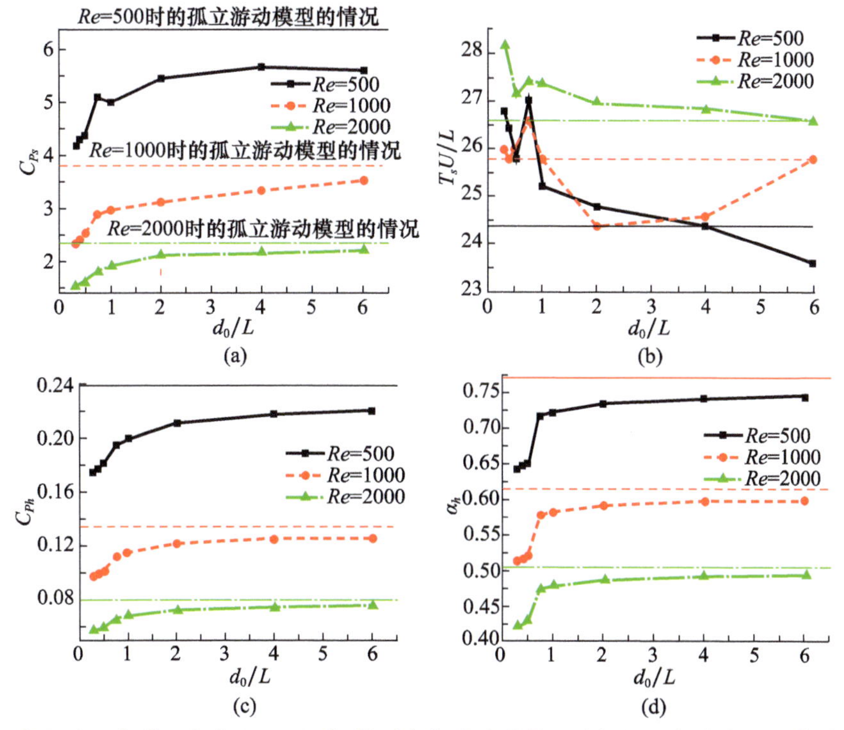

图 7-8 在 $f^*=2.5$ 且 $\varphi=0$ 时，模型在相对于圆柱不同初始距离 d_0 和不同雷诺数下游动相同距离 L 到达目标所需的总能量消耗系数 C_{Ps}(a)、时间(b)、平均能量消耗系数 C_{Ph}(c)，以及保持在目标位置时驱动力幅值的收敛调整因子 α_h(d)（三条直线代表了模型在没有圆柱体的情况下以各自雷诺数在均匀流中的结果）

观察图7-8(a)发现，在距离d超过1.0L之前，C_{Ps}的变化对初始距离d_0非常敏感，之后随着d的增加，C_{Ps}的曲线趋于平缓。这一趋势在$Re=500$时更为明显，当$d_0/L>2$时，C_{Ps}几乎保持不变。与单独游动相同距离的模型相比，在$d_0/L=0.3$和$Re=1000$时，能量节省最大，C_{Ps}减少39%。除了模型所处的初始位置外，雷诺数也是决定游动能量消耗的重要因素。例如，当雷诺数从2000降至500时，在$d_0/L=0.75$的条件下游动相同距离需要增加183%的能量。总体而言，在忽略初始位置和圆柱体的影响下，模型在雷诺数较大的水流条件下游动更节能。然而，与当前控制方案下T_s不会像C_{Ps}一样随着d_0或雷诺数的增大而增加，这表明节能并不一定意味着节省时间。例如，在相同d_0时，$Re=2000$时的T_s比低雷诺数下的值都大。而当d_0固定时，雷诺数越小能量消耗(C_{Ps})越大，如图7-8(a)和(b)所示。

模型到达目标位置保持稳定后，我们通过对C_{Ph}和C_{Ps}值的变化进行计算发现，目标点距离圆柱越近，模型停留在该点所需的能量就越少。较大的雷诺数也有助于减少能量消耗。正如预期，d_0和Re变化时，收敛后的驱动力幅值调整系数α_h的曲线与C_{Ps}和C_{Ph}的曲线变化模式类似，因为后者的计算取决于瞬时力的幅值。

图7-9、图7-10和图7-11分别给出了$d_0=0.3L$和$d_0=6.0L$时相对于初始位置的瞬时游动距离、游动速度以及控制器产生的驱动力幅值系数α。可以发现，当$d_0=6.0L$时，游动距离和游动速度曲线接近模型独自游动时的曲线，这意味着在初始位置离圆柱体较远时，来自圆柱体上游的水动力效益相当微弱。在游动开始时($t=11T$之前)，模型首先漂流到下游远离圆柱体的位置。这与图7-11所示早期阶段较小的驱动力幅值(α)有关，此时产生的推力不足

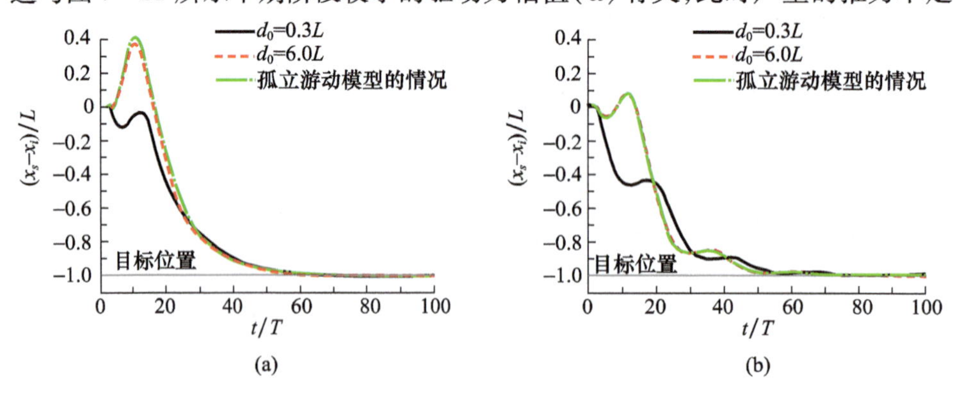

图7-9 在$f^*=2.5$、$\varphi=0$时，$d_0=0.3L$、$d_0=6.0L$和模型不受圆柱体影响独立游动三种情况下，$Re=500$(a)和$Re=2000$(b)时模型的瞬时游动距离$(x_s-x_i)/L$对比

以克服阻力。但在 $d_0=0.3L$ 时,这种下游漂移不明显,并且在更高雷诺数(2000)下,这种漂移会显著减小。在闭环反馈控制下,模型因为受到了更大的驱动力,产生了显著的加速度,并在大约 $t=17T$ 时达到最大游动速度,如图 7-9和图 7-10所示。在达到最大游动速度后,模型接近目标,在反馈控制器的调节下施加的驱动力减小。因此,模型减速并缓慢向目标游去,以避免游过目标点。

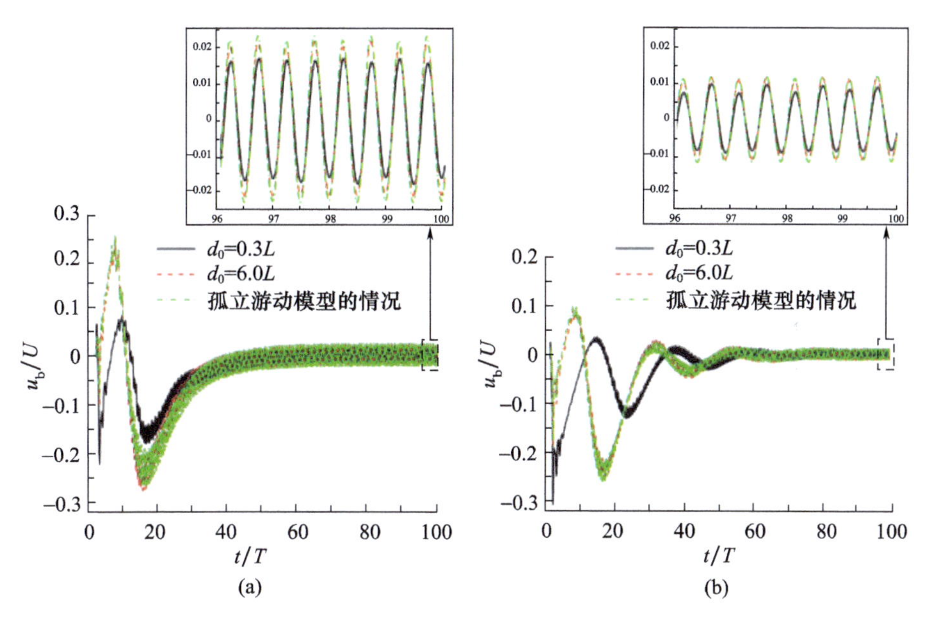

图 7-10　在 $f^*=2.5$、$\varphi=0$ 时,在 $d_0=0.3L$、$d_0=6.0L$ 和模型不受圆柱体影响独立游动三种情况下,$Re=500$(a)和 $Re=2000$(b)时模型的瞬时游动速度 u_b/U 对比

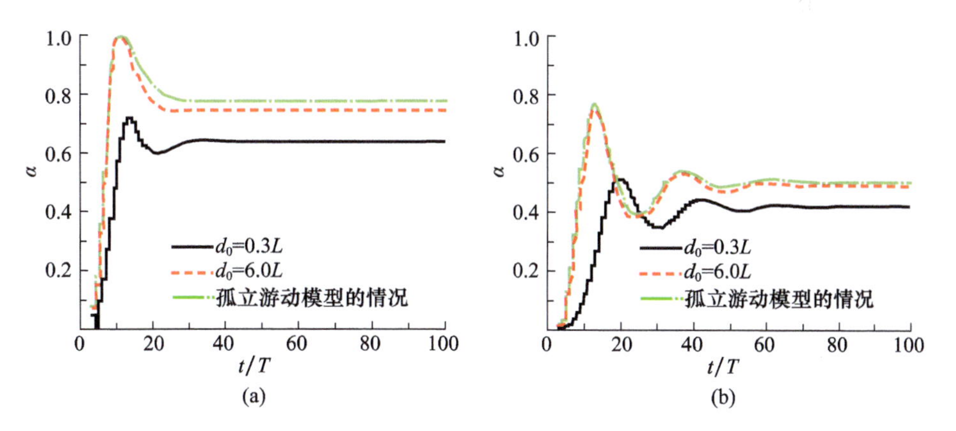

图 7-11　在 $f^*=2.5$、$\varphi=0$ 时,在 $d_0=0.3L$、$d_0=6.0L$ 和模型不受圆柱体影响独立游动三种情况下,$Re=500$(a)和 $Re=2000$(b)时瞬时驱动力幅值调整系数 α 对比

如图 7 – 10 所示，在保持在目标位置期间，模型的游动速度相对较小并且在上下游对称波动。通过对比图 7 – 9 和图 7 – 10 我们发现，在保持在目标位置时，模型较高雷诺数(2000)时的游动速度比在较低雷诺数(500)时的波动幅度更小($\pm 0.01U$ 与 $\pm 0.02U$)。此外，d_0 越小，模型的游动速度波动幅度越小。总体而言，可以证明这里应用的反馈控制器在涉及流体 – 结构动态相互作用的柔性模型的运动控制方面是有效的，这反映在收敛良好的模型游动位置、游动速度和驱动力幅值调整因子，如图 7 – 9 ~ 图 7 – 11 所示。

除了上述游动性能外，我们还研究了在施加驱动力后结构和流体动态相互作用导致模型的柔性结构变形。模型尾缘的尖端位移如图 7 – 12 所示。由于在保持站位稳定游动期间施加在模型上的驱动力较大，模型在 $Re = 500$ 时的最大尖端位移大于 $Re = 2000$ 时的最大尖端位移。相对于更接近圆柱体的初始位置(从而更接近目标位置)似乎对模型位移的最大振幅影响不大。不过，在这两种雷诺数下，在 $d_0/L = 0.3$ 和 $d_0/L = 1.0$ 时出现了更明显的模型尾缘位移幅值振荡，而在 $d_0/L = 6.0$ 时没有出现较大振荡，如图 7 – 12 所示。同时，我们发现在 $d_0/L = 0.3$ 时，归一化的模型尾缘位移振荡周期 $T_{\text{oscillation}}U/L$(模型尾缘最大尖端位移的最大时间间隔，如图 7 – 12 所示)，在 $Re = 500$ 和 $Re = 2000$ 时对应的值分别为 4.79 和 4.27，这与圆柱的涡脱周期 4.69 和 4.39 非常接近。因此，我们推断，这种位移振荡主要是由圆柱的周期性涡脱引起的。这表明模型的柔性变形和附近漩涡之间存在着相互作用，而如果模型远离圆柱体，则不会出现该情况。

为了进一步了解模型在驱动力作用下的柔性变形，我们在图 7 – 13 中绘制了一个驱动周期内模型中线的包络线。可以发现，周期性的模型变形总体上关于水平平衡位置(y 轴)对称。在当前的驱动力作用机制下，模型包络线在尾部出现了拱形，这与真实斑马鱼幼体的鱼体变形模式相似[235](参见该文献中的图 2)。由于更大的驱动力作用，$Re = 500$ 时观察到的模型尾缘尖端位移大于 $Re = 2000$ 时的尖端位移，如图 7 – 11 所示。在 $t = 0.5T$ 和 $t = T$ 且瞬时驱动力幅值为零时，在 $Re = 500$ 时，可以看到模型中部附近明显的拱形。相比之下，$Re = 2000$ 时的模型中线包络线在这时呈现出较为平坦的轮廓。

图 7 – 14 描述了模型在两个不同 d_0 的情况下保持在目标位置时周围 z 方向的涡量图。当模型在一个运动周期内从一个极端顶点位置开始反向拍动到另一侧极端位置时，大约对应于 $t = 0.25T$ 和 $t = 0.75T$ 时刻，一对分别具有顺时针和逆时针旋转方向的漩涡从模型的尾缘脱落。固定圆柱存在的影响主要体现在模型脱落尾涡的形态上，即当 $d_0/L = 0.3$ 时，模型后侧的漩涡更多地向 x 负方向压缩，呈现出从模型尾部到下游直至圆柱的“V”形布局。相比之下，当模型

远离圆柱，即 $d_0/L=6.0$ 时，漩涡显示出更规则的形态，这种形态在静水中或均匀流中的振荡翼型或平板尾流中也可观察到。不同 d_0/L 下的尾流场结构差异是由圆柱体左侧表面的高压引起的，如图 7－15 所示。由于存在这种高压，$d_0/L=0.3$时在模型尾部附近的低压相比 $d_0/L=6.0$ 时的尺寸更小，这可以通过对比图 7－15(a)和(b)发现。除了低压显著降低外，这二者之间的其他压力分布基本相同。在 $d_0/L=0.3$ 的情况下，这将有助于模型获得推力增益，保持在目标位置游动所需的能量更少，如图 7－8(c)和(d)所示。$Re=2000$ 时的尾涡模式和压力分布在性质上与 $Re=500$ 的情况相似。因此，此处并未进一步说明。

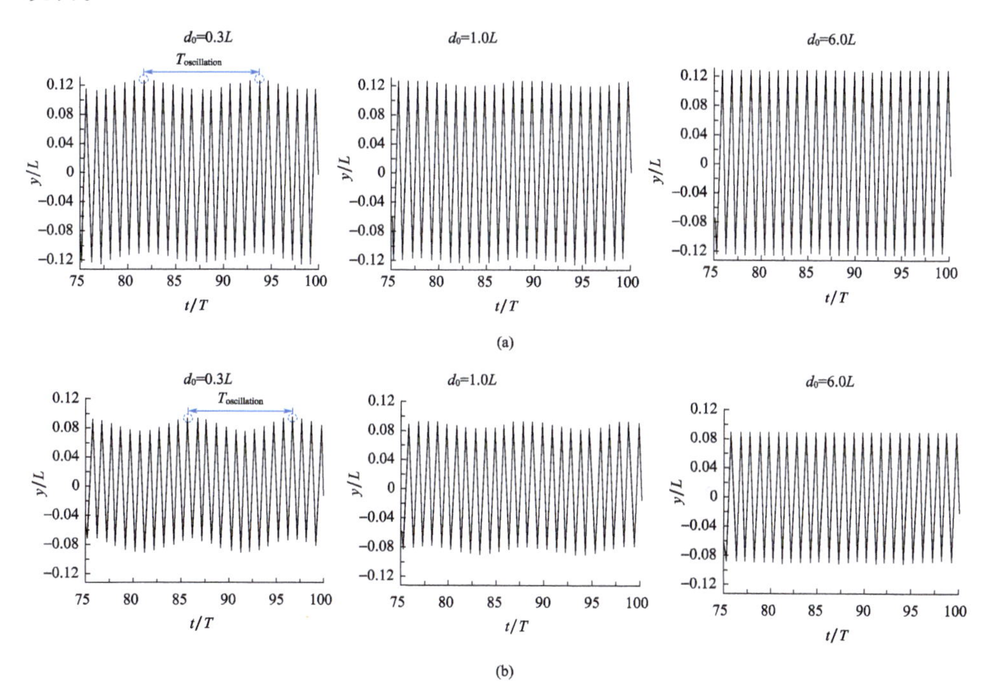

图 7－12　在 $f^*=2.5$ 和 $\varphi=0$ 时，$Re=500$(a)和 $Re=2000$(b)两种情况下，d_0 分别为 $0.3L$、$1.0L$ 和 $6.0L$ 时的模型尾缘尖端位移随时间的变化

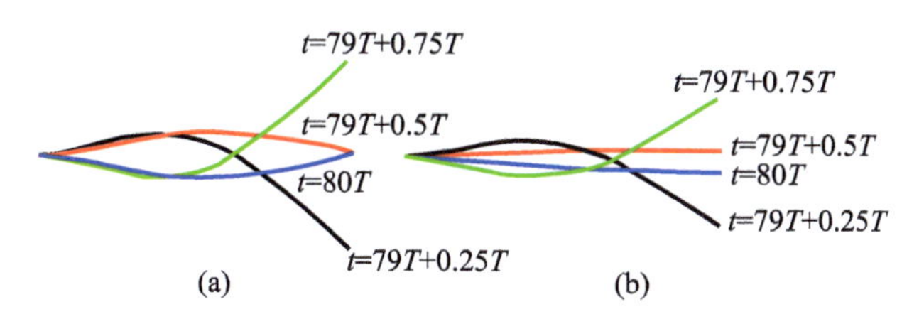

图 7－13　在 $f^*=2.5$、$d_0=0.3L$ 和 $\varphi=0$ 时，一个驱动周期内，当 $Re=500$(a)和 $Re=2000$(b)时，柔性模型中线包络线的变形轨迹

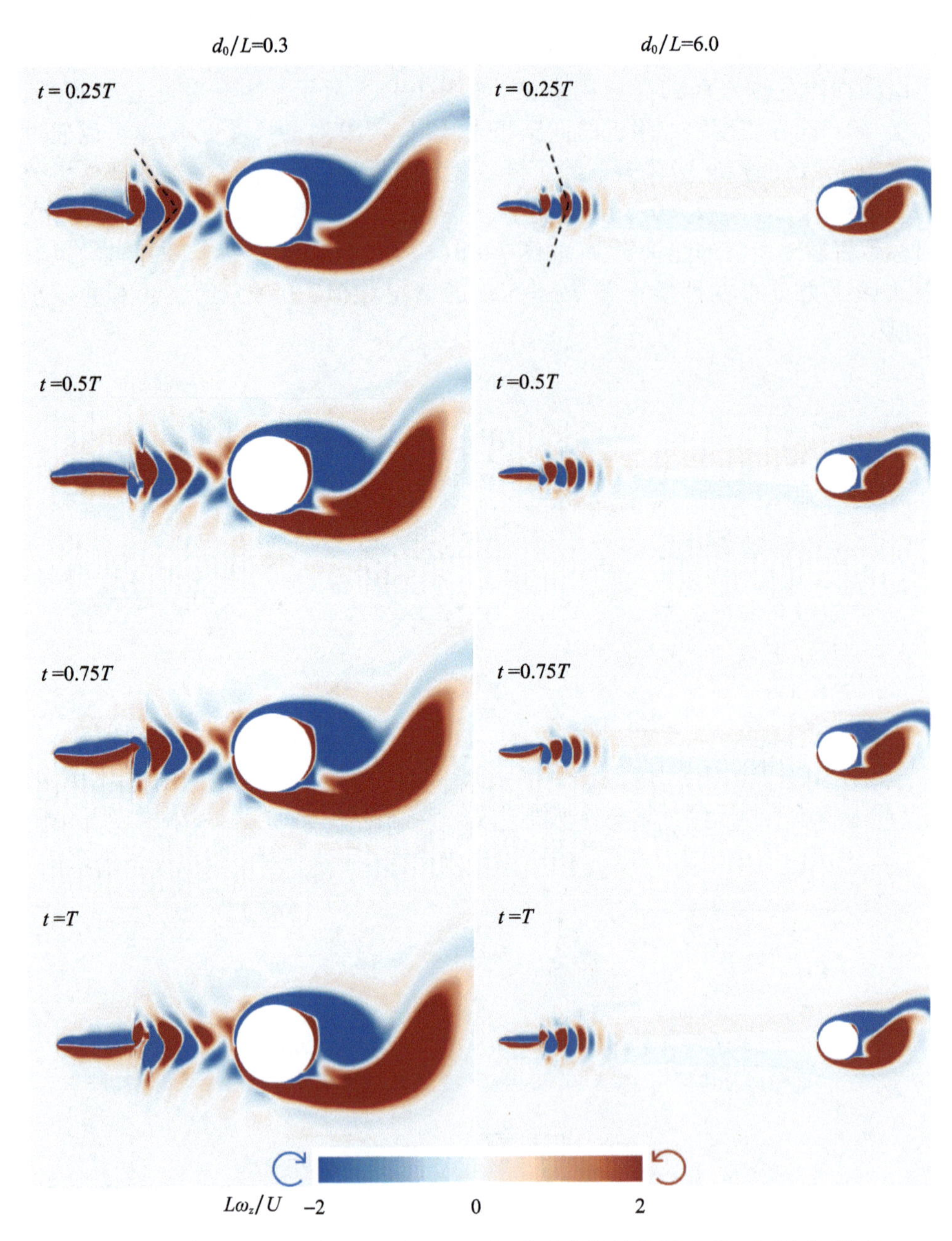

图 7-14　在 $Re=500$、$f^*=2.5$ 和 $\varphi=0$ 时，模型在初始位置 $d_0/L=0.3$（左列）和 $d_0/L=6.0$（右列）情况下保持在目标位置时一个驱动周期内 z 方向的涡量图

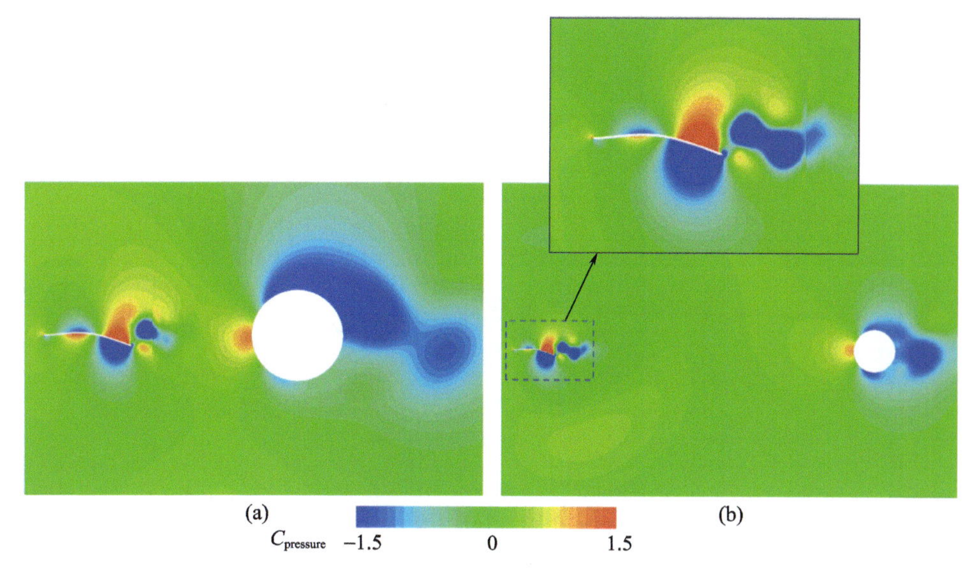

图 7-15 在 $Re=500$、$f^*=2.5$ 和 $\varphi=0$ 时，模型在初始位置 $d_0/L=0.3$(a)和 $d_0/L=6.0$(b)的情况下保持在目标位置稳定游动 $t=0.25T$ 时刻的压力分布

■ 7.4.3 驱动力频率 f^* 和相位差 φ 对流场的影响

在本节中，我们主要研究在 $Re=500$ 和 $k_p=15$ 时，f^* 和 φ 的变化对模型的游动性能和在目标位置保持稳定能力的影响。这里我们使用的 k_p 比 7.4.2 节中的值($k_p=7$)大，使模型产生较大的初始加速度，以免在某些情况下由于圆柱体网格簇和模型网格簇接触而导致的数值发散。因为如果使用较小的 k_p，当初始游动阶段产生的推力小于阻力时，背景来流会推动模型向下游漂移，从而导致两种网格簇接触。

图 7-16 总结了不同驱动力作用频率下的 C_{Ps}、T_s、C_{Ph} 和 α_h 的计算结果。可以看出，驱动频率对所有四个参数都有显著影响。与其他 f^* 相比，当 $d_0/L>1$、$f^*=2.0$ 时，模型游动相同的距离和在目标位置保持稳定时需要消耗更多的能量和时间。对于 $d_0/L>1$ 的情况，在 $f^*=2.5$ 时可节省最多的能量和时间。而在 $f^*=2.0$ 时向前游动并保持在目标位置需要更大的驱动力幅值，在 $d_0/L=6.0$ 时，甚至达到了最大的允许驱动力幅值($\alpha\approx1$)。我们的模拟试验还表明，在当前的控制方案下，当 $f^*=2.0$ 时，在无圆柱体影响的情况下，即使在最大驱动力幅值系数 $C_{ef0}=2.0$(即 $\alpha=1$)作用下，孤立的柔性鳍模型也无法向前游动或在目标点位置保持稳定，而是被来流冲向下游。

仔细观察图 7-17(a)发现，与 $f^*=2.0$ 相比，$f^*=1.5$ 时的 C_{Ps} 较小，这可能

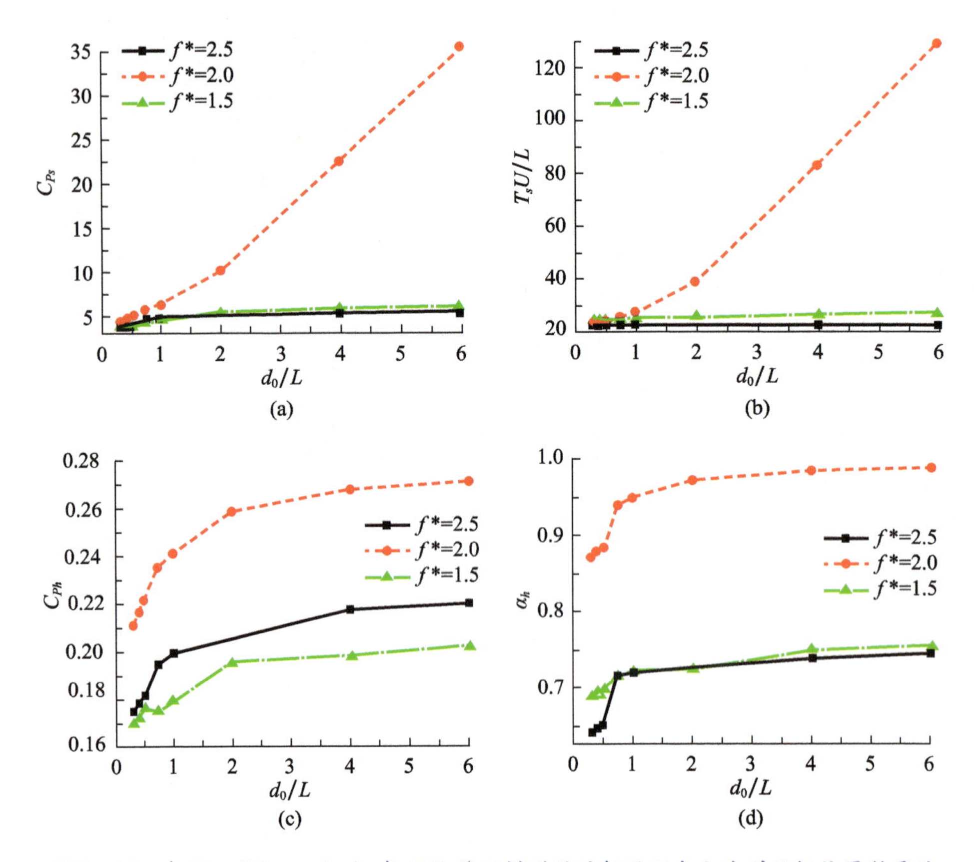

图 7-16 在 $Re=500, \varphi=0$ 时，在不同 f^* 下模型游动相同距离 L 达到目标位置所需的总能量消耗系数 C_{Ps}(a)和 T_s(b)、平均能量消耗系数 C_{Ph}(c)，以及模型在不同初始距离到指定目标附近保持所在位置时的驱动力幅值的调整因子 α_h(d)

是因为在 $f^*=1.5$ 时模型到达目标位置的速度更快，尽管在 $t=10T$ 时，$f^*=2.0$ 对应的最大游动速度更大。通过比较图 7-17 的(c)和(d)，我们还发现，在 $f^*=2.0$时，较大的驱动力幅值和较高的驱动频率不会导致比 $f^*=1.5$ 更大的尖端振幅，正如 Dai 等的研究所展示的那样，这意味着柔性变形和驱动参数之间存在复杂的相互作用。

图 7-18 描述了在两种不同驱动力作用的频率下，在 $d_0/L=0.3$ 时，模型保持在目标位置附近时，模型和圆柱周围的 z 方向涡量图。可以看出，在 $f^*=1.5$ 时，游动模型尾部的脱落涡对圆柱左侧表面周围的涡分布存在明显的干扰。因此，与在 $f^*=2.0$ 和 $f^*=2.5$ 相比，$f^*=1.5$ 时圆柱的涡脱结构不太规则，如图 7-18和图 7-14 所示。这可能是由于当 $f^*=1.5$ 时，模型的尖端摆动幅度较大。在 $f^*=1.5$、$f^*=2.0$ 和 $f^*=2.5$ 三种驱动力作用频率下的尖端位移峰

值分别为 0.147L、0.134L 和 0.127L。模型后缘较大的拍动幅值增强了模型向周围水流传递动量的能力,从而能对圆柱的涡脱产生更大的影响。

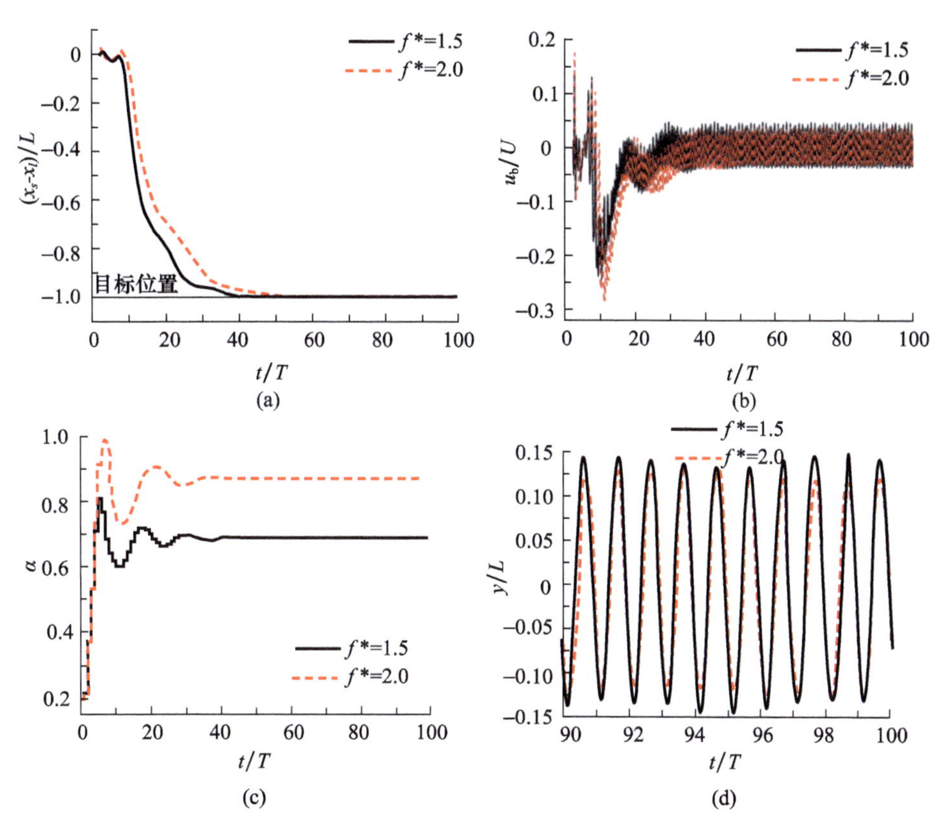

图 7-17　在 $Re=500$、$d_0/L=0.3$ 和 $\varphi=0$ 的情况下,$f^*=1.5$ 和 $f^*=2.0$ 时模型的瞬时游动距离(a)、游动速度(b)、驱动力幅值因子(c)以及模型尾缘尖端位移(d)

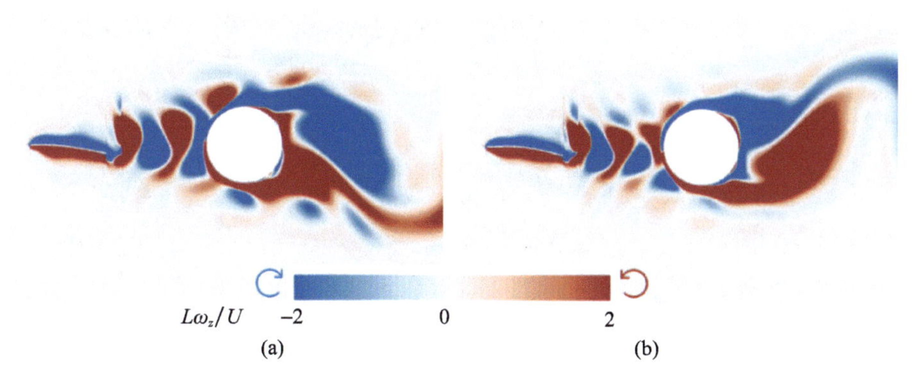

图 7-18　当 $Re=500$、$d_0/L=0.3$、$\varphi=0$、$f^*=1.5$(a)和 $f^*=2.0$ (b)时,在 $t=0.25T$ 时刻,模型周围 z 方向的涡量图

接下来，我们研究在 $Re=500$、$f^{*}=2.5$ 和 $d_0/L=1.0$ 时，式(7-2)中驱动力的相位差 φ 对模型游动性能的影响。图 7-19 展示了 C_{Ps}、T_s、C_{Ph} 和 α_h 的结果。相位差对 C_{Ps} 和 T_s 有相似的影响规律，它们的曲线随着 φ 的增加而具有相同的变化趋势。在所研究的参数下，C_{Ps} 和 T_s 的最大值和最小值分别在 $\varphi=60°$ 和 $\varphi=120°$ 时达到。相比之下，从 $\varphi=60°$ 到 $\varphi=120°$，能量和游动时间节省约 16%。然而，相位差 φ 对 C_{Ph} 和 α_h 的影响可以忽略不计，φ 引起的最大差别小于 1%。因此，相位差通常只影响从模型初始位置到目标位置的游动阶段，而到达目标点保持稳定后的游动状态对 φ 的敏感性大大降低。同样，相位差对游动距离 x_s、游动速度 u_b 和力调节系数 α 的瞬时变化的影响也主要体现在模型向目标位置游动的阶段，如图 7-20 所示。

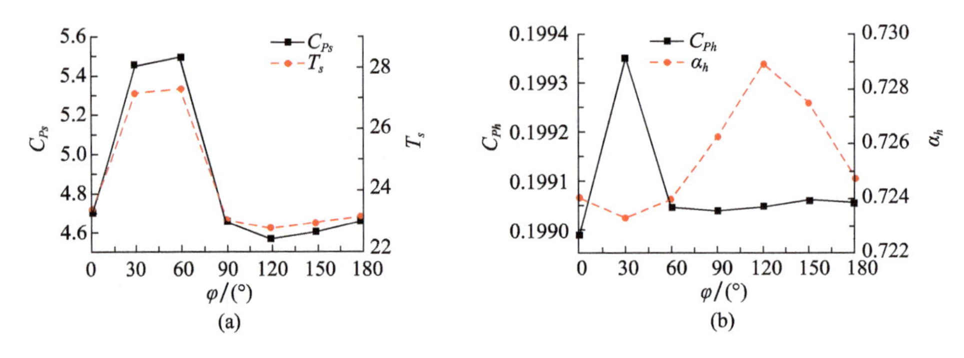

图 7-19 在 $Re=500$、$f^{*}=2.5$ 和 $d_0/L=0.3$ 时，不同的驱动力相位差 φ 对 C_{Ps} 和 T_s(a) 以及 C_{Ph} 和 α_h(b) 的影响

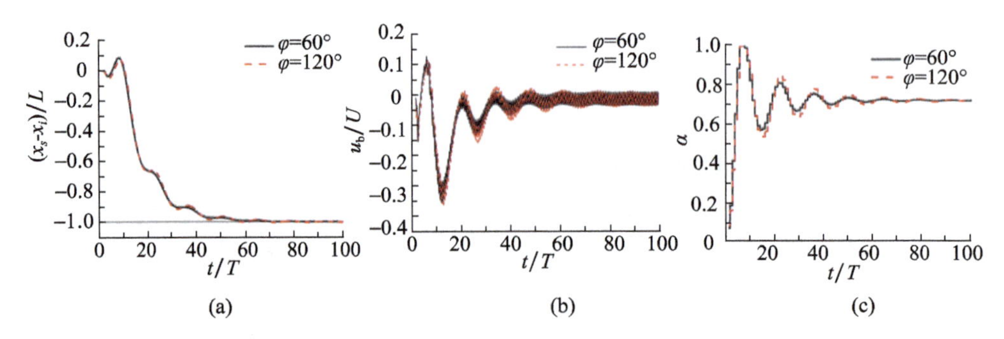

图 7-20 在 $Re=500$、$f^{*}=2.5$ 和 $d_0/L=1.0$ 时，两种不同 φ 对应的瞬时游动距离(a)、游动速度(b)和驱动力幅值调节因子(c)

◎7.5 小　结

本章利用所开发的高保真流固耦合求解器,用数值方法研究了均匀流中柔性模型在圆柱前的游动性能特征。二维仿鱼类模型被简化为一个二维柔性板,其变形由模拟鱼体和鱼鳍的肌肉作用力的外加力驱动。该驱动力的幅值由反馈 PD 控制器动态调节,以实现指使模型即从初始位置游动到指定的目标点并保持稳定这一控制目标。

仿真结果表明,通过模型与目标之间的瞬时距离和游动速度来调节驱动力幅值的控制方案是有效的且鲁棒性较强的。具体而言,模型在不同的流动环境(雷诺数和相对于圆柱的初始位置)和不同的驱动力形式(驱动力作用频率和相位差)下成功地实现了控制目标,即游向目标位置并在那里保持相对稳定,尽管在此过程中模型受到了来流造成的阻力。

不过,从初始位置到目标点(一个身体长度)的游动时间 T_s和游动期间的能量消耗 C_{Ps},以及模型在目标位置保持稳定所需消耗的能量 C_{Ph}等指标来看,这些流动条件和驱动力形式确实会导致模型游动性能变化。我们发现,与较小雷诺数相比,在较高雷诺数下游动并保持稳定的能量消耗较少。在相同雷诺数、驱动力和控制方案下,与距圆柱较大的初始距离 d_0相比,从距离圆柱较近的初始位置 d_0出发的模型可以节省能量,这通过较小的 C_P和 C_{Ph}以及较小的驱动力幅值反映出来。这种能耗的减少可能是由于下游圆柱对模型后缘附近的低压产生的抑制作用(图 7 - 15),以增大模型的推力(或减小阻力)来帮助节省游动能量。同时,模型的柔性变形也受到附近圆柱体流场的影响,这反映在模型尾缘尖端的最大振荡位移与圆柱体涡脱的频率共振(图 7 - 12)。当模型远离圆柱体时,这些效果和影响就会减少。如果 d_0足够大,则模型的游动时间和能量消耗几乎与流场中没有圆柱的情况相同。

此外,驱动力频率对游动性能也有显著影响。在所研究的参数下,当其他变量都相同且 $f^* = 2.0$ 时,相比其他驱动频率需要更多的游动时间和能量消耗。在这个频率下,处于均匀流的模型甚至无法产生足够的推力来克服阻力向前游动(即使施加了允许最大的驱动力幅值)。相比之下,驱动力公式中相位差 φ 的影响较小。具体而言,由于 φ 的变化,模型从初始位置游动到目标位置的能量消耗 C_{Ps}变化不大于 16%,而在模型达到目标后,它对模型保持稳定时游动性能的影响可以忽略不计。

第 8 章 总结与未来研究建议

◎8.1 总　　结

受先前关于均匀流和非均匀流条件下尾鳍运动、胸鳍运动和喷流推进模式的生物学研究、试验研究和数值仿真研究所启发，本书旨在通过高保真的数值模拟，回答 1.2 节提出的涉及水下仿生推进机制的一些基本问题，以研究仿生尾鳍摆动推进、仿生胸鳍扑动推进和腔体变形喷流推进模型的流体动力特性和推进性能。本书为这些提出的问题提供了答案。在本章中，我们给出本书得到的主要结论。

■ 8.1.1　流固耦合数值求解器开发

在本书第 3 章中，通过将课题组的自编程流体求解器与基于有限元方法的结构动力学求解器 CalculiX 耦合，我们开发了一个用于模拟计算水下仿生推进中的流固耦合问题的数值求解器。在这个求解器框架内，游动模型周围的流场信息通过求解三维黏性非定常 N－S 方程来获得。结构响应则是通过有限元法求解弱形式的动量方程得到。流体和结构求解器的耦合是基于分区多物理场耦合库 preCICE完成的。preCICE 提供了流固耦合仿真的接口，包括数据映射、耦合算法和求解器间通信等关键组分。随后，我们选取了四个经典的验证算例，通过与其他已有的数值或试验结果进行比较，证明了所开发的流固耦合求解器的准确性。与相关文献中现有的大多数流固耦合数值求解器相比，该求解器的优点包括：①它不仅限于简单的梁或壳结构模型。作为一种基于通用三维有限元方法的结构求解器，CalculiX 可以解决非线性结构和非线性动力学问题，这些问题可能涉及复杂的材料特性以及大位移和复杂变形，因此它能够用于模拟鱼体和鱼鳍结构。②由于 preCICE 中内嵌的复杂而强大的耦合算法，这个新的流固耦合求解器能够更有效地模拟模型与浸没流体之间的强耦合相互作用。这个流固耦合求解器的开发为后续开展涉及结构变形和柔性的仿生推进数值研究奠定了坚实基础。

8.1.2 非均匀刚度分布对柔性鱼体/鳍推进性能影响的研究

在第4章我们选取了两种典型的尾鳍模型,即太阳鱼和金枪鱼鱼尾模型。与以往的数值研究不同,本研究中的鱼体和/或鱼尾由非均匀刚度分布构成。仿真结果表明,通过纯被动的结构变形来复现与真鱼相似的运动学和推进能力是可行的。对于仿太阳鱼的尾鳍模型,数值结果与试验测量结果一致,表明具有杯形刚度轮廓的鱼鳍产生最大的推力和效率,而非对称刚度分布尾鳍产生的推进性能最低,但具有最佳的机动性。

然而,上述情况不适用于具有较高纵横比的高度分叉的金枪鱼鱼尾模型。与杯形和均匀刚度尾鳍相比,非对称刚度分布尾鳍模型在中等刚度下能获得性能改进。这表明,这种非对称的尾鳍运动不仅可以提供额外的升力来平衡游动的鱼体,还能有助于提升鲭鱼在稳定游动时的推进性能。与具有优越机动性能的太阳鱼尾鳍相比,这种非对称歪尾变形具有独特的功能。此外,在我们研究的大多数情况下,仿生鱼体刚度分布模式比以往研究中通常使用的均匀刚度分布模式具有更好的推进性能。然而,仿真结果还发现,当前通过变化鱼体和鱼鳍刚度分布模式的被动控制方法不能完全复现真实的鱼类运动学特征。这反映在数值计算结果与真实鱼类的生物测量数据间的差异。

8.1.3 仿牛鼻鲼胸鳍扑动推进模型

牛鼻鲼通过扑动两侧胸鳍推进,具有灵活的机动性。为了揭示胸鳍运动对转弯力矩产生的影响,第5章通过数值仿真研究了在系泊模式下左右胸鳍不对称运动的牛鼻鲼推力和力矩产生性能。仿真结果表明,由于运动姿态的不同,左右胸鳍周围的流场结构有很大的不同。与较大的胸鳍扑动幅值相比,较小的扑动幅值可以改变后缘涡流的方向和大小。扑动频率对于后缘涡流的形成至关重要,后缘涡流在低扑动频率下不会出现。胸鳍过大的弦向变形会降低尾流涡流的大小和强度。相比之下,两个胸鳍扑动间的相位差对尾流结构的影响很小,但是,此时产生的力矩是有限的。在我们所研究的参数下,由于生成了独特的后缘涡流形式,差异较大的两侧胸鳍扑动频率能产生最大的转弯力矩。第5章的研究结果可为基于胸鳍波动推进的仿生水下机器人的操纵性控制设计提供参考。

8.1.4 仿鱿鱼腔体变形喷流推进模型

受鱿鱼和其他头足类喷流推进机制的启发,在第6章我们提出了一种二维收缩-膨胀推进系统。它有带一个压力舱室的柔性腔体和一个用作水流出入口的喷口。流固耦合仿真结果表明,与层流情况相比,在高雷诺数的情况下柔性腔体变形产生的喷流可以产生更大的平均推力和更高的效率。高雷诺数下推进性能的提升归因于更强的喷流诱导涡和高度抑制的与阻力有关的腔体外部涡。当喷流涡开始影响周围流场时,模型游动效率达到最高。湍流条件下对称性破坏失稳的机制与层流的情况不同。具体而言,湍流中的尾涡结构不稳定性源于不规则的内部涡,这些不规则的内部涡进而导致尾流中涡结构对称性破坏。较高的雷诺数或较小的喷口尺寸会加速这种对称性破坏。

在第6章中我们也提出了一种三维仿鱿鱼腔体变形喷流推进系统,通过指定腔体的柔性变形来研究在背景来流速度的影响下喷流结构和推进性能。我们发现,在较高的来流速度下,涡环的最大环量减小。这是因为喷流和来流速度之间较强的相互作用影响了前缘涡环的生长发育。我们基于动量守恒的分析发现喷流推力的峰值主要由腔体内流体动量的时间导数决定,而与喷流动量通量相关的推力是准稳态喷流阶段推力的主要来源。在模型系泊模式下,来流速度对腔体内部流体动量时间导数相关的推力和喷口平面动量通量相关推力的影响可以忽略不计。然而,它确实会影响喷口平面过压的相关推力,但其影响相对较小。我们也研究了带弯曲喷管的仿鱿鱼喷流模型的涡结构特征和力矩产生性能。结果表明,当流体以一定角度喷出时,涡环不再是轴对称的。在喷流过程中可以观察到一个力矩峰值,其主要来源于当喷流通过向下弯曲喷管内表面下部的吸力(负压)。在该峰值之后,转弯力矩由喷管内表面上部的正压力主导。如预期的那样,力矩的产生随着喷管弯曲角度的增大而增加。同时,推力的产生几乎保持不变,这表明了通过弯曲喷管进行“矢量推进”的优势。仿真结果还表明,在较大的行程比下,模型产生的时间平均推力和力矩都会减小。

8.1.5 柔性鳍模型自推进运动控制研究

受鱼类在圆柱附近游动的生物试验研究的启发,在第7章我们对柔性鳍模型在PD控制器控制下的自主游动进行了研究。具体而言,这个二维模型的变形是由施加在其表面的周期性外力驱动的。驱动力的幅值由反馈控制器动态调整,以控制模型从初始位置游到目标位置,并保持稳定在目标位置。我们的研究结果表明,在不同的流动条件和驱动力形式下,通过这种简单而有效的反馈控制,成功实现了模型游动并保持在目标位置而不发生大的超调。尽管游动距离保持不变,但初始位置离圆柱较近的模型游到目标位置并稳定在那里时消耗的能量较少。这是因为在圆柱前的模型后缘附近的低压面积减小,从而减小了模型游动的阻力。在相同的控制策略下,驱动力作用频率对游动性能的影响较大,而驱动力的相位差对游动性能的影响较小。

8.2 未来研究建议

水下仿生推进是一个大课题,因为它们涉及复杂的动物学、流体力学、结构动力学以及流体和固体之间的相互作用。尽管本书介绍了涉及鱼体/鱼鳍柔性变形的仿生推进现象和机制的一些新发现,但由于研究时间和可用计算资源有限,本书不可避免地存在局限性。作者建议今后的研究可以从以下方向展开。

(1)在当前的研究中,流体求解器基于多块结构化网格系统,边界的移动和变形是通过拉格朗日-欧拉(ALE)策略实现的。对于复杂的几何形状(如表面结构复杂的鱼类),要生成高质量的计算网格通常很困难。此外,在模型运动过程中必须非常小心地处理网格变形,以免出现负体积网格导致数值发散。相比之下,一些基于固定网格和非六面体网格的 CFD 方法在处理复杂移动边界方面具有优势,如浸没边界法。因此,如果将基于浸没边界法的流体求解器与通用有限元代码耦合,则现有的流固耦合求解器的能力将得到增强。

(2)尽管本书考虑了鱼体和鱼鳍刚度的非均匀分布特点,但在数值模型中,我们将鱼体的流线型外形简化为厚度均匀的曲面板。未来的研究可以考虑具有复杂曲率的流线型鱼体,因为在真实的鱼类游动中,鱼体运动和尾鳍运动是相互影响的。此外,也可考虑其他鳍,如背鳍、腹鳍和胸鳍等,研究它们之间复杂的水动力作用。

(3)本书主要研究了鱼鳍的柔性变形,而尚未考虑鱼体运动产生的流固耦合效应。三维鱼体的波动可以通过施加在鱼体两侧的主动收缩应变/应力来驱动,从而模拟鱼类的肌肉收缩。与只通过施加单自由度的旋摆运动实现纯被动变形的做法相比,这种方式可以实现更复杂的鱼体变形。施加运动应变/应力的驱动方法也适用于仿鱿鱼腔体变形。不过这种驱动机制需要对结构求解器做进一步开发。

(4)通过对高雷诺数下二维喷流模型的模拟,我们发现连续喷流后腔体内漩涡和后续喷流漩涡的独特对称破缺机制。在连续喷流后,三维收缩-膨胀喷流推进系统中是否存在类似的涡结构对称性破坏现象是一个值得研究的方向。

(5)在第7章中,我们研究了通过一个简单的 PD 控制器来控制一个自推进柔性鳍模型在圆柱体前的游动。虽然在仿真环境下证明了它对所考虑的控制目标是有效的,但反馈控制增益并没有针对快速收敛和减少超调的目标进行优化。未来的研究可以考虑采用改进的 PD 调谐方法甚至优化算法来提高控制性能。此外,当前 PD 控制器的实时控制需要大量的迭代周期才能接近目标,这非常耗时且需要大量的计算资源。一些更智能的控制方法,如基于强化学习的控制方案,可能会更有效地训练模型达到目标点,而无须在整个控制过程中求解复杂的 N - S 方程。

参考文献

[1] ISAACS J D, SEYMOUR R J. The ocean as a power resource [J]. International Journal of Environmental Studies, 1973, 4(1/2/3/4): 201 – 205.

[2] LOW K H. Current and future trends of biologically inspired underwater vehicles[C] // Proceedings of the 2011 Defense Science Research Conference and Expo (DSR), Singapore, 2011.

[3] FISH F E. Advantages of aquatic animals as models for bio – inspired drones over present AUV technology [J]. Bioinspiration & Biomimetics, 2020, 15(2): 025001.

[4] SFAKIOTAKIS M, LANE D M, DAVIES J B C. Review of fish swimming modes for aquatic locomotion [J]. IEEE Journal of Oceanic Engineering, 1999, 24(2): 237 – 252.

[5] SALAZAR R, FUENTES V, ABDELKEFI A. Classification of biological and bioinspired aquatic systems: A review [J]. Ocean Engineering, 2018, 148: 75 – 114.

[6] VAN GINNEKEN V, ANTONISSEN E, MüLLER U K, et al. Eel migration to the Sargasso: remarkably high swimming efficiency and low energy costs [J]. Journal of Experimental Biology, 2005, 208(7): 1329 – 1335.

[7] LINDSEY C C. Form, function and locomotory habits in fish [J]. Locomotion, 1978(7): 1 – 100.

[8] GILLIS G B. Undulatory locomotion in elongate aquatic vertebrates: anguilliform swimming since Sir James Gray [J]. American Zoologist, 1996, 36(6): 656 – 665.

[9] GUINET C, DOMENICI P, DE STEPHANIS R, et al. Killer whale predation on bluefin tuna: exploring the hypothesis of the endurance – exhaustion technique [J]. Marine Ecology Progress Series, 2007, 347: 111 – 119.

[10] YOUNGERMAN E D, FLAMMANG B E, LAUDER G V. Locomotion of free – swimming ghost knifefish: anal fin kinematics during four behaviors [J]. Zoology, 2014, 117(5): 337 – 348.

[11] YEOM S – W, OH I – K. A biomimetic jellyfish robot based on ionic polymer metal composite actuators [J]. Smart materials and structures, 2009, 18(8): 085002.

[12] LAUDER G V, MADDEN P G A, MITTAL R, et al. Locomotion with flexible propulsors: I. Experimental analysis of pectoral fin swimming in sunfish [J]. Bioinspiration & Biomimetics, 2006, 1(4): S25.

[13] ROSENBERGER L J. Pectoral fin locomotion in batoid fishes: undulation versus oscillation [J]. Journal of Experimental Biology, 2001, 204(2): 379 – 394.

[14] LAUDER G V. Swimming hydrodynamics: ten questions and the technical approaches needed to resolve them [M]. Animal Locomotion: Springer, 2010.

[15] LAUDER G V, MADDEN P G. Learning from fish: kinematics and experimental hydrodynamics for roboticists [J]. International Journal of Automation and Computing, 2006, 3(4): 325 – 335.

[16] WARD D V. Locomotory function of the squid mantle [J]. Journal of Zoology, 1972, 167(4): 487 – 499.

[17] LIAO J C. A review of fish swimming mechanics and behaviour in altered flows [J]. Philosophical Transactions of the Royal Society B: Biological Sciences, 2007, 362(1487): 1973 – 1993.

[18] NAKATA T, LIU H. A fluid – structure interaction model of insect flight with flexible wings [J]. Journal of Computational Physics, 2012, 231(4): 1822 – 1847.

[19] TIAN F – B, DAI H, LUO H, et al. Fluid – structure interaction involving large deformations: 3D simulations and applications to biological systems [J]. Journal of Computational Physics, 2014, 258: 451 – 469.

[20] DHONDT G. The finite element method for three - dimensional thermomechanical applications [M]. New York: John Wiley & Sons, 2004.

[21] HAELTERMAN R, BOGAERS A E J, SCHEUFELE K, et al. Improving the performance of the partitioned QN - ILS procedure for fluid - structure interaction problems: Filtering [J]. Computers & Structures, 2016, 171: 9 - 17.

[22] MEHL M, UEKERMANN B, BIJL H, et al. Parallel coupling numerics for partitioned fluid - structure interaction simulations [J]. Computers & Mathematics with Applications, 2016, 71(4): 869 - 891.

[23] LAUDER G V, DRUCKER E G. Morphology and experimental hydrodynamics of fish fin control surfaces [J]. IEEE Journal of Oceanic Engineering, 2004, 29(3): 556 - 571.

[24] FLAMMANG B E, LAUDER G V. Caudal fin shape modulation and control during acceleration, braking and backing maneuvers in bluegill sunfish, Lepomis macrochirus [J]. Journal of Experimental Biology, 2009, 212(2): 277 - 286.

[25] LAUDER G, MADDEN P, TANGORRA J, et al. Bioinspiration from fish for smart material design and function [J]. Smart Materials and Structures, 2011, 20(9): 094014.

[26] ALBEN S, MADDEN P G, LAUDER G V. The mechanics of active fin - shape control in ray - finned fishes [J]. Journal of the Royal Society, Interface, 2007, 4(13): 243 - 256.

[27] LAUDER G V. Function of the caudal fin during locomotion in fishes: kinematics, flow visualization, and evolutionary patterns [J]. American Zoologist, 2000, 40(1): 101 - 122.

[28] FLAMMANG B E, LAUDER G V. Speed - dependent intrinsic caudal fin muscle recruitment during steady swimming in bluegill sunfish, Lepomis macrochirus [J]. Journal of Experimental Biology, 2008, 211(4): 587 - 598.

[29] TYTELL E D. Median fin function in bluegill sunfish lepomis macrochirus: streamwise vortex structure during steady swimming [J]. Journal of Experimental Biology, 2006, 209(8): 1516 - 1534.

[30] DRUCKER E G, LAUDER G V. Locomotor forces on a swimming fish: three - dimensional vortex wake dynamics quantified using digital particle image velocimetry [J]. Journal of Experimental Biology, 1999, 202(18): 2393 - 2412.

[31] WISE T N, SCHWALBE M A B, TYTELL E D. Hydrodynamics of linear acceleration in bluegill sunfish, Lepomis macrochirus [J]. Journal of Experimental Biology, 2018, 221(23): 190892.

[32] FLAMMANG B E, LAUDER G V, TROOLIN D R, et al. Volumetric imaging of shark tail hydrodynamics reveals a three - dimensional dual - ring vortex wake structure [J]. Proceedings of the Royal Society B: Biological Sciences, 2011, 278(1725): 3670 - 3678.

[33] FLAMMANG B E, LAUDER G V, TROOLIN D R, et al. Volumetric imaging of fish locomotion [J]. Biology Letters, 2011, 7(5): 695 - 698.

[34] FIERSTINE H L, WALTERS V. Studies in locomotion and anatomy of scombroid fishes [J]. Memoirs of the Southern California Academy of Sciences, 1968, 6: 1.

[35] MORIKAWA H, YUSA K, KOBAYASHI S. Mechanical Properties of the Caudal Fin Resulting from the Caudal Skeletal Structure of the Bluefin Tuna [M] //Bio - mechanisms of Swimming and Flying. Heidelberg: Springer, 2008: 67 - 77.

[36] DELEPINE M. Performance of thunniform propulsion: a high bio - fidelity experimental study [D]. Vancouver: University of British Columbia, 2013.

[37] WAINWRIGHT D K, LAUDER G V. Tunas as a high - performance fish platform for inspiring the next gen-

eration of autonomous underwater vehicles [J]. Bioinspiration & Biomimetics,2020,15(3):035007.

[38] DEWAR H,GRAHAM J. Studies of tropical tuna swimming performance in a large water tunnel – Energetics [J]. Journal of Experimental Biology,1994,192(1):13 – 31.

[39] DONLEY J M,DICKSON K A. Swimming kinematics of juvenile kawakawa tuna (Euthynnus affinis) and chub mackerel (Scomber japonicus) [J]. Journal of Experimental Biology,2000,203(20):3103 – 3116.

[40] GIBB A C,DICKSON K A,LAUDER G V. Tail kinematics of the chub mackerel Scomber japonicus:testing the homocercal tail model of fish propulsion [J]. Journal of Experimental Biology,1999,202(18):2433 – 2447.

[41] HE P,WARDLE N C S. Tilting behaviour of the Atlantic mackerel,Scomber scombrus,at low swimming speeds [J]. Journal of Fish Biology,1986,29:223 – 232.

[42] ALEEV I U. Function and Gross Morphology in Fish [Z]. 1969.

[43] MCHENRY M J,PELL C A,LONG J. Mechanical control of swimming speed:stiffness and axial wave form in undulating fish models [J]. Journal of Experimental Biology,1995,198(11):2293 – 2305.

[44] KANCHARALA A K,PHILEN M K. Study of flexible fin and compliant joint stiffness on propulsive performance:theory and experiments [J]. Bioinspiration & Biomimetics,2014,9(3):036011.

[45] LAUDER G V,LIM J,SHELTON R,et al. Robotic models for studying undulatory locomotion in fishes [J]. Marine Technology Society Journal,2011,45(4):41 – 55.

[46] WEN L,LAUDER G. Understanding undulatory locomotion in fishes using an inertia – compensated flapping foil robotic device [J]. Bioinspiration & Biomimetics,2013,8(4):046013.

[47] LUCAS K N,JOHNSON N,BEAULIEU W T,et al. Bending rules for animal propulsion [J]. Nature Communications,2014,5:3293.

[48] KANCHARALA A K,PHILEN M K. Optimal chordwise stiffness profiles of self – propelled flapping fins [J]. Bioinspiration & Biomimetics,2016,11(5):056016.

[49] REDDY N S,SEN S,HAR C. Effect of flexural stiffness distribution of a fin on propulsion performance [J]. Mechanism and Machine Theory,2018,129:218 – 231.

[50] FISH F E. Diversity,mechanics and performance of natural aquatic propulsors [J]. Flow phenomena in nature:A challenge to engineering design,2007,1:57.

[51] TANGORRA J L,LAUDER G V,HUNTER I W,et al. The effect of fin ray flexural rigidity on the propulsive forces generated by a biorobotic fish pectoral fin [J]. The Journal of Experimental Biology,2010,213(23):4043 – 4054.

[52] ESPOSITO C J,TANGORRA J L,FLAMMANG B E,et al. A robotic fish caudal fin:effects of stiffness and motor program on locomotor performance [J]. The Journal of Experimental Biology,2012,215(1):56 – 67.

[53] HU J. Numerical study on hydrodynamic performance of bio – mimetic locomotion [D]. Glasgow:University of Strathclyde,2016.

[54] WEN L,REN Z,DI SANTO V,et al. Understanding fish linear acceleration using an undulatory biorobotic model with soft fluidic elastomer actuated morphing median fins [J]. Soft Robotics,2018,5(4):375 – 388.

[55] FEILICH K L,LAUDER G V. Passive mechanical models of fish caudal fins:effects of shape and stiffness on self – propulsion [J]. Bioinspiration & Biomimetics,2015,10(3):036002.

[56] MUñOZ – BENAVENT P,ANDREU – GARCíA G,VALIENTE – GONZáLEZ J M,et al. Automatic Bluefin Tuna sizing using a stereoscopic vision system [J]. ICES Journal of Marine Science,2017,75(1):390 – 401.

[57] BEN – ZVI M,SHADWICK R E. Exploring the mechanics of thunniform propulsion:a model study [J].

Canadian journal of zoology,2013,91(10):741 – 755.

[58] WHITE C H,LAUDER G V,BART – SMITH H. Tunabot Flex:a tuna – inspired robot with body flexibility improves high – performance swimming [J]. Bioinspiration & Biomimetics,2021,16(2):026019.

[59] BARRETT D S,TRIANTAFYLLOU M S,YUE D K P,et al. Drag reduction in fish – like locomotion [Z]. 1999.

[60] LIU H,WASSERSUG R,KAWACHI K. The three – dimensional hydrodynamics of tadpole locomotion [J]. Journal of Experimental Biology,1997,200(22):2807 – 2819.

[61] MITTAL R,DONG H,BOZKURTTAS M,et al. Locomotion with flexible propulsors:II. Computational modeling of pectoral fin swimming in sunfish [J]. Bioinspiration & Biomimetics,2006,1(4):S35.

[62] BOZKURTTAS M,MITTAL R,DONG H,et al. Low – dimensional models and performance scaling of a highly deformable fish pectoral fin [J]. Journal of Fluid Mechanics,2009,631:311 – 342.

[63] DONG H,BOZKURTTAS M,MITTAL R,et al. Computational modelling and analysis of the hydrodynamics of a highly deformable fish pectoral fin [J]. Journal of Fluid Mechanics,2010,645:345 – 373.

[64] BORAZJANI I. The functional role of caudal and anal/dorsal fins during the C – start of a bluegill sunfish [J]. Journal of Experimental Biology,2013,216(9):1658 – 1669.

[65] HAN P,LAUDER G V,DONG H. Hydrodynamics of median – fin interactions in fish – like locomotion: Effects of fin shape and movement [J]. Physics of Fluids,2020,32(1):011902.

[66] ZHU Q,WOLFGANG M,YUE D,et al. Three – dimensional flow structures and vorticity control in fish – like swimming [J]. Journal of Fluid Mechanics,2002,468:1 – 28.

[67] BORAZJANI I,SOTIROPOULOS F. Numerical investigation of the hydrodynamics of carangiform swimming in the transitional and inertial flow regimes [J]. Journal of Experimental Biology,2008,211(10):1541 – 1558.

[68] BORAZJANI I,SOTIROPOULOS F. On the role of form and kinematics on the hydrodynamics of self – propelled body/caudal fin swimming [J]. The Journal of Experimental Biology,2010,213(1):89 – 107.

[69] BORAZJANI I,DAGHOOGHI M. The fish tail motion forms an attached leading edge vortex [J]. Proceedings of the Royal Society B:Biological Sciences,2013,280(1756):20122071.

[70] WANG J,WAINWRIGHT D K,LINDENGREN R E,et al. Tuna locomotion:a computational hydrodynamic analysis of finlet function [J]. Journal of the Royal Society Interface,2020,17(165):20190590.

[71] ZHANG J – D,SUNG H J,HUANG W – X. Specialization of tuna:A numerical study on the function of caudal keels [J]. Physics of Fluids,2020,32(11):111902.

[72] HUANG W – X,SHIN S J,SUNG H J. Simulation of flexible filaments in a uniform flow by the immersed boundary method [J]. Journal of Computational Physics,2007,226(2):2206 – 2228.

[73] LIN Z,HESS A,YU Z,et al. A fluid – structure interaction study of soft robotic swimmer using a fictitious domain/active – strain method [J]. Journal of Computational Physics,2019,376:1138 – 1155.

[74] MICHELIN S,LLEWELLYN SMITH S G. Resonance and propulsion performance of a heaving flexible wing [J]. Physics of Fluids,2009,21(7):071902.

[75] KIM B,PARK S G,HUANG W,et al. Self – propelled heaving and pitching flexible fin in a quiescent flow [J]. International Journal of Heat and Fluid Flow,2016,62:273 – 281.

[76] LIU L,HE G,HE X,et al. Numerical study on the effects of a semi – free and non – uniform flexible filament in different vortex streets [J]. Acta Mechanica Sinica,2021:1 – 9.

[77] ZHU Q. Numerical Simulation of a Flapping Foil with Chordwise or Spanwise Flexibility [J]. AIAA Jour-

nal,2007,45(10):2448 - 2457.

[78] DAI H,LUO H,DE SOUSA P J S A F,et al. Thrust performance of a flexible low - aspect - ratio pitching plate [J]. Physics of Fluids,2012,24(10):101903.

[79] CHUNG H,CAO S,PHILEN M,et al. CFD - CSD coupled analysis of underwater propulsion using a biomimetic fin - and - joint system [J]. Comput Fluids,2018,172:54 - 66.

[80] ZHANG C,HUANG H,LU X - Y. Effect of trailing - edge shape on the self - propulsive performance of heaving flexible plates [J]. Journal of Fluid Mechanics,2020,887:A7.

[81] LI G,KEMP G,JAIMAN R K,et al. A high - fidelity numerical study on the propulsive performance of pitching flexible plates [J]. Physics of Fluids,2021,33(5):051901.

[82] ZHU Q,SHOELE K. Propulsion performance of a skeleton - strengthened fin [J]. Journal of Experimental Biology,2008,211(13):2087 - 2100.

[83] SHOELE K,ZHU Q. Leading edge strengthening and the propulsion performance of flexible ray fins [J]. Journal of Fluid Mechanics,2012,693:402 - 432.

[84] ZHU Q,BI X. Effects of stiffness distribution and spanwise deformation on the dynamics of a ray - supported caudal fin [J]. Bioinspiration & Biomimetics,2017,12(2):026011.

[85] SHI G,XIAO Q,ZHU Q,et al. Fluid - structure interaction modeling on a 3D ray - strengthened caudal fin [J]. Bioinspiration & Biomimetics,2019,14(3):036012.

[86] WEBB P W. The biology of fish swimming [M]. Cambridge:Cambridge University Press,1994.

[87] VOGEL S. Life in moving fluids:the physical biology of flow - revised and expanded second edition [M]. Princeton:Princeton University Press,2020.

[88] SCHAEFER J T,SUMMERS A P. Batoid wing skeletal structure:novel morphologies,mechanical implications,and phylogenetic patterns [J]. Journal of Morphology,2005,264(3):298 - 313.

[89] RUSSO R,BLEMKER S,FISH F,et al. Biomechanical model of batoid (skates and rays) pectoral fins predicts the influence of skeletal structure on fin kinematics:implications for bio - inspired design [J]. Bioinspiration & biomimetics,2015,10(4):046002.

[90] HUANG W,HONGJAMRASSILP W,JUNG J - Y,et al. Structure and mechanical implications of the pectoral fin skeleton in the Longnose Skate (Chondrichthyes,Batoidea) [J]. Acta Biomaterialia,2017,51:393 - 407.

[91] MACESIC L J,SUMMERS A P. Flexural stiffness and composition of the batoid propterygium as predictors of punting ability [J]. Journal of Experimental Biology,2012,215(12):2003 - 2012.

[92] HEINE C E. Mechanics of flapping fin locomotion in the cownose ray, Rhinoptera bonasus (Elasmobranchii:Myliobatidae) [D]. Durham:Duke University,1992.

[93] ROSENBERGER L J, WESTNEAT M W. Functional morphology of undulatory pectoral fin locomotion in the stingray Taeniura lymma (Chondrichthyes:Dasyatidae) [J]. Journal of Experimental Biology,1999, 202(24):3523 - 3539.

[94] HEINE C. Mechanics of flapping fin locomotion in the cownose ray [D]. Durham:Duke University,1992.

[95] 杨少波. 牛鼻鲼泳动动力学分析与仿生机器鱼研究 [D]. 长沙:国防科学技术大学,2010.

[96] FISH F E,SCHREIBER C M,MOORED K W,et al. Hydrodynamic performance of aquatic flapping:efficiency of underwater flight in the manta [J]. Aerospace,2016,3(3):20.

[97] FISH F E,KOLPAS A,CROSSETT A,et al. Kinematics of swimming of the manta ray:three - dimensional analysis of open - water maneuverability [J]. Journal of Experimental Biology,2018,221(6):jeb166041.

[98] CLARK R P,SMITS A J. Thrust production and wake structure of a batoid - inspired oscillating fin [J]. J

Fluid Mech,2006,562:415 – 429.

[99] 高俊,毕树生,李吉,等. 胸鳍扑翼式机器鱼的设计及水动力实验 [J]. 北京航空航天大学学报,2011,37(3):344 – 350.

[100] TRIANTAFYLLOU M,TRIANTAFYLLOU G,GOPALKRISHNAN R. Wake mechanics for thrust generation in oscillating foils [J]. Physics of Fluids A:Fluid Dynamics,1991,3(12):2835 – 2837.

[101] DEWEY P A,CARRIOU A,SMITS A J. On the relationship between efficiency and wake structure of a batoid – inspired oscillating fin [J]. J Fluid Mech,2012,691:245 – 266.

[102] TODA Y,SUZUKI T,UTO S,et al. Fundamental study of a fishlike body with two undulating side – fins, proceedings of the Bio – mechanisms of Swimming and Flying [C]. Heidelberg:Springer,2004.

[103] YAMAMOTO I. Research on bio – maneuvering type underwater vehicle—development of life – like swimming robotic fish [C] // Proceedings of the Proceedings of the 18th Ocean Engineering Symposium,2005.

[104] ZHOU C,LOW K – H. Better endurance and load capacity:an improved design of manta ray robot (RoMan – II) [J]. J Bionic Eng,2010,7:S137 – S144.

[105] SHAHINPOOR M,KIM K J. Ionic polymer – metal composites:I. Fundamentals [J]. Smart materials and structures,2001,10(4):819.

[106] CHEW C – M,LIM Q – Y,YEO K. Development of propulsion mechanism for Robot Manta Ray[C]// Proceedings of the 2015 IEEE International Conference on Robotics and Biomimetics (ROBIO),2015.

[107] BI S,CAI Y. Effect of spanwise flexibility on propulsion performance of a flapping hydrofoil at low Reynolds number [J]. Chinese Journal of Mechanical Engineering,2012,25(1):12 – 19.

[108] 王扬威,王振龙,李健,等. 形状记忆合金驱动仿生蝠鲼机器鱼的设计 [J]. 机器人,2010,32(2):256 – 261.

[109] LI G,CHEN X,ZHOU F,et al. Self – powered soft robot in the Mariana Trench [J]. Nature,2021,591(7848):66 – 71.

[110] 云忠,温猛,蒋毅,等. 仿生蝠鲼胸鳍摆动推进机构设计与水动力分析 [J]. 浙江大学学报(工学版),2019,53(5):872 – 879.

[111] THEKKETHIL N,SHARMA A,AGRAWAL A. Three – dimensional biological hydrodynamics study on various types of batoid fishlike locomotion [J]. Physical Review Fluids,2020,5(2):023101.

[112] MENZER A,GONG Y,FISH F E,et al. Bio – inspired propulsion:Towards understanding the role of pectoral fin kinematics in manta – like swimming [J]. Biomimetics,2022,7(2):45.

[113] ZHANG D,HUANG Q – G,PAN G,et al. Vortex dynamics and hydrodynamic performance enhancement mechanism in batoid fish oscillatory swimming [J]. J Fluid Mech,2022,930:A28.

[114] WU Z J,CHEN W S,LIU J K,et al. Numerical Study of Batoid with Asymmetrically Undulating Pectoral Fins [J]. Applied Mechanics and Materials,2013,307:89 – 96.

[115] CHEN W – S,WU Z – J,LIU J – K,et al. Numerical simulation of batoid locomotion [J]. Journal of Hydrodynamics,Ser B,2011,23(5):594 – 600.

[116] GOSLINE J M,STEEVES J D,HARMAN A D,et al. Patterns of circular and radial mantle muscle activity in respiration and jetting of the squid Loligo opalescens [J]. Journal of Experimental Biology,1983,104(1):97 – 109.

[117] PACKARD A. Jet propulsion and the giant fibre response of Loligo [J]. Nature,1969,221(5183):875 – 877.

[118] ANDERSON E J,DEMONT M E. The mechanics of locomotion in the squid Loligo pealei:locomotory

function and unsteady hydrodynamics of the jet and intramantle pressure [J]. Journal of Experimental Biology,2000,203(18):2851 - 2863.

[119] ANDERSON E,DEMONT M E. The locomotory function of the fins in the squid Loligo pealei [J]. Marine and Freshwater Behaviour and Physiology,2005,38(3):169 - 189.

[120] STAAF D J,GILLY W F,DENNY M W. Aperture effects in squid jet propulsion [J]. Journal of Experimental Biology,2014,217(9):1588 - 1600.

[121] JASTREBSKY R A,BARTOL I K,KRUEGER P S. Turning performance in squid and cuttlefish:unique dual - mode,muscular hydrostatic systems [J]. Journal of Experimental Biology,2016,219(9):1317 - 1326.

[122] ANDERSON E J,GROSENBAUGH M A. Jet flow in steadily swimming adult squid [J]. Journal of Experimental Biology,2005,208(6):1125 - 1146.

[123] BARTOL I K,KRUEGER P S,THOMPSON J T,et al. Swimming dynamics and propulsive efficiency of squids throughout ontogeny [J]. Integrative and Comparative Biology,2008,48(6):720 - 733.

[124] BARTOL I K,KRUEGER P S,STEWART W J,et al. Pulsed jet dynamics of squid hatchlings at intermediate Reynolds numbers [J]. Journal of Experimental Biology,2009,212(10):1506 - 1518.

[125] BARTOL I K,KRUEGER P S,STEWART W J,et al. Hydrodynamics of pulsed jetting in juvenile and adult brief squid Lolliguncula brevis:evidence of multiple jetmodes′and their implications for propulsive efficiency [J]. Journal of Experimental Biology,2009,212(12):1889 - 1903.

[126] BARTOL I K,KRUEGER P S,JASTREBSKY R A,et al. Volumetric flow imaging reveals the importance of vortex ring formation in squid swimming tail - first and arms - first [J]. Journal of Experimental Biology,2016,219(3):392 - 403.

[127] GHARIB M,RAMBOD E,SHARIFF K. A universal time scale for vortex ring formation [J]. Journal of Fluid Mechanics,1998,360:121 - 140.

[128] KRUEGER P S,GHARIB M. The significance of vortex ring formation to the impulse and thrust of a starting jet [J]. Physics of Fluids,2003,15(5):1271 - 1281.

[129] QUERZOLI G,FALCHI M,ROMANO G P. On the flow field generated by a gradually varying flow through an orifice [J]. European Journal of Mechanics - B/Fluids,2010,29(4):259 - 268.

[130] KRIEG M,MOHSENI K. Modelling circulation,impulse and kinetic energy of starting jets with non - zero radial velocity [J]. Journal of Fluid Mechanics,2013,719:488 - 526.

[131] PALACIOS - MORALES C,ZENIT R. Vortex ring formation for low Re numbers [J]. Acta Mechanica, 2013,224(2):383 - 397.

[132] DAS P,GOVARDHAN R N,ARAKERI J H. Unsteady two - dimensional jet with flexible flaps at the channel exit [J]. Journal of Fluid Mechanics,2018,845:462.

[133] KRIEG M,MOHSENI K. Dynamic modeling and control of biologically inspired vortex ring thrusters for underwater robot locomotion [J]. IEEE Transactions on Robotics,2010,26(3):542 - 554.

[134] NICHOLS J T,KRUEGER P S. Effect of vehicle configuration on the performance of a submersible pulsed - jet vehicle at intermediate Reynolds number [J]. Bioinspiration & Biomimetics,2012,7(3):036010.

[135] HOU T,YANG X,SU H,et al. Design and Experiments of a Squid - Like Aquatic - Aerial Vehicle with Soft Morphing Fins and Arms [C] //Proceedings of the 2019 International Conference on Robotics and Automation (ICRA),2019.

[136] SERCHI F G,ARIENTI A,LASCHI C. Biomimetic vortex propulsion:toward the new paradigm of soft unmanned underwater vehicles [J]. IEEE/ASME Transactions On Mechatronics,2012,18(2):484 - 493.

[137] GIORGIO - SERCHI F, ARIENTI A, LASCHI C. Underwater soft - bodied pulsed - jet thrusters: Actuator modeling and performance profiling [J]. The International Journal of Robotics Research, 2016, 35(11): 1308 - 1329.

[138] RENDA F, GIORGIO - SERCHI F, BOYER F, et al. Modelling cephalopod - inspired pulsed - jet locomotion for underwater soft robots [J]. Bioinspiration & Biomimetics, 2015, 10(5): 055005.

[139] WANG T, LIDTKE A K, GIORGIO - SERCHI F, et al. Manoeuvring of an aquatic soft robot using thrust - vectoring[C] // Proceedings of the 2019 2nd IEEE International Conference on Soft Robotics (RoboSoft), Seoul, Korea (South), 2019.

[140] STEELE S C, WEYMOUTH G D, TRIANTAFYLLOU M S. Added mass energy recovery of octopus - inspired shape change [J]. Journal of Fluid Mechanics, 2017, 810: 155 - 174.

[141] CHRISTIANSON C, CUI Y, ISHIDA M, et al. Cephalopod - inspired robot capable of cyclic jet propulsion through shape change [J]. Bioinspiration & Biomimetics, 2020, 16(1): 016014.

[142] BUJARD T, GIORGIO - SERCHI F, WEYMOUTH G. A resonant squid - inspired robot unlocks biological propulsive efficiency [J]. Science Robotics, 2021, 6(50): 3194.

[143] WEYMOUTH G D, SUBRAMANIAM V, TRIANTAFYLLOU M S. Ultra - fast escape maneuver of an octopus - inspired robot [J]. Bioinspiration & Biomimetics, 2015, 10(1): 016016.

[144] MOHSENI K, GHARIB M. A model for universal time scale of vortex ring formation [J]. Physics of Fluids, 1998, 10(10): 2436 - 2438.

[145] MOHSENI K, RAN H, COLONIUS T. Numerical experiments on vortex ring formation [J]. Journal of Fluid Mechanics, 2001, 430: 267.

[146] ROSENFELD M, RAMBOD E, GHARIB M. Circulation and formation number of laminar vortex rings [J]. Journal of Fluid Mechanics, 1998, 376: 297 - 318.

[147] LINDEN P F, TURNER J S. The formation of "optimal" vortex rings, and the efficiency of propulsion devices [J]. Journal of Fluid Mechanics, 2001, 427: 61.

[148] JIANG H, GROSENBAUGH M A. Numerical simulation of vortex ring formation in the presence of background flow with implications for squid propulsion [J]. Theoretical and Computational Fluid Dynamics, 2006, 20(2): 103 - 123.

[149] ABDEL - RAOUF E, SHARIF M A R, BAKER J. Impulsively started, steady and pulsated annular inflows [J]. Fluid Dynamics Research, 2017, 49(2): 025511.

[150] GAO L, WANG X, SIMON C M, et al. Development of the impulse and thrust for laminar starting jets with finite discharged volume [J]. Journal of Fluid Mechanics, 2020, 902: A27.

[151] SPAGNOLIE S E, SHELLEY M J. Shape - changing bodies in fluid: hovering, ratcheting, and bursting [J]. Physics of Fluids, 2009, 21(1): 013103.

[152] CAI Y, BI S, LI G, et al. From natural complexity to biomimetic simplification: The realization of bionic fish inspired by the cownose ray [J]. IEEE Robotics & Automation Magazine, 2018, 26(3): 27 - 38.

[153] BI X, ZHU Q. Fluid - structure investigation of a squid - inspired swimmer [J]. Physics of Fluids, 2019, 31(10): 101901.

[154] BI X, ZHU Q. Pulsed - jet propulsion via shape deformation of an axisymmetric swimmer [J]. Physics of Fluids, 2020, 32(8): 081902.

[155] ENDERS E C, BOISCLAIR D, ROY A G. The effect of turbulence on the cost of swimming for juvenile Atlantic salmon (Salmo salar) [J]. Canadian Journal of Fisheries and Aquatic Sciences, 2003, 60(9):

1149 – 1160.

[156] SMITH D L, BRANNON E L, ODEH M. Response of juvenile rainbow trout to turbulence produced by prismatoidal shapes [J]. Transactions of the American Fisheries Society, 2005, 134(3): 741 – 753.

[157] WEN L, WANG T, WU G, et al. Novel method for the modeling and control investigation of efficient swimming for robotic fish [J]. IEEE Transactions on Industrial Electronics, 2011, 59(8): 3176 – 3188.

[158] MAERTENS A P, GAO A, TRIANTAFYLLOU M S. Optimal undulatory swimming for a single fish – like body and for a pair of interacting swimmers [J]. Journal of Fluid Mechanics, 2017, 813: 301 – 345.

[159] HESS A, TAN X, GAO T. CFD – based multi – objective controller optimization for soft robotic fish with muscle – like actuation [J]. Bioinspiration & Biomimetics, 2020, 15(3): 035004.

[160] KAGEMOTO H, WOLFGANG M J, YUE D K P, et al. Force and power estimation in fish – like locomotion using a vortex – lattice method [J]. Journal of Fluids Engineering, 2000, 122(2): 239 – 253.

[161] SHOELE K, ZHU Q. Fluid – structure interactions of skeleton – reinforced fins: performance analysis of a paired fin in lift – based propulsion [J]. Journal of Experimental Biology, 2009, 212(16): 2679 – 2690.

[162] WOLFGANG M J, ANDERSON J M, GROSENBAUGH M A, et al. Near – body flow dynamics in swimming fish [J]. The Journal of Experimental Biology, 1999, 202(17): 2303 – 2327.

[163] BUCHHOLZ J H, SMITS A J. On the evolution of the wake structure produced by a low – aspect – ratio pitching panel [J]. Journal of Fluid mechanics, 2006, 546: 433 – 443.

[164] XIAO Q, HU J, LIU H. Effect of torsional stiffness and inertia on the dynamics of low aspect ratio flapping wings [J]. Bioinspiration & Biomimetics, 2014, 9(1): 016008.

[165] WILSON M M, ELDREDGE J D. Performance improvement through passive mechanics in jellyfish – inspired swimming [J]. International Journal of Non – Linear Mechanics, 2011, 46(4): 557 – 567.

[166] YEH P D, ALEXEEV A. Effect of aspect ratio in free – swimming plunging flexible plates [J]. Comput Fluids, 2016, 124: 220 – 225.

[167] WANG W, HUANG H, LU X – Y. Optimal chordwise stiffness distribution for self – propelled heaving flexible plates [J]. Physics of Fluids, 2020, 32(11): 111905.

[168] MASOUD H, ALEXEEV A. Resonance of flexible flapping wings at low Reynolds number [J]. Physical Review E, 2010, 81(5): 056304.

[169] LUO H, YIN B, DAI H, et al. A 3D Computational Study of the Flow – Structure Interaction in Flapping Flight [C] // 48th AIAA Aerospace Sciences Meeting Including the New Horizons Forum and Aerospace Exposition. Reston: American Institute of Aeronautics and Astronautics, 2010.

[170] LIU G, GENG B, ZHENG X, et al. An image – guided computational approach to inversely determine in vivo material properties and model flow – structure interactions of fish fins [J]. Journal of Computational Physics, 2019, 392: 578 – 593.

[171] GATZHAMMER B. Efficient and flexible partitioned simulation of fluid – structure interactions [D]. Munich: Technical University of Munich, 2014.

[172] RADTKE L, LAMPE T, ABDEL – MAKSOUD M, et al. A partitioned solution approach for the simulation of the dynamic behaviour of flexible marine propellers [J]. Ship Technology Research, 2018, 67(1): 1 – 14.

[173] LI G, LAW Y Z, JAIMAN R K. A novel 3D variational aeroelastic framework for flexible multibody dynamics: Application to bat – like flapping dynamics [J]. Comput Fluids, 2019, 180: 96 – 116.

[174] MATTHIES H G, STEINDORF J. Partitioned strong coupling algorithms for fluid – structure interaction [J]. Computers & Structures, 2003, 81(8): 805 – 812.

[175] VIERENDEELS J, LANOYE L, DEGROOTE J, et al. Implicit coupling of partitioned fluid – structure interaction problems with reduced order models [J]. Computers & structures, 2007, 85(11/12/13/14): 970 – 976.

[176] DEGROOTE J, BATHE K – J, VIERENDEELS J. Performance of a new partitioned procedure versus a monolithic procedure in fluid – structure interaction [J]. Computers & Structures, 2009, 87(11): 793 – 801.

[177] SADEGHI M. Parallel computation of three – dimensional aeroelastic fluid – structure interaction [M]. Irvine: University of California, Irvine., 2004.

[178] WILCOX D C. Turbulence modeling for CFD [M]. DCW industries La Canada, CA, 1998.

[179] JAMESON A, SCHMIDT W, TURKEL E L I. Numerical solution of the Euler equations by finite volume methods using Runge Kutta time stepping schemes [C] // 14th Fluid and Plasma Dynamics Conference. Reston: American Institute of Aeronautics and Astronautics, 1981.

[180] JAMESON A. Time dependent calculations using multigrid, with applications to unsteady flows past airfoils and wings [C] // 10th Computational Fluid Dynamics Conference. Reston: American Institute of Aeronautics and Astronautics, 1991.

[181] LIU F, ZHENG X. Staggered finite volume scheme for solving cascade flow with a k – omega turbulence model [J]. AIAA Journal, 1994, 32(8): 1589 – 1597.

[182] LIU F, JI S. Unsteady flow calculations with a multigrid Navier – Stokes method [J]. AIAA Journal, 1996, 34(10): 2047 – 2053.

[183] SADEGHI M, YANG S, LIU F, et al. Parallel computation of wing flutter with a coupled Navier – Stokes/CSD metho [C] // Proceedings of the 41st Aerospace Sciences Meeting and Exhibit, 2003.

[184] BATINA J T. Unsteady Euler airfoil solutions using unstructured dynamic meshes [J]. AIAA Journal, 1990, 28(8): 1381 – 1388.

[185] XIAO Q, LIAO W. Numerical investigation of angle of attack profile on propulsion performance of an oscillating foil [J]. Comput Fluids, 2010, 39(8): 1366 – 1380.

[186] XIAO Q, LIAO W, YANG S, et al. How motion trajectory affects energy extraction performance of a biomimic energy generator with an oscillating foil? [J]. Renewable Energy, 2012, 37(1): 61 – 75.

[187] SHI G, XIAO Q, ZHU Q. Numerical investigation of an actively and passively controlled skeleton – reinforced caudal fin [J]. AIAA Journal, 2020, 58(11): 4644 – 4658.

[188] CAUSIN P, GERBEAU J F, NOBILE F. Added – mass effect in the design of partitioned algorithms for fluid – structure problems [J]. Computer Methods in Applied Mechanics and Engineering, 2005, 194(42): 4506 – 4527.

[189] UEKERMANN B, BUNGARTZ H – J, YAU L C, et al. Official preCICE adapters for standard open – source solvers[C] // Proceedings of the Proceedings of the 7th GACM Colloquium on Computational Mechanics for Young Scientists from Academia, 2017.

[190] LINDNER F, MEHL M, UEKERMANN B. Radial basis function interpolation for black – box multi – physics simulations[C] // Proceedings of the VII International Conference on Computational Methods for Coupled Problems in Science and Engineering, 2017.

[191] LIU W. Numerical investigation into bio – inspired flow control for renewable turbine [D]. Glasgow: University of Strathclyde, 2015.

[192] SHI G. Fluid – Structure Interaction Simulations on Skeleton – Reinforced Biomimetic Fin Propulsion [D]. Glasgow: University of Strathclyde (United Kingdom), 2020.

[193] TSAI H,F. WONG A,CAI J,et al. Unsteady flow calculations with a parallel multiblock moving mesh algorithm [J]. AIAA Journal,2001,39(6):1021 - 1029.

[194] CINQUEGRANA D,VITAGLIANO P L. Validation of a new fluid - structure interaction framework for non - linear instabilities of 3D aerodynamic configurations [J]. Journal of Fluids and Structures,2021,103:103264.

[195] NGUYEN V - T,GATZHAMMER B. A fluid structure interactions partitioned approach for simulations of explosive impacts on deformable structures [J]. International Journal of Impact Engineering,2015,80:65 - 75.

[196] LOLIS P,GUARDINO C,BROWN T,et al. Mechanical Integrity and Design Analysis Suite (MIDAS):A Tool for Rapid Finite Element Analysis (FEA) of Steam Turbine Blades [C]. American Society of Mechanical Engineers Digital Collection,2016.

[197] SYSTèMES D. ABAQUS 6. 10 benchmarks manual [Z]. Abaqus 610 Documentation,2010.

[198] ABBOTT I H,VON DOENHOFF A E. Theory of wing sections,including a summary of airfoil data [M]. Chicago:Courier Corporation,1959.

[199] ELENI D C,ATHANASIOS T I,DIONISSIOS M P. Evaluation of the turbulence models for the simulation of the flow over a National Advisory Committee for Aeronautics (NACA) 0012 airfoil [J]. Journal of Mechanical Engineering Research,2012,4(3):100 - 11.

[200] DETTMER W,PERIĆD. A computational framework for fluid - structure interaction:finite element formulation and applications [J]. Computer Methods in Applied Mechanics and Engineering,2006,195(41):5754 - 5779.

[201] HABCHI C,RUSSEIL S,BOUGEARD D,et al. Partitioned solver for strongly coupled fluid - structure interaction [J]. Comput Fluids,2013,71:306 - 319.

[202] WOOD C,GIL A J,HASSAN O,et al. Partitioned block - Gauss - Seidel coupling for dynamic fluid - structure interaction [J]. Computers & Structures,2010,88(23):1367 - 1382.

[203] PARAZ F,ELOY C,SCHOUVEILER L. Experimental study of the response of a flexible plate to a harmonic forcing in a flow [J]. Comptes Rendus Mécanique,2014,342(9):532 - 538.

[204] WANG W,HUANG H,LU X - Y. Self - propelled plate in wakes behind tandem cylinders [J]. Physical Review E,2019,100(3):033114.

[205] NATIONAL AGENCY FOR FINITE ELEMENT M,STANDARDS. The standard NAFEMS benchmarks [Z]. NAFEMS,1990.

[206] LUHAR M,NEPF H M. Flow - induced reconfiguration of buoyant and flexible aquatic vegetation [J]. Limnology and Oceanography,2011,56(6):2003 - 2017.

[207] PARAZ F,SCHOUVEILER L,ELOY C. Thrust generation by a heaving flexible foil:Resonance,nonlinearities,and optimality [J]. Physics of Fluids,2016,28(1):011903.

[208] WESTNEAT M W,THORSEN D H,WALKER J A,et al. Structure,function,and neural control of pectoral fins in fishes [J]. IEEE Journal of Oceanic Engineering,2004,29(3):674 - 683.

[209] TYTELL E D,LAUDER G V. The hydrodynamics of eel swimming:I. Wake structure [J]. Journal of Experimental Biology,2004,207(11):1825 - 1841.

[210] LIU G,REN Y,DONG H,et al. Computational analysis of vortex dynamics and performance enhancement due to body - fin and fin - fin interactions in fish - like locomotion [J]. Journal of Fluid Mechanics,2017,829:65 - 88.

[211] AKHTAR I,MITTAL R,LAUDER G V,et al. Hydrodynamics of a biologically inspired tandem flapping foil configuration [J]. Theoretical and Computational Fluid Dynamics,2007,21(3):155 - 170.

[212] MARIEL – LUISA N R, PATRICK J M T, KARA L F, et al. Performance variation due to stiffness in a tuna – inspired flexible foil model [J]. Bioinspiration & Biomimetics, 2017, 12(1): 016011.

[213] SHI G, XIAO Q, ZHU Q. A Study of 3D Flexible Caudal Fin for Fish Propulsion [C]. American Society of Mechanical Engineers, 2017.

[214] OLIVIER M, DUMAS G. A parametric investigation of the propulsion of 2D chordwise – flexible flapping wings at low Reynolds number using numerical simulations [J]. Journal of Fluids and Structures, 2016, 63: 210 – 237.

[215] LI N, LIU H, SU Y. Numerical study on the hydrodynamics of thunniform bio – inspired swimming under self – propulsion [J]. PloS One, 2017, 12(3): e0174740.

[216] LI L, LI G, LI R, et al. Multi – fin kinematics and hydrodynamics in pufferfish steady swimming [J]. Ocean Engineering, 2018, 158: 111 – 122.

[217] MAGNUSON J J. Comparative study of adaptations for continuous swimming and hydrostatic equilibrium of scombroid and xiphoid fishes [J]. Fish Bull, 1973, 71(2): 337 – 356.

[218] WEBB P. Is tilting behaviour at low swimming speeds unique to negatively buoyant fish? Observations on steelhead trout, Oncorhynchus mykiss, and bluegill, Lepomis macrochirus [J]. Journal of Fish Biology, 1993, 43(5): 687 – 694.

[219] HUANG Q, ZHANG D, PAN G. Computational model construction and analysis of the hydrodynamics of a Rhinoptera Javanica [J]. IEEE Access, 2020, 8: 30410 – 30420.

[220] LIU G, REN Y, ZHU J, et al. Thrust producing mechanisms in ray – inspired underwater vehicle propulsion [J]. Theoretical and Applied Mechanics Letters, 2015, 5(1): 54 – 57.

[221] BOTTOM II R G, BORAZJANI I, BLEVINS E L, et al. Hydrodynamics of swimming in stingrays: numerical simulations and the role of the leading – edge vortex [J]. Journal of Fluid Mechanics, 2016, 788: 407 – 443.

[222] HOOVER A, MILLER L. A numerical study of the benefits of driving jellyfish bells at their natural frequency [J]. Journal of Theoretical Biology, 2015, 374: 13 – 25.

[223] BI X, ZHU Q. Dynamics of a squid – inspired swimmer in free swimming [J]. Bioinspiration & Biomimetics, 2019, 15(1): 016005.

[224] PEPPA S, TRIANTAFYLLOU G S. Sensitivity of two – dimensional flow past transversely oscillating cylinder to streamwise cylinder oscillations [J]. Physics of Fluids, 2016, 28(3): 037102.

[225] WEIHS D. Energetic advantages of burst swimming of fish [J]. Journal of Theoretical Biology, 1974, 48(1): 215 – 229.

[226] IMLAY F H. The complete expressions for added mass of a rigid body moving in an ideal fluid [R]: David Taylor Model Basin Washington DC, 1961.

[227] LUO Y, XIAO Q, ZHU Q, et al. Jet propulsion of a squid – inspired swimmer in the presence of background flow [J]. Physics of Fluids, 2021, 33(3): 031909.

[228] LIAO J C, BEAL D N, LAUDER G V, et al. The Kármán gait: novel body kinematics of rainbow trout swimming in a vortex street [J]. Journal of Experimental Biology, 2003, 206(6): 1059 – 1073.

[229] DAI L, HE G, ZHANG X. Self – propelled swimming of a flexible plunging foil near a solid wall [J]. Bioinspiration & Biomimetics, 2016, 11(4): 046005.

[230] SHI G, XIAO Q. Numerical investigation of a bio – inspired underwater robot with skeleton – reinforced undulating fins [J]. European Journal of Mechanics – B/Fluids, 2021, 87: 75 – 91.

[231] GAO A, TRIANTAFYLLOU M S. Independent caudal fin actuation enables high energy extraction and control in two-dimensional fish-like group swimming [J]. Journal of Fluid Mechanics, 2018, 850: 304-335.

[232] LEE Y, BAEDER J. Implicit hole cutting-a new approach to overset grid connectivity [C]//Proceedings of the 16th AIAA Computational Fluid Dynamics Conference, 2003.

[233] LIAO W, CAI J, TSAI H M. A multigrid overset grid flow solver with implicit hole cutting method [J]. Computer methods in applied mechanics and engineering, 2007, 196(9/10/11/12): 1701-1715.

[234] WU J, SHU C, ZHAO N. Numerical study of flow control via the interaction between a circular cylinder and a flexible plate [J]. Journal of Fluids and Structures, 2014, 49: 594-613.

[235] MüLLER U K, VAN LEEUWEN J L. Swimming of larval zebrafish: ontogeny of body waves and implications for locomotory development [J]. Journal of Experimental Biology, 2004, 207(5): 853-868.